中国轻工业"十三五"规划教材

高 等 职 业 教 育 专 业 教 材

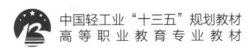

生化分离技术

U0219779

主 编

牛红军　　陈梁军

中国轻工业出版社

图书在版编目(CIP)数据

生化分离技术/牛红军,陈梁军主编.—北京:中国轻工业出版社,2024.8
中国轻工业"十三五"规划教材
ISBN 978-7-5184-2290-6

Ⅰ.①生… Ⅱ.①牛… ②陈… Ⅲ.①生物化学—分离—高等学校—教材 Ⅳ.①TQ033

中国版本图书馆 CIP 数据核字(2019)第 103327 号

责任编辑:张 靓　　　责任终审:张乃东　　　封面设计:锋尚设计
版式设计:砚祥志远　　责任校对:晋 洁　　责任监印:张 可

出版发行:中国轻工业出版社 (北京鲁谷东街 5 号,邮编:100040)
印　　刷:三河市国英印务有限公司
经　　销:各地新华书店
版　　次:2024 年 8 月第 1 版第 3 次印刷
开　　本:720×1000　1/16　印张:23
字　　数:450 千字
书　　号:ISBN 978-7-5184-2290-6　　定价:49.00 元
邮购电话:010–85119873
发行电话:010–85119832　　　010–85119912
网　　址:http://www.chlip.com.cn
Email:club@chlip.com.cn
版权所有　侵权必究
如发现图书残缺请与我社邮购联系调换
241215J2C103ZBW

编写人员名单

主　编　牛红军　天津现代职业技术学院
　　　　　陈梁军　福建生物工程职业技术学院

副主编　苏敬红　山东职业学院
　　　　　陈红兰　江西应用技术职业学院
　　　　　李赫宇　天津市益倍建生物技术有限公司

参　　编（按姓氏笔画排序）
　　　　　师　亮　山西医科大学
　　　　　张俊霞　呼和浩特职业学院
　　　　　苑　鹏　天津现代职业技术学院
　　　　　袁文蛟　天津现代职业技术学院

前　言

　　生化分离技术课程是高职高专院校食品类、生物类和制药类专业中从事生化物质生产相关专业的必修主干课程。生化分离技术由一系列能把原料中生化物质制成产品的分离纯化原理多样的生化分离单元操作技术组成。生化分离技术决定着产品的质量和生产成本，是影响生化物质能否产业化生产的关键技术，对于生物技术的发展有着举足轻重的作用。本教材系统地讲述了生化分离工艺过程中的典型生化分离单元操作技术。在内容选择上，以"必需""够用"为原则。知识学习与随堂实训技能同步开展，既锻炼技能，又传授理论知识和方法。本着"立足应用、强化能力、注重实践"的职教理念，立足于工作能力的培养，打破传统学科教学模式，在深入行业调查的基础上，选择生产过程典型工作技能作为培养重点，按照生产流程的顺序，结合职业教育规律，循序渐进安排教材内容。教材由四个模块组成，共包括十个项目和五个综合实训。十个项目囊括生化物质生产中必备的生化分离生产基础技术、预处理和提取技术、分离与纯化技术，五个综合实训由安全事故应急处理实训和系统地运用多种生化分离单元操作技术开展的生化产品生产综合性实训组成。模块化、项目化的内容编排，有利于培养学生就业后在企业工作岗位上所需的职业素养和操作技能，实现了学生毕业即可上岗的目标，使其能够胜任功能食品加工、生物药物生产和生化物质生产企业的生产岗位，并具备在检测和科研等岗位从业的潜力。

　　本书由具有多年教学实践经验和企业工作经验的双师型教师团队编写完成。由天津现代职业技术学院牛红军担任主编，统稿和校对，编写模块一的项目一、项目二，模块三的项目三和模块四的综合实训一；福建生物工程职业技术学院陈梁军担任第二主编，审定稿件，编写模块三的项目五；山东职业学院苏敬红担任副主编并编写模块三的项目一；江西应用技术职业学院陈红兰担任副主编并编写模块一的项目三和模块二的项目一；天津市益倍建生物技术有限公司李赫宇担任副主编并与呼和浩特职业学院张俊霞合作编写模块四的综合实训二、三、四；天津现代职业技术学院苑鹏编写模块二的项目二，天津现代职业技术学院袁文蛟编写模块三的项目四；山西医科大学师亮编写模块三的项目二。

本书将学校的教学场域与企业的生产场域有效对接，实现授课教师与技术人员对接、实训课程与岗位情境对接、教学设备与生产设备对接、生产策略与应用型研发对接，是具备易读性、实践性和实用性的教材，能有效提升课程的育人效果，培育现场工程师，为工学结合培养技能型人才提供有力支撑。

　　由于生化分离技术飞速发展，编者水平有限，书中不足之处在所难免，恳切希望读者给予批评和指正。

编者

目 录 CONTENTS

模块一

生化分离生产基本技术

项目一

认识生化分离技术

项目简介

生化物质处于动物、植物、微生物及其代谢产物组成的混合体系之中。生化分离是通过物理、化学手段，以及物理与化学相结合的手段，将共混合物系分离纯化成两个或多个彼此不同的产物的过程。生化分离技术是指从动物、植物、微生物及其代谢产物等材料中分离、纯化得到天然的或生物工程的高纯度、符合质量要求的各种生物产品组分的技术。生化分离技术由预处理技术、提取技术、膜分离技术、固液分离技术、层析技术、浓缩与干燥技术等一系列分离纯化原理多样、生产设备各异的生化分离单元操作技术组成。

生化分离技术的进步程度对于生物技术的发展有着举足轻重的作用，为突出其在生物技术（工程）领域中的作用和地位，又称其为生物工程下游技术（Downstream processing）。生化分离技术源于生命科学、食品科学和医药科学等学科和化学工业生产领域，其应用不局限于生化产品的制备，还广泛应用于生物医药、食品和化工等相关产品生产的各个领域。

本课程具有知识点多、理论性强、系统性强和技能要求高等特点，学习难度较大。为了指导学习者使用本教材，本项目设有导学部分。

知识要求

1. 认识生化分离技术在生化物质生产中的重要地位。

2. 了解生物技术产品及生化分离技术的发展历程。

3. 了解生化分离技术的发展趋势。

技术要求

1. 能端正学习本门课程的态度并树立学习信心。

2. 能掌握学习生化分离技术的方法。

◇ **任务一** 生化分离技术的发展现状与展望

一、 生化分离技术在生产中的地位

自然界中的天然活性成分、生物发酵和生物工程产品的产物等存在于由生物体的组织、细胞、结构物质、初级代谢产物和次级代谢产物等组成的混合体系之中，通常需要应用分离与纯化技术处理才能获得达到一定纯度和浓度的中间产品或终产品。因此，天然活性成分和生物工程产物的分离、提取、精制是生物化学和制药工业的重要组成部分。

生产原料中生物活性物质的浓度通常很低（例如抗生素含量为 $10\sim30kg/m^3$，维生素 B_{12} 含量为 $0.02kg/m^3$，酶含量为 $2\sim5kg/m^3$），而杂质含量却很高，并且某些杂质又与目标物质具有非常相似的化学结构和理化性质，加上生物活性物质通常很不稳定，遇热或接触某些化学试剂会引起失活或分解，某些产品还要求无菌操作，因此，从发酵液或生物材料中制取生物活性物质是比较困难的工作。

下游生产往往在医药产品生产的成本中占比较高，在生化产品生产中尤为明显，分离纯化过程的生产成本占总成本的 $50\%\sim70\%$，而现代生物工程中产品分离与纯化的费用甚至高达生产费用的 $80\%\sim90\%$。通常，化学合成药物分离成本是反应成本的 $2\sim3$ 倍；抗生素类药物的分离与纯化费用是发酵部分的 $3\sim4$ 倍；基因工程药物分离纯化技术的要求更高，如重组蛋白质下游生产的费用可占总生产成本的 $80\%\sim90\%$。可见，生化分离技术直接影响着产品的成本，制约着生化产品工业化的进程。

生物产品实际生产中所用原料的多样化，使得生产中的混合物种类多种多样，原料中混合物的性质千差万别，分离的要求各不相同，这就需要采用不同的分离方法，有时还需要综合利用几种分离方法才能更经济、更有效地达到预期的分离要求。因此，对于不同的混合物、不同的分离要求，要考虑采用适当的分离方法，综合运用蒸馏和萃取等常规分离技术以及膜分离技术和层析技术等新型分离技术。

生物产品生产中可能会采用高温、高压或低压等条件，使用危险性化学品和生物因子，要在保证人员和环境安全的前提下开展大规模生产。生产中还会产生大量的废气、废水和废渣，对这些"三废"的处理，不但涉及物料的综合利用，还关系到环境安全和生态平衡。我们需要不断提高生化分离技术水平，减少"三废"形成并采取有效处理"三废"的措施，使生产符合国家对"三废"排放的要求。总之，在生物制品的研究和生产过程中，从原料到下游产品，直至后续的过程都必须有分离技术作保证。

二、 生化分离技术的发展历程

分离与纯化过程几乎渗入到所有的工业生产和研究领域，并与生物反应和化学反应等过程相辅相成。随着对物质纯度所提出的要求越来越高以及科学技术的发展，分离与纯化过程也不断地得到发展，新技术、新工艺脱颖而出，新原理、新概念层出不穷，人们经历着一个个新产品诞生和发展的过程。

生物技术产品的生产历史可追溯到古代的酿造产业。古老的生物技术产品包括酿酒、制造酱油、醋、酸乳、干酪等。当时还不能被称为生化分离，产物基本上不经后处理而直接使用，可称为传统技术。生化分离技术的真正应用，主要经历了以下阶段。

1. 第一代（传统）生物技术产品的出现

从 19 世纪 60 年代起，人们弄清了微生物是引起发酵的原因，随后又发现了微生物的有关功能，开发了纯种培养技术，从而使生物技术产业的发展进入了酿造产业的阶段。到 20 世纪上半叶时，除了原有酿造业产品的生产技术有了不少改进外，人们还逐步开发出用发酵法生产酒精、丙酮、丁醇等产品的技术。上述产品的特点是大多数属于嫌气发酵过程的产物，产物的物理性质和化学性质与原料中杂质有较大差异，分离纯化难度不大，主要采用压滤、蒸馏或精馏等技术和设备即可完成生产，生产以经验为依据，可称为手工业式的原始分离、纯化时期。

2. 第二代（近代）生物技术产品的出现

第二次世界大战以后，随着青霉素、链霉素等抗生素工业生产规模的扩大、大型发酵培养设备和化工单元操作的引进，发酵产业快速形成和扩大。初级代谢产物和次级代谢产物生产都逐渐取得了重大进展。产品的多样性对分离、纯化方法提出更高的要求。与此同时，化学工程工作者加入到了生物反应过程开发者的行列，一门生物与化工相交叉的学科——生化工程随之在 20 世纪 40 年代诞生，并获得迅速发展。这个时期之初，英国的 G. E. 戴维斯出版了第一本化学工程专著《化学工程手册》，首先提出了单元操作的概念，有力推动了分离纯化技术的发展。单元操作的技术方法和概念被引入生化分离技术，并被引入生物技术产品下游加工过程中，有力地推动了生化分离生产技术的变革和发展。

3. 第三代（现代）生物技术产品的出现

20 世纪 70 年代中期以来，由于基因工程、酶工程、细胞工程、微生物工程及生化工程的迅速发展，特别是在 DNA 重组技术及细胞融合技术等方面取得的一系列重大突破，推动了现代生物技术产品即第三代生物技术产品的研究和开发。通过研发和引入新一代生物技术产品，发现其适用于大规模生产，同时，高效、稳定的生化分离技术不断涌现，推动了胰岛素、生长激素、乙肝疫苗、α-干扰素、组织纤维蛋白溶酶原激活剂（TPA）和促红细胞生长素（EPO）等一系列基因工程和人工合成新型生物产品的出现。

生化分离技术随之取得跨越式的发展，已达到工业应用水平的技术主要有以下几种。

（1）回收技术　包括絮凝、离心、过滤、微过滤。发酵液是非牛顿型液体，所以在一般情况下用普通的离心和过滤技术进行固液分离的效率很低。20世纪70年代以来，在化工、选矿和水处理上广泛使用的絮凝技术被引到发酵物料的处理之中，大大改善了发酵物料的离心或过滤性能，提高了固液分离效率。

传统的离心和过滤技术，在设备上有了很大改进，生产效率和规模取得显著提高，获得了新生，如采用倾析式离心机和预辅助滤剂层或带状真空过滤机等。还有一种新的过滤方法是利用微滤膜进行错流过滤，它具有能耗低、效率高的优点，特别适用于动植物细胞的收集。

（2）细胞破碎技术　包括球磨破碎、压力释放破碎、冷冻加压释放破碎、化学破碎等细胞破碎技术的成熟使得大规模生产胞内产物成为可能，超声破碎技术的应用为加速胞内产品的研发和生产提供了推动力。

（3）初步纯化技术　开发了酶和蛋白质的各类沉淀法，如盐析法、有机溶剂沉淀法、化学沉淀法及离子交换层析分离方法；超滤技术的出现，解决了对热、pH、金属离子、有机溶剂敏感的大分子物质的分离、浓缩和脱盐等难题，提供了一种有效的加工技术。

（4）高度纯化技术　开发了各类层析技术，如亲和层析、疏水层析、聚焦层析等，而用于生产的主要是离子交换层析和凝胶层析。前一种技术是到20世纪60年代以后才逐渐发展成为工业技术的，但真正用于生物大分子的分离是到了20世纪70年代以后，各种类型的弱酸、弱碱型离子交换树脂，如DEAE-葡聚糖、DEAE-纤维素、CM-纤维素等材料商品化后才有了迅速的发展，凝胶层析技术的工业应用是从20世纪80年代才实现的。亲和层析技术为高效、迅速地得到高纯度生物产品提供了有效途径。疏水层析和反相层析的应用，使生产某些常规技术难以制备的生物产品成为可能。

（5）成品加工（精制）技术　主要是干燥与结晶技术。对于生物活性物质可根据其热稳定性采用喷雾干燥、气流干燥、沸腾床干燥、冷冻干燥等技术，特别是冷冻干燥技术在蛋白质和酶等易失活产品的干燥上应用广泛。结晶技术主要是解决了放大问题，实现了工业化生产。正是以上各种技术和设备研究开发的成功，使现代生物技术的发展取得了重大突破，使胰岛素、生长激素、乙肝疫苗和干扰素等一批基因工程和细胞工程产品陆续进入工业化生产阶段，使一些传统发酵产品的生产获得更高的经济效益。

三、 生化分离技术的发展趋势

随着生产企业的增多和生产规模的扩大，产品的竞争优势最终还是归结于低的生产成本和高纯度的质量产品，所以成本控制和质量控制始终是生物产品加工过程发展的动力和方向。新的高效分离、纯化技术还需要探索，所以传统技术的改进和发展，以及生化分离新技术的研究与探索是不能停止的，专家和学者们在不断地夯实基础理论研究，并完善、研究、开发新型生化分离技术。

1. 加强基础理论研究

研究非理想溶液中溶质与添加物料之间的选择性反应的机理及系统外各物理因子对选择性的影响效应，从而研制高选择性的分离剂，改善溶液对溶质的选择性；研究界面区的结构、控制界面现象和探求界面现象对传质机理的影响，从而指导改善具体单元操作及过程速度；建立生物工程下游数学模型，开发工程模拟软件，对生化分离过程予以模拟、设计和指导。

2. 推广亲和技术

利用生物亲和力可使分离的选择性大大提高，在下游加工过程的各个阶段，都正在使用或有可能使用亲和技术，除已知的亲和层析外，还有亲和过滤、亲和沉淀、亲和分配、亲和膜分离等待开发和推广应用。利用单克隆抗体的免疫吸附层析能体现出良好的选择性，但介质的价格太高，正在不断研究改进，从而用于规模化生产。

3. 推广膜分离技术

随着膜质量的改进和膜装置性能的改善，生物分离过程的各个阶段，将会越来越多地使用膜分离技术。近些年学者们不断研发出新型的膜分离技术，如渗透汽化膜、液膜、动态膜等。新型膜技术的不断出现与成熟，势必将推动膜分离技术用于工业生产。例如，渗透汽化膜是指利用料液中各组分进入膜侧表面，根据不同的高分子膜对不同种类的气体分子透过率和选择性不同，以膜下游侧负压为推动力，使在膜中溶解度和扩散系数较大的组分优先透过膜，达到混合物分离的新型膜分离技术。该技术具有操作简单、无污染；能耗和运行成本低；分离过程中无需外加恒沸剂、萃取剂等组分；不受气液平衡限制，可分离恒沸物，分离过程不受多元组分的影响，更适合混合溶剂中水的脱除等优点，有广阔应用前景。

4. 优质层析介质的研究

层析分离在现代生化分离技术中占有重要地位，新型层析介质的开发与应用将会大大推动生化分离效率的提高。机械强度好、造价低、分辨率高的层析填料的研发工作将会进一步得到重视。

5. 重视上游技术对下游过程的影响

生化物质生产制备的过程是一个整体，上、中、下游需要进一步加强互相配合。过去下游技术服务于上游技术的传统理念已逐渐被摒弃，上游方面已开始注意为方便下游分离工序创造条件，例如设法赋予生物催化剂，将原来的胞内产物变为胞外产物或处于胞膜间隙；采用半透膜的发酵，在发酵中加入吸附树脂等方法，在发酵过程中及时去除产物，以避免反馈抑制作用，既提高转化率，同时也可简化产物提取过程，缩短生产周期，增加产率。在细胞中高水平的表达形成细胞质内的包涵体，在细胞破碎后，在低离心力下即能沉降而易于分离；减少非目的产物（如色素、毒素、降解酶及其他干扰性杂质等）的生成，降低下游生产压力；利用基因工程方法，使蛋白质产品接上几个精氨酸残基，使其碱性增强，而易为阳离子交换剂所吸附，或者使蛋白质接上几个组氨酸而易为金属螯合亲和层析剂所吸附。

任务二 "生化分离技术" 课程导学

一、 课程目标

生化分离技术决定着产品的纯度和浓度，决定着生产成本，是影响生化物质能否产业化生产的关键技术。通过学习本课程，可对当前生化分离与纯化技术领域的预处理和提取技术、固液分离技术、沉淀技术、膜分离技术、层析技术、浓缩与干燥技术等生产常用技术有较全面、较详细的了解，并能锻炼工作岗位上的实际操作能力和初步掌握生物分离纯化工艺方案的设计能力。课程选择生产过程典型工作技能为学习重点，按照生产流程的顺序，结合职业教育规律，循序渐进安排理论内容和同步的实训教学，培养学生科学、务实的专业素质和扎实的专业技能，提高分析技术问题和因地制宜解决问题的能力，使毕业生胜任生化产品生产工作。

二、 人才培养目标

（一）素质目标

1. 政治思想道德素质方面

（1）拥护党的领导，具有爱国主义、集体主义、社会主义思想和良好的思想品德。

（2）遵守国家法律和校规校纪，爱护环境，讲究卫生，文明礼貌，自觉遵守并维护社会公德。

2. 科学文化素质方面

（1）有科学的认知理念、认知方法和实事求是、勇于实践的工作作风。

（2）自强、自立、自爱，有正确的审美观，言谈举止及衣着修饰等符合自己的职业和身份，有较高的文化修养。

3. 身体与心理素质方面

（1）有切合实际的生活目标和个人发展目标。

（2）能处理正常的人际关系，有集体主义和团结协作精神。

4. 职业道德与职业素质方面

（1）有正确的劳动态度和良好的劳动习惯，吃苦耐劳，爱岗敬业，恪尽职守。

（2）有良好的沟通交流能力，诚实守信，爱岗敬业。

（3）有安全意识，节约资源，爱护环境，安全生产。

（二）知识目标与技能目标

每个教学项目和综合实训都是依据一定的知识目标和技能目标而设置，具体目标要求如表 1-1 所示。

表 1-1　　　　　　　　　　《生化分离技术》的目标设置

模块	项目	知识目标	技能目标
生化分离生产基础技术	认识生化分离技术	认识生化分离技术在生化物质生产中的重要地位； 了解生化分离技术的发展历程； 了解生化分离技术的发展趋势	能端正学习本门课程的态度并树立学习信心； 能掌握学习《生化分离技术》的方法
	生化分离生产安全技术	意识到开展安全生产教育的意义； 掌握企业安全生产规章制度； 理解生产中的安全术语及常识； 掌握生产中危险物质管理的相关知识； 熟悉电气安全管理知识	能安全地使用和管理生产中的危险物质； 能维护和安全地操作生产设备； 能有效开展风险评价并控制风险； 能预防和应急处理生产中可能出现的各种危险
	生化分离生产策略	掌握生物物质分离纯化的原理； 熟悉生化分离生产的一般工艺过程； 了解分离纯化原料选择和成品保存方法； 掌握分离纯化的特点与一般步骤； 掌握分离方法选择的基本原则； 熟悉分离纯化工艺优化、放大和验证工作	能获取设计分离方案前应了解的信息； 能提高和完善传统分离技术； 会选择适宜的分离方法； 能充分考虑分离方案对环境的影响； 会选择和优化适宜的分离方法并予以实施； 综合掌握分离策略，提升创新意识，能开展应用研发
预处理和提取技术	预处理技术	掌握凝聚和絮凝技术的原理及特点； 掌握细胞破碎技术原理、特点及选择依据； 掌握发酵液的预处理技术的原理及特点； 掌握固液初级分离技术的原理及特点	能根据所应用产品的特点，正确选择凝聚和絮凝、细胞破碎、发酵液的预处理和固液初级分离技术预处理生物材料； 能通过查阅资料，正确完成微生物细胞破碎、发酵液的预处理和固液初级分离操作； 会使用常用的破碎、离心、过滤设备及装置

续表

模块	项目	知识目标	技能目标
预处理和提取技术	萃取技术	掌握影响萃取的主要因素； 理解溶剂互溶规律，理解双水相体系的形成原理； 熟悉常见的萃取方式； 了解浸取相关理论知识； 了解超临界流体萃取等新型萃取技术的特点及应用	能根据目标产物及杂质的性质初步选择萃取剂及操作条件； 能进行浸取及液-液萃取操作； 能理解成熟工艺的萃取单元操作条件
分离与纯化单元操作技术	固相析出技术	了解固相析出分离技术的应用； 熟悉盐析法概念、原理、特点及影响因素； 掌握盐析法具体操作方法及其注意事项； 熟悉有机溶剂沉淀法的概念、原理、特点及影响因素； 掌握有机溶剂沉淀法的具体操作方法及其注意事项； 熟悉结晶的基本原理，结晶的工艺过程； 掌握结晶的一般方法，影响晶体析出的主要因素及提高晶体质量的方法	能够进行盐析操作，并能对盐析效果进行评价； 能熟练进行有机溶剂沉淀操作，并能对有机溶剂沉淀效果进行评价； 能够进行等电点沉淀操作，并能对沉淀效果进行评价； 能够进行结晶操作，并能控制相应条件提高晶体的质量； 能够根据实际情况选择合适的沉淀或结晶方法，并进行相关数据运算
	膜分离技术	认识膜分离技术 理解膜分离过程的原理； 了解表征膜性能的参数； 了解膜分离的操作方式； 了解影响膜分离的因素	能选择适宜的膜分离技术分离料液； 能采用各种操作方式开展膜分离工作； 能正确处理膜污染和进行膜清洗、消毒与保存
	层析技术	熟悉凝胶过滤层析技术概念、原理、特点； 熟悉离子交换层析概念、原理、特点； 熟悉亲和层析技术概念、原理、特点； 熟悉疏水层析技术概念、原理、特点； 熟悉吸附层析技术概念、原理、特点； 熟悉纸层析及薄层层析技术概念、原理、特点	能针对不同的生物材料选择合适的层析技术； 能运用凝胶过滤层析技术分离纯化料液； 能运用离子交换层析技术分离纯化料液； 能运用亲和层析技术分离纯化料液； 能运用疏水层析技术分离纯化料液； 能运用吸附层析技术分离纯化料液； 能运用纸层析及薄层层析技术鉴定或制备生化物质
	浓缩与干燥技术	了解浓缩技术和干燥技术的各种方法； 理解蒸发浓缩和冷冻浓缩的原理； 理解热干燥和冷冻干燥的原理； 理解红外干燥和微波干燥的原理	能够根据原料特征选择适宜的浓缩方法； 能够根据原料特征选择适宜的干燥方法； 能够认识和操作浓缩设备； 能够认识和操作干燥设备

续表

模块	项目	知识目标	技能目标
分离与纯化单元操作技术	电泳及其他生化分离技术	掌握电泳的原理和影响电泳的主要因素； 掌握超声辅助提取原理和影响提取的因素； 掌握微波辅助提取的原理和影响提取的因素； 掌握酶辅助提取原理和影响提取的因素； 掌握 HSCCC 的原理和影响分离的因素	能熟悉和熟练操作电泳设备； 能采用 PAGE 和 SDS-PAGE 电泳分离蛋白质； 能采用琼脂糖凝胶电泳分离核酸； 能采用超声技术辅助提取生化物质； 能采用微波技术辅助提取生化物质； 能采用酶技术辅助提取生化物质； 能用高速逆流色谱设备分离纯化生化物质
生化分离技术综合实训	安全事故应急处理	1. 掌握火灾的应急处理知识和技能； 2. 掌握危险化学品泄漏事故的应急处理知识和技能； 3. 掌握急性化学品中毒事件的应急处理知识和技能； 4. 掌握生物安全事故的应急处理知识和技能	
	青霉素的制备及测定	1. 熟练掌握絮凝技术、固液分离技术、萃取技术、吸附技术、结晶技术和干燥技术等生化分离技术的操作方法； 2. 掌握以发酵液为原料，生产生物产品的一般工艺流程； 3. 具备参考《中国药典》中检验方法，HPLC 法测定样品含量的能力	
	甘露醇的制备及测定	1. 熟练掌握浸取法、等电点沉淀法、加热浓缩法、有机溶剂沉淀法，加热回流法，结晶法和干燥法等生化分离技术的操作方法； 2. 参照《中国药典》中检验方法，具备滴定法测定样品含量的能力； 3. 掌握初步鉴定甘露醇的方法	
	细胞色素 C 的制备及测定	1. 了解常见生化分离单元操作在生化物质生产中的流程关系； 2. 能对动物性原材料进行预处理操作； 3. 能熟练运用过滤、离心和沉降等固液分离技术； 4. 能熟练运用吸附层析技术分离纯化生化物质； 5. 能熟练运用盐析技术分离纯化生化物质； 6. 能熟练运用沉淀技术分离纯化生化物质； 7. 能熟练运用透析技术脱盐或除去小分子物质； 8. 能熟练运用紫外-可见分光光度法测定物质含量	
	PAGE 法分离蛋白质和同工酶	1. 掌握电泳法的原理和用途； 2. 熟练操作电泳设备完成蛋白质和同工酶的分离和鉴定	

三、 课程对应的从业岗位

课程主要是培养从天然的或生物工程的发酵液、动植物组织、细胞及体液中提取和精制生物产品的生物分离纯化生产技术人员。包括的职业岗位主要有以下几方面。

（1）生化产品制造　运用生物或化学半合成等技术，以动物、植物、微生物等为提取原料，制取天然活性物质。

（2）发酵制品生产　从事菌种培育及控制发酵，制得生产用发酵液，并加工成成品。

（3）基因工程产品制造　从事基因工程产品生产制造。

（4）生物制品制造　以微生物、细胞、动物或人源组织和体液等为原料，制造生物制品。

（5）其他生化产品生产　食品类、生物类和制药类生产中从事生化产品生产的其他岗位。

四、 课程特点

1. 知识点多

生物分离纯化主要包括预处理、提取、精制和成品加工等工艺生产过程，进一步细化又可分为原料的选择、原料的采集、预处理、提取、初级纯化、精制和浓缩与干燥等多个生产阶段，每个阶段又可采用多种不同的生化分离技术。因此，生化分离包含很多种具体的生产技术，在教学过程中涉及的知识点较多。

2. 理论性强

生物分离纯化的各个步骤，以及各个步骤中所采用的不同生产技术的生产原理是不同的。如沉淀技术，可分为有机溶剂沉淀、盐析沉淀、等电点沉淀、絮凝和凝聚等各种沉淀技术，这些技术的操作结果均为沉淀，但沉淀的原理不同，在操作中所需控制的生产条件也是不同的，只有掌握了相应的沉淀理论才能很好地沉淀目标物质。

3. 系统性强

生物分离纯化过程是各个生产步骤的依次递进，需要完成前面各个操作过程，才能进行后续步骤操作，得出产物。例如，结晶能够有效去除杂质，提高产品纯度和浓度，是一种常用的分离纯化技术。但是，原料达到一定的纯度和浓度是结晶技术能够应用的前提，如果原料纯度低于50%，目标物质就不会结晶析出，所以，必须完成前面的提取和初步分离纯化操作后，才能采用结晶技术。

4. 技能要求高

生物分离纯化操作的每个过程都会影响生产的结果，某个操作的失误和疏忽可能会导致无法得到合格的目的产物。生产人员需要了解各个生物分离纯化技术的原理、操作要点，以及这些技术适宜的组合方式，这样才能有效地运用这些技术达到分离纯化原料、实现获取生物产物的目的。

五、 与其他课程的关系

本课程是在学习《生物化学及应用技术》《应用微生物技术》《仪器分析》等前导专业课程后开设的，为后续学习专业课程、参加综合实训和完成顶岗实习铺平道路，也为将来毕业实践和从事生产工作起到重要的支撑作用。

六、 教学条件要求

1. 师资要求

本课程以对学生进行知识教学和技能教学为主，教师不仅需具备丰富的专业知识，还要具有足够的实践经验；不仅讲授课程，还要能够设计教学项目，带领学生完成实践训练。因此，本课程需由专、兼职教师结合的双师型教师组成的教学团队实施教学。

2. 教学场地、设施、设备要求

（1）实训室必须保证其场地、能源、采光、采暖、通风等设施条件和灰尘、电磁、温湿度、噪声、振动、有害气体、微生物等环境条件满足相关法律法规、技术规范或标准的要求。

（2）实训室内应配备合适的洗眼器、应急喷淋装置、灭火装置或喷水消防系统等安全设施。

（3）实训室供电电源功率应根据用电总负荷设计，设计时要留有余地。照明（和空调）用电和工作用电线路要分开，并应配备安全接地系统，总线路及各实训室的总开关上均应安装漏电保护开关。一些精密仪器需配备稳压电源。

（4）水槽、水管和接头材质均应耐腐蚀；水槽下部水管应装水封管，弯管处宜用三通阀，便于堵塞时疏通。

（5）动植物性实训材料需保证新鲜，配有适宜的存储设施。

（6）实训室配备专用的生化分离设备及配套的保障和安全防护设施。

【项目测试】

简答题

1. 作为未来从事生物产品生产的后备技术人才，请基于你对生化物质生产原料和生化产品的了解，简述生化分离技术的重要性。

2. 请简述生物技术产品从古至今的发展历程，并描述相应阶段生化分离技术的发展历程。

3. 谈一谈，你将如何学习本课程，从而通过学习本课程而获得从事生化物质分离生产的知识和技能。

项目二

生化分离生产安全技术

项目简介

　　生化物质分离生产涉及危险化学品，以及细菌和病毒等生物因子，并且生产过程具有高温、高压、真空、易燃、易爆、易中毒等特点，因此，生产中存在发生中毒、火灾和爆炸等隐患，以及发生生物安全事故的隐患。企业能否安全地生产事关生命财产安全和维护社会稳定。

　　为保证生产安全，生化企业生产人员应当明确并理解自己的职责，熟悉与其职责相关的安全管理要求，掌握安全生产技能。企业需按照相关规定组织员工开展生产安全相关的上岗前培训和在岗继续教育培训。本项目将围绕员工上岗前三级教育和全员安全生产教育的内容开展学习，主要学习安全生产规章制度、危险物质安全管理技术、生产设备与电气安全技术和生产安全分析与评价技术，使生产在符合安全要求的环境和工作秩序下进行，保证人身安全、设备安全、产品安全和环境安全。

知识要求

1. 意识到开展安全生产教育的意义。
2. 掌握企业安全生产规章制度。
3. 理解生产中的安全术语及常识。
4. 掌握生产中危险物质管理的相关知识。
5. 熟悉电气安全管理知识。

技术要求

1. 能安全地使用和管理生产中的危险物质。
2. 能维护和安全地操作生产设备。
3. 能有效开展风险评价并控制风险。
4. 能预防和应急处理生产中可能出现的各种危险。

任务一　生化分离生产安全教育

　　生化产品生产人员应当明确并理解自己的职责，熟悉与其职责相关的要求，并能安全地从事生产活动，因此需要接受必要的安全培训。企业组织开展的含有安全教育的培训主要有针对新晋从业人员的上岗前三级教育及定期针对全体员工开展的全员安全生产教育。员工接受教育，经考核合格后方可上岗或继续从事现岗位的工作。培训后，填写安全教育卡（包括个人信息、培训内容及考核成绩等信息），并需与考核试卷一起存档备查，作为新入职员工参加上岗教育和老员工参加全员教育的记录和证明。

一、 岗前三级教育

企业的新员工、特种作业人员、"五新"（新工艺、新技术、新设备、新材料、新产品）人员、复工人员、转岗人员必须接受公司（厂）级、车间（分厂）级和班组级的岗前三级安全教育，考核合格后方能上岗。教育内容包括：①安全生产制度，包括安全生产方针、政策、法规、规程和规范；②安全生产技术，包括通用安全技术知识、专业安全技术知识和安全工程科学技术知识的教育等；③职业健康保护等。

（一）公司（厂）级安全教育培训

公司级安全教育一般由企业安技部门负责进行，教育内容主要是公司层级通用的安全生产知识。

（1）讲解安全生产相关的法律法规，安全生产的内容和意义，使新入职的员工掌握"安全第一、预防为主"的安全生产方针，树立"安全生产，人人有责"的安全意识。

（2）介绍企业的安全生产概况，包括企业安全生产组织的概况，企业安全工作发展史，企业安全生产相关的规章制度。

（3）介绍企业生产特点，工厂设备分布情况，结合安全生产的经验和教训重点讲解要害部位、特殊设备的注意事项。

（4）培训安全生产基础知识和技能，包括危险物质使用、储存及防护等，电气安全、防火、防爆技术等，危险源辨识与风险控制等。

（5）开展职工职业病防治培训教育，有效保证职工安全健康，避免或降低职业病的伤害。

（6）通过常见事故案例分析和针对性模拟训练，全面提高自我防护、预防事故、事故急救、事故处理的基本能力，从而全面提高企业安全管理素质与水平。

（二）部门（车间）级安全教育培训

车间级安全教育由车间负责人和安全员负责。针对本部门的生产特点、危险区域和特殊设备操作等予以重点介绍。

（1）介绍车间的安全生产概况，包括安全生产组织结构及其人员，车间安全生产相关的规章制度。

（2）介绍车间的生产特点、性质，生产工艺流程及相应设备，主要工种及作业中的专业安全要求。重点介绍车间危险区域、特种作业场所，有毒、有害岗位情况。

（3）介绍事故多发部位、事故原因及相应的特殊规定和安全要求，并剖析车间易发事故和典型事故案例，总结车间安全生产的经验与问题等。

（4）介绍车间应急预案、消防预案和疏散方案等应急措施，并进行应急处理训练。

（三）班组级安全教育培训

班组是企业的基本作业单位，班组管理是企业管理的基础，班组安全工作是企业一切工作的落脚点。因此，班组安全教育非常重要。班组安全教育的重点是岗位安全基础教育，主要由班组长和安全员负责教育。安全操作法和生产技能教育可由安全员、培训员传授。

（1）介绍班组安全活动内容及作业场所的安全检查和交接班制度。

（2）介绍本班组生产概况、特点、范围、作业环境、设备状况，消防设施等。重点介绍可能发生伤害事故的各种危险因素和危险岗位，用一些典型事故实例去剖析讲解。

（3）介绍本岗位使用的机械设备、工具性能、防护装置，讲解相应的标准操作规程。讲解本工种安全操作规程和岗位责任及有关安全注意事项，使学员真正从思想上重视安全生产，自觉遵守安全操作规程，做到不违章作业，爱护和正确使用机器设备、工具等。

（4）讲解劳动保护用品的使用及保管方法，边示范，边讲解安全操作要领，说明注意事项，并讲述违反操作造成的严重后果。

二、 全员安全生产教育

每位员工每年至少接受一次由各部门（车间）负责实施的全员安全操作规程教育，并进行考核。教育内容包括安全生产责任制、标准化管理、各项安全要求、安全生产技术等。

全员安全教育培训目的在于，提高企业领导与管理层的安全意识，提高从业人员的安全技能，强化"安全第一、预防为主、综合治理"的观念。通过集中学习，进一步掌握安全技术操作规程，培养遵守劳动安全纪律的自觉性。

三、 生化产品安全生产的相关知识

（一）安全生产中的术语及常识

1. 安全生产中的术语

安全（safety）：在生产活动过程中，能将人员伤亡或财产损失控制在可接受水平之下的状态。

危险（danger）：在生产活动过程中，人员或财产遭受损失的可能性超出了可接受范围的一种状态。

事故（fault）：在生产和行进过程中，突然发生的与人们的愿望和意志相反的情况，使生产进程停止或受到干扰的事件。

事故隐患（accident potential）：生产系统中可导致事故发生的人的不安全行为、物的不安全状态和管理上的缺陷，是一种潜藏的祸患。

安全性（safety property）：确保安全的程度，是衡量系统安全程度的客观量。

安全生产（work safety）：在生产经营活动中，为避免造成人员伤害和财产损失的事故而采取相应的事故预防和控制措施，以保证从业人员的人身安全，保证生产经营活动得以顺利进行的相关活动。具体地说，安全生产是指企事业单位在劳动生产过程中的人身安全、设备和产品安全，以及交通运输安全等。

2. 造成安全事故的原因

安全事故轻则造成经济损失，重则危及生命。安全事故的发生有其必然性和偶然性。

造成安全事故的直接原因包括设备的不安全状态和人员的不安全行为。不安全行为产生的主要原因：①不知道正确的操作方法。②虽然知道正确的操作方法，却为尽快完工而省略了必要的步骤。③按自己的习惯操作。

造成安全事故的间接原因：①技术原因；②教育原因；③身体原因；④精神原因；⑤管理原因。

（二）安全生产工作的基本思路与措施

安全生产关系人民群众生命和财产安全，安全责任重于泰山。

1. 安全生产的基本方针

安全生产工作应当以人为本，坚持安全发展，坚持"安全第一、预防为主、综合治理"的方针。在各类生产经营和社会活动中，要把安全放在第一位；在各项安全措施的落实上，要把预防放在第一位。

2. 安全生产的原则

①管生产必须管安全的原则；②谁主管谁负责的原则；③安全生产人人有责（安全生产责任制）。

3. 安全生产中的"三点控制"

"三点控制"是指危险点控制、危害点控制和事故多发点控制。

4. 保障安全生产的"五要素"

"五要素"是指安全文化（即安全意识）、安全法制、安全责任、安全科技、安全投入。

5. 安全生产中的"三违"现象

"三违"现象是指违反规章制度、违章操作和违章指挥。

6. 安全管理中的"四全管理"

"四全管理"是指全员、全面、全过程、全天候。"四全管理"的基本精神是人人、处处、事事、时时都要把安全放在首位。

7. 安全检查的要点

安全检查的要点包括查思想，查管理，查现场、查隐患，查整改，查事故处理。

8. 调查处理工伤事故的"三不放过"

①事故原因不清不放过；②事故责任者和员工没受到教育不放过；③没有防范措施不放过。

（三）员工安全生产须知

1. 虚心学习，掌握技能

员工应认真接受安全生产教育，努力掌握生产知识，并逐步实践，反复练习生产技能。

2. 遵守安全生产的一般规则

员工应整理整顿工作地点，保证作业环境整洁、有序；经常维护保养设备，保证设备能够安全运行；按照标准进行操作，避免意外发生。

3. 遵守安全生产规章制度和操作规程

员工在生产过程中要做到"五必须"和"五严禁"。"五必须"：必须遵守厂纪厂规；必须经安全生产培训考核合格后持证上岗作业；必须了解本岗位的危险危害因素；必须正确佩戴和使用劳动防护用品；必须严格遵守危险性作业的安全要求。"五严禁"：严禁在禁火区域吸烟、动火；严禁在上岗前和工作时间饮酒；严禁擅自移动或拆除安全装置和安全标志；严禁擅自触摸与己无关的设备、设施；严禁在工作时间串岗、离岗、睡岗或嬉戏打闹。

4. 做到"三不伤害"

两人以上共同作业时注意协作和相互联系，立体交叉作业时要注意安全，做到不伤害自己，不伤害他人，不被他人伤害。

5. 工作前后进行安全检查

员工在开工前，要了解生产任务、作业要求和安全事项。工作中，要检查劳动防护用品穿戴、机械设备运转安全装置是否完好。完工后，应将气阀、水阀、煤气、电气开关等关好；整理好用具和工具箱并放在指定地点；危险物品应存放在指定场所，填写使用记录，关门上锁。

（四）员工的权利和义务

1. "八大权利"

"八大权利"是指知情权，建议权，批评、检举、控告权，拒绝权，紧急避险权，获得赔偿权，获得教育培训权，获得劳防用品权。

2. 三项义务

三项义务是指遵章守纪，服从管理义务；学习安全知识，掌握安全技能义务；险情报告义务。

3. 从业人员的其他权益

从业人员的其他权益包括预防职业病和职业中毒的权益；享有休息休假的权益；女职工享受特殊保护的权益；发生权益争议，有权提请复议和劳动仲裁。

任务二　危险因素安全管理技术

生化物质生产过程中不可避免的存在着威胁人类健康与生态环境的危险因素，这些危险因素主要包括生产中涉及的危险化学品、危险废物，以及病毒和细菌等生物因子。危险物质的辨识、使用、运输和储存方法是生化物质生产工作人员从事安全生产和个体保护必备的技能。

一、认识生化物质生产企业中的危险物质

（一）生化物质生产中的危险物质

生化物质生产中常见的危险物质如下所述。

1. 按照在生产中的存在形式分类

①原料；②辅料：溶剂、冻存保护剂等，如乙酸丁酯、二甲基亚砜；③生产用菌株、病毒株或细胞株：如大肠杆菌、狂犬病病毒等；④中间体：如7-氨基头孢烷酸（简称7-ACA）；⑤产品：如青霉素产品中含有的致敏物质；⑥副产物或危险废物：如微生物生成的废气、培养基废渣等。

2. 按照存在形态分类

①固体；②液体；③气体；④蒸气：固体升华、液体挥发或蒸发时形成的蒸气，凡沸点低、蒸气压大的物质都易形成蒸气；⑤粉尘：能较长时间悬浮在空气中的固体微粒，粒径多在 $0.1\sim10\mu m$；⑥微生物气溶胶：一群形体微小、构造简单的单细胞或接近单细胞的生物悬浮于空气中所成形的胶体体系，粒子大小在 $0.01\sim100\mu m$，一般为 $0.1\sim30\mu m$；⑦生物因子：如细菌和病毒等。

（二）危险化学品及其分类

危险化学品是指具有毒害、腐蚀、爆炸、燃烧、助燃等性质，对人体、设施、环境具有危害的剧毒化学品和其他化学品。

安全监管总局等十部门公告的《危险化学品目录（2018版）》将化学品的危害分为物理危险、健康危害和环境危害三大类，28个大项和81小项，不再将化学

品危害分为原来的 7 大项 17 小项。GB 13690—2009《化学品分类和危险性公式通则》和 GB 6944—2012《危险货物分类和品名编号》等对各类危险化学品的性质、特点进行了详细介绍。29 个大项具体如下所述。

1. 物理危险

（1）爆炸物；

（2）易燃气体；

（3）气溶胶（又称气雾剂）；

（4）氧化性气体；

（5）加压气体；

（6）易燃液体；

（7）易燃固体；

（8）自反应物质和混合物；

（9）自燃液体；

（10）自燃固体；

（11）自热物质和混合物；

（12）遇水放出易燃气体的物质和混合物；

（13）氧化性液体；

（14）氧化性固体；

（15）有机过氧化物；

（16）金属腐蚀物。

2. 健康危害

（1）急性毒性；

（2）皮肤腐蚀/刺激；

（3）严重眼损伤/眼刺激；

（4）呼吸道或皮肤致敏；

（5）生殖细胞致突变性；

（6）致癌性；

（7）生殖毒性；

（8）特异性靶器官毒性——次接触；

（9）特异性靶器官毒性–反复接触；

（10）吸入危害。

3. 环境危害

（1）危害水生环境–急性危害；

（2）危害水生环境–长期危害；

（3）危害臭氧层。

（三）生物危害及生物安全警示标识

1. 生物危害

生物危害（bio-hazard）是由生物因子形成的伤害。评估微生物危险性的依据主要包括：①实验室感染的可能性；②感染后发病的可能性；③发病症状轻重及愈后情况；④有无致命危险；⑤有无防止感染方法及用一般的微生物操作方法能否防止感染；⑥我国是否有此种菌种及是否曾引起流行、人群免疫力低下等问题。

2. 生物安全警示标识

生物安全警示标志用于指示该区域或物品中的生物物质（致病微生物、细菌等）对人类及环境会有危害。国际通用生物危害警告标志为橙红色，有三边。危险废弃物的容器、存放血液和其他有潜在传染性的物品及在进行生物危险物质操作的二级以上生物防护安全实验室的入口处等贴有此标识。目前使用的生物危害警告标志的主体均为该标志，但颜色及背景可以为其他颜色，用于表示不同的生物安全级别，该标志下方还可以附带相应的警示信息，见图1-1。

图1-1　生物安全警示标识

（四）常见的生物制品生产用菌（毒）种

生物制品生产用菌（毒）种通常是指用于生产细菌活疫苗、微生态活菌制品、细菌灭活疫苗及纯化疫苗、体内诊断制品、病毒活疫苗、病毒灭活疫苗和重组产品的菌种及病毒。

依据病原微生物的危险程度，我国将生物制品生产用菌（毒）种分为四类。

（1）第一类病原微生物　是指能够引起人类或者动物非常严重疾病的微生物，以及我国尚未发现或者已经宣布消灭的微生物。

（2）第二类病原微生物　是指能够引起人类或者动物严重疾病，比较容易直接或者间接在人与人、动物与人、动物与动物间传播的微生物。如：结核分枝杆菌、狂犬病病毒等。

（3）第三类病原微生物　是指能够引起人类或者动物疾病，但一般情况下对人、动物或者环境不构成严重危害，传播风险有限，实验室感染后很少引起严重疾病，并且具备有效治疗和预防措施的微生物。如：肺炎双球菌、破伤风梭菌等。

（4）第四类病原微生物　是指在通常情况下不会引起人类或者动物疾病的微

生物。重组产品生产用工程菌株按第四类病原微生物管理。

（五）生化物质生产中的危险废物

生化物质生产过程中会生成各种危险废物（表1-2），这些危险废物通常是危险化学品的混合物，除易爆和具有放射性以外的危险废物外，均可进行焚烧的方式处理。生化物质生产企业要加强对危险废物的污染控制，对危险废物焚烧全过程进行污染控制；对具备热能回收条件的焚烧设施要考虑热能的综合利用。

表 1-2　　　　　　　　　　　　生化物质生产中常见的危险废物

废物类别	行业来源	废物代码	危险废物	危险特性
HW02 医药废物	生物、生化制品的制造	276-001-02	利用生物技术生产生物化学药品、基团工程药物过程中的蒸馏及反应残渣	毒性
		276-002-02	利用生物技术生产生物化学药品、基团工程药物过程中的母液、反应基和培养基废物	毒性
		276-003-02	利用生物技术生产生物化学药品、基团工程药物过程中的脱色过滤（包括载体）物与滤饼	毒性
		276-004-02	利用生物技术生产生物化学药品、基团工程药物过程中废弃的吸附剂、催化剂和溶剂	毒性
		276-005-02	利用生物技术生产生物化学药品、基团工程药物过程中的报废药品及过期原料	毒性

注：摘自环境保护部、国家发展改革委于2008年发布的《国家危险废物名录》。

二、 生化物质生产企业对危险物质的综合防护措施

（一）常见的防护措施

1. 替代或排除有毒、高毒物料

在生产中，要避免或减少使用有毒、有害、易燃和易爆的原、辅材料。用无毒物料代替有毒物料，用低毒物料代替高毒或剧毒物料，用不可燃或难燃物料替代易燃物料是消除或减少物料危害的有效措施。

2. 采用危害性小的工艺

生产过程中可供选择的危险化学品的替代品有限，为了消除或降低化学品危害，还可以改变工艺，以无害或危害性小的工艺代替危害性较大的工艺，从根本上消除毒物危害。

3. 隔离

敞开式生产过程中，有毒物质会散发、外溢，毒害工作人员和环境。隔离就

是采用封闭、设置屏障和机械化代替人工操作等措施，把操作人员与有毒物质和生产设备等隔离开。避免作业人员直接与有害因素接触是控制危害最彻底、最有效的措施。

作业环境中毒物浓度高于国家卫生标准时，把生产设备的管线阀门、电控开关放在与生产地点完全隔开的操作室内是一种常用的防护措施。

4. 通风

通风是控制作业场所中有害或危险性气体、蒸气或粉尘最有效的措施。借助于有效的通风不断更新空气，能使作业场所空气中有害或危险性物质浓度低于安全浓度，保证工人的身体健康，防止火灾、爆炸事故的发生。

通风包括排风和进风。排风是在局部地点或整个车间把污浊空气排至室外，进风是把新鲜空气或经过净化符合卫生要求的空气送入室内。

点式扩散源宜采用局部通风。局部通风是把污染源罩起来，对局部地点进行排风或送风，以控制有害物向室内扩散，局部通风所需风量小，经济有效，并便于有害物质净化回收。

面式扩散源宜采用全面通风。全面通风是对整个车间进行排风或送风，抽出污染空气，提供新鲜空气，降低有害物质浓度，全面通风能有效降低作业场所中有害物质浓度，但全面通风所需风量大，难以净化回收有害物质。

通风只是分散稀释有害物质而不能消除，所以仅适合于低毒性作业场所，不适于有害物质浓度、产量、危害性大的场所。

5. 个体防护

当作业场所中有害物质浓度超标时，工作人员必须使用适宜的个体防护用品避免或减轻危害程度。使用防护用品和养成良好的卫生习惯可以防止有毒物质从呼吸系统、消化道和皮肤进入人体。防护用品主要有头部防护器具、呼吸防护器具、眼防护器具、身体防护用品、手足防护用品等。

个体防护用品的使用只能作为一种保护健康的辅助性措施，并不能消除工作场所中危害物质的存在，所以作业时要保证个体防护用品的完整性和使用的正确性，以有效阻止有害物进入人体。另外，还要指导工人养成良好的卫生习惯，不在作业场所吃饭、饮水、吸烟，坚持饭前漱口，班后洗浴、清洗工作服等。

6. 定期体检

企业要定期对从事有毒作业的劳动者进行健康检查，以便能对职业中毒者早期发现、早期治疗。如从事卡介苗或结核菌素生产的人员应当定期进行肺部 X 光透视或其他相关项目健康状况检查。

（二）微生物气溶胶的控制

微生物气溶胶的吸入是引起感染的最主要因素途径，防止微生物气溶胶扩散是控制病原微生物感染的重要方法。综合利用围场操作、屏障隔开、有效拦截、定向气流、空气消毒等防护措施可以获得良好的效果。但由于气溶胶具有很强的扩散能力，工作人员在这些防护措施基础上，仍然需要进行个人防护，以防止气溶胶的吸入。

1. 围场操作

围场操作是把感染性物质局限在一个尽可能小的空间（例如生物安全柜）内进行操作的过程，使之不与人体直接接触，并与开放空气隔离，避免人的暴露。生物安全室也是围场，是第二道防线，可起到"双重保护"作用。围场大小要适宜，以达到既保证安全又经济合理的目的。目前，进行围场操作的设施设备往往组合应用了机械、气幕、负压等多种防护原理。

2. 屏障隔离

微生物气溶胶一旦产生并突破围场，要靠各种屏障防止其扩散，因此屏障也被视为第二层围场。例如，生物安全实验室围护结构及其缓冲室或通道，能防止气溶胶进一步扩散，保护环境和公众健康。

3. 定向气流

对生物安全三级以上实验室的要求是保持定向气流。其要求包括：①实验室周围的空气应向实验室内流动，以杜绝污染空气向外扩散的可能，保证不危及公众；②在实验室内部，清洁区的空气应向操作区流动，保证没有逆流，以减少工作人员暴露的机会；③轻污染区的空气应向污染严重的区域流动。以 BSL-3 实验室为例，原则上半污染区与外界气压相比应为-20Pa，核心实验室气压与半污染区相比也应为-20Pa，感染动物房和解剖室的气压应低于普通 BSL-3 实验室核心区。

4. 有效消毒灭菌

实验室生物安全的各个环节都少不了消毒技术的应用，实验室的消毒主要包括空气、表面、仪器、废物、废水等的消毒灭菌。在应用中应注意根据生物因子的特性和消毒对象进行有针对性地选择，并应注意环境条件对消毒效果的影响。凡此种种，都应在操作规程中有详细规定。

5. 有效拦截

有效拦截是指生物安全实验室内的空气在排入大气之前，必须通过高效粒子空气（HEPA）过滤器过滤，将其中感染性颗粒阻拦在滤材上。这种方法简单、有效、经济实用。HEPA 滤器的滤材是多层、网格交错排列的，因此其拦截感染性气溶胶颗粒的原理在于：①过筛：直径小于滤材网眼的颗粒可能通过，大于的被拦截。②沉降：由于重力和热沉降或静电沉降作用，粒子有可能被阻拦在滤材上。③惯性撞击：气溶胶粒子直径虽然小于网眼，由于粒子的惯性撞击作用也可能阻拦在滤材上。④粒子扩散：对于直径较小的气溶胶粒子，虽然小于网眼，由于粒子的扩散作用也可能被阻拦在滤材上。

（三）生物安全实验室

GB 19489—2008《实验室生物安全通用要求》指出生物因子系指微生物和生

物活性物质，涉及生物因子操作的实验室需配套相应生物安全防护级别的实验室设施、设备和安全管理。根据对所操作生物因子采取的防护措施，将实验室生物安全防护水平分为生物安全第一等级（简称：一级，bio-safety level-1，BSL-1）、生物安全第二等级（BSL-2）、生物安全第三等级（BSL-3）和生物安全第四等级（BSL-4）。一级防护水平最低，四级防护水平最高。

依据国家相关规定：①生物安全防护水平为一级的实验室适用于操作在通常情况下不会引起人类或者动物疾病的微生物；②生物安全防护水平为二级的实验室适用于操作能够引起人类或者动物疾病，但一般情况下对人、动物或者环境不构成严重危害，传播风险有限，实验室感染后很少引起严重疾病，并且具备有效治疗和预防措施的微生物；③生物安全防护水平为三级的实验室适用于操作能够引起人类或者动物严重疾病，比较容易直接或者间接在人与人、动物与人、动物与动物间传播的微生物；④生物安全防护水平为四级的实验室适用于操作能够引起人类或者动物非常严重疾病的微生物，以及我国尚未发现或者已经宣布消灭的微生物。

以 BSL-1、BSL-2、BSL-3、BSL-4 表示仅从事体外操作的实验室的相应生物安全防护水平。以 ABSL-1、ABSL-2、ABSL-3、ABSL-4（animal bio-safety level，ABSL）表示包括从事动物活体操作的实验室的相应生物安全防护水平。

以相对常见的 BSL-1、BSL-2 生物安全实验室为例，对生物安全实验室的设施和设备予以介绍。

1. BSL-1 实验室

（1）实验室的门应有可视窗并可锁闭，门锁及门的开启方向应不妨碍室内人员逃生。

（2）应设洗手池，宜设置在靠近实验室的出口处。

（3）在实验室门口处应设存衣或挂衣装置，可将个人服装与实验室工作服分开放置。

（4）实验室的墙壁、天花板和地面应易清洁、不渗水、耐化学品和消毒灭菌剂的腐蚀。地面应平整、防滑，不应铺设地毯。

（5）实验室台柜和座椅等应稳固，边角应圆滑。

（6）实验室台柜等和其摆放应便于清洁，实验台面应防水、耐腐蚀、耐热和坚固。

（7）实验室应有足够的空间和台柜等摆放实验室设备和物品。

（8）应根据工作性质和流程合理摆放实验室设备、台柜、物品等，避免相互干扰、交叉污染，并应不妨碍逃生和急救。

（9）实验室可以利用自然通风，如果采用机械通风，应避免交叉污染。

（10）如果有可开启的窗户，应安装可防蚊虫的纱窗。

（11）实验室内应避免不必要的反光和强光。

（12）若操作刺激或腐蚀性物质，应在30m内设洗眼装置，必要时应设紧急喷淋装置。

（13）若操作有毒、刺激性、放射性挥发物质，应在风险评估的基础上，配备适当的负压排风柜。

（14）若使用高毒性、放射性等物质，应配备相应的安全设施、设备和个体防护装备，应符合国家、地方的相关规定和要求。

（15）若使用高压气体和可燃气体，应有安全措施，应符合国家、地方的相关规定和要求。

（16）应设应急照明装置。

（17）应有足够的电力供应。

（18）应有足够的固定电源插座，避免多台设备使用共同的电源插座。应有可靠的接地系统，应在关键节点安装漏电保护装置或监测报警装置。

（19）供水和排水管道系统应不渗漏，下水应有防回流设计。

（20）应配备适用的应急器材，如消防器材、意外事故处理器材、急救器材等。

（21）应配备适用的通讯设备。

（22）必要时，应配备适当的消毒灭菌设备。

2. BSL-2实验室

（1）适用时，应符BSL-1实验室A的要求。

（2）实验室主入口的门、放置生物安全柜实验间的门应可自动关闭；实验室主入口的门应有进入控制措施。

（3）实验室工作区域外应有存放备用物品的条件。

（4）应在实验室工作区配备洗眼装置。

（5）应在实验室或其所在的建筑内配备高压蒸气灭菌器或其他适当的消毒灭菌设备，所配备的消毒灭菌设备应以风险评估为依据。

（6）应在操作病原微生物样本的实验间内配备生物安全柜。

（7）应按产品的设计要求安装和使用生物安全柜。如果生物安全柜的排风在室内循环，室内应具备通风换气的条件；如果使用需要管道排风的生物安全柜，应通过独立于建筑物其他公共通风系统的管道排出。

（8）应有可靠的电力供应。必要时，重要设备（如：培养箱、生物安全柜、冰箱等）应配置备用电源。

三、 生化物质生产企业安全生产管理

（一）危险化学品的管理

1. 危险化学品的使用

（1）熟悉常用危险化学品的种类、特性、危害、储存地点，严格按照标准操

作规程领取、储存、使用和退回危险化学品。

（2）提高突发情况应对能力，熟悉事故的处理程序及方法，掌握急救知识，避免应对不当导致危险化学品造成伤害。

（3）不得随意排放、丢弃危险化学品废弃物，需交由有资质的废物处理机构处理。

2. 危险化学品的储存

（1）仓库保管员应熟悉本单位储存和使用的危险化学品的性质、保管知识和相关消防安全规定。

（2）根据物品种类、性质，按规定分垛储存、摆放各种危险化学品，并设置相应通风、防火、防雷、防晒、防泄漏等安全设施。

（3）爆炸品、剧毒品严格执行"五双"制度（双人保管、双把锁、双人领取、双本账、双人使用）。

（4）严格执行危险化学品储存管理制度，严格危险化学品出、入库手续，监督进入仓库的职工，严防原料和产品流失。

（5）正确使用个体防护用品，并指导进入仓库的职工正确佩带个体防护用品。

（6）定期检查危险化学品，旋紧瓶盖，以防挥发、变质、自燃或爆炸。

（7）定期巡视危险化学品仓库以及周围环境，做到防潮、防火、防腐、防盗，消除事故隐患。

（8）按照消防的有关要求对消防器材进行管理，定期检查、定期更换。

（9）做到账物相符，日清月结，包括危险品存、出情况，安全情况和废液、废渣情况等。发现差错，及时查明原因并予以纠正，遇有意外情况，及时向领导汇报。

3. 危险化学品的运输

（1）防护　从事危险化学品的运输装卸人员，应按危险品的性质佩戴相应的防护用品。防护用品包括工作服、橡皮围裙、橡皮袖罩、橡皮手套、长筒胶靴、防毒面具、滤毒口罩、纱口罩、纱手套和护目镜等，操作后应进行清洗或消毒，放在专用的箱柜中保管。

（2）准备　在装卸搬运化学原辅材料前，要预先做好准备工作，了解物品性质，检查装卸搬运的工具是否牢固，不牢固的应予更换或修理。如工具上曾被易燃物、有机物、酸、碱等污染的，必须清洗后方可使用。

（3）运输工具　禁止用电瓶车、翻斗车、铲车、自行车等运输爆炸品。运输强氧化剂、爆炸品及用铁桶包装的一级易燃液体时，没有采取可靠安全措施的，不得用铁底板车及汽车挂车。运输危险化学品的车辆必须戴阻火器，并且要防止日光曝晒。运输危险化学品的槽车、罐车以及其他容器必须封口严密，能够承受正常运输条件下产生的内部压力和外部压力，保证危险化学品在运输中不因温度、湿度或者压力的变化发生任何渗漏。

（4）装卸　两种性能互相抵触的物品，不得同地装卸，同车（船）并运。装卸时必须轻装轻卸，严禁撞击、重压、碰摔、震动和摩擦，不得损毁包装容器，并注意标识，堆放稳妥。液体铁桶包装下垛时，不可用跳板快速溜放，应在地上，垛旁垫旧轮胎或其他松软物，缓慢放下。标有不可倒置标志的物品切勿倒放。发现包装破漏，必须移至安全地点整修，或更换包装。整修时不应使用可能发生火花的工具。化学危险物品散落在地面上时，应及时扫除，对易燃易爆物品应用松软物经水浸湿后扫除。

（5）养成良好习惯　装卸搬运时不得饮酒、吸烟。工作完毕后根据工作情况和危险品的性质，及时清洗手、脸、漱口或淋浴。装卸搬运毒害品时，必须保持现场空气流通，如果发现恶心、头晕等中毒现象，应立即到新鲜空气处休息，脱去工作服和防护用具，清洗皮肤沾染部分，重者送医院诊治。

（6）强腐蚀性物品　装卸搬运强腐蚀性物品，操作前应检查箱底是否已被腐蚀，以防脱底发生危险。搬运时禁止肩扛、背负或用双手揽抱，只能挑、抬或用车子搬运。搬运堆码时，不可倒置、倾斜、震荡，以免液体溅出发生危险。在现场须备有清水、苏打水或冰醋酸等，以备急救时应用。

（7）放射性物品　装卸搬运放射性物品时，不得肩扛、背负或揽抱。并尽量减少人体与物品包装的接触，应轻拿轻放，防止摔破包装。工作完毕用肥皂和水清洗手脸和淋浴后才可进食、饮水。对防护用具和使用工具，须经仔细洗刷，除去射线感染。对沾染放射性的污水，不得随便流散，应引入深沟或进行处理。

（二）生物制品生产、检定用菌毒种管理

菌毒种，系指直接用于制造和检定生物制品的细菌、立克次体或病毒等，菌毒种参照《人间传染的病原微生物名录》分类。生产和检定用菌毒种，包括 DNA 重组工程菌菌种，来源途径应合法，并经国家药品监督管理部门批准。菌毒种由国家药品检定机构或国家药品监督管理部门认可的单位保存、检定及分发。生产用菌（毒）种的管理详见 2015 版《中国药典》第三部中《生物制品生产检定用菌毒种管理规程》。

生物制品生产用菌毒种应采用种子批系统。原始种子批（Primary Seed Lot）应验明其记录、历史、来源和生物学特性。从原始种子批传代和扩增后保存的为主种子批（Master Seed Lot）。从主种子批传代和扩增后保存的为工作种子批（Working Seed Lot），工作种子批用于生产。工作种子批的生物学特性应与原始种子批一致，每批主种子批和工作种子批均应按药典中各论要求保管、检定和使用。生产过程中应规定各级种子批允许传代的代次，并经国家药品监督管理部门批准。

菌毒种的传代及检定实验室应符合国家生物安全的相关规定。各生产单位质量管理部门对本单位的菌毒种施行统一管理。

1. 菌毒种登记程序

（1）菌毒种由国家药品检定机构统一进行国家菌毒种编号，各单位不得更改及仿冒。未经注册并统一编号的菌毒种不得用于生产和检定。

（2）保管菌毒种应有严格的登记制度，建立详细的总账及分类账。收到菌毒种后应立即进行编号登记，详细记录菌毒种的学名、株名、历史、来源、特性、用途、批号、传代冻干日期和数量。在保管过程中，凡传代、冻干及分发，记录均应清晰，可追溯，并定期核对库存数量。

（3）收到菌毒种后一般应及时进行检定。用培养基保存的菌种应立即检定。

2. 菌毒种的检定

（1）生产用菌毒种应按要求进行检定。

（2）所有菌毒种检定结果应及时记入菌、毒种检定专用记录内。

（3）不同属或同属菌毒种的强毒株及弱毒株不得同时在同一洁净室内操作。涉及菌毒种的操作应符合国家生物安全的相关规定。

（4）应对生产用菌毒种已知的主要抗原表位的遗传稳定性进行检测，并证明在规定的使用代次内其遗传性状是稳定的。减毒活疫苗中所含病毒或细菌的遗传性状应与原始种子批和/或主种子批一致。

3. 菌毒种的保存

（1）菌毒种经检定后，应根据其特性，选用冻干或适当方法及时保存。

（2）不能冻干保存的菌毒种，应根据其特性，置适宜环境至少保存 2 份或保存于两种培养基。

（3）保存的菌毒种传代或冻干均应填写专用记录。

（4）保存的菌毒种应贴有牢固的标签，标明菌毒种编号、名称、代次、批号和制备日期等内容。

4. 菌毒种的销毁

无保存价值的菌毒种可以销毁。销毁一、二类菌毒种的原始种子批、主种子批和工作种子批时，须经本单位领导批准，并报请国家卫生行政当局或省、自治区、直辖市卫生当局认可。销毁三、四类菌毒种须经单位领导批准。销毁后应在账上注销，做出专项记录，写明销毁原因、方式和日期。

5. 菌毒种的索取、分发与运输

（1）索取菌毒种，应按《中国医学微生物菌种保藏管理办法》执行。

（2）分发生物制品生产和检定用菌毒种，应附有详细的历史记录及各项检定结果。菌毒种采用冻干或真空封口形式发出，如不可能，毒种亦可以组织块或细胞悬液形式发出，菌种亦可用培养基保存发出，但外包装应坚固，管口必须密封。

（3）菌毒种的运输应符合国家相关管理规定，如《可感染人类的高致病性病原微生物菌（毒）种或样本运输管理规定》等。

（三）消毒及灭菌

生化生产企业常采用消毒及灭菌的方法来避免微生物对生化物质的污染，以及菌毒种对人体和环境的威胁。灭菌系指用化学或物理的方法杀灭或去除物料及设备、空间中所有微生物的技术或工艺过程。消毒系指杀灭或清除病原微生物，达到无害化程度，杀灭率 99.9% 以上。生化物质生产企业常用的灭菌工艺有以下几种。

1. 化学灭菌

用化学物质杀灭微生物的灭菌操作。常见的化学灭菌剂有氧化剂类、卤化物类、有机化合物等。

机理：与微生物细胞中的成分反应，使蛋白质变性，酶失活，破坏细胞膜透性，细胞死亡。应用于皮肤表面、器具、实验室和工厂的无菌区域的台面、地面、墙壁及空间的灭菌。使用方法为浸泡、擦拭、喷洒等。常用化学灭菌剂的杀菌原理及使用浓度见表 1-3。

表 1-3　　　　　　　　生化物质生产企业常用的化学灭菌剂

化学灭菌剂	杀菌原理	使用浓度
高锰酸钾	使蛋白质、氨基酸氧化	0.1%~3%
过氧乙酸	氧化蛋白质的活性基团	0.2%~0.5%
漂白粉	在水溶液中分解为新生态氧和氯	1%~5%
苯扎溴铵（新洁而灭）	以阳离子形式与菌体表面结合，引起菌体外膜损伤和蛋白质变性	0.25%
酒精	使细胞脱水，蛋白质凝固变性	75%
甲醛	强还原剂，与氨基结合	37%
甲酚皂（来苏尔）	蛋白质变性，损伤细胞膜	1%~5%

2. 物理灭菌

各种物理条件如高温、辐射、超声波及过滤等进行灭菌。①辐射灭菌：高能量电磁辐射与菌体核酸的光化学反应造成菌体死亡，如以 ^{60}Co 射线灭菌。②高温干热灭菌法：电热烤箱加热至 140~180℃，维持 1~2h 或灼烧，利用氧化、蛋白质变性和电解质浓缩等作用致死微生物。③高温湿热灭菌法：121℃维持 15~30min，利高温和蒸气的穿透力灭菌。

（四）病毒的去除与灭活

为了提高生化产品的安全性，尤其是血液制品的安全性，生产工艺要具有一定的去除或灭活病毒能力，生产过程中应有特定的去除/灭活病毒方法。例如，凝血因子类制品生产过程中应有特定的能去除/灭活脂包膜和非脂包膜病毒的方法，可采用一种或多种方法联合去除/灭活病毒；免疫球蛋白类制品（包括静脉注射用人免疫球蛋白、人免疫球蛋白和特异性人免疫球蛋白）生产过程中应有特定的灭活脂包膜病毒方法，但从进一步提高这类制品安全性方面考虑，提倡生产过程中再加入特定的针对非脂包膜病毒的去除/灭活方法。白蛋白生产过程中采用低温乙醇生产工艺和特定的去除/灭活病毒方法，如巴斯德消毒法等。

常用的去除/灭活病毒方法如下。

1. 巴斯德消毒法（巴氏消毒法）

巴氏消毒法是指采用较低温度（一般在 60~82℃），在规定的时间内，对物料进行加热处理，达到杀死微生物营养体的目的，是一种既能达到消毒目的又不损害物料品质的方法。本法适用于人血白蛋白制品等。

2. 干热法（冻干制品）

干热法在 80℃加热 72h，可以灭活 HBV、HCV、HIV 和 HAV 等病毒。但应考虑制品的水分含量、制品组成（如：蛋白质、糖、盐和氨基酸）对病毒灭活效果的影响。

3. 有机溶剂/去污剂（S/D）处理法

常用的灭活条件是 0.3%磷酸三丁酯（TNBP）和 1%吐温-80，在 24℃处理至少 6h；0.3%TNBP 和 1%TritonX-100，在 24℃处理至少 4h。S/D 处理前应先用 1μm 滤器除去蛋白质溶液中可能存在的颗粒（颗粒可能藏匿病毒从而影响病毒灭活效果）。

4. 膜过滤法

膜过滤技术只有在滤膜的孔径比病毒有效直径小时才能有效除去病毒。该方法不能单独使用，应与其他方法联合使用。

5. 低 pH 孵放法

免疫球蛋白生产工艺中的低 pH（如 pH4）处理（有时加胃酶）能灭活几种脂包膜病毒。灭活条件（如：pH、孵放时间和温度、胃酶含量、蛋白质浓度、溶质含量等因素）可能影响病毒灭活效果，验证试验应该研究这些参数允许变化的幅度。

四、 生化物质生产企业的应急措施

（一）职业中毒的治疗原则

1. 病因治疗

病因治疗是指解除中毒的病因，阻止毒物继续进入体内，促使毒物排泄以及拮抗或解除其毒副作用。

2. 对症治疗

对症治疗是指缓解主要症状，以促使人体功能恢复。

3. 支持治疗

支持治疗是指能提高患者抗病能力，促使其早日恢复健康。

（二）急性中毒的救护

1. 救护人员的个人防护

救护人员进入危险区前，要做好个人防护，佩戴好防毒面具、穿好防护服等呼吸系统和体表的防护用品，避免救护人员中毒，防止中毒事故扩大。

2. 现场抢救

现场抢救指要立即使患者停止接触毒物，尽快将其移出危险区，转移至空气流通处，保持呼吸畅通，如衣物或皮肤被污染，必须将衣服脱下，用清水洗净皮肤；如毒物进入眼睛，应用大量流水缓缓冲洗眼睛 15min 以上；如出现休克、停止呼吸，心跳停止等，应立即采取心肺复苏等急救措施进行抢救。必须尽快把中毒者送往医院进行专业治疗。

3. 毒物的消除

患者到达医院后，如毒物经口食入引起急性中毒，需立即用催吐、洗胃及导泻等方法消除毒物；如系气体或蒸气吸入导致中毒的，可给予吸氧，以纠正缺氧，加速毒物经呼吸道排出。

4. 消除毒物在体内的作用

尽快使用络合剂或其他特效解毒疗法。金属中毒可用二巯基丙醇等络合剂，达到解毒和促排作用。中毒性高铁血红蛋白血症可用美蓝治疗，使高铁血红蛋白还原。氨、铜盐、汞盐、羧酸类中毒时，可给中毒者喝牛乳、吃生鸡蛋等缓解剂。

（三）意外事故的处理

1. 刺伤、割伤及擦伤

受伤人员应脱除防护衣，清洗双手及受伤部位，使用适当的消毒剂消毒，必要时，送医院就医。要记录受伤原因及接触的相关微生物，并保留完整的医疗记录。

2. 食入潜在感染性物质

脱下受害人的防护衣并迅速送医院就医。要报告事故发生的细节，并保留完整的医疗记录。

3. 潜在危害性气溶胶的意外释放

所有人员必须立即撤离相关区域，并立即向上级领导汇报。为了使气溶胶排出及使较大的微粒沉降，应张贴"禁止进入"的标志，气溶胶意外释放后一定时间内（例如 1h 内）严禁人员进入，如实验室无中央排气系统，则应延迟进入实验室的时间（例如 24h 后）。经适当隔离后，在专家的指导下，由穿戴防护衣及呼吸保护装备的人员除污。任何现场暴露人员都应接受医学检查。

4. 容器破碎导致感染性物质溢出

戴上手套，立即用抹布或纸巾覆盖溢出的感染性物质及遭污染的破碎容器。然后在上面倒上消毒剂，并使其作用适当时间。然后将抹布、纸巾以及破碎物品清理掉；玻璃碎片应使用镊子清理。然后再使用消毒剂擦拭污染区域。如果使用簸箕清理破碎物，应对其进行高压灭菌或将其置入有效的消毒液内浸泡。用于清理的抹布、纸巾等均应放于盛装污染性废弃物的容器内。

五、 生化物质生产中危险物质的相关知识

（一）职业中毒

职业中毒指在职业活动中，接触一切生产性有毒因素所造成的机体中毒性损害。职业中毒可分为急性、亚急性和慢性三种。

1. 急性中毒

急性中毒是指毒物一次或短时间内大量进入人体后引起的中毒。

2. 慢性中毒

慢性中毒是指小剂量毒物长期进入人体所引起的中毒。慢性中毒的远期影响必需引起重视。

3. 亚急性中毒

亚急性中毒是介于急性中毒和慢性中毒之间，在较短时间内有较大剂量毒物进入人体而引起的中毒。

（二）毒物毒性及其评价指标

只要达到一定的数量，任何物质对机体都具有毒性，如果低于一定数量，任何物质都不具有毒性。在一定条件下，较小剂量就能够对生物体产生损害作用或使生物体出现异常反应的外源化学物称为毒物。毒性强弱通常以化学物质引起实验动物某种毒性反应所需的剂量表示。能引起人某种程度毒害所需的剂量统称为毒害剂量，某种毒物剂量（浓度）越小，表示该毒物毒性越大。常用的毒性评价指标有以下几种。

1. 绝对致死剂量或浓度（LD_{100} 或 LC_{100}）

绝对致死剂量或浓度是指引起全组受试动物全部死亡的最低剂量或浓度。

2. 半数致死剂量或浓度（LD_{50} 或 LC_{50}）

半数致死剂量或浓度是指引起全组受试动物半数死亡所需的剂量或浓度。

3. 最小致死剂量或浓度（MLD 或 MLC）

最小致死剂量或浓度是指使全组受试动物中有个别动物死亡的剂量，其低一档的剂量即不再引起动物死亡。

4. 最大耐受剂量或浓度（LD_0 或 LC_0）

最大耐受剂量或浓度是指使全组受试动物全部存活的最大剂量或浓度。

以上各种"剂量"的单位以 mg/kg 表示，各种"浓度"的单位以 mg/m^3、g/m^3 或 mg/L 表示。

LD_{50} 或 LC_{50} 的数值越小，表示毒物的毒性越强。物质的急性毒性可按 LD_{50} 或 LC_{50} 来分级。WHO 将有毒物分为剧毒、高毒、中毒、低毒、微毒等 5 级（表 1-4）。

表 1-4　　　　　　　　　　　　化学物质的急性毒性分级

分级	大鼠一次经口 $LD_{50}/$ （mg/kg）	6 只大鼠吸入 4h 死亡 2~4 只浓度/ （μg/g）	兔涂皮时 $LD_{50}/$ （mg/kg）	经皮对人可能的 单位体重致死剂量/ （g/kg）
剧毒	<1	<10	<5	<0.05
高毒	1~50	10~100	5~44	0.05~0.5
中毒	50~500	100~1000	44~350	0.5~5
低毒	500~5000	1000~10000	350~2180	5~15
微毒	>5000	>10000	>2180	>15

大鼠实验，经口 $LD_{50} \leqslant 5mg/kg$，经皮 $LD_{50} \leqslant 50mg/kg$，吸入（4h）$LC_{50} \leqslant 100mL/m^3$（气体）或 0.5mg/L（蒸气）或 0.05mg/L（尘、雾）。经皮 LD_{50} 的实验数据，也可使用兔实验数据。

（三）危险化学品进入人体的途径

在生产环境中，毒物主要经呼吸道、皮肤和消化道侵入人体。其中最主要的是呼吸道，其次是皮肤，经过消化道进入人体仅在特殊情况下发生。

1. 经呼吸道进入

毒物主要是通过呼吸道侵入人体，在全部职业中毒者中，有 95% 是由呼吸道吸入引起的。人体肺泡表面积为 $90~160m^2$，每天吸入空气约 $12m^3$（约 15kg）。空气在肺泡内流速慢，接触时间长，肺泡上有大量的毛细血管且壁薄，这些都有利于有毒气体、蒸气以及液体和粉尘的迅速吸入，而后溶解于血液，由血液分布到全身各个器官而造成中毒。吸入的毒物越多，中毒就越厉害，毒物水溶性越大导致中毒的可能性越大。

劳动强度、环境温度、湿度、接触毒物的条件和毒物的性能等因素，都将对吸收量有影响。肺泡内的二氧化碳，也能增加某些物质的溶解度，从而促进毒物的吸收。

2. 经皮肤进入

有些毒物可透过表皮屏障或经毛囊的皮脂腺进入人体。经表皮进入体内的毒物要经三种屏障，第一道是皮肤的角质层，一般相对分子质量大于 300 的物质，不易透过无损的皮肤；第二道是位于表角质层下面的连接角质层，其表皮细胞，富有固醇磷酯，它能阻碍水溶性毒物的通过，而让脂溶性毒物透过，并扩散，经乳头毛细血管而进入血液；第三道是表皮与真皮连接处的基膜。水、脂都溶的物质（如苯胺），易被皮肤吸收。只脂溶而水溶极微的物质苯，经皮肤吸收量较少（如苯）。

毒物经皮肤进入毛囊后，可绕过表皮的屏障直接透过皮脂腺细胞和毛囊壁进入真皮，再从下面向表皮扩散。但这个途径不如表皮吸收重要。

如果表皮屏障的完整性被破坏，如外伤、灼伤等，可促进毒物的吸收。黏膜吸收毒物的能力远较皮肤强，部分粉尘可以通过黏膜吸收。

3. 经消化道进入

毒物从消化道进入人体，主要是由于不遵守卫生制度，误服毒物，或毒物喷入口腔等导致。该种中毒情况较少见。

（四）病原微生物感染人体的途径

病原微生物感染的主要途径：①微生物气溶胶的吸入；②刺伤、割伤；③皮肤、黏膜污染；④食入；⑤实验动物咬伤；⑥其他不明原因的感染。

微生物气溶胶的吸入是引起感染的最主要因素途径。生物气溶胶无色无味、无孔不入，不易发现，工作人员在自然呼吸中不知不觉吸入而造成感染。许多操作可以产生微生物气溶胶，并随空气扩散而污染实验室的空气，当工作人员吸入后，便可以引起相关感染。在生化物质生产企业，产生的微生物气溶胶可分为两大类：一类是飞沫核气溶胶，另一类是粉尘气溶胶。这两类微生物气溶胶对工作人员都具有严重的危害性，其程度取决于微生物本身的毒力、气溶胶的浓度、气溶胶粒子大小以及当时室内的微小气候条件。一般来说，微生物气溶胶颗粒越多，粒径越小，实验室的环境越适合微生物生存，引起实验室感染的可能性就越大。

可产生微生物气溶胶的实验室操作：①轻度产生微生物气溶胶的操作（<10个颗粒）：玻片凝集实验、倾倒毒液、火焰上灼热接种环、颅内接种、接种鸡胚或抽取培养液等；②中度产生微生物气溶胶的操作（11~100个颗粒）：实验动物尸体解剖，用乳钵研磨动物组织，离心沉淀前后注入、倾倒、混悬毒液，毒液滴落在不同表面上，用注射器从安瓿种抽取毒液，接种环接种平皿、试管或三角瓶等，打开培养容器的螺旋瓶盖，摔碎带有培养基的平皿等；③重度产生微生物气溶胶的操作（>100个颗粒）：离心时离心管破裂，打开、打碎干燥菌种安瓿，搅拌后立即打开搅拌器盖，小白鼠鼻内接种，注射器针尖脱落喷出毒液，刷衣服、拍打衣服等。

任务三　生化分离生产设备与电气安全技术

一、电气安全管理

电气安全是指电气设备在正常运行及在预期的非正常状态下不会危害人身和周围设备的安全。

电气事故是电能作用于人体或电能失去控制所造成的意外事件，即与电能直接关联的意外灾害。电气事故将使正常生产活动中断，并可能造成人身伤亡和设备、设施的毁坏。电气事故包括：人身触电事故、设备烧毁事故、电气引起的火灾和爆炸事故、产品质量事故、电击引起的二次人身事故等。

（一）触电事故的种类

当人体接触带电体时，电流会对人体造成程度不同的伤害，发生触电事故。

1. 按能量施加方式分类

（1）电击　电流通过人体内部，人体吸收能量受到的伤害，也就是俗语中的"过电"。电击一般不会在人体表面留下大面积明显的伤痕，但会破坏人的心脏、肺部和中枢神经系统的正常工作，使人出现痉挛、窒息、心颤、心脏骤停等症状，甚至危及生命。绝大多数死亡事故都是由电击造成的，电流会引起心室颤动，减弱或丧失其压送血液功能，导致人大脑缺氧而窒息死亡。电击是全身伤害，所以又称全身性电伤。

（2）电伤　电流的热效应、化学效应或机械效应对人体造成的伤害，主要有电弧烧伤、电烙印、皮肤金属化三种。电弧烧伤是指电弧产生的高温对身体造成的大面积损伤。电烙印是电弧直接打到皮肤上，造成皮肤深黑色。皮肤金属化是指由于金属导体的蒸气渗入皮肤，使皮肤变成金属色。电伤多是局部性伤害，在人体表面留下明显的伤痕。

2. 按造成事故的原因分类

（1）直接接触触电　人体触及正常运行的设备和线路的带电体时造成的触电。

（2）间接接触触电　人体触及发生故障的设备或线路的带电体时造成的触电。

3. 按触电方式分类

（1）低压触电　低压触电是 380V 以下的触电，这是生产中最可能发生的触电类型。低压触电可分为单相触电和两相触电。单相触电是指人体某部位接触地面，而另一部位触及一相带电体的触电事故，由单相的 220V 交流电引起［图 1-2（1）］。两相触电是指人体两部分同时触及两相电源，电流从一相经人体流入另一相导线的触电事故，由两根相线 380V 的电源引起［图 1-2（2）］。两相触电的危害要大于单相触电。

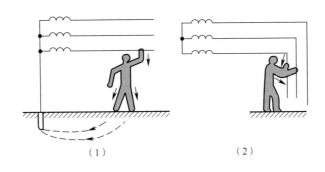

图1-2　低压触电示意

（2）高压放电　当人体靠近高压带电体时，就会发生高压放电而导致触电，而且电压越高放电距离越远。

（3）跨步电压触电　高压电线掉落地面时，会在接地点附近形成电压降。当人位于接地点附近时，两脚之间就会存在电压差，即为跨步电压。跨步电压的大小取决于接地电压的高低和人体与接地点的距离。高压线落地会产生一个以落地点为中心的半径为8~10m的危险区。当发觉跨步电压的威胁时，应一只脚或双脚并在一起跳着离开危险区。

（二）防止触电事故的技术措施

1. 防止直接接触电击

（1）加强绝缘　利用绝缘材料对带电体进行封闭和隔离。

（2）设置屏护装置　采用遮拦、护罩、护盖、箱（匣）等将带电体与外界隔离。

（3）间隔一定的安全距离　保证带电体与地面、带电体与其他设备、带电体与人体、带电体之间有必要的安全距离。

2. 防止间接接触电击

（1）保护接地　将正常情况下不带电，而在故障情况下可能带电的电器金属部分用导线与接地体可靠地连接起来，把设备上的故障电压限制在安全范围内的安全措施。

（2）保护接零　指电气设备正常情况下不带电的金属部分与低压配电系统的零线相连接的技术防护措施。在实施保护接零的系统中，如果电气设备漏电，便形成一个单项短路回路，电流将很大，保证最短时间内使熔丝熔断、保护装置或自动开关跳闸。

（3）工作接地　指正常情况下有电流通过，利用大地代替导线接地。

（4）重复接地　指零线上除工作接地以外的其他点再次接地，以提高保护接零的可靠性。

3. 防止直接和间接接触电击

（1）双重绝缘　兼有工作绝缘和保护绝缘的绝缘。

（2）加强绝缘　在绝缘强度和机械性能上具备双重绝缘同等能力的单一绝缘。

（3）安全电压　通过限制作用于人体的电压，抑制通过人体的电流，保证触电时处于安全状态。

（4）漏电保护　用于单相电击保护和防止因漏电引起的火灾。正常工作情况下，从电网流入的电流与经设备流回电网的电流是相等的，即漏电流为零；而设备壳体的对地电压也为零。当有人触电火设备漏电时，会出现异常现象，产生漏电流或漏电压，使漏电保护器断电。

（三）触电事故的脱电措施

1. 低压触电时使触电者脱离电源的方法

（1）如果电源开关或插头就在触电地点附近，可立即拉开开关或拔出插头。

（2）如果电源开关或插头不在触电地点附近，可用带绝缘柄的电工钳或干燥木柄的斧头切断电源线。

（3）当电线搭落在触电者身上时，可用干燥的衣服、手套、绳索、木板、木棒等绝缘物做工具，拉开触电者或挑开电源线。

（4）如果触电者的衣服很干燥，且未紧缠在身上，可用一手抓住触电的衣服，拉离电源。但因触电者的身体是带电的，其鞋子的绝缘性也可能遭到坡破坏，所以救护人员不得接触触电者的皮肤和鞋子。

2. 高压触电时使触电者脱离电源的方法

（1）立即通知有关部门停电。

（2）抛掷裸金属线使线路短路，迫使保护装置动作，断开电源。抛掷金属线前，应注意先将金属线一端可靠接地，然后抛掷另一端，被抛掷的一端且不可触及触电者或其他人员。

（四）触电事故救护的注意事项

（1）救护人员不可直接用手或其他金属或潮湿的物品作为救护工具，而必须使用干燥绝缘的工具。救护人最好只用一只手操作，以防自己触电。

（2）要防止触电者脱离电源后可能摔伤，特别是当触电者在高处的情况下，应考虑防摔措施。即使触电者在平地上，也要注意触电者倒下的方向，以防摔伤。

（3）如果触电事故发生在夜间，应迅速解决临时照明问题，以利于抢救。

（4）人触电以后，有可能出现"假死"现象，外表上呈现昏迷不醒的状态，呼吸中断、心脏停止跳动。此时应立即采用口对口（鼻）人工呼吸法和胸外心脏按压法进行急救，并向120急救中心求救。有触电者经过4h甚至更长时间的连续抢救而获得成功的先例。

二、 生化生产设备的电气管理

（一）设备的运行管理

设备的运行管理是设备使用期间的养护、检修或校正、运行状态的监控及相关记录的管理。各种设备均需制定相应的标准操作规程。

1. 日常管理

为防止药品的污染及混淆，保证生产设备的正常运行，生产设备的使用者必须能同时从事设备一般的清洁及保养工作。这种日常的清洁维护保养设备是一件重复性工作，应经验证后制定相关的规程，使这项工作有章可循，并记好设备日志。

2. 设备运行状态的监控

设备正常运行时，其运行参数是在一定的范围，如偏离了正常的参数范围就有可能给产品质量带来风险。尤其是空调净化系统、制水系统的运行状态必须加以监控，工艺设备的运行状态也应监控。

监控是保证设备、设施系统正常运行的先决条件，是保证药品质量的重要措施。例如：空调净化系统的某个电机发生故障，可使洁净区的工艺环境发生变化，无菌灌装产品的要求无法得到保证。

（二）设备的维修管理

设备维修管理又称设备维修工程或设备的后期管理，是指对设备维护和设备检修工作的管理。

设备维护是指"保持"设备正常技术状态和运行能力所进行的工作。其内容是定期对设备进行检查、清洁、润滑、紧固、调整或更换零部件等工作。

设备检修是指"恢复"设备各部分规定的技术状态和运行能力所进行的工作。其内容是对设备进行诊断、鉴定、拆卸、更换、修复、装配、磨合、试验、涂装等工作。

设备维修工程主要内容是研究掌握设备技术状态和故障机制，并根据故障机制加强设备的维护，控制故障的发生，选择适宜的维修方式和维修类别，编制维修计划和制订相关制度，组织检查、鉴定及修理工作。同时做好维修费用的资金核算工作。

（三）特种设备及其安全管理

生化生产企业一般装备着涉及生命安全、危险性较大的锅炉、压力容器（含气瓶）、压力管道等特种设备。我国《安全生产法》《劳动法》和《特种设备安全监察条例》中对特种设备的安全管理有明确规定，各类生产经营单位必须对特种设备的设计、制造、安装、使用、检验、修理改造和报废等环节实施严格的控制和管理。

1. 设计和制造

对实施生产许可证管理的特种设备，由国家主管部门统一实行生产许可证制度；对未实施生产许可证管理的特种设备，则实施安全认可证制度。对锅炉产品，由当地锅炉压力容器安全监察机构或其授权的锅炉压力容器检验所实行出厂监督检验制度。

2. 安装、维修保养与改造

安装、维修保养、改造单位必须持有所在地省级特种设备安全监察机构或其授权的特种设备安全监察机构核发的资格证书。

3. 使用与管理

（1）特种设备的注册登记制度　新增特种设备在投入使用前，必须到所在地区的地、市级以上特种设备安全监察机构注册登记，获得安全检验合格标志方可投入使用。

（2）特种设备安全技术性能定期检验制度　使用单位必须按期向所在地的监督检验机构申请定期检验，超过有效期的特种设备不得使用。

（3）特种设备使用管理制度　使用单位必须制定并严格执行以岗位责任制为核心，包括技术档案管理、安全操作、常规检查、维修保养、定期报检和应急措施在内的特种设备安全使用和运营的管理制度，必须保证特种设备技术档案的完整、准确。通过建立特种设备档案，可以使特种设备的管理部门和操作人员全面掌握其技术状况，了解和掌握运行规律，防止盲目使用特种设备，从而能有效地控制特种设备事故。

（4）特种设备报废制度　标准或技术规程中有寿命要求的特种设备或零部件，应当按照相应的要求予以报废处理。报废处理后，应向负责该特种设备注册登记的特种设备安全监察机构报告。

4. 事故应急救援预案

特种设备的使用单位应根据特种设备的不同特性建立相适应的事故应急救援预案，并定期演练，确保当事故发生时，将事故造成的损失降到最低限度。

三、 静电的危害及消除

摩擦可以产生静电，在车间生产中，开展灌装、输送、搅拌、过滤易燃液体工作以及人员活动时，都会因摩擦导致静电放电，从而造成危害。

生产中，静电的危害主要有三方面。①引起火灾和爆炸。②引起静电电击，带静电体向人体或带电的人体向接地的导体，以及带静电的人体相互间发生静电放电时，其产生的瞬间冲击电流通过人体而发生静电电击。静电电击不会对人体产生直接危害，但人体可能因此摔倒、坠落而造成二次事故或造成平时的精神紧张，影响工作。③妨碍生产，如流化床制粒过程中生成的静电很容易导致物料损失严重。

为避免或减少静电的危害，在涉及易燃液体或可燃粉尘的岗位，应采取消除静电的措施。消除静电首先要设法不产生静电，其次要设法不使静电积聚。

1. 限制物料流速

液体物料在管道内流动时产生的静电量与流动速度、管道内径成正比。因此物料流速越快，产生的静电量就越多，发生静电放电的可能性就越大，同时随着管径的增大，产生的静电量也会增大。

输送易燃液体物料时，静电的严重危害是在管道口处。由于管道本身具有较大电容且管道内部没有空气，易燃液体不会因静电放电在管道内燃烧爆炸。但在管道口处却极易放电，将液体表面的可燃气体混合点燃而发生火灾或爆炸。

2. 从容器底部进料

从罐顶进料时，易燃液体猛烈向下喷洒，所产生的静电电压要比从罐底进料高得多。因此，易燃液体的进料管要延伸至罐底，以减少静电产生。若不能伸至罐底，也应将易燃液体导流至罐壁，使之沿罐壁下流。

3. 静电接地

所有涉及易燃液体的容器、管道等设备要相互跨接形成一个连续的导电体并有效接地，从而消除了静电的积聚。使用软管输送易燃液体时，要使用导静电的金属软管并接地。静电接地简单有效，是防静电中最常见的措施。

4. 静置

在易燃液体灌装作业时，静电会向液面和器壁积聚。若再继续进行后续操作，容易发生事故。因此要求易燃液体灌装后和槽车装卸车前后均应静置至少 15min，待静电充分地消散后方可进行其他作业。

5. 增加空气湿度

在空气湿度较大时，物体表面会形成一层极薄的水膜，加速静电的消散，避免静电放电现象发生。秋、冬季节易发生静电放电，与空气较为干燥有很大关系。车间内可采用洒水、拖地或安装空调设备等方法增加空气湿度。

6. 选用合适的材料

一种材料与不同种类的其他材料摩擦时，所带的电荷数量和极性随其他材料的不同而不同。可根据静电起电序列选用适当的材料匹配，使生产过程中产生的静电互相抵消。如氧化铝粉经过不锈钢漏斗时带负电，经过虫胶漆漏斗时带正电，经过由这两种材料以适当比例制成的漏斗时，静电为零。

尼龙等合成纤维布料在摩擦时易产生静电，因此，车间应使用棉质的抹布和拖把。

7. 消除人体静电

人体在作业过程中会因为摩擦而带有静电，存在静电放电的危险。车间从以下几方面进行要求：①在进入防爆区时需触摸防静电接地球，以清除人体所带静电。②不得穿着化纤衣物，应穿戴防静电工作服、帽、鞋，禁止在防爆区内穿脱衣物。③操作时动作应稳重果断，避免剧烈身体运动，严禁追逐打闹。

四、防火防爆技术

防火防爆的关键在于破坏燃烧的条件，避免"燃烧三要素"——可燃物、助燃物、点火源同时存在和相互作用，在火灾爆炸发生后还要防止事故的扩大和蔓延。

根据可燃物的类型和燃烧特性，火灾分为 A、B、C、D、E、F 六类。

A 类火灾：指固体物质火灾，这种物质通常具有有机物质性质，一般在燃烧时能产生灼热的余烬，如木材、煤、棉、毛、麻、纸张等火灾。

B 类火灾：指液体或可熔化的固体物质火灾，如煤油、柴油、原油，甲醇、乙醇、沥青、石蜡等火灾。

C 类火灾：指气体火灾，如煤气、天然气、甲烷、乙烷、丙烷、氢气等火灾。

D 类火灾：指金属火灾，如钾、钠、镁、铝镁合金等火灾。

E 类火灾：带电火灾，物体带电燃烧的火灾。

F 类火灾：烹饪器具内的烹饪物（如动植物油脂）火灾。

（一）防火防爆的原则

1. 灭火过程中"三先三后"的战术原则

"三先三后"原则是指"先控制、后消灭"；"先救人、后灭火"；"先重点、后一般"。

2. 防火、防爆十大禁令

（1）严禁在厂内吸烟及携带火种和易燃、易爆、有毒、易腐蚀品入厂；

（2）严禁穿着易产生静电的服装进入油气区工作；

（3）严禁在厂内施工用火和生活用火（确需动火时须办理动火证）；

（4）严禁穿带铁钉的鞋进入油气区及易燃、易爆装置区；

（5）严禁非工作机动车辆进入生产装置、罐区及易燃易爆区；

（6）严禁用汽油、易挥发溶剂擦洗设备、衣服、工具及地面等；

（7）严禁损坏厂内各类防爆设施；

（8）严禁就地排放易燃、易爆物料及化学危险品；

（9）严禁在油气区用黑色金属或易产生火花的工具敲打、撞击和作业；

（10）严禁堵塞消防通道及随意挪用或损坏消防设施。

（二）防火防爆措施

1. 密闭系统设备

密闭设备可以有效地防止易燃液体挥发的蒸气与空气混合形成爆炸性混合物，

车间涉及到易燃液体的生产过程均是在密闭的设备内进行的。在设备运行时，人孔口等经常开启的部件处于关闭状态。

2. 通风置换

在有火灾爆炸危险的场所内，尽管采取很多措施使设备密闭，但总会有部分可燃物泄漏出来，采用通风置换可以有效地防止可燃物积聚。通风分为自然通风和强制通风，框架式结构的回收单体采用自然通风，液糖的调浆地池采用除尘器进行强制通风。

3. 安全监测

车间在有火灾爆炸风险的区域安装了可燃气体报警器、烟感火灾报警器等设施。可燃气体报警器的探头安装在生产现场的各个区域，当探头感受到现场可燃蒸气浓度升高时，将信息传递给报警器，由报警器通过声、光等形式发出报警信号，通知岗位人员前去处理。采用安全监测手段可以在第一时间发现可燃物泄漏，并及时采取措施进行控制，防止火灾爆炸的发生。

4. 使用防爆的电气设备

在爆炸性气体危险环境中使用的电气设备，必须严格按照防爆类电器的适用范围选择合适的防爆类型。满足爆炸性气体危险环境中使用的电气设备一般有防爆型、增安型、本质安全型、正压型、充油型、充砂型、无火花型、防尘、防爆特殊型等类型。

在爆炸性粉尘危险环境中使用的电气设备的外壳，按其限制粉尘进入设备的能力分为两类。一类为尘密型外壳；另一类为防尘外壳。所谓"尘密"，即无尘埃进入设备内部；而"防尘"则是指不能完全防止尘埃进入，但进入量不能达到妨碍设备正常运转的程度。在选择时，要根据爆炸性粉尘危险环境的危险等级决定要选择的设备防护等级。

在爆炸危险环境中使用的电气设备，要根据具体环境条件而具备耐腐蚀、耐高温或耐冲击性，只有这样，设备的防爆性能才有保障。

5. 灭火器与灭火方法

（1）泡沫灭火器　用途：①适用于扑救一般火灾，比如油制品、油脂等无法用水来施救的火灾。②不能扑救火灾中的水溶性可燃、易燃液体的火灾，如醇、酯、醚、酮等物质火灾；③泡沫灭火器不可用于扑灭带电设备的火灾。

使用方法：①在未到达火源的时候切记勿将其倾斜放置或移动。②距离火源10m左右时，拔掉安全栓。③拔掉安全栓之后将灭火器倒置，一只手紧握提环，另一只手扶住筒体的底圈。④对准火源的根源进行喷射即可。

（2）干粉灭火器　用途：①干粉灭火器可扑灭一般的火灾，还可扑灭油、气等燃烧引起的失火。②主要用于扑救石油、有机溶剂等易燃液体、可燃气体和电气设备的初期火灾。

使用方法：①拔掉安全栓，上下摇晃几下；②根据风向，站在上风位置。

③对准火苗的根部，一手握住压把，一手握住喷嘴进行灭火。

（3）二氧化碳灭火器　用途：①用来扑灭图书，档案，贵重设备，精密仪器、600V以下电气设备及油类的初起火灾。②适用于扑救一般B类火灾，如油制品、油脂等火灾，也可适用于A类火灾。③不能扑救B类火灾中的水溶性可燃、易燃液体的火灾，如醇、酯、醚、酮等物质火灾。④不能扑救带电设备及C类和D类火灾。

使用方法：①使用前不得使灭火器过分倾斜，更不可横拿或颠倒，以免两种药剂混合而提前喷出；②拔掉安全栓，将筒体颠倒过来，一只手紧握提环，另一只手扶住筒体的底圈；③将射流对准燃烧物，按下压把即可进行灭火。

（4）水基灭火器　水基型灭火器中灭火剂主要有碳氢表面活性剂、氟碳表面活性剂、阻燃剂和助剂组成。灭火剂对A类火灾具有渗透的作用，如木材、布匹等，灭火剂可以渗透可燃物内部，即便火势较大未能全部扑灭，其药剂喷射的部位也可以有效的阻断火源，控制火灾的蔓延速度；对B类火灾具有隔离的作用，如汽油及挥发性化学液体，药剂可在其表面形成长时间的水膜，即便水膜受外界因素遭到破坏，其独特的流动性可以迅速愈合，使火焰窒息。故水基型（水雾）灭火器具备其他灭火器无法媲美的阻燃性。水基型灭火器不受室内、室外、大风等环境的影响，灭火剂可以最大限度地作用于燃烧物表面。

用途：用于扑救ABCEF型火灾，即除可燃金属起火外全部可以扑救，并可绝缘电源，是扑救电器火灾的最佳选择。

使用方法：①使用时先拔出保险销，按下压把，泡沫立即喷出，将喷嘴对准火焰根部横扫，迅速将火焰扑灭；②灭火时应果断、迅速、灭油火时，不要直接冲击油面，以免油液激溅引起火焰蔓延；③使用时应垂直操作，切勿横卧或倒置。

任务四　生化分离生产安全分析与评价技术

一、安全系统分析及系统危险性分析

安全系统分析就是根据设定的安全问题和给予的条件，运用逻辑学和数学方法来对系统的安全性做出预测和评价，并结合自然科学、社会科学的有关理论和概念，制定各种可行的安全措施方案，通过分析、比较和综合，从中选择最优方案，使在既定的作业、时间和费用范围内取得最佳的安全效果。

（一）危险性

危险性是指对于人身和财产造成危害和损失的事故发生的可能性。

（二）分析步骤

（1）通过以往的事故经验，或对系统进行解剖，或采用逻辑推理的方法，把评价系统的危险性辨识出来；

（2）找出危险性导致事故的概率及事故后果的严重程度；

（3）一般以以往的经验或数据为依据，确定可接受的危险率指标；

（4）将计算出的危险率与可接受的危险率指标比较，确定系统危险性水平；

（5）对危险性高的系统，找出其主要危险性并进一步分析，寻求降低危险性的途径，将危险率控制在可接受的指标之内。

二、 生化生产企业危险源辨识、 风险评价控制

生化物质生产有一定的危险性，首先，其原料、中间体及产品可能为易燃、易爆、毒性、腐蚀性的化学性物质；其次，生化物质生产工艺本身的特殊性，加压、加热等操作中包含许多不安全因素，给生产和职工生命造成一定的威胁；再次，生物因子潜在着生物危险性。若在日常安全工作中对生产工艺的危险源进行辨识、评价及控制，可防止事故的发生或把事故损失减少到最小。通过工艺的安全评价可对系统中固有的潜在的危险性及其严重程度进行预先的测评、分析和确定，并为安全决策提供科学依据。

（一）危险源的定义

危险源是指可能导致伤害或疾病、财产损失、工作环境破坏或这些情况组合的根源或状态。危险的根源是储存、使用、生产、运输过程中存在易燃、易爆及有毒物质，或具有引发灾难性事故的能量。

（二）危险源的分类

危险源的分类方式较多，企业通常按照危险源在事故发生发展过程中的作用，把危险源划分为两大类。

第一类危险源：生产过程中存在的，可能发生意外释放能量（能源或能量载体）或危险物质。为了防止第一类危险源导致事故，必须采取措施约束、限制能量或危险物质，控制危险源。一旦这些约束或限制的措施受到破坏或失效（故障），将发生事故。

第二类危险源：导致能量或危险物质约束或限制措施被破坏或失效的各种因素。第二类危险源主要包括物的故障（包括物的不安全状态）、人的失误（包括人的不安全行为）和环境因素。

伤亡事故的发生往往是两类危险源共同作用的结果。第一类危险源是伤亡事故发生的主体，决定事故后果的严重程度；第二类危险源是第一类危险源造成事故的必要条件，决定事故发生的可能性。两类危险源相互关联、相互依存。第一类危险源的存在是第二类危险源出现的前提；第二类危险源的出现是第一类危险源导致事故的必要条件。因此，危险源辨识的首要任务是辨识第一类危险源；在

此基础上再辨识第二类危险源。

（三）危险源的辨识

危险源辨识应全面、系统、多角度、不漏项，重点放在能量主体、危险物质及其控制和影响因素上。

1. 危险源辨识应考虑以下范围

①常规活动（如正常的生产活动）和非常规活动（如临时抢修等）；②所有进入作业场所的人员（含员工、合同方人员和访问者）的活动；③所有作业场所内的设施，如建筑物、设备、设施等（含单位所有的或租赁使用的）。

2. 危险源辨识应考虑以下方面

①三种状态：正常（如生产）、异常（如停机检修）和紧急（如火灾、中毒）状态；②三种时态：过去出现并一直持续到现在的（如由于技术、资源不足仍未解决的或停止不用但其危害依然存在）、现在的和将来可能出现的危害情况都应进行辨识；③七种风险因素类型：机械能、电能、热能、化学能、放射能、生物因素（人员误操作等）、人机工程因素（不按操作规程操作等）可能对人造成的伤害。

另外，还可以从职业健康安全法规和其他要求中获得线索。正是因为危险源影响职业健康和安全，所以职业健康安全法规和其他要求才对其加以规定和限制，反过来说，职业健康安全法规和其他要求加以规定和限制的设备、物质、活动等，就可能是组织必须加以重视的危险源和职业健康安全风险。

3. 危险源辨识方法

危险源可采用询问与交流、现场观察、查阅有关记录、获取外部信息、工作任务分析、安全检查表法、作业条件的危险性评价、事件树、故障树等方法辨识。

4. 危险源辨识时应注意的问题

①确保危险源辨识具有主动性、前瞻性，而不是等到已经产生了事件或事故时再确定危险源；②应以全新的眼光和怀疑的态度对待危险源，因为过于接近危险源的人员可能会对危险源视而不见，或者心存侥幸，认为尚无人员受到伤害而视风险微不足道。③危险源辨识易遗漏的几个方面：与相关方有关的风险因素；异常和紧急状态的风险因素；危险源辨识的更新情况。

（四）风险评价

风险评价是职业健康安全管理体系的一个关键环节。目的是对公司现阶段的危险源所带来的风险进行评价分级，根据评价分级结果有针对性地进行风险控制，从而取得良好的职业健康安全绩效，达到持续改进的目的。

1. 风险评价的方法（$D=LEC$ 法）

该方法定量的计算每一种危险源所带来的风险，并对识别的风险进行分级。

（1）发生事故的可能性大小（L）　事故发生的可能性大小，从系统安全角度考察，绝对不发生事故是不可能的，所以人为地将发生事故可能性极小的分数定为0.1，而必然要发生的事故分数定为10，介于这两种情况之间的情况指定为若干中间值。见表1-5。

表1-5　　　　　　　　　　事故发生的可能性（L）

分数值	事故发生的可能性	分数值	事故发生的可能性
10	完全可以预料	0.5	很不可能，可以设想
6	相当可能	0.2	极不可能
3	可能，但不经常	0.1	实际不可能
1	可能小，完全意外		

（2）暴露于危险环境的频繁程度（E）　人员出现在危险环境中的时间越多，则危险性越大。规定连续出现在危险环境的情况定为10，非常罕见地出现在危险环境中定为0.5，介于两者之间的各种情况规定若干中间值。见表1-6。

表1-6　　　　　　　　暴露于危险环境的频繁程度（E）

分数值	频繁程度	分数值	频繁程度
10	连续暴露	2	每月一次暴露
6	每天工作时间内暴露	1	每年几次暴露
3	每周一次，或偶然暴露	0.5	非常罕见地暴露

（3）发生事故产生的后果（C）　事故造成的人身伤害与财产损失变化范围很大，所以规定发生事故造成的人身伤害与财产损失变化分数值为1~100，把需要救护的轻微伤害或较少财产损失的分数定为1，把造成多人死亡或重大财产损失的可能性分数规定为100，其他情况的数值在1与100之间。见表1-7。

表1-7　　　　　　　　　发生事故产生的后果（C）

分数值	后果	分数值	后果
100	大灾难，许多人死亡	7	严重，重伤
40	灾难，数人死亡	3	重大，致残
15	非常严重，一人死亡	1	引人关注，不利于基本的安全卫生要求

（4）风险值（D）　风险值的确定：事故发生的可能性、频繁暴露程度与事故后果数值相乘可得风险级别D，$D=LEC$。

2. 风险等级的确定

根据公司具体情况来确定风险等级的界限值，以符合持续改进的思想，风险等级划分见表1-8。

表1-8　　　　　　　　　　　风险等级划分（D）（2003）

D 值	风险程度	级　别
>320	极其危险，不能继续作业	1　不可容许风险
160～320	高度危险，需立即整改	2　重大风险
70～160	显著危险，需要整改	3　中度风险
20～70	一般危险，需要注意	4　可容许风险
<20	稍有危险，可以接受	5　可忽略风险

3. 重大危险源的确定

（1）原则上将经过风险评价确定风险等级为1～3级的为重大危险源。

（2）对下述情况可直接定为重大危险源　不符合职业健康安全法律、法规和标准的；相关方有合理抱怨或要求的；曾经发生过事故，现今未采取防范、控制措施的；直接观察到可能导致危险的错误，且无适当控制措施的。

（五）风险控制

依据风险级别，共分为四级。依据等级，采取对应控制措施。

1级（不可容许风险）：只有当风险已降低时，才能开始或继续工作。如果无限的资源投入也不能降低风险，就必须禁止工作。

2级（重大风险）：直至风险降低后才能开始工作，为降低风险有时必须配合给大量资源。当风险涉及正在进行中的工作时，就应采取应急措施。

3级（中度风险）：应努力降低风险，但应仔细测定并限定预防成本，应在规定时间期限内实施降低风险措施；在中度风险与严重伤害后果相关的场合，必须进行进一步的评价，以更准确地确定伤害的可能，以确定是否需要改进的控制措施。

4级（可容许风险）：不需要另外的控制措施，应考虑投资效果更佳的解决方案或不增加额外成本的改进措施，需要监测来确保控制措施正常维持。

（六）定期评审与更新

安技部门负责每年一次（时间不超过12个月）组织各部门对危险源辨识、风险评价和风险控制策划工作进行定期评审与更新。

三、 安全系统分析与评价的相关知识

安全系统工程是以预测和防止事故为中心，以检查、测定和评价为重点，按系统分析、安全评价和系统综合三个基本程序展开。

（一） 系统分析

系统分析是以预测和防止事故为前提，对系统的功能、操作、环境、可靠性等经济技术指标以及系统的潜在危险性进行分析和测定。系统分析的程序，方法和内容如下：

（1） 把所研究的生产过程和作业形式作为一个整体，确定安全设想和预定的目标；

（2） 把工艺过程和作业形式分成几个部分和环节，绘制流程图；

（3） 应用数学模型和图表形式以及有关符号，将系统的结构和功能抽象化，并将因果关系、层次及逻辑结构用方框或流线图表示出来，也就是将系统变换为图像模型；

（4） 分析系统的现状及其组成部分，测定与诊断可能发生的故障、危险及其灾难性后果，分析并确定导致危险的各个事件的发生条件及其相互关系。

（二） 安全评价

1. 安全评价概念

安全评价包括对物质、机械装置、工艺过程及人机系统的安全性评价，内容：①确定适用的评价方法、评价指标和安全标准；②依据既定的评价程序和方法，对系统进行客观的、定性或定量的评价，结合效益、费用、可靠性、危险度等指标及经验数据，求出系统的最优方案和最佳工作条件；③在技术上不可能或难以达到预期效果时，应对计划和设计方案进行可行性研究，反复评价，以达到最优化和符合安全标准为目的。

2. 安全评价现状

安全评价是以实现工程、系统安全为目的，应用安全系统工程原理和方法，对工程、系统中存在的危险、有害因素进行辨识与分析、判断工程、系统发生事故和职业危害的可能性及其严重程度，从而为制定防范措施和管理决策提供科学依据。

3. 安全评价的目的

①促进实现本质安全化生产；②实现全过程的安全控制：设计之前，采用安全工艺及原料；设计后，查出缺陷和不足，提出改进措施；运行阶段，了解现实危险性，进一步采取安全措施；③建立系统安全的最优方案，为决策者提供依据；④为实现技术安全、安全管理的标准化和科学化创造条件。

（三）系统综合

系统综合是在系统分析与安全评价的基础上，采取综合的控制和消除危险的措施，内容包括以下几方面。

（1）对已建立的系统形式、潜在的危险程度及可能的事故损失进行验证，提出检查与测定方式，制定安全技术规程和规定，确定对危险性物料、装置及废弃物的处理措施；

（2）根据安全分析评价的结果，研究并改进控制系统，从而控制危险，以保证系统安全；

（3）采取管理、教育和技术等综合措施，对工艺流程、设备、安全装置及设施、预防及处理事故方案、安全组织与管理、教育培训等方面进行统筹安排和检查测定，以有效地控制和消除危险，避免各类事故。

【项目测试】

一、名词解释

（1）安全；（2）危险；（3）事故；（4）事故隐患；（5）安全生产。

二、填空题

1. 企业组织开展的含有安全教育的培训主要有针对新晋从业人员的_____及定期针对全体员工开展的_____。

2. 岗前三级教育使新入职的员工掌握"_____、_____"的安全生产方针，树立"_____，_____"的安全意识。

3. 危险化学品进入人体的途径主要有_____、_____和_____。

4. 生产中常用灭菌溶液中灭菌剂的浓度：高锰酸钾溶液中高锰酸钾浓度为_____、_____苯扎溴铵（新洁而灭）溶液中苯扎溴铵浓度为_____、甲酚皂（来苏尔）溶液中甲酚皂浓度为_____。

5. 根据对所操作生物因子采取的防护措施，将实验室生物安全防护水平分为_____级，其中_____防护水平最低，_____防护水平最高。

6. 控制微生物气溶胶的综合措施有_____，_____，_____，_____，_____等。

三、讨论题

某生物制药有限公司发生爆炸并起火，造成5人被烧死亡，6人被烧伤和摔伤，2人轻伤。据安监部门通报，该日上午，公司三楼片剂车间洁净区段当班职工按工艺要求在制粒室进行混合、制软剂、制粒、干燥等操作。

9时30分许，检修人员为给空调更换初效过滤器，断电停止了空调工作，导致净化后的空气无法进入洁净区。同时，由于操作过程中存在边制粒、边干燥的情况，烘箱内循环的热气流使粒料中的水分和乙醇蒸发，致使排湿口排出水分蒸气和乙醇蒸气的效果明显降低，导致烘箱内逐渐蓄积了达到爆炸极限的乙醇气体。同时，由于当时房间内空调已停止工作，制粒室内制粒物挥发出的乙醇气体与干燥门开关时溢散出的水分、乙醇气体无法被新风置换，局部区域内也堆积了大量可以燃烧的乙醇气体。另外，洁净区所用干燥箱配套的是非防爆电气设备。操作人员在烘箱烘烤过程中，开关烘箱送风机产生的电器火花引爆了积累在烘箱中达到爆炸极限的乙醇爆炸性混合气体，以致炸毁烘箱，所产生的冲击波将该楼层生产车间的各分区隔墙、吊顶隔板、通风设施、玻璃窗、生产设施等全部毁坏。爆炸过程产生的辐射热瞬间引燃整个洁净区其他可燃物，形成大面积燃烧，过火面积遍及整个楼层。爆炸和燃烧发生后，由于工厂安全通道只有一条，部分现场人员和受伤人员不能及时逃生，致使出现人员大量伤亡。

请分析：（1）本次爆炸事故属于什么性质？（2）事故的直接原因是什么？（3）该事故的间接原因是什么？（4）如何可以避免该类事故发生？

项目三

生化分离生产策略

项目简介

生化分离技术是一系列生化分离单元操作技术的总称。分离纯化技术是现代生物物质生产工艺的核心，是决定产品的安全、效力、收率和成本的技术基础。

突飞猛进，日益成熟的现代生物技术，正在成为推动世界新技术革命的重要力量，其产业化发展必将对人类社会的经济发展和生活方式产生越来越大的影响。生物技术产业主要制备具有活性的生物物质并使其商品化，利用专门的设备和技术将生物物质从生物原料中分离纯化出来并保持其活性，生化分离生产工艺复杂、周期长、影响因素多。掌握生化分离策略，在生产工艺中合理地组合生化单元操作十分重要。

知识要求

1. 掌握生物物质分离纯化的原理。
2. 熟悉生化分离生产的一般工艺过程。
3. 了解分离纯化的原料选择和成品保存方法。
4. 掌握分离纯化的特点与一般步骤。
5. 掌握分离方法选择的基本原则。
6. 熟悉分离纯化工艺的优化、放大和验证工作。

技术要求

1. 能获取设计分离方案前应了解的信息。
2. 能提高和完善传统分离技术。
3. 会选择适宜的分离方法。
4. 能充分考虑分离方案对环境的影响。

任务一 生物物质分离纯化的原理

一、 生物物质

生物物质指的是来源于生物中天然的或利用现代生物工程技术以生物为载体合成的，从氨基酸、多肽等低分子化合物到病毒、微生物活体制剂等具有复杂结构和成分的一类物质。它们存在于生物体内直接参与生物机体新陈代谢过程，并能与生物各种机能产生生物活化效应，因此也称其为生物活性物质，而在产业中的生物物质的制成品被称为生物产品。生物物质的种类繁多，分布广。按照其化学本质和特性分类，常见的有如下一些类型。

（一）氨基酸及其衍生物类

氨基酸及其衍生物类主要包括天然氨基酸及其衍生物，这是一类结构简单、分子小、易制备的生物物质，约有60多种。目前主要生产的品种有谷氨酸、赖氨酸、天冬氨酸、精氨酸、半胱氨酸、苯丙氨酸、苏氨酸和色氨酸等，其中谷氨酸的需求和产量最大，约占氨基酸总产量的80%。

（二）活性多肽类

活性多肽是由多种氨基酸按一定顺序连接起来的多肽链化合物，相对分子质量一般较小，多数无特定空间构象。多肽在生物体内浓度很低，但活性很强，对机体生理功能的调节起着非常重要的作用。主要有多肽类激素，目前已应用于临床的多肽药物达20种以上。

（三）蛋白质类

这类生物物质主要有简单蛋白和结合蛋白（包括糖蛋白、脂蛋白、色蛋白等）。简单蛋白又称为单纯蛋白，这类蛋白质只由氨基酸组成肽链，不含其他成分，如清蛋白、球蛋白、醇溶谷蛋白、硬蛋白、干扰素、胰岛素、生长素、催乳素等。结合蛋白质是由简单蛋白与其他非蛋白成分如核酸、脂质、糖、血红素等辅基结合而成，如促甲状腺素、绒膜激素、垂体促性激素等糖蛋白激素，尿抑胃素、胃膜素、硫酸糖肽等黏性糖蛋白类，血浆糖蛋白及纤维蛋白原、丙种球蛋白等其他糖蛋白类。

（四）酶类

酶是一种生物催化剂，是具有生物催化功能的生物大分子（蛋白质或RNA），随着近年来现代生物技术的发展，作为商品的酶制剂已经广泛应用于食品工业、医药、化工、纺织、环保和能源等方面的行业。它主要包括工业用酶如α-淀粉酶、β-淀粉酶、果胶酶、糖化酶、蛋白酶、纤维素酶、脂肪酶等，医疗用酶如消化酶、抗炎酶、循环酶、抗癌酶、酶诊断试剂等，基因工程工具酶如各种限制性内切酶、外切酶等。

（五）核酸及其降解物类

核酸及其降解物类主要包括核酸碱基及其衍生物、腺苷及其衍生物、核苷酸及其衍生物和多核苷酸等，约有60多种。

（六）糖类

糖类主要包括单糖、低聚糖、聚糖和糖的衍生物，其中一些功能性的低聚糖如海藻糖和聚糖中的一些微生物黏多糖如香菇多糖在糖类中占有重要的地位，日益显示出较强的生化作用和较好的临床医疗效果。

（七）脂类

脂类具有相似的非水溶性，但其化学结构差异较大，生理功能较广泛，主要包括磷脂类、多价不饱和脂肪酸、固醇、前列腺素、卟啉以及胆酸类等。

（八）动物器官或组织制剂

组织制剂是一类人们对其化学结构、有效成分不完全清楚，但在临床上确有一定疗效的药物，俗称脏器制剂，截至目前已有近40余种，如动脉浸液、脾水解物、骨宁、眼宁等。

（九）小动物制剂

小动物制剂主要有蜂王浆、蜂胶、地龙浸膏、水蛭素等。

（十）菌体制剂

菌体制剂主要包括活菌体、灭活菌体及其提取物制成的药物，如微生物肥料制剂、畜牧业饲用微生物制剂、污水处理微生物制剂以及用于医疗上的乳酶生、促菌生、酵母制剂等。

随着对各种生物物质的认识，尤其是它们的生物功能越来越清楚，它们的应用越来越广泛，越来越深入，在医药、农林牧渔、环保等产业中都有涉及。

二、生物物质来源

生物物质主要来自于它们广泛存在的生物资源中，包括天然的生物体及其组织、器官以及利用现代生物工程技术改造的生物体等，目前常用的有如下几种。

（一）动物器官与组织

动物器官与组织包括猪牛羊等的肝脏、胰腺、乳腺以及鸡胚胎等。从海洋生物的器官与组织获得生物活性物质是重要的流行的发展趋势。

（二）植物器官与组织

植物器官与组织含有很多药用活性成分，转基因植物又可产生大量以传统方式很难获得的生物物质。

（三）微生物及其代谢产物

从细菌、放线菌、真菌和酵母菌的初级代谢产物中可获得氨基酸和维生素等，次级代谢产物中可获得青霉素和四环素等一些抗生素。基因工程的发展使得通过微生物培养获得大量其他生物物质成为可能。

（四）细胞培养产物

细胞培养技术的发展使得人们从动物细胞、昆虫细胞中获得较高应用价值的生物物质成为可能，且其发展迅速，应用越来越广泛，前景广阔。

（五）血液、分泌物及其他代谢物

人和动物的血液、尿液、乳汁和胆汁、蛇毒等其他分泌物与代谢产物也是生物物质的重要来源。

三、分离纯化基本原理

依据生物活性物质分子本身的理化特性，如溶解度、带电性、大小、挥发性等进行分离纯化。

（一）物理性质

1. 分子形状、大小

分子形状、大小包括密度、几何尺寸和形状。利用这些性质差别，可采用差速离心与超离心、重力沉降、膜分离、凝胶过滤等分离纯化方法。

2. 溶解度、挥发性

利用这些性质的分离方法很多如蒸馏、蒸发、萃取、沉淀与结晶、泡沫分离等。

3. 分子极性及电荷性质

分子极性及电荷性质包括溶质的电荷特性、电荷分布、等电点等，生产中电色谱、离子交换、电渗析、电泳等电点沉淀就是利用这些性质进行分离的。

4. 流动性

流动性包括黏度，在特定溶液中的扩散系数等。利用溶质的流动性差别直接进行分离纯化的操作较少，但它在很多分离纯化操作单元（如萃取、离心）中发挥着重要作用。

（二）化学性质

1. 分子间的相互作用

分子间的相互作用包括分子间的范德华力、氢键、离子间的静电引力及疏水作用大小等，如分离纯化中电渗析、离子交换色谱等就是依据这些性质进行的。

2. 分子识别

分子识别即是通过目标产物与某些分离纯化介质上的活性中心、基团进行的专一性的结合，如亲和色谱操作。

3. 化学反应

利用化学反应来进行产品的分离在目前生化产品的生产中例子比较多，如谷氨酸工业生产中的锌盐沉淀法、茶多酚生产中的铝盐沉淀法。这种性质在分离纯化操作中的应用主要是使目标产物通过与其他试剂发生特定的化学反应，使目标产物的理化性质、生物学性质发生改变而使目标产物易于采用其他方法从混合物中分离纯化出来。

（三）生物学性质

生物学性质的应用是生物物质分离纯化所特有的，它的主要特征是生物大分子之间的分子识别和特异性结合。这种性质的利用主要在蛋白质、核酸、病毒等物质的亲和分离中比较多。

生物材料（含有生物物质的生物资源）在经过上游加工后通常转变为由一些生物细胞、细胞或组织外分泌物、细胞内代谢产物、残存底物以及其他组分组成的混合物，这些混合物有些是非均相混合物，有些是均相混合物。非均相混合物的分离主要靠质点运动与流体力学的原理进行分离，如过滤、沉降、离心分离等。均相混合物可以采用传质分离过程，即在一定条件下混合物质中某一组分或某些组分由高浓度区移向低浓度区来实现分离混合物的操作过程，如萃取、蒸馏等。但无论是均相混合还是非均相混合，其分离的本质是有效识别混合物中不同组分间物理、化学和生物学性质的差别，利用能够识别这些差别的分离介质或扩大这些差别的分离设备来实现组分间的分离或目标产物的纯化，混合物中不同组分之间的物理、化学、生物学性质是选择生物物质分离纯化技术和工艺的依据，如表1-9所示，这些性质包括以下几个方面。

表 1-9 　　　　　　　　　　　　混合物中不同组分的性质

性质	分离纯化技术	生物分离产物举例
分子大小、形状	离心	菌体、细胞碎片、蛋白质
	超滤	蛋白质、多糖、抗生素
	微滤	菌体、细胞、
	透析	尿素、脱盐、蛋白质
	电渗析	氨基酸、有机酸、盐、水
	凝胶过滤色谱	脱盐、分子分级
溶解性、挥发性	萃取	氨基酸、有机酸、抗生素、蛋白质、香料
	盐析	蛋白质、核酸
	结晶	氨基酸、有机酸、抗生素、蛋白质
	蒸馏	乙醇、香精
	等电点沉淀	蛋白质、氨基酸
	有机溶剂沉淀	蛋白质、核酸
带电性	电泳	蛋白质、核酸、氨基酸
	离子交换色谱	氨基酸、有机酸、抗生素、蛋白质、核酸
	等电点沉淀	蛋白质、氨基酸
化学性质	电渗析	氨基酸、有机酸、盐、水
	离子交换色谱	氨基酸、有机酸、抗生素、蛋白质、核酸
	亲和色谱	蛋白质、核酸
生物功能特性	亲和色谱	蛋白质、核酸
	疏水层析	蛋白质、核酸

任务二　生化分离生产的一般工艺过程

一、 分离纯化的特点

分离纯化的特点有目标产物存在的环境复杂、分离纯化困难；目标产物在生物材料中的含量低、分离纯化工艺复杂；生物物质的稳定性差、分离纯化操作要求严格；目标产物最终的质量要求很高；终极产品纯度均一性的证明与化学分离上纯度的概念并不完全相同等特点。

（一）环境复杂、分离纯化困难

目标产物存在的环境复杂，分离纯化比较困难，具体表现在两个方面：一是目标产物来源的生物材料中常含有成百上千种其他杂质，以谷氨酸发酵液为例，在发酵液中除了含有大量的微生物细胞、细胞碎片、残余培养基成分等杂质外，还含有核酸、蛋白质、多糖等大分子物质以及大量其他氨基酸、有机酸等低分子的中间代谢产物，这些杂质有些是可溶性物质，有些是以胶体悬浮液和粒子形态存在。总之，混合物的组成相当复杂，即使是一个特定的体系，也不可能对它们进行精确地分离，何况某些组分的性质与目标产物具有很多理化方面的相似性；二是不同生物材料成分的差别导致分离纯化过程中处理对象理化性质的差别，比如赖氨酸可以采用发酵法和水解动植物蛋白质获取，同样是赖氨酸，因水解液和发酵液的组成成分差别决定了在赖氨酸的分离纯化过程中不可能采用相同的生产工艺。

（二）含量低、工艺复杂

目标产物在生物材料中的含量一般都很低，有时甚至是极微量的，如在胰腺中，脱氧核糖核酸酶的含量为0.004%，胰岛素含量为0.002%；从竹笋中提取几毫克的竹笋素需要消耗几吨的竹笋。因此，要从庞大体积的原料中分离纯化到目标产物，通常需要进行多次提取、高度浓缩提取液等处理，这是造成生物分离纯化成本增加的原因之一。

（三）稳定性差、操作要求严格

生物物质的稳定性较差，易受周围环境及其他杂质的干扰，因此，通常需保持在特定的环境中，否则容易失活。生物物质的生理活性大多是在生物体内的温和条件下维持并发挥作用的，过酸、过碱、热、光、剧烈震荡以及某些化学药物存在等都可能使其生物活性降低甚至丧失。因此，对分离纯化过程的操作条件有严格的限制，尤其是蛋白质、核酸、病毒类基因治疗剂等生物大分子，在分离纯化过程通常需要采用添加保护剂、采用缓冲系统等措施以保持其高的活性。

（四）目标产物最终的质量要求很高

由于许多生物产品是医药、生物试剂或食品等精细产品，其质量的好坏与人们的生活、健康密切相关，因此，这类产品必须要达到药典、试剂标准和食品规范的要求。如对于蛋白质药物，一般规定杂蛋白含量<2%，而重组胰岛素中的杂蛋白应<0.01%，不少产品还要求是稳定的无色晶体。生物活性物质纯度达到要求的前提下，还要保证活性也能达到标准。

（五）终极产品纯度均一性的证明与化学分离上纯度的概念并不完全相同

由于绝大多数生物产品对环境反应十分敏感，结构与功能关系比较复杂，应用途径多样化，故对其均一性的评定常常是有条件的，或者只能通过不同角度测定，最后才能组出相对的"均一性"结论。只凭一种方法所得纯度的结论往往是片面的，甚至是错误的。

二、 分离纯化的原材料选择与成品保存

（一）原材料的选择

1. 来源

应选用来源丰富的生物材料，做到尽量不与其他产品争原料，且最好能综合利用，如罗汉果和甜叶菊中都含有甜苷类物质，它们在甜度、用途、性质上十分接近，到底选用哪一种来生产甜味剂，就必须根据原料市场、地域、产品用途等多种因素加以考虑。

2. 原材料与目标产物含量相关的因素

（1）合适的生物品种　根据目标产物的分布，选择富含目标产物的生物品种是选材的关键。如制备催乳素，不能选用禽类、鱼类、微生物，应以哺乳动物为材料。

（2）合适的组织器官　不同组织器官所含目标产物的量与种类以及杂质的种类、含量都有所不同，只有选择合适的组织器官提取目标产物才能较好地排除杂质干扰，获得较高的收率，保证产品的质量。如制备胃蛋白酶只能选用胃为原料；免疫球蛋白只能从血液或富含血液的胎盘组织中提取。血管舒缓素虽可从猪胰腺和猪颚下腺中提取，两者获得的血管舒缓素并无生物学功能的差别，但考虑提取时目标产物的稳定性却以猪颚下腺来源为好，因其不含蛋白水解酶。难于分离的杂质会增加工艺的复杂性，严重影响收率、质量和经济效益。

（3）生物材料的种属特异性　由于生物体间存在着种属特性关系，因而，使许多内源性生理活性物质的应用受到了限制。如用人脑垂体分泌的生长素治疗侏儒症有特效，但用猪脑垂体制备的生长素则对人体无效；牛胰中提取的牛胰岛素活性单位比猪胰岛素高，牛为40000IU/kg，猪为3000IU/kg，且在抗原性方面猪胰岛素比牛胰岛素低。

（4）合适的生长发育阶段　生物在不同的生长、发育期合成不同的生化成分，所以生物的生长期对目标产物的含量影响很大。如提取胸腺素，因幼年动物的胸腺比较发达，而老龄后胸腺逐渐萎缩，因此胸腺原料必须来自幼龄动物。

（5）合适的生理状态　生物在不同生理状态时所含生化成分也有差异，如动物饱食后宰杀，胰脏中的胰岛素含量增加，对提取胰岛素有利，但因胆囊收缩素

的分泌使胆汁排空，对收集胆汁则不利；从鸽肝中提取乙酰氧化酶时，先将鸽饥饿后取材可减少肝糖原的含量，以减少其对纯化操作的干扰。

（二）天然生物材料的采后处理

天然生物材料采集后能及时投料最好，否则应采用一定的方式处理，其原因有三：①组织器官离体后其细胞易破裂并释放多种水解酶，引起细胞自溶导致目标产物失活或降解；②生物材料离体后易受微生物污染导致目标产物失活或降解；③生物材料离体后易受光照、氧气等的作用导致其分子结构发生改变。如胰脏采摘后要立即速冻，防止胰岛素活力下降；胆汁在空气中久置，会造成胆红素氧化。因此，天然生物材料采集后需经过一些采后处理措施，一般植物材料需进行适当的干燥后再保存，动物材料需经清洗后速冻、有机溶剂脱水或制成丙酮粉在低温下保存。

（三）生物产品的保存

1. 影响生物大分子样品保存的主要因素

（1）空气　空气中微生物的污染可使样品腐败变质，样品吸湿后会引起潮解变性，同时也为微生物污染提供了有利的条件。某些样品与空气中的氧接触会自发引起游离基链式反应，还原性强的样品易氧化变质和失活，如维生素C、巯基酶等。

（2）温度　每种生物大分子都有其稳定的温度范围，温度升高10℃，氧化反应、酶促反应进行的可能性大大增加。因此，通常绝大多数样品都是低温保存的，以抑制氧化、水解等化学反应和微生物的繁殖。

（3）水分　包括样品本身所带的水分和由空气中吸收的水分。水可以参加水解、酶解、水合，加速氧化、聚合、离解和霉变。

（4）光线　某些生物物质可以吸收一定波长的光，发生光催化反应如变色、氧化和分解等，尤其日光中的紫外线能量大，对生物物质影响最大。因此，生物物质制成品通常都要避光保存。

（5）pH　保存液态生物物质制成品时注意其稳定的pH范围，通常可从文献和手册中查得或通过试验求得，因此正确选择保存液态生物物质制成品的缓冲剂（包括pH、种类和浓度）十分重要。

（6）时间　生物物质和绝大多数商品一样都有一定的保存期限，不同的物质其有效期不同。因此，保存的样品必须写明日期，定期检查和处理。

2. 蛋白质和酶制品的保存方法

（1）低温下保存　多数蛋白质和酶对热敏感，通常超过35℃以上就会失活，冷藏于冰箱一般也只能保存1周左右，而且蛋白质和酶的纯度越高越不稳定，溶液状态比固态更不稳定，因此通常要保存于-20～-5℃条件下，如在-70℃下保存则最理想。极少数酶可以耐热：如核糖核酸酶可以短时煮沸；胰蛋白酶在稀 HCl 中可以耐受 90℃；蔗糖酶在 50~60℃ 可以保持 15~30min 不失活。还有少数酶对低温敏感，如过氧化氢酶要在 0~4℃ 保存，冰冻则失活，羧肽酶反复冻融会失活等。

（2）制成干粉或结晶保存　蛋白质和酶固态比在溶液中要稳定得多。固态干粉制剂放在干燥剂中可长期保存，例如葡萄糖氧化酶干粉 0℃ 下可保存 2 年，−15℃ 下可保存 8 年。通常，酶与蛋白质含水量大于 10%，室温、低温下均易失活；含水量小于 5% 时，37℃ 活性会下降；如要抑制微生物活性，含水量要小于 10%；抑制化学活性，含水量要小于 3%。此外要特别注意酶在冻干时往往会部分失活。

（3）保存时添加保护剂　为了长期保存蛋白质和酶，常常要加入某些稳定剂。

①惰性的生化或有机物质，如糖类、脂肪酸、牛血清白蛋白、氨基酸、多元醇等，以保持稳定的疏水环境。

②中性盐，有一些蛋白质要求在高离子强度（1~4mol/L 或饱和的盐溶液）的极性环境中才能保持活性，最常用的是 $MgSO_4$、NaCl、$(NH_4)_2SO_4$ 等，但使用时要脱盐。

③巯基试剂，一些蛋白质和酶的表面或内部含有半胱氨酸巯基，易被空气中的氧缓慢氧化为磺酸或二硫化物而变性，保存时可加入半胱氨酸或巯基乙醇。

三、分离纯化的准备工作

分离纯化的准备工作包括软件条件的准备和硬件条件的准备。

（一）软件条件的准备

1. 生产文件的准备

在试验研究和工艺开发阶段，纯化前须起草书面的试验纯化步骤，纯化中详细记录纯化过程、各种参数和现象等；中试生产和常规生产必须准备包括各种操作指令、标准操作程序及配方、记录等技术文件，指令文件须经有关责任人员签署批准。

2. 生产人员的培训

各生产工序的操作人员必须经过培训，培训内容至少应包括纯化工艺涉及的基本原理、工艺流程、加工设备操作程序等。操作人员经过考核合格后方允许参加生产工作。

（二）硬件条件的准备

1. 生产设施、仪器设备与器皿等

（1）厂房与公用设施　包括生产用水、蒸汽、压缩空气及共输送管线、生产环境的洁净程度、层流罩与超净台等。

（2）设备与器具 包括所使用的各种生物反应器如发酵罐、离心机、滤器、层析柱、泵、容器、各类管线、塞盖、接头等辅助装置，检测用仪器、试剂、取样工具与样品瓶等。

（3）凡厂房、公用设施与设备在生产开始前均应经过安装、运行与性能确认等验证程序，保证这些设施、设备与器具等在纯化工作开始前应处于良好的工作或备用状态。

2. 工艺处理液的准备

绝大多数生物物质的分离纯化构成基本上是在液相中或液相与固相转换中进行的，组织细胞破碎、目标成分释放溶出、提取物的澄清、浓缩与稀释、沉淀、吸附、离心、层析、脱盐和洗脱等加工处理过程大多需要在适宜的液相中才能实现。因此，生物产品分离提纯过程需要使用多种溶液、试剂和去垢剂、酶类抑制剂等添加剂。为了保证分离纯化中不出现顾此失彼的情况，通常在分离纯化前均需将工艺中所用到的各种处理液事先准备好，各处理液的要求应遵循政府或行业制定的有关标准，暂无通行标准的特殊溶剂应制定企业标准。

四、 分离纯化的基本步骤

分离纯化的基本步骤包括原材料的预处理、颗粒性杂质的去除、可溶性杂质的去除和目标产物的初步纯化、目标产物的精制、目标产物的成品加工。

（一）原材料的预处理

其目的是将目标产物从起始原材料（如器官、组织或细胞）中释放出来，同时保护目标产物的生物活性。

（二）颗粒性杂质的去除

由于技术和经济原因，在这一步骤中能选用的单元操作相当有限，过滤和离心是基本的单元操作。为了加速固-液两相的分离，可同时采用凝聚和絮凝技术；为了减少过滤介质的阻力，可采用错流膜过滤技术，但这一步对产物浓缩和产物质量的改善作用不大。

（三）可溶性杂质的去除和目标产物的初步纯化

如果产物在滤液中，若要求通过这一步骤能除去与目标产物性质有很大差异的可溶性杂质，使产物浓度和质量都有显著提高，这常须经过一个复杂的多级加工程序，单靠一个单元操作是不可能完成的。这步可选的单元操作范围较广，如吸附、萃取和沉淀等。

（四）目标产物的精制

该步骤仅有限的几类单元操作可选用，但这些技术对产物有高度的选择性，用于除去有类似化学功能和物理性质的可溶性杂质，典型的单元操作有层析、电泳和沉淀等。

（五）目标产物的成品加工

产物的最终用途和要求，决定了最终的加工方法，浓缩和结晶常常是操作的关键，大多数产品必须经过干燥处理，有些还需进行必要的后加工处理如修饰、加入稳定剂以保护目标产物的生物活性。

五、分离纯化技术的综合运用与工艺优化

分离纯化技术的综合运用与工艺优化是建立在制品、半成品、成品的检测方法为工艺优化的前提及明确优化工艺的评判标准，处理好收率、纯度、经济性之间的平衡。

（一）建立在制品、半成品、成品的检测方法是工艺优化的前提

在生物产品分离纯化中建立在制品、半成品、成品的检测方法是分离纯化工艺优化的前提条件，也是分离纯化操作过程中的重要组成部分。在实际生产中根据在工艺里所起作用可将其分为在线检测、数据检测和放行检测等几类。

（二）明确优化工艺的评判标准，处理好收率、纯度、经济性之间的平衡

1. 收率与纯度之间的平衡

生物产品的纯度是衡量其质量优劣的重要指标，特别是人类临床使用的药物，其纯度的高低直接关于用药的安全性。绝对纯净和100%的高纯化产率是现代生物产品领域追求但尚不能达到的目标。在绝大多数生物产品分离纯化过程中，通常纯度与产率之间是一对矛盾的关系，纯化产品产率的提高往往伴随着纯度的下降，反之对纯度要求的提高意味着纯化工艺成本的提高和产物收率的降低。如何在分离纯化产物符合标准的前提下实现高的收率，直接体现了一种生物产品分离纯化的工艺水平。实际操作时应结合对药物的质量要求、加工成本、技术上的可行性和可靠性、产品价值以及市场需求等，找出纯化工艺加工产物纯度、生物活性和产量间的平衡点，实现工艺的最优化。

2. 经济性考虑

分离纯化过程是现代生物工程的核心，是决定产品的安全、效力、收率和成本的技术基础，生物分离纯化过程所产生的成本费用约占整个生产过程的70%，而纯度要求更高的医用酶如天冬酰胺酶的分离纯化成本高达生产过程的85%。因此，分离纯化工艺总体成本与纯化产物的价值必然影响纯化工艺路线的设计。

六、分离纯化工艺的中试放大

分离纯化工艺的中试放大是生化分离生产的重要环节，包括分离纯化工艺中

试放大具备的条件，分离纯化工艺的中试放大力求解决及注意的问题，分离纯化工艺的中试放大的方法，分离纯化工艺的中试放大的研究内容。

（一）中试放大具备的条件

在小试进行到什么阶段才能进入中试放大，尚难制定一个标准。但除了人为因素外，至少在进入中试放大前应具备以下一些条件：①确定并系统鉴定了生物材料的资源（包括菌种，细胞株等）；②目标产物的收率稳定即重复性好，质量可靠；③工艺路线和操作条件已经确定，并且已经建立了原料、制品、产品的分析检测方法；④已经进行过物料平衡预算，并且建立了"三废"的处理和监测方法；⑤确立了中试规模及所需原材料的规格和数量；⑥建立较完善的安全生产预警措施和方法。

（二）中试放大力求解决及注意的问题

1. 进一步确定生产中所需原辅材料的规格和来源

在小试时，为了排除原辅材料（如原料、试剂、溶剂、纯化载体等）所含杂质的不良影响，保证试验结果的准确性，我们一般采用的原辅材料规格较高。当工艺路线确定之后，在进一步考察放大工艺条件时，应尽量改用大规模生产时容易获得、成本较低的原辅材科。为此，应考察某些工业规格的原辅材料所含杂质对反应收率和产品质量的影响，制定原辅材料质量标准，规定各种杂质的允许限度，同时还应考察不同产地的同种规格原辅材料对产品收率、质量的影响。

2. 进一步确定生产设备的选型与设备材料的质量

小试阶段，大部分实验是在小型玻璃仪器中进行，但在工业生产中，物料要接触到各种设备材料，如微生物发酵罐、细胞培养罐，固定化生物反应器、多种层析材料以及产品后处理的过滤浓缩、结晶、干燥设备等。有时某种材质对某一反应有极大影响，甚至使整个反应无法进行。如应用猪蹄壳提取妇血宁时，其主要成分蹄甲多肽易与铁反应形成含铁络合物，改变产品的颜色和质量，因此，整个分离纯化过程中切不可与铁制品接触。故在中试时应对设备材料的质量和选型进行试验、为工业化生产提供数据。

3. 进一步确定分离纯化操作的条件限度

我们可以通过操作条件限度实验找到最适宜的工艺条件（如操作温度、压力、pH 等）。生产的操作条件一般均有一个许可范围，有些对工艺条件要求很严格，超过一定限度后，就会造成重大损失，如使生物活性物质失活或超过设备能力，造成事故。在这种情况下，应进行工艺条件的限度试验。

4. 研究和建立原辅材料、中间体及产品质量的分析方法和手段

对原辅材料、中间体及目标产物进行适时监测和分析是生物产品生产中一个不可缺少的内容，而由于生物产品的特殊性，有许多原辅材料，尤其是中间体和新产品均无现成的分析方法。因此，在中试放大时必须研究和建立它们的鉴定方法，以便为大生产提供简便易行，准确可靠的检验方法。

（三）中试放大的方法

中试放大的方法有经验放大法，相似放大法和数学模型放大法。生物产品研发中主要采用经验放大法。经验放大法主要是凭借经验通过实验室装置、中间装置、中型装置、初大型装置逐级放大来摸索反应器的特征。中试放大的程序，可采取"步步为营法"或"一竿子插到底法"。"步步为营法"可以下集中精力，对每步反应的收率、质量进行考核，在得到结论后，再进行下一步操作。"一竿子插到底法"可先看产品质量是否符合要求，并让一些问题先暴露出来，然后制定对策，重点解决。不论哪种方法，首先应弄清楚中试放大过程中出现的一些问题，是原料问题、工艺问题、操作问题，还是设备问题。要弄清楚这些问题，通常还需同时对小试与中试进行对照试验、逐一排除各种变动因素。

（四）中试放大的研究内容

中试放大的研究内容主要有以下几方面内容。
（1）工艺路线及各工序操作步骤的研究；
（2）设备材质与型号的选择性研究；
（3）原辅材料、中间体质量标准的研究；
（4）操作条件的研究；
（5）物料衡算的研究；
（6）安全生产与"三废"防治措施的研究；
（7）原辅材料、中间体即产品的理化和生物学测定方法；
（8）消耗定额、原料成本、操作工时与生产周期等的计算研究。

七、生物药品生产工艺的验证

（一）验证的概念

我国现行 2010 年修订版的《药品生产质量管理规范》对验证的定义为：证明任何操作规程（或方法）、生产工艺或系统能够达到预期结果的一系列活动。

（二）药品生产验证的主要内容

制药行业中经常需要进行的验证活动主要有设备与厂房和公用设施验证、工艺验证、清洁验证、分析方法验证及计算机验证等几类。设备验证、厂房和公用设施验证、工艺验证、清洁验证、分析方法验证及计算机验证等可参考《药品生产验证指南》，这里仅介绍其中工艺验证的基本知识。

（三）生产工艺验证

1. 生产工艺验证的目的

所谓生产工艺，就是指各种单元操作的有机组合和综合应用，包括工艺条件、操作程序和生产设备。因此工艺验证的目的就是证明各单元操作的工艺条件以及操作是否能适合该产品的常规生产，并证明在使用规定的原辅料及设备的条件下，能始终生产出符合预定质量标准要求的产品，且具有良好的重现性和可靠性。

2. 工艺验证的主要形式

（1）前验证　是指一项工艺、一个系统、一台设备或一种材料正式投入使用前进行的、按照设定方案进行的验证。对于新品种、新设备或新工艺引进生产前一般都缺乏历史资料的积累，还不能依赖生产控制从产品检测来确保工艺的重现性和终产品的质量，这种情况下必须进行前验证。

（2）同步验证　是指生产中某项工艺运行时进行的实时验证，以从工艺实际运行过程中获得数据确立文件的依据，从而确保某项工艺达到预定要求的活动。有关工艺运行的技术参数主要通过在线检测、抽样检测等厂段获取。

（3）回顾性验证　是指以历史数据的统计分析为基础的旨在证实生产工艺条件适用性的验证。对一段时间积累的多批产品生产过程的相关参数进行汇总、整理和统计处理，分析偏差、故障出现趋势、找出有关变量的"最差工况条件"，观察有关变量与"最差工况条件"的逼近程度、设置参数警戒线等，以评估工艺运行和控制的状况。

（四）工艺验证的一般要求

（1）工艺验证只有在所使用的设备或设施已完成安装确认、运行确认、性能确认，具备了适当的产品质量标准且检验方法已经过验证的基础上来实施。

（2）为了证明工艺的重现性和可靠性，工艺验证一般要求至少完成 3 批连续的成功批号。

（3）新产品的工艺验证指一个产品正处于从小试成功、中试放大到常规大生产的转化过程中。因此，在正式验证前一些工艺参数不确定，可以先进行至少一个批号的开发批工艺验证，根据开发批验证得出的数据可以调整一些工艺参数和设备操作，为后面进行的正式验证提供可靠的数据基础。但开发批的产品必须在检验全部符合预定质量标准，且偏差得到有效的调查评估后方可释放。根据开发批验证数据修订标准工艺操作规程，得到批准后，起草工艺验证方案并实施。

（4）回顾性验证指此类验证适用于某一产品或生产工艺已经过一定时间的连续生产，其工艺操作及设备没有发生改变。回顾性验证也常常用于过去未经过充分的工艺验证，但现在仍在使用的生产工艺。回顾性验证的要求是收集近期生产的至少 10~30 批的数据进行分析评估，以证明工艺的稳定性和可控性，收集的数据至少包括以下内容：主要原辅料检验结果；所有中间体、半成品及成品质量检验结果；过程控制检验结果；偏差及整改的措施；设备的确认情况及设备的校验情况；客户的投诉；稳定性考查。

（5）根据《药品生产质量管理规范》做出评估后，在下列情况下，根据对产品质量的潜在影响做出评估后，需对工艺进行再验证。

①工艺发生改变，生产使用的主要设备作了调整、更换或大修。

②生产场所发生变化。

③在产品的趋势分析中发现严重的超常现象或可能对药品的安全、性状、纯度、杂质、含量等有影响。

④生产了一定周期后，一般周期件再验证最多不超过3年。

（五）工艺验证的主要内容

工艺验证的主要内容包括关键工艺步骤的验证、关键工艺参数的验证及工艺一致性验证。

1. 关键工艺步骤的验证

在分离纯化过程中，每一个单元操作均需在适宜的工艺条件下进行，这些条件影响着分离纯化进行的程序和效果。将关键的工艺条件加以有效控制，就能控制产品的质量和收率，得到符合预定质量标准的产品。一般生物原料药品分离纯化生产中的关键工艺步骤包括：有相变的步骤；改变温度或 pH 的步骤；多种原料的混合及引起表面积、颗粒度、堆积密度或均匀性变化的步骤。换句话说，关键工艺步骤指的是如果此步骤操作不规范，就不能得到符合预定质量特性以及杂质分布的产品，或是被污染，而以后无法再有补救的措施。关键工艺步骤不仅包括最终的成品加工步骤，还包括一些半成品。

2. 关键工艺参数的验证

工艺参数包括物料配料比、物料浓度、操作温度、pH、压力、时间等。关键工艺参数及范围的确定，一般由熟悉工艺的技术人员根据小试的研制开发、中试生产的数据及大生产经验来确定。所有的关键工艺参数都必须验证。对于关键工艺参数的划分可考虑以下方面：质量因素，当生产操作超出此参数范围，可能会影响产品的质量；安全因素，当生产操作超出此参数范围，可能会增加安全方面的风险；环保因素，当生产操作超出此参数范围，可能会对环境方面造成负面影响；经济因素，当超出此参数操作范围，将对成本、收率造成负面影响。

3. 工艺一致性验证

工艺一致性验证是指通过证明在同样工艺加工条件下多次制造的各批产品的质量指标批间差异小、从而确保工艺具有良好重复性的活动。工艺一致性验证通常有三种情况：①为取得试生产文号目的，临床试验申报前的试生产要求能够实现连续3批试生产，提供3批生产工艺一致性的数据，生产的3批制品的质量指标须达到合格标准；②为达到将试生产文号转为正式生产文号的目的，应提供两年试生产期间所用工艺加工多批产品的有关工艺参数和制品质量的一致性资料；③从工艺控制的观点出发有必要确定在正常生产条件下工艺参数和产品质量指标的变化范围，正常操作技术参数范围在最大操作界限内，而最大操作界限界于警戒限度内。一般情况下在确定参数范围的研究中已确定了最大操作范围，实际生产中正常操作工艺参数必须落在最大操作范围内，如果有关工艺参数超过最大操作范围，则表明加工工艺的可靠性降低，对加工工艺可能已失去控制，已不能确保该工艺可持续制造出符合预定规格和标准的制品。确定正常操作范围的典型方法是采集多次重复生产出符合标准产品的加工工艺参数，以相应的统计学方法来界定。

（六）验证文件

验证文件包括工艺验证方案及工艺验证报告。

1. 工艺验证方案

工艺验证方案中规定各工序段划分、杂质去除效率、原辅材料质量要求、进料与工艺或操作各项参数范围、产品质量标准、工艺一致性验证的方法、检测手段与结果评判标准等。验证实施前，由工艺技术人员根据产品工艺操作规程，设备操作规程及生产经验起草工艺验证方案，方案至少包括以下内容：目的、验证的依据（需列出验证涉及的工艺规程）、工艺描述、关键工艺参数（需按中间体、半成品、成品分别列表，内容包括参数的描述、控制限度、目标控制值及控制的原因）、验证计划（需描述验证的时间、验证的批数及批号、验证规模）、取样计划（需描述除常规取样外的额外取样）、可接受标准、附加研究、培训等。

2. 工艺验证报告

工艺技术人员根据验证的结果，收集所有有关的数据起草验证报告，报告至少包括以下内容：验证目的和依据、验证的依据、工艺描述、关键工艺参数、验证批号（需列出描述验证的产品名称）、验证结果（需包括验证产品的实际批产量和收率与标准列表比较、验证产品的实际产品质量同预定质量标准列表比较等项目）、偏差（需列出验证中的所有偏差，并分析原因以及解决措施）、附加研究、培训、结论、验证批生产记录和所有中间体与成品的检验报告。

任务三 生化分离技术方法选择的原则

生物物质能否高效率低成本地制备成功，关键在于分离纯化方案的正确选择和各个分离纯化方法实验条件的探索。选择与探索的依据就是目标产物与杂质之间的生物学和物理化学性质上的差异。从生物物质分离纯化的特点可以看出，分离纯化方案必然是千变万化的。因此，要想使我们的目标产品尽可能达到低成本、高产量、高质量的生产目的就涉及到分离纯化策略的问题，这对于每一个从事分离纯化技术的工作者来说十分重要。生物分离技术原则是：先低选择性，后高选择性；先高通量，后低通量；先粗分，后精分；先低成本，后高成本。

一、 分离过程

分离过程通常由原料、产物、分离剂及分离装置组成，如图 1-3 所示。

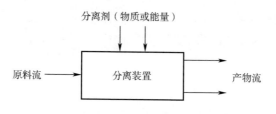

图 1-3　生化物质分离过程示意

分离剂——加到分离系统中使过程得以实现的能量或物质，或两者并用；

分离装置——分离过程得以实施的必要物质设备，它可以是某个特定的装置，也可指从原料到产品之间的整个流程。

二、 分离过程分类

分离过程主要有机械分离、传质分离和反应分离等类型。

（一）机械分离

分离装置中，利用机械力简单地将两相混合物相互分离的过程称为机械分离过程，它的分离对象大多是两相混合物，分离时，相间无物质传递发生。几种典型的机械分离过程见表 1-10。

表 1-10　　　　　　　　　　典型的机械分离过程

名　称	原料相态	分离剂	产物相态	分离原理	应用实例
过滤	液-固	压力	液+固	粒径>过滤介质孔径	浆状颗粒回收
沉降	液-固	重力	液+固	密度差	浑浊液澄清
离心分离	液-固	离心力	液+固	固-液相颗粒尺寸	结晶物分离
旋风分离	气-固（液）	惯性力	气+固（液）	密度差	催化剂微粒收集
电除尘	气-固	电场力	气+固	微粒的带电性	合成氨气除尘

（二）传质分离

传质分离可以在均相或非均相混合物中进行，在均相中有梯度引起的传质现象发生；可以分为平衡分离和速率控制分离两大类。

1. 平衡分离

依据被分离混合物各组分在不互溶的两相平衡分配组成不等同两相的原理进行分离的过程，常采用平衡级概念作为设计基础。几种典型的平衡分离过程见表1-11。

表1-11　　　　　　　　　　典型的平衡分离过程

名称	原料相态	分离剂	产物相态	原理	应用实例
蒸发	液	热	液+气	物质沸点	稀溶液浓缩
闪蒸	液	热-减压	液+气	相对挥发度	海水脱盐
蒸馏	液或气	热	液+气	相对挥发度	酒精增浓
热泵	气或液	热或压力	二气或二液	吸附平衡	CO_2/He分离
吸收	气	液体吸收剂	液+气	溶解度	碱吸收CO_2
萃取	液	不互溶萃取剂	二液相	溶解度	芳烃抽提
吸附	气或液	固体吸附剂	液或气	吸附平衡	活性炭吸附苯
离子交换	液	树脂吸附剂	液	吸附平衡	水软化
萃取蒸馏	液	热+萃取剂	气+液	挥发度、溶解度	恒沸物分离
结晶	液	热	液+固		糖液脱水

2. 速率控制分离

依据被分离组分在均相中的传递速率差异而进行分离的，例如利用溶液中分子、离子等粒子的迁移速度、扩散速度等的不同来进行分离。几种典型的速率控制分离过程见表1-12。

表1-12　　　　　　　　　　典型的速率控制分离过程

名称	原料相	分离剂	产物	原理	应用实例
气体渗透	气	压力、膜	气	浓度差、压差	富氧、富氮
反渗透	液	膜、压力	液	克服渗透压	海水淡化
渗析	液	多孔膜	液	浓度差	血液透析
渗透蒸发	液	致密膜、负压	液	溶解、扩散	醇类脱水
泡沫分离	液	表面能	液	界面浓差	矿物浮选
色谱分离	气或液	固相载体	气或液	吸附浓度差	难分体系分离
区域熔融	固	温度	固	温差	金属锗提纯
热扩散	气或液	温度	气或液	温差引起浓差	气态同位素分离
电渗析	液	电场、膜	液或气	电位差	氨基酸脱盐
（膜）电解	液	（膜）电场	液	电位差	液碱生产

（三）反应分离

化学反应通常能将反应物转化为目的产物，如果这类可转化为目的产物的反应物存在于混合物中，则我们可借助于化学反应将其从混合物中分离出来或直接把它去除。

化学反应的种类很多，可分为可逆与不可逆反应、均相与非均相反应、热化学反应、电化学反应、（光）催化反应等。几种典型的反应分离技术见表 1-13。

表 1-13 典型的反应分离技术

分离种类		原料相	分离剂	代表性的技术	应用实例
可逆反应		可再生物	再生剂	离子交换、反应萃取	水软化
不可逆反应		一次性转化物	催化剂	反应吸收、反应结晶	烟道气中 SO_2 吸收
分解反应	生物分解反应	生物体	微生物	生物降解	有机废水厌氧生物处理
	电化学反应	电反应物	电、膜	双极膜水解反应	湿法精炼
	光反应	光反应物	光		烟道气 CO_2 生物转化

三、 生物分离技术的应用范围

两种或多种物质的混合是一个自发过程，而要将混合物分开或将其变成产物，必须采用适当的分离手段（技术）并耗费一定的能量或分离剂。

待分离的混合物可以是原料、中间产物或废弃物料，制得产物的组成按需求而定，仍然可以是混合物，也可以为纯度极高的单体。

生化分离技术与生物技术发展密切相关，应用广泛，并始终处于不断的发展之中。各行各业利用生物技术生产的产品，一般都需要从生物体（包括植物、动物、微生物）细胞内或细胞反应液中将其分离出来，并通过精制达到一定纯度（或活力）。

四、 生物分离技术的主要种类

分离过程得以进行的关键因素是待分离的混合物的物性差异——待分离混合物至少在物理、化学、电磁、光学、生物学等性质方面存在着以下一个或多个差异：

（1）物性参数 分子质量、分子大小与形状、熔点、沸点、密度、蒸气压、渗透压、溶解度，临界点。

（2）力学性质 表面张力、摩擦因子。

（3）电磁性质 分子电荷、电导率、介电常数、电离电位、分子偶极矩及极化度、磁化率。

（4）传递特性参数　迁移率、离子淌度、扩散速度、渗透系数。

（5）化学特性常数　分配系数，平衡常数、离解常数、反应速率、络合常数。

（6）生化分离技术的主要种类　沉淀分离（盐析、有机溶剂沉淀、选择性变性沉淀、非离子聚合物沉淀）膜分离（透析、微滤、超滤、纳滤、反渗透）层析分离（吸附、凝胶、离子交换，疏水、反相、亲和层析）；电泳分离（SDS-PAGE、等电聚焦、双向电泳、毛细管电泳）离心分离（低速、高速，超速离心分离技术）。生物分离技术的主要种类见表1-14。

表 1-14　　　　　　　　　　常用的生化分离技术

单元操作	分离机理	分离对象列举
萃取		
有机溶剂萃取	液液相平衡	有机酸、抗生素
双水相萃取	液液相平衡	蛋白质、抗生素
液膜萃取	液液相平衡	氨基酸、有机酸、抗生素
反胶团萃取	液液相平衡	氨基酸、蛋白质
超临界流体萃取	相平衡	香料、脂质
层析		
凝胶过滤层析	浓度差、筛分	脱盐、分子分级
反向层析	分配平衡	甾醇类、维生素、脂质、肽
离子交换层析	电荷、浓度差（pH、离子强度）	蛋白质、氨基酸、抗生素、核酸有机酸
亲和层析	生物亲和作用	蛋白质、核酸
疏水性相互作用层析	疏水作用	蛋白质
层析聚焦	电荷、浓度差（pH）	蛋白质
电泳		
凝胶电泳	筛分、电荷	蛋白质、核酸
等电点聚焦	筛分、电荷、浓度差	蛋白质、氨基酸
等速电泳	筛分、电荷、浓度差	蛋白质、氨基酸
区带电泳	筛分、电荷、浓度差	蛋白质、核酸
离心		
离心过滤	离心力、筛分	菌体、菌体碎片
离心沉降	离心力	菌体、细胞、血球
超离心	离心力	蛋白质、核酸、糖类

五、生物分离技术的特点

生物分离技术的特点主要表现为成分复杂，含量甚微，易变性，易被破坏，具有经验性，均一性的相对性。

（一）成分复杂

成分复杂是指要分离的样品处在一个复杂的体系中，首先生物体的组成就非常复杂，一个生物材料常包括数百种甚至数千种化合物，各种化合物的形状、大小、分子量和理化性质都各不相同，其中还有一些化合物是未知物，其次这些化合物在分离仍处在不断的代谢变化过程中。

（二）含量甚微

含量甚微是指有些化合物，在材料中含量极微，只达万分之一、几十万分之一，甚至百万分之一。

（三）易变性易被破坏

易变性、易被破坏是指许多具有生物活性的化合物，一旦离开了生物体的环境，很容易变性很容易被破坏。比如许多生物大分子在分离过程中过酸、过碱、高温、高压、重金属离子以及剧烈的搅拌辐射和有机体自身酶的作用都会破坏这些分子的生理活性，所以在分离过程中要十分注意保护这些化合物的活性，常选择十分温和的条件，并尽可能在较低的温度和洁净的环境中进行分离。

（四）具经验性

具经验性是指生化分离的方法几乎都是在溶液中进行，各种参数如温度、pH、离子强度、压力等对溶液中各种组成综合影响常常无法固定，以致许多实验的设计理论性不强，实验结果有很大的经验成分。因此，一个实验的重复性的建立，从材料到方法直至各种环境条件，使用的试剂药品等都必须严格地加以规定。

（五）均一性的相对性

生化分离技术应用后对最后结果均一性的证明与化学上纯度的概念并不完全相同，不是绝对的纯度，而是具有相对性，主要由于生物分子对环境反应十分敏感，结构与功能关系比较复杂，纯度鉴定的目的方法，往往只是利用某一方面的性质，对其经营性的评定常常是有条件的，所以往往通过不同方法或同一方法不同条件下来测定，最后才能给出相对的均一性的结论。

（六）流程的复杂性

为了保护所提取物质的生理活性及结构上的完整，生化分离方法多采用温和的多阶式进行，可形象地称之为逐层剥皮方法，因此工作流程长，操作繁琐。

（七）工艺方法依分离目的选择

生化分离技术一般在应用时分为两种类型。一类是生化分离分析技术，它的任务和目标是将各组分分离后进行定性定量和最后的鉴定，另一类是生化分离制备技术，其目的是通过各种分离技术制备获得生物体内某一单纯组分，两者的主要区别在于前者最后得到的组分纯度要求高，但其只要满足分析和性质测定的需要即可，而后者需要大量的产品，分离技术要选用处理量大的，对纯度的要求可以按实际的需要来确定。

六、 生物分离技术的选择依据

生物分离技术的选择主要依据过程的处理规模、目标产物的特性、目标产品的价值、产物的纯度与回收率、工艺可行性、分离设备的能力与可靠性。

（一） 过程的处理规模

（1） 过程的处理规模通常指的是处理物或目标产物量的大小，由此可将工程项目的规模分为大、中、小、微四类，其间没有明确的界限。但目前常用投资额度大小来言其工程的规模。

（2） 一般说来，较大项目的工程投资与其规模的 0.6 次方成正比。与大规模操作相比较，小规模操作需投入的操作费用（尤其是劳动力）却不会相应减少很多。

（3） 规模大小与目标产物的价值密切相关，廉价产物一般采用大规模生产，而高附加值产物可采用中小规模生产。

（二） 目标产物的特性

产物性质（分子大小、疏水性、电荷形式和溶解度等）影响着分离工艺，另外，目标产物的特性需重视。特性是指目标产物热敏性、吸湿性、放射性、氧化性、光敏性、分解性、易碎性等一系列物理化学特征，这些物理化学特性常是导致目标产物变质、变色、损坏等的原因，成为分离方法选择中的一个重要考虑因素。

（三） 目标产品的价值

（1） 目标产品的价值常常成为选择分离方法的主要因素。

（2） 目标产物的经济价值比较低，则应采用低能耗、无需分离剂或廉价分离剂的过程。

（3） 生物加工过程自身的规模和产品的商业价值；一种目标产物的分离手段往往不止一种，根据生产的规模和价值，选择合适的分离技术。

（四） 产物的纯度与回收率

（1） 产物的纯度与回收率对选用分离方法具有至关重要的作用。

（2） 一般状况下，纯度越高，提取成本越大，而回收率降低。

（五）工艺可行性

（1）某一种分离方法的可行性，常与工艺条件有联系。

（2）应尽可能避免在过程中使用很高或很低的压力或温度，特别是高温和高真空状态。

（3）有多种分离方法可供选用时，应先选简单的或比较简单的。

（4）在提纯之前先浓缩产物。

（5）对多组分混合物，应先分离浓度最高的，在早期将大量产物移出。

（6）对多组分混合物，应先提取最易分离的，而将最难分离的步骤放在最后。

（7）在早期除去危险物质。

（8）避免用第二分离剂除去或回收第一分离剂（萃取剂、催化剂）等。

（9）必须引入分离剂时，紧接的工序是使分离剂和溶质立即分开。

（10）通过使用不同溶剂，避免在极端温度下进行分离。

可行性分析过程如图1-4所示。

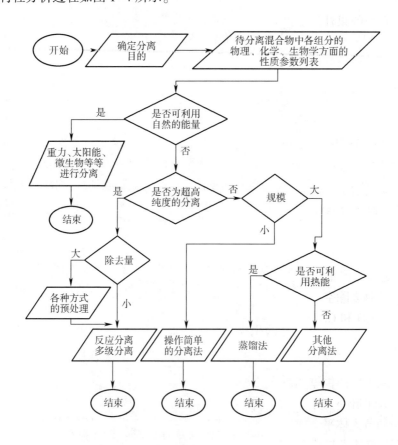

图1-4　工艺可行性分析过程

（六）分离设备的能力与可靠性

（1）在分离方法选定以后，分离设备的能力与可靠性是一个重要因素，某些方法由于设备的限制而难以实现工业应用。

（2）能采用能量分离剂的过程，其热力学效率较高，尽可能选用。

（3）平衡级分离比速率控制过程简单，其级联常可在同一设备内。

（4）考虑能源价格上涨，则取代蒸馏的过程会有明显增长，如：共沸精馏、萃取精馏、萃取与变压吸附，结晶和离子交换以及膜分离等。

【项目拓展】

分离技术与人类生活

一、分离技术与日常生活

（1）洗脸、刷牙的自来水、饮用的纯净水大多通过对来自江河湖海的水处理后获得的。

（2）食用的果汁、生啤、白糖、食盐等分别通过蒸发、膜滤、结晶、电渗析等方法制得。

（3）汽车所用的汽油、煤油等都是通过对原油加氢反应除去硫磺并经分馏制得的。

（4）加油站在汽车加油过程中释放的汽油，有机溶剂在储运过程中的挥发。

（5）汽车排放的尾气、旅游大巴放出的黑烟、氮氧化合物、喷气机喷出的白雾等，造成了严重的空气污染。

（6）及时去除空气中气溶胶（PM 2.5 颗粒物）、易挥发有机物（VOCs）。

（7）降低 NO_x、SO_2、CO 和 CO_2 等均需要快速有效的新型分离技术。

二、分离技术与环境保护作用

（1）加油站在汽车加油过程中释放的汽油，有机溶剂在储运过程中的挥发。

（2）由汽车排放的尾气、旅游大巴放出的黑烟、氮氧化合物，喷气机喷出的白雾等，造成了严重的空气污染。

（3）及时去除空气中气溶胶（PM2.5 颗粒物）、易挥发有机物（VOCs），降低 NO_x、SO_2、CO 和 CO_2 等均需要快速有效的新型分离技术。

三、分离技术与人类健康、保健

（1）人工肾→筛分透析脱出尿酸→血液透析。

（2）人工肺→供氧和去除 CO_2→血液氧合。

（3）人工肝→置换及吸附→血液脱毒。

（4）调节人体平衡、维持生活、延长寿命。

四、分离技术与能源再生利用

（1）按当前年消耗量，化石燃料难以持久。

（2）除煤可维持二三百年外，核能铀在内的其他能源，只有六十年左右的用量，开发新能源与提高利用率成为必要。

（3）如贫矿铀的富集，新技术、氢能源开发，燃料电池的应用，风能与水能的利用等均需要有高效而经济的分离技术。

【项目测试】

一、填空题

1. 生物物质的来源＿＿＿＿＿＿＿、＿＿＿＿＿＿＿、＿＿＿＿＿＿＿、

＿＿＿＿＿＿＿、＿＿＿＿＿＿＿。

2. 分离纯化的基本步骤包括＿＿＿＿＿＿＿、＿＿＿＿＿＿＿、＿＿＿＿＿＿＿、

＿＿＿＿＿＿＿。

3. 分离过程通＿＿＿＿＿＿＿、＿＿＿＿＿＿＿、＿＿＿＿＿＿＿组成。

4. 分离技术的特点，主要表现＿＿＿＿＿＿＿、＿＿＿＿＿＿＿、

＿＿＿＿＿＿＿、＿＿＿＿＿＿＿、＿＿＿＿＿＿＿。

5. 生化分离技术的选择主要依据＿＿＿＿＿＿＿、＿＿＿＿＿＿＿、＿＿＿＿＿＿＿、

＿＿＿＿＿、＿＿＿＿＿＿＿、＿＿＿＿＿＿＿。

二、简答题

1. 解释分离过程、分离剂、分离装置。

2. 产品的分离提取工艺影响因素。

3. 生化分离技术对环境的考虑。

模块二

预处理和提取技术

项目一

预处理技术

项目简介

生物材料的预处理是将目标产物从起始原材料（如器官、组织或细胞）中释放出来，同时保护目标产物的生物活性。预处理的目的主要有三个：①改变生物材料的物理性质，提高分离速率，提高分离器的效率；②尽可能使产物转入便于后处理的某一相中（多数是液相）；③去除生物材料中部分杂质，以利于后续各步操作。

通过微生物细胞破碎、发酵液的预处理、发酵液的液固分离三个任务的完成，使学生获得预处理生物材料的知识和技能。

知识要求

1. 掌握凝聚和絮凝技术的原理及特点。
2. 掌握细胞破碎技术的原理、特点及选择依据。
3. 掌握发酵液的预处理技术的原理及特点。
4. 掌握固液初级分离技术的原理及特点。

技术要求

1. 能根据所应用产品的特点，正确选择凝聚和絮凝、细胞破碎、发酵液的预处理和固液初级分离技术预处理生物材料。

2. 能通过查阅资料，正确完成微生物细胞破碎、发酵液的预处理和固液初级分离操作。

3. 会使用组织破碎机、超声波细胞破碎机、离心机、板框压滤机、转筒真空过滤机等常用分离设备及装置。

 任务一 预处理技术概述

一、 预处理的基本原则

由于生物材料离体后其细胞易破裂并释放多种水解酶，引起细胞自溶导致目标产物失活或降解；生物材料离体后易受微生物污染导致目标产物失活或降解；生物材料离体后易受光照、氧气等的作用引起其分子结构发生改变，要想将目标产物从原始材料中释放出来、减少干扰杂质，浓缩微量的目标产物、同时保护目标产物的生物活性。

二、 预处理的注意事项

预处理时要考虑与目标产物含量相关的因素如生物品种、组织器官、生物材料的种属特异性、生物物质的生长发育阶段、生物物质的生理状态。

（一） 生物品种

生物制品系指以微生物、寄生虫、动物毒素、生物组织作为起始材料，采用生物学工艺或分离纯化技术制备，并以生物学技术和分析技术控制中间产物和成品质量制成的生物活性制剂，包括菌苗、疫苗、毒素、类毒素、免疫血清、血液制品、免疫球蛋白、抗原、变态反应原、细胞因子、激素、酶、发酵产品、单克隆抗体、DNA重组产品、体外免疫诊断制品等。生物制品不同于一般医用药品，它是通过刺激机体免疫系统，产生免疫物质（如抗体）才发挥功效的，在人体内出现体液免疫、细胞免疫或细胞介导免疫。

根据生物制品的用途可分为预防用生物制品、治疗用生物制品和诊断用生物制品三大类。

（二） 组织器官

细胞：是生物体结构和功能的基本单位。

组织：细胞经过分化形成了许多形态、结构和功能不同的细胞群，把形态相似、结构和功能相同的细胞群叫做组织。

器官：生物体的器官都是由几种不同的组织构成的，这些组织按一定的次序联合起来，形成具有一定形态和功能的结构。

系统：在大多数动物体和人体中，一些器官进一步有序地连接起来，共同完成一项或几项生理活动，就构成了系统。

高等动物和人体的细胞有成百上千种，若按组织分类的话就只有四种，它们分别是上皮组织、结缔组织、肌组织和神经组织。①上皮组织可分为被覆上皮、腺上皮、感觉上皮、生殖上皮和肌上皮，对应的特化组织有与感觉相关的味蕾、嗅上皮、内耳位觉、听觉感受器、视网膜、微绒毛、纤毛和腺体等，腺体大多来自胚胎外胚层和内胚层分化的被覆上皮，有些来自中胚层分化的上皮，其余的组织在胚胎发育的更晚期出现。但是上皮组织却不包括我们按字面理解的皮肤，皮肤和骨都是属于结缔组织。②结缔组织大致分为疏松结缔组织、致密结缔组织、网状结缔组织和黏液结缔组织，如血液中的大部分细胞和成纤维细胞、肌腱、腱膜、韧带、真皮和器官被膜、造血器官、淋巴器官、眼球内的玻璃体等。③肌组织包括骨骼肌、心肌和平滑肌。骨骼肌细胞由来源于胚胎中胚层的成肌细胞发育而成，心肌细胞和平滑肌细胞来自早期胚胎心管周围的间充质细胞和胚胎时期的间充质细胞。④神经组织主要由神经元和神经胶质细胞组成，二者以特有的构筑形式组成复杂的中枢和周围神经系统。神经元源自胚胎时期的神经管和神经嵴细胞。

如此数量巨大、种类各异的细胞群都是由一个细胞——受精卵发育分化而来。决定这一分化过程的物质是 DNA，仅由 4 种核苷酸分子连接而成的一维分子链竟包含了对应这一过程的所有信息。如果我们知道了由胚胎组织向特定组织或器官分化的调控机制，就可以在体外的人工环境中生长出所需要的组织，替换衰老、功能减退或意外损伤的组织，延长人类的寿命。目前人们还不了解其中的奥秘，在体外生成与体内相同的组织和器官的技术还有相当长的路要走。

（三）生物材料的种属特异性

生物材料的种属特异性指抗体只对某一物种的组织、细胞、血清、体液或分泌物发生特异反应的特性，而对其他种属动物的蛋白均不发生反应。

在同种动物不同个体间也存在各种组织成分抗原性的差异，称此种抗原为同种异型抗原。这种抗原受遗传支配，它可在遗传性不同的另一些个体内引起免疫应答，称之为异型免疫应答。如人血型抗原不同，在输血时可引起输血反应，组织相容性抗原或移植抗原型不同可引起移植排斥反应。此外，免疫球蛋白分子上存在的 Gm、Am、Km 标记均属异型抗原，可用以鉴别 IgG、IgA 及 K 轻链的异型，即这种抗原具有种属特异性。

（四）生物物质的生长发育阶段

多细胞生物的个体发育包括生长、细胞分化和形态发生等三种彼此有关的过程。

最简单的生物如病毒和噬菌体，借助于受体细胞所合成的物质，经过装配形成新的病毒颗粒。这类发育是一种原料装配的过程。

大多数的单细胞生物及某些植物以亲本的无性繁殖开始其生命史，亲本个体经过一个生长和复制的过程，然后一分为二，或以出芽的方式产生出一个或一个以上的与自己类似的个体。这类发育主要是细胞分化的过程。绝大多数生物以受精卵开始其生活史。亲本不是把形态结构直接传递至子代，而是把遗传性状以密码的形式编在 DNA 上，并储存于细胞核中。这类发育是来自父母双方的遗传信息，在一定的时间和空间中表现出来的过程，也就是把基因型转化为表现型的过程。

（五）生物物质的生理状态

细胞会通过选择透过性的主动运输来吸收或排出特定的离子，这样就会造成膜内外的离子浓度和电荷分布不均等。微生物活性检测的方法可有效甄别微生物生长的生理状态，生物物质在不同生理状态下发挥着不同的作用。

三、 微波及超声波在样品处理上的应用

微波在样品处理中加热的快慢和消解的快慢，不仅与微波的功率有关，还与试样的组成、浓度以及所用试剂即酸的种类和用量有关。要把一个试样在短的时间内消解完，应该选择合适的酸、合适的微波功率与时间。

超声波破碎细胞时的频率一般为 15～20kHz，功率为 100～250W。超声波方向性好，穿透能力强，易于获得较集中的声能，在水中传播距离远。超声波的细胞破碎效率与细胞种类、浓度和超声波的声频、声能有关。

（一）微波在样品处理中的应用

微波是一种电磁波，频率在 300MHz～300GHz，即波长在 1mm～100cm 范围内的电磁波，也就是说波长在远红外线与无线电波之间。微波波段中，波长在 1～25cm 的波段专门用于雷达，其余部分用于电讯传输。为了防止民用微波功率对无线电通讯、广播、电视和雷达等造成干扰，国际上规定工业、科学研究、医学及家用等民用微波的频率为（2450±50）MHz。因此，微波消解仪器所使用的频率基本上都是 2450MHz。

1. 微波特性

（1）金属材料不吸收微波，只能反射微波，如铜、铁、铝等。用金属（不锈钢板）作微波炉的炉膛，来回反射作用在加热物质上。不能用金属容器放入微波炉中，反射的微波对磁控管有损害。

（2）绝缘体可以透过微波，它几乎不吸收微波的能量。如玻璃、陶瓷、塑料（聚乙烯、聚苯乙烯）、聚四氟乙烯、石英、纸张等，它们对微波是透明的，微波可以穿透它们向前传播。这些物质都不会吸收微波的能量，或吸收微波极少。物

质吸收微波的强弱实质上与该物质的复介电常数有关，即损耗因子越大，吸收微波的能力越强。家用微波炉容器大都是塑料制品。微波密闭消解溶样罐用的材料是聚四氟乙烯、工程塑料等。

（3）极性分子的物质会吸收微波（属损耗因子大的物质），如水、酸等。它们的分子具有永久偶极矩（即分子的正负电荷的中心不重合）。极性分子在微波场中随着微波的频率而快速变换取向，来回转动，使分子间相互碰撞摩擦，吸收了微波的能量而使温度升高。我们吃的食物中都含有水分，水是强极性分子，因此食物能在微波炉中加热。

2. 微波消解试样的原理

（1）体加热　电炉加热时，是通过热辐射、对流与热传导传送能量的。热是由外向内通过器壁传给试样的，通过热传导的方式加热试样的。微波加热是一种直接的体加热方式，微波可以穿入试液的内部，达到试样的不同深度，微波所到之处同时产生热效应，这不仅使加热更快速，而且更均匀。大大缩短了加热的时间，比传统的加热方式既快速又效率高。如：氧化物或硫化物在微波（2450MHz、800W）作用下，在1min内就能被加热到摄氏几百度。又如 MnO_2 1.5g 在650W 微波加热 1min 可升温到920K，可见升温的速率非常快。传统的加热方式（热辐射、传导与对流）中热能的利用低，许多热量都发散给周围环境，而微波加热直接作用到物质内部，提高了能量利用率。

（2）过热现象　波加热还会出现过热现象（即比沸点温度还高）。在电炉加热时，热是由外向内通过器壁传导给试样的，在器壁表面上很容易形成气泡，因此就不容易出现过热现象，温度保持在沸点上，因为气化要吸收大量的热。而在微波场中，其"供热"方式完全不同，能量在体系内部直接转化。由于体系内部缺少形成气泡的"核心"，因此，一些低沸点的试剂，在密闭容器中，就很容易出现过热情况，可见，密闭溶样罐中的试剂能提供更高的温度，有利于试样的消化。

（3）搅拌　由于试剂与试样的极性分子都在2450MHz电磁场中快速的随变化的电磁场变换取向，分子间互相碰撞摩擦，相当于试剂与试样的表面都在不断更新，试样表面不断接触新的试剂，促使试剂与试样的化学反应加速进行。交变的电磁场相当于高速搅拌器，每 1s 搅拌 $2.45×10^9$ 次，提高了化学反应的速率，使得消化速度加快。由此综合，微波加热快、均匀、过热、不断产生新的接触表面。有时还能降低反应活化能，改变反应动力学状况，使得微波消解能力增强，能消解许多传统方法难以消解的样品。

（二）超声波在样品处理中的应用

超声波就是将电能通过换能器转换为声能，这种能量通过液体介质而变成一个个密集的小气泡，这些小气泡迅速炸裂，产生像小炸弹一样的能量，从而起到破碎细胞等物质的作用。

1. 超声波破碎的影响因素

①振幅；②细胞悬浮液的黏度；③表面张力；④被处理悬浮液的体积；⑤珠粒的体积和直径；⑥探头的形状和材料；⑦细胞悬浮液的流速。

2. 超声波细胞破碎机

超声波细胞破碎仪又名超声微波协同萃取仪，超声波细胞裂解仪，超声波纳米材料粉碎机。超声波细胞破碎仪由超声波发生器和换能器两大部分组成。手持式超声波细胞破碎仪见图2-1。

图 2-1　Biosafer 400UP 手持式超声波细胞破碎仪

（1）手持式超声波细胞破碎仪相关型号技术参数对比见表 2-1。

表 2-1　　　　　　　　　　　　相关型号技术参数对比

型号	Biosafer 250UP	Biosafer 400UP
工作方式	自动、手动	自动、手动
超声功率/W	5~250	5~400
工作频率/kHz	19~25	19~25
处理量/mL	0.5~100	0.5~300
超声时间/min	1~99min	1~99min
随机变幅杆/mm	Φ5	Φ6
温度控制	超声保护报警	超声保护报警

（2）原理　超声波细胞破碎仪的原理并不神秘、复杂。简单说就是将电能通过换能器转换为声能，这种能量通过液体介质变成一个个密集的小气泡，这些小

气泡迅速炸裂，产生像小炸弹一样的能量，从而起到破碎细胞等物质的作用。超声波是物质介质中的一种弹性机械波，它是一种波动形式，因此它可以用于探测人体的生理及病理信息，即诊断超声。同时，它又是一种能量形式，当达到一定剂量的超声在生物体内传播时，通过它们之间的相互作用，能使生物体的功能和结构发生变化，即超声生物效应。超声对细胞的作用主要有热效应、空化效应和机械效应。热效应是当超声在介质中传播时，摩擦力阻碍了由超声引起的分子震动，使部分能量转化为局部高热（42~43℃），因为正常组织的临界致死温度为45.7℃，而肿瘤组织比正常组织敏感性高，故在此温度下肿瘤细胞的代谢发生障碍，DNA、RNA、蛋白质合成受到影响，这样就可以杀伤癌细胞而使正常组织不受影响。空化效应是在超声照射下，使生物体内形成空泡，随着空泡震动和其猛烈的聚爆而产生出机械剪切压力和动荡，使肿瘤出血、组织瓦解以致坏死。另外，空化泡破裂时产生瞬时高温（约5000℃）、高压（可达500×10^4 Pa），可使水蒸气热解离产生·OH自由基和·H原子，由·OH自由基和·H原子引起的氧化还原反应可导致多聚物降解、酶失活、脂质过氧化和细胞杀伤。机械效应是超声的原发效应，超声波在传播过程中介质质点交替地压缩与伸张形成了压力变化，引起细胞结构损伤。杀伤作用的强弱与超声的频率和强度密切相关。

（3）主要部件　①声波发生器：由信号发生器来产生一个特定频率的信号，这个特定频率就是换能器的频率，一般应用在超声波设备中的超声波频率为20kHz、25kHz、28kHz、33kHz、40kHz、60kHz。②换能器组件：换能器组件主要由换能器和变幅杆组成。③隔音箱：可以有效地降低工作过程中所发出的噪音，保持室内安静。

（4）超声波细胞破碎仪的使用方法　①把与变幅杆相连的换能器放入隔音箱顶部的专用插孔内，然后把电源线连接在主机后面的电源输入接口处；并连接好主机电源线。②超声波破碎仪设定"超声时间、间隙时间、工作次数"，一般超声时间不宜开得过长，控制在1~5s为宜，工作时最好选用间隙时间大于工作时间进行实验。③根据样品量选用适配容器（试管、烧杯及离心管），固定好后，调节隔音箱内的升降台来确定高低位置，使变幅杆末端插入样品液面1~1.5cm，并使其处在容器的中心位置，不得让变幅杆与容器壁相接触；变幅杆末端离容器的距离一般应大于30mm，量小、功率小的情况下，距离可大于10mm（视容器而定）。④超声波破碎仪开机后电源指示灯亮，再按一次保护复位按钮及工作复位按钮。⑤避免长时间连续工作，不间断长时间工作容易造成空载，缩短仪器的使用寿命。

◆ 任务二　凝聚和絮凝技术

采用絮凝或凝聚的方法预处理改变料液的性质，降低滤饼阻力。先添加凝聚剂，让杂质先凝聚成小片的凝聚物，之后再加入絮凝剂，让杂质进一步絮凝，从而除去杂质。两者相辅相成，两者结合的方法称为混凝。

一、 凝聚技术

胶体失去稳定性的过程称为凝聚。

在投加的化学物质（如：水解的凝聚剂，铝、铁的盐类或石灰等）作用下，胶体脱稳并使粒子相互聚集成1mm大小的块状凝聚体的过程。

凝聚剂的作用：对粒子表面电荷的中和；消除双电荷层而脱稳；通过氢键或其他复杂的形式与粒子结合发生凝聚。

凝聚机理：中和粒子表面电荷；除双电层结构；破坏水化膜。

（一）凝聚剂的选择

絮凝剂按照其化学成分可分为无机絮凝剂和有机絮凝剂两类。其中无机絮凝剂又包括无机凝聚剂和无机高分子絮凝剂；有机絮凝剂又包括合成有机高分子絮凝剂、天然有机高分子絮凝剂和微生物絮凝剂。

常用的凝聚剂电解质主要是无机类电解质，大多为阳离子型，分无机盐类、金属氢氧化物类和聚合无机盐类等。

1. 十二水合硫酸铝钾

十二水合硫酸铝钾（Alum），又称：明矾、白矾、钾矾、钾铝矾、钾明矾，是含有结晶水的硫酸钾和硫酸铝的复盐。无色立方晶体，外表常呈八面体，或与立方体、菱形十二面体形成聚形，有时以 {111} 面附于容器壁上而形似六方板状，属于 α 型明矾类复盐，有玻璃光泽。密度 1.757g/cm³，熔点 92.5℃。64.5℃时失去9个分子结晶水，200℃时失去12个分子结晶水，溶于水，不溶于乙醇。

2. 固体硫酸铝

固体硫酸铝为白色有光泽结晶、颗粒或粉末。味甜，在空气中稳定。86.5℃时失去部分结晶水，250℃失去全部结晶水。当加热时猛烈膨胀并变成海绵状物质。烧到赤热时分解为三氧化硫和氧化铝。当相对湿度约低于25%时，固体硫酸铝风化。易溶于水，几乎不溶于乙醇，溶液呈酸性。久沸后有不溶性碱式盐沉淀，相对密度1.62。

3. 三氯化铁

三氯化铁化学式：$FeCl_3$，又名三氯化铁，是黑棕色结晶，也有薄片状，熔点282℃、沸点315℃，易溶于水并且有强烈的吸水性，能吸收空气里的水分而潮解。$FeCl_3$从水溶液析出时带六个结晶水为 $FeCl_3 \cdot 6H_2O$，六水合三氯化铁是橘黄色的晶体。三氯化铁是一种很重要的铁盐。制皂工业用作肥皂废液回收甘油的凝聚剂。高分子凝聚剂的种类及名称见表2-2。

表 2-2 常用的高分子凝聚剂

类　　型	名　　称	
阳离子型	聚合氯化铝 PAC	聚合硫酸铝 PAS
	聚合氯化铁 PFC	聚合硫酸铁 PFS
	聚合磷酸铝 PAP	聚合磷酸铁 PFP
阴离子型	活化硅酸 AS	聚合硅酸 PS
无机复合型	聚合氯化铝铁 PAFC	聚合硫酸铝铁 PAFS
	聚合硅酸铝 PASI	聚合硅酸铁 PFSI
	聚合硅酸铝铁 PAFSI	聚合硅酸铝 PAFP
无机有机复合型	聚合铝-聚丙烯酰胺	聚合铁-聚丙烯酰胺
	聚合铝-甲壳素	聚合铁-甲壳素
	聚合铝-阳离子有机高分子	聚合铁-阳离子有机高分子

（二）凝聚剂的剂量

高分子絮凝剂稀释使用方法：为达到最佳的絮凝剂效果和经济效益，可根据不同的产品，不同季节和不同反应条件，通过实验确定每千吨产品的最佳用量。使用时该产品配成 3%~5% 的水溶液（按产品的重量计算）：将固体产品按 1:3 加水溶解为液体后，再加 40~80 倍清水稀释成所需浓度后使用；高分子絮凝剂用量可根据实验测定产品最佳用量，一般每千吨投加量为 1~10kg。

（三）凝聚剂的处理条件的优化

影响凝聚作用的主要因素是无机盐的种类、化合价及无机盐用量等。

1. 无机盐的种类

无机盐包括固体硫酸铝、液体硫酸铝、明矾、聚合氯化铝、三氯化铁、硫酸亚铁等。

2. 化合价

凝聚值胶粒是指发生凝聚作用的最小电解质浓度（mmol/L），凝聚值越小，凝聚力强。

阳离子的价数越高，凝聚值越小，凝聚力强。阳离子对带负电荷的发酵液胶体粒子凝聚力的次序为：$Al^{3+} > Fe^{3+} > H^+ > Ca^{2+} > Mg^{2+} > K^+ > Na^+ > Li^+$。

3. 无机盐用量

无机盐用盐是指通过实验确定不同种类每千吨目的产品的最佳无机盐凝聚剂用量。

二、絮凝技术

絮凝作用是利用带有许多活性官能团的高分子线状化合物吸附多个微粒的能

力，通过架桥作用将许多微粒聚集在一起，形成粗大的松散絮团的过程。脱稳胶体相互聚结成大颗粒絮体的过程称为絮凝。

絮凝：使用絮凝剂（通常是天然或合成的大分子质量聚电解质）将胶体粒子交联成网，形成 10mm 大小絮凝团的过程。

絮凝剂依据其官能团分为阴离子、阳离子和非离子三大类型，絮凝剂发挥架桥作用。

絮凝机理：聚合物分子在液相中分散，均匀分布在粒子之间；聚合物分子链在粒子表面的吸附；被吸附链的重排，最后达到一种平衡构象；脱稳粒子相互碰撞，架桥形成絮团；聚合物分子吸附在粒子表面后，直接形成絮团。絮凝机理见图 2-2。

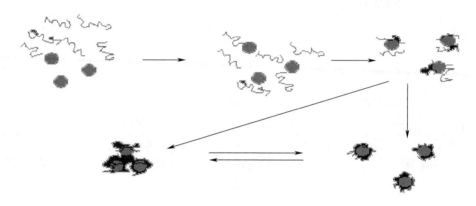

图 2-2　絮凝机理

（一）絮凝剂的选择

絮凝剂一般具有长链状结构，实现絮凝作用关键在于其链节上的多个活性官能团，包括带电荷的阴离子（如—COOH）或阳离子（如 NH⁺）基团以及不带电荷的非离子型基团。它们通过静电引力、范德华力或氢键作用，强烈地吸附在胶粒表面。同向絮凝——由流体运动所造成的颗粒碰撞聚集，称为同向絮凝。异向絮凝——由布朗运动所造成的颗粒碰撞聚集，称为异向絮凝。

高分子絮凝剂分为阴离子、阳离子、非离子、两性离子，合成树脂也属于絮凝剂的一种。不同类型的有机高分子絮凝剂官能团见表 2-3。

（二）絮凝剂的剂量

絮凝剂相对凝聚剂而言更昂贵，其使用剂量必须正确使用并仔细优化。

高分子絮凝剂稀释使用方法：为达到最佳的絮凝剂效果和经济效益，用户可根据不同的产品、不同季节和不同反应条件，通过实验确定每千吨产品的最佳用量。使用时，该产品配成 3%~5% 的水溶液（按产品的重量计算）。

表 2-3 不同类型的有机高分子絮凝剂

离子类型	官能团	絮凝剂实例
阴离子型	羧基（—COOH） 硫酸基（—SO$_3$H） 硫酸酯基（—OSO$_3$H）	聚丙烯酸、海藻酸、羧酸乙烯共聚物、聚乙烯苯磺酸
阳离子型	伯氨基（—NH$_2$） 仲氨基（—NHR） 叔氨基（—NR$_2$） 季氨基（—NR$_3$）	聚乙烯吡啶、胺与环氧氯丙烷所聚物、聚丙烯酰胺阳离子化衍生物
非离子型	羟基（—OH） 腈基（—CN） 酰胺基（—CONH$_2$）	聚丙烯酰胺、尿素甲醛聚合物、水溶性淀粉、聚氧乙烯
两性型	同时有阴离子、阳离子两种离子官能团	明胶、蛋白素、干乳酪等蛋白质、改性聚丙烯酰胺

（1）将固体产品按 1:3 加水溶解为液体后，再加 40~80 倍清水稀释成所需浓度后使用。

（2）高分子絮凝剂用量可根据实验测定产品最佳用量，一般每千吨投加量为 1~10kg。

最佳的絮凝剂使用剂量：一般为大概一半的粒子表面被聚合物覆盖时所使用的絮凝剂剂量。

（三）絮凝剂的处理条件的优化

影响絮聚效果的主要因素有水温、pH、水中杂质的成分、性质和浓度、浊度、硬度及絮凝剂的投放量。

1. 水温对絮凝效果的影响

水温对絮凝效果有明显的影响。水温对絮凝效果的影响，一般来讲，随着水温的降低，絮凝剂的水解速度缓慢，颗粒的"布朗运动"强度也减弱，形成絮凝物所需时间增长；另外低温下形成的絮凝物细而松散，澄清效果差，有数据记载：温度在 4~20℃ 时，絮凝物形成速度较快。水温在 20℃ 以上时，对混凝效果则没有很大影响。水温过高或过低对絮凝均不利。一般水温条件宜控制在 20~30℃。

2. pH 对絮凝效果的影响

pH 对絮凝效果的影响视絮凝剂的品种而异，每种絮凝剂都有它适合的 pH 范围，超出它的范围就会影响絮凝效果。比如聚丙烯酰胺，阳离子型适宜在酸性和中性的环境中使用，阴离子型适用于在中性和碱性的环境中使用，非离子型适宜在从强酸性到碱性的环境中使用。

3. 杂质的成分、性质和浓度

线型结构的有机高分子絮凝剂，其絮凝效果较好；成环状或支链结构的效果较差；有机高分子絮凝剂的官能团，其极性、亲水性、电荷的性质及电荷的中和能力，对胶体颗粒的吸附和反应等都不相同。含官能团多，电荷密度会过高；含官能团少，电荷密度过低，对电荷的中和作用是不利的。有机高分子絮凝剂的分子质量对絮凝效果有影响，一般情况下分子量越大，絮凝效果越好，通常絮凝剂的分子质量不能小于 300 万。但也不能过高，超过 2000 万的一般对胶体颗粒的捕集和桥连不利。

4. 浊度、硬度及絮凝剂的投放量对絮凝效果的影响

一般情况下，絮凝效果会随着絮凝剂用量的增加而提高，但过量时会使絮凝剂重新变成稳定的胶体；其最佳用量是根据悬浮物的含量通过具体的实验得出的。

5. 分离方法和工艺设计对絮凝效果的影响

一般在原水处理以除去固体粒子和含油废水处理以除去油类的过程中，高分子有机絮凝剂的效果较好，投加量一般也很少，但如结合无机絮凝剂使用，则效果更好。无机絮凝剂与有机高分子絮凝剂的复合使用方法中，最普遍的是用 PAC+PAM 方法。有机絮凝剂与无机絮凝剂的配合使用，其最大的特点是可以获得最大颗粒的絮凝体，并把油滴凝集或吸附而去除。

三、混凝

凝聚和絮凝总称为混凝。混凝现象是指微粒凝结现象。凝聚是指在水中加入某些溶解盐类，使水中细小悬浮物或胶体微粒互相吸附结合而成较大颗粒，从水中沉淀下来的过程。絮凝是指由高分子物质吸附架桥作用而使微粒相互黏结的过程；脱稳的胶粒相互聚结，称为混凝。

（一）混凝机理

1. 双电层压缩机理

当向溶液中投入加电解质，使溶液中离子浓度增高，则扩散层的厚度将减小。当两个胶粒互相接近时，由于扩散层厚度减小，电位降低，因此它们互相排斥的力就减小了，胶粒得以迅速凝聚。

2. 吸附电中和作用机理

吸附电中和作用指胶粒表面对带异号电荷的部分有强烈的吸附作用，由于这种吸附作用中和了它的部分电荷，减少了静电斥力，因而容易与其他颗粒接近而互相吸附。

3. 吸附架桥作用原理

吸附架桥作用主要是指高分子物质与胶粒相互吸附，但胶粒与胶粒本身并不直接接触，而使胶粒凝聚为大的絮凝体。

4. 沉淀物网捕机理

当金属盐或金属氧化物和氢氧化物作混凝剂，投加量大得足以迅速形成金属氧化物或金属碳酸盐沉淀物时，水中的胶粒可被这些沉淀物在形成时所网捕。当沉淀物带正电荷时，沉淀速度可因溶液中存在阳离子而加快，此外，水中胶粒本身可作为这些金属氢氧化物沉淀物形成的核心，所以混凝剂最佳投加量与被除去物质的浓度成反比，即胶粒越多，金属混凝剂投加量越少。

（二）混凝剂

1. 混凝剂的分类

混凝剂可归纳为两类：①无机盐类，有铝盐（硫酸铝、硫酸铝钾、铝酸钾等）、铁盐（三氯化铁、硫酸亚铁、硫酸铁等）和碳酸镁等；②高分子物质，有聚合氯化铝，聚丙烯酰胺等。

2. 常用的混凝剂

（1）硫酸铝　硫酸铝含有不同数量的结晶水：$Al_2(SO_4)_3 \cdot 18H_2O$，其中 $n =$ 6、10、14、16、8 和 27，常用的是 $Al_2(SO_4)3 \cdot 18H_2O$，其相对分子质量为 666.41，相对密度 1.61，外观为白色，光泽结晶，易溶于水。硫酸铝使用便利，混凝效果较好，不会给处理后的水质带来不良影响。当水温低时，硫酸铝水解困难，形成的絮体较松散。硫酸铝在我国使用最为普遍，大都使用块状或粒状硫酸铝。根据其中不溶于水的物质含量可分为精制和粗制两种。硫酸铝易溶于水可干式或湿式投加。湿式投加时一般采用 10%～20% 的浓度（按商品固体重量计算）。硫酸铝使用时水的有效 pH 范围较窄，在 5.5～8 之间，其有效 pH 随原水的硬度含量而异，软水 pH 在 5.7～6.6，中等硬度的水 pH 为 6.6～7.2，硬度较高的水 pH 则为 7.2～7.8。在控制硫酸铝剂量时应考虑上述特性。有时加入过量硫酸铝，会使水的 pH 降至铝盐混凝有效 pH 以下，既浪费了药剂，又使处理后的水浑浊。

（2）三氯化铁　三氯化铁（$FeCl_3 \cdot 6H_2O$）是一种常用的混凝剂，是黑褐色的结晶体，有强烈吸水性，极易溶于水，其溶解度随温度上升而增加，形成的矾花，沉淀性能好，处理低温水或低浊水效果比铝盐好。我国供应的三氯化铁有无水物、结晶水物和液体。液体、晶体物或受潮的无水物腐蚀性极大，调制和加药设备必须考虑用耐腐蚀器材（不锈钢的泵轴运转几星期也会腐蚀，用钛制泵轴有较好的耐腐性能）。三氯化铁加入水后与天然水中碱度起反应，形成氢氧化铁胶体。三氯化铁的优点是形成的矾花相对密度大，易沉降，低温、低浊时仍有较好效果，适宜的 pH 范围也较宽，缺点是溶液具有强腐蚀性，处理后的水的色度比用铝盐处理后的水的色度高。

（3）硫酸亚铁　硫酸亚铁（$FeSO_4 \cdot 7H_2O$）是半透明绿色结晶体，俗称绿矾，易于溶水，在水温 20℃时溶解度为 21%。硫酸亚铁通常是生产其他化工产品的副产品，价格低廉，但应检测其重金属含量，保证其在最大投量时处理后的水中重金属含量不超过国家有关水质标准的限量。固体硫酸亚铁需溶解投加，一般配置成 10% 左右的重量百分比浓度使用。当硫酸亚铁投加到水中时，离解出的二价铁离子只能生成简单的单核络合物，因此，不如三价铁盐那样有良好的混凝效果。残留于水中的 Fe^{2+} 会使处理后的水带色，当水中色度较高时，Fe^{2+} 与水中有色物质反应，将生成颜色更深的不易沉淀的物质（但可用三价铁盐除色）。根据以上所述，使用硫酸亚铁时应将二价铁先氧化为三价铁，然后再起混凝作用。通常情况下，可采用调节 pH、加入氯、曝气等方法使二价铁快速氧化。当水的 pH 在 8.0 以上时，加入的亚铁盐的 Fe^{2+} 易被水中溶解氧氧化成 Fe^{3+}，当原水的 pH 较低时，可将硫酸亚铁与石灰、碱性条件下活化的活化硅酸等碱性药剂一起使用，可以促进二价铁离子的氧化。当原水 pH 较低而且溶解氧不足时，可通过加氯来氧化二价铁：$6FeSO_4+3Cl_2=2Fe(SO_4)_3+2FeCl_3$

根据以上反应式，理论上硫酸亚铁与氯生物的投量之比约为 8:1，但实际生产中，为使亚铁氧化迅速充分氧化，可根据实际情况略增加氯的投加量。

当水的 pH<8.0 时，则可加入石灰去除水中 CO_2，石灰用量可按下式估算：

$$[CaO]=0.37a+1.27CO_2$$

式中　a——$FeSO_4$ 的投加量（mg/L）；

　　　CO_2——水中 CO_2 的含量（mg/L）。

当水中没有足够溶解氧时，则可加氯或漂白粉予以氧化，理论上 1mg/L $FeSO_4$ 需加氯 0.234mg/L。铁盐使用时，水的 pH 的适用范围较宽，在 5.0~11 之间。

（三）混凝剂品种的选择

由于混凝剂的水解产物向极邻近部扩散的速度非常慢，在高浊度期水中胶体颗粒数量非常多，因此没等混凝剂水解产物在极邻近部位扩散，就被更靠近它的胶体颗粒接触与捕捉。这样就形成高浊时期，有些地方混凝剂水解产物局部集中，而有些地方还根本没有的情况。混凝剂局部集中的地方矾花迅速长大，碱式氯化铝形成松散的矾花颗粒，遇到强的剪切力时，吸附桥则被剪断，出现局部过反应现象。药剂没扩散到的地方胶体颗粒尚未脱稳，这部分絮凝反应势必不完善。这一方面是因为它们跟不上已脱稳胶体颗粒的反应速度，另一方面是因为混凝剂集中区域矾花迅速不合理长大，也使未脱稳的胶体颗粒失去了反应碰撞条件。这样就导致了高浊时期污泥沉淀性能很差，水厂出水水质不能保证的情况。按传统工艺建造的水厂，在特大高浊时都需大幅度降低其处理能力，以保证出水水质，也大大地节省了投药量。

混凝剂种类繁多，如何根据水处理厂工艺条件、原水水质情况和处理后水质目标选用合适的混凝药剂，是十分重要的。混凝剂品种的选择应遵循以下一般原则。

1. 混凝效果好

在特定的原水水质、处理后水质要求和特定的处理工艺条件下，可以获得满意的混凝效果。

2. 无毒害作用

当用于处理生活饮用水时，所选用混凝剂不得含有对人体健康有害的成分；当用于工业生产时，所选用混凝药剂不得含有对生产有害的成分。

3. 货源充足

应对所选用的混凝剂货源和生产厂家进行调研考察，了解货源是否充足、是否能长期稳定供货、产品质量如何等。

4. 成本低

当有多种混凝药剂品种可供选时，应综合考虑药剂价格、运输成本与投加量等，进行经济比较分析，在保证处理后水质的前提下尽可能降低使用成本。

5. 新型药剂的卫生许可

对于未推广应用的新型药剂品种，应取得当地卫生部门的许可。

6. 借鉴已有经验

查阅相关文献并考察具有相同或类似水质的水处理厂，借鉴其运行经验，为选择混凝剂提供参考。

对于各种混凝药剂混凝效果的比较及混凝剂投加量优化，混凝试验是最有效的方法之一。

四、 助滤剂

能提高滤液过滤效率的物质。为防止滤渣堆积过于密实，使过滤顺利进行，而使用细碎程度不同的不溶性惰性材料。在过滤操作中，为了降低过滤阻力，增加过滤速率或得到高度澄清的滤液所加入的一种辅助性的粉粒状物质，称为助滤剂。

常用的助滤剂有硅藻土、珍珠岩、纤维素、石棉、石墨粉、锯屑、氧化镁、石膏、活性炭、酸性白土等。其中石棉在酒类饮料行业，由于滤液残存有害物质，使用受到一定的限制。硅藻土应用范围很广，在日本年耗量约 8 万吨。我国近年来酒类、饮料行业也广泛使用硅藻土过滤设备，硅藻土需求量日益增多。国内硅藻土生产厂家及其产品种类较多，其中以云南腾冲助滤剂厂产品质量最为稳定。

（一） 助滤剂的基本要求

（1） 能形成多空饼层的刚性颗粒，使滤饼有良好的渗透性及较低的流体阻力。

（2） 具有化学稳定性。

（3） 在操作压强范围内具有不可压缩性。

（二）采用助滤剂的过滤方法有三种

采用助滤剂的过滤方法有预涂法、掺混法、联合法三种。

1. 预涂法

预涂法是指将助滤剂按比例预涂在过滤介质上，形成一层助滤剂层后再进行过滤。

2. 掺混法

掺混法是指把助滤剂按比例掺入悬浮液中混匀后进行过滤。

3. 联合法

联合法是指把上述两种方法联合起来进行过滤，这种方法对解决难过滤物料的过滤是最有效的。

任务三 破碎技术

破碎技术是采用不同的细胞破碎方法对不同细胞进行不同程度的破碎。

细胞破碎是指选用物理、化学、酶或机械的方法来破坏微生物菌体的细胞壁或细胞膜，释放其中的目标产物。

细胞破碎技术是指利用外力破坏细胞膜和细胞壁，使细胞内容物包括目的产物成分释放出来的技术。细胞破碎分离提纯某一种蛋白质时，首先要把蛋白质从组织或细胞中释放出来并保持原来的天然状态，使其不丧失活性。所以要采用适当的方法将组织和细胞破碎。不同的生物体或同一生物体的不同部位的组织，其细胞破碎的难易不一，使用的方法也不相同，如动物脏器的细胞膜较脆弱，容易破碎，植物和微生物由于具有较坚固的纤维素、半纤维素组成的细胞壁，不易破碎。

一、细胞结构及其功能

生物按其结构来分，就分为三种类型，一是由真核细胞构成的真核生物；二是由原核细胞构成的原核生物；三是没有细胞结构的病毒。

动物细胞有细胞膜、细胞质、细胞核。动物细胞的细胞质包括细胞质基质和细胞器。动物细胞的细胞器包括：内质网、线粒体、高尔基体、核糖体、溶酶体、中心体。动物细胞结构见图2-3。

植物细胞有细胞壁、细胞膜、细胞质、细胞核。植物细胞的细胞质包括细胞质基质和细胞器。植物细胞的细胞器包括内质网、线粒体、高尔基体、核糖体、溶酶体、叶绿体、液泡。植物细胞结构见图2-4。

（一）细胞膜

细胞膜主要是由蛋白质构成的富有弹性的半透性膜，膜厚 $8 \sim 10nm$，对于动物

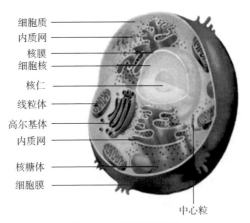

图 2-3　动物细胞结构

细胞来说，其膜外侧与外界环境相接触。其主要功能是选择性地交换物质，吸收营养物质，排出代谢废物，分泌与运输蛋白质。

1. 细胞膜的构造

细胞膜是防止细胞外物质自由进入细胞的屏障，它保证了细胞内环境的相对稳定，使各种生化反应能够有序运行。但是细胞必须与周围环境发生信息、物质与能量的交换，才能完成特定的生理功能，因此细胞必须具备一套物质转运体系，用来获得所需物质和排出代谢废物。

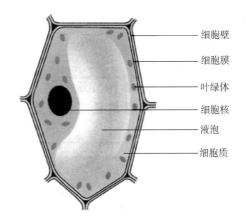

图 2-4　植物细胞结构

据估计细胞膜上与物质转运有关的蛋白占核基因编码蛋白的 15%～30%，细胞用在物质转运方面的能量达细胞总消耗能量的三分之二。

（1）按组成元素分，构成细胞膜的成分有磷脂和糖蛋白。

（2）按组成结构分，磷脂双分子层是构成细胞膜的基本支架。细胞膜的主要成分是蛋白质和脂质，含有少量糖类。其中部分脂质和糖类结合形成糖脂，部分蛋白质和糖类结合形成糖蛋白。

（3）按化学组成分，细胞膜主要由脂质（主要为磷脂）、蛋白质和糖类等物质组成；其中以蛋白质和脂质为主。在电镜下可分为三层，即在膜的靠内外两侧各有一条厚约 2.5nm 的电子致密带，中间夹有一条厚 2.5nm 的透明带，总厚度为 7.0～7.5nm，这种结构不仅见于各种细胞膜，细胞内的各种细胞器膜如：线粒体、内质网等也具有相似的结构。

2. 细胞膜的生理功能

细胞膜有重要的生理功能，它既使细胞维持稳定代谢的胞内环境中，又能调节和选择物质进出细胞。细胞膜通过胞饮作用（pinocytosis）、吞噬作用（phagocytosis）或胞吐作用（exocytosis）吸收、消化和外排细胞膜外、内的物质。在细胞识别、信号传递、纤维素合成和微纤丝的组装等方面，质膜也发挥重要作用。有些细胞间的信息交流并不是靠细胞膜上的受体来实现的，比如某些细胞分泌的甾醇类物质，这些物质可以作为信号，与其他细胞进行信息交流，但是这些物质并不是和细胞膜上的受体结合的，而是穿过细胞膜，与细胞核内或细胞质内的某些受体相结合，从而介导两个细胞间的信息交流的。所以，细胞膜的生理作用并不是很大，只是用来保护细胞的。

3. 细胞膜的基本特性

细胞所必需的养分的吸收和代谢产物的排出都要通过细胞膜。所以，细胞膜的这种选择性的让某些分子进入或排出细胞的特性，叫做选择渗透性。这是细胞膜最基本的一种功能。如果细胞丧失了这种功能，细胞就会死亡。细胞膜除了通过选择性渗透来调节和控制细胞内、外的物质交换外，还能以"胞吞"和"胞吐"的方式，帮助细胞从外界环境中摄取液体小滴和捕获食物颗粒，供应细胞在生命活动中对营养物质的需求。细胞膜也能接收外界信号的刺激使细胞做出反应，从而调节细胞的生命活动。细胞膜不单是细胞的物理屏障，也是在细胞生命活动中有复杂功能的重要结构。

（二）细胞壁

细胞壁是微生物菌体比较复杂的结构，不仅取决于微生物的类型，还取决于培养发酵液的组成、细胞所处的生长阶段、细胞的存储方式以及其他一些因素。不同微生物菌体细胞壁的结构有一定的差异。

1. 细菌

几乎所有细菌的细胞壁都是由肽聚糖（peptidoglycan）组成的，它是难溶性的聚糖链（glycan chain），是借助短肽交联而成的网状结构，包围在细胞周围，使细胞具有一定的形状和强度。短肽一般由四或五个胺基酸组成，如 L-丙氨酸-D-谷氨酸-L-赖氨酸-D-丙氨酸。而且短肽中常有 D-氨基酸与二氨基庚二酸存在。破碎细菌的主要阻力来自于肽聚糖的网状结构，其网状结构的致密程度和强度取决于聚糖链上所存在的肽键的数量和其交联的程度，如果交联程度大，则网状结构就致密。革兰细胞壁的结构见图 2-5。

2. 真菌和酵母

真菌细胞壁是真菌特有的一种细胞器。动物细胞不具有细胞壁，真菌细胞壁与植物细胞壁不同。真菌的细胞壁中主要存在三种聚合物，葡聚糖（主要以 β-1,3 糖苷键连接为主，某些以 β-1,6 糖苷键连接）、几丁质（以微纤维状态存在）以及

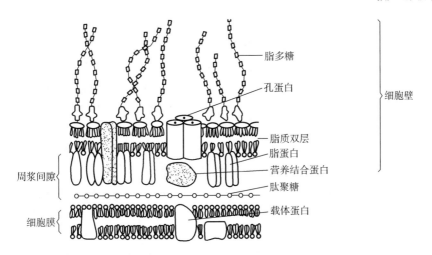

图 2-5　革兰细胞壁的结构

糖蛋白。最外层是 α-和 β-葡聚糖的混合物，第 2 层是糖蛋白的网状结构，由葡聚糖与糖蛋白结合起来的结构，第 3 层主要是蛋白质，最内层主要是几丁质，几丁质的微纤维嵌入蛋白质结构中。与酵母和细菌的细胞壁一样，真菌细胞壁的强度和聚合物的网状结构有关，不仅如此，它还含有几丁质或纤维素的纤维状结构，所以强度有所提高。真菌细胞壁为真菌和周围环境的分界面，起保护和定型的作用。除了在维持细胞固有形态及完整上扮演重要角色，还可维持细胞正常代谢、离子交换和渗透压。真菌细胞壁干重的 80% 由碳水化合物组成，如几丁质、脱乙酰壳多糖、葡聚糖、纤维素、半乳聚糖等。约 10% 的真菌细胞壁由蛋白质及糖蛋白构成，蛋白质包括负责细胞壁生长的酶、特定胞外酶和将多糖交联起来的结构蛋白。此外，还有类脂、无机盐等小分子。不同的多糖链相互缠绕组成粗壮的链，这些链构成的网络系统嵌入在蛋白质及类脂和一些小分子多糖的基质中，这一结构使真菌细胞壁具有良好的机械硬度和强度。显微镜下观察真菌细胞壁，可看到 4~8 层明显的分层，如典型真菌白色念珠菌的细胞壁可大致分为 4 层。细胞壁的成分也会随真菌类群的不同而不同，见表 2-4。

表 2-4　　　　　　　　　　　部分致病真菌细胞壁主要成分

真菌	细胞壁主要成分
人白色念珠菌	甘露糖蛋白、几丁质、[β-（1,3）、β-（1,6）]-葡聚糖
新型隐球菌	甘露糖蛋白、[β-（1,3）、β-（1,6）]-葡聚糖
烟曲霉菌	半乳甘露聚糖、半乳聚糖、几丁质、[β-（1,3）、β-（1,6）、α-（1,3）]-葡聚糖
荚膜组织胞浆菌	半乳甘露聚糖、几丁质、[β-（1,3）、β-（1,6）、α-（1,3）]-葡聚糖
皮炎杆菌	几丁质、[β-（1,3）、α-（1,3）]-葡聚糖
皮肤真菌	半乳甘露聚糖、几丁质、[β-（1,3）、β-（1,6）]-葡聚糖

酵母细胞壁的最里层是由葡聚糖的细纤维组成的，它构成了细胞壁的刚性骨架，使细胞具有一定的形状。覆盖在细纤维上面的是一层糖蛋白，最外层是甘露聚糖，由 1,6—磷酸二酯键共价连接，形成网状结构。在该层的内部，有甘露聚糖-酶的复合物，它可以共价连接到网状结构上，也可以不连接。与细菌细胞壁一样，破碎酵母细胞壁的阻力主要决定于壁结构交联的紧密程度和它的厚度。

3. 藻类

藻类植物共约为 2100 属，27000 种。根据所含色素、细胞构造、生殖方法和生殖器官构造的不同，分为绿藻门、裸藻门、轮藻门、金藻门、黄藻门、硅藻门、甲藻门、蓝藻门、褐藻门和红藻门。藻类细胞壁非常复杂，其主要结构成分，与其他真核生物一样，是纤丝状的多糖类物质。

4. 植物细胞

细胞壁位于植物细胞的最外层，是一层透明的薄壁。它主要是由纤维素与果胶组成的，孔隙较大，物质分子可以自由透过。细胞壁对细胞起着支持和保护的作用。细胞壁分为 3 层，即胞间层（中层）、初生壁和次生壁。胞间层把相邻细胞粘在一起形成组织。初生壁在胞间层两侧，所有植物细胞都有。次生壁在初生壁的里面，又分为外（S1）、中（S2）、内（S3）3 层，在内层里面，有时还可出现一层。这样的厚壁，水分和营养物就不能透过。有些植物的次生壁上具有瘤层，还分化有特殊结构，如纹孔和瘤状物等。纹孔是细胞间物质流通的区域，而瘤状物则是次生壁里层上的突起。

（三）细胞质

细胞质（cytoplasm）又称胞浆是由细胞质基质、内膜系统、细胞骨架和包含物组成的，是一种使细胞充满的凝胶状物质，细胞质是生命活动的主要场所。细胞质是细胞质膜包围的除核区外的一切半透明、胶状、颗粒状物质的总称。含水量约 80%。细胞质的主要成分为核糖体、储藏物、多种酶类和中间代谢物、各种营养物和大分子的单体等，少数细菌还有类囊体、羧酶体、气泡或伴孢晶体等。细胞质包括线粒体、叶绿体、质体、内质网、高尔基体、液泡系（溶酶体、液泡）细胞骨架（微丝、微管、中间纤维）中心粒以及周围物质等。细胞质的结构见图2-6。

（四）细胞核

细胞核（nucleus）是真核细胞内最大、最重要的细胞器，是细胞遗传与代谢的调控中心，是真核细胞区别于原核细胞最显著的标志之一（极少数真核细胞无细胞核，如哺乳动物的成熟的红细胞，高等植物成熟的筛管细胞等）。细胞核是存在于真核细胞中的封闭式膜状胞器，内部含有细胞中大多数的遗传物质，也就是DNA。这些 DNA 与多种蛋白质，如组织蛋白复合形成染色质。而染色质在细胞分裂时，会浓缩形成染色体，其中所含的所有基因合称为核基因。细胞核的作用，

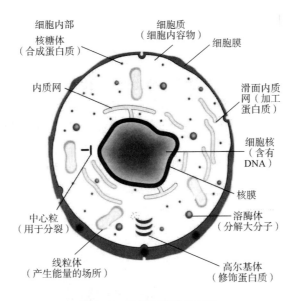

图 2-6　动物细胞质的结构

是维持基因的完整性，并借由调节基因表现来影响细胞活动。

　　细胞核的主要构造为核膜，是一种将细胞核完全包覆的双层膜，可使膜内物质与细胞质以及具有细胞骨架功能的网状结构核纤层分隔开来。由于多数分子无法直接穿透核膜，因此需要核孔作为物质的进出通道。这些孔洞可让小分子与离子自由通透；而如蛋白质般较大的分子，则需要载体蛋白的帮助才能通过。核运输是细胞中最重要的功能；基因表现与染色体的保存，皆有赖于核孔上所进行的输送过程。

　　细胞核内不含有任何其他膜状的结构，但也并非完全均匀，其中存在许多由特殊蛋白质、RNA 以及 DNA 所复合而成的次核体。而其中受理解最透彻的是核仁，此结构主要参与核内 RNA 的合成。RNA 是核糖体的主要成分。核糖体在核仁中产出之后，会进入细胞质进行 mRNA 的转译。细胞核结构见图 2-7。

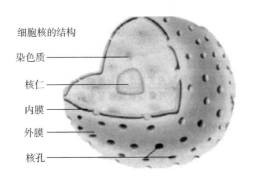

图 2-7　细胞核结构

细胞核主要成分有糖及其氨基衍生物、氨基酸、脂质。

二、 细胞破碎机理

由于细菌、酵母、真菌、植物都有细胞壁，但成分不同，且同类细胞结成的网状结构不同，因此其细胞壁的坚固程度不同，总体呈现递增态势。动物细胞虽没有细胞壁，但具有细胞膜，也需要一定的细胞破碎方法来破膜，达到提取产物的目的。

细胞破碎阻力主要来自细菌、酵母、真菌、植物的细胞壁及动物细胞的细胞膜。细胞破碎阻力来源见图2-8。

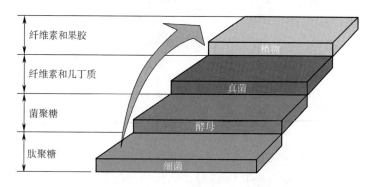

图2-8　细胞破碎阻力来源

细胞破碎方式主要有压缩/撞击破碎、剪切破碎、化学渗透破碎三种，相应的设备是匀质机、研磨机和超声破碎机。均质机是凭借设备的活塞与阀体之间的剪切作用来实现对细胞的均质破碎的。研磨机则是依靠坚硬的钢质小球，在研磨室内与细胞一起不断地滚动，而致细胞破碎的。超声破碎机能产生某频率的波，由空穴作用而致细胞破碎。其中均质法和研磨法适用于大型生产，超声法则宜用于实验室。细胞破碎机理见图2-9。

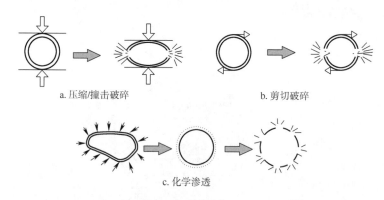

图2-9　细胞破碎机理

三、 破碎方法

破碎方法主要有机械破碎、非机械破碎两大类。

（一）机械破碎

机械破碎处理量大、破碎效率高、速度快，主要靠均质作用和球磨碾磨作用；操作时，细胞遭受强大的机械剪切力而被破碎。采用机械法，发热是一个主要问题。

细胞的机械破碎主要有高压匀浆、珠磨、撞击破碎和超声波破碎等方法。

1. 高压匀浆器的破碎原理

高压匀浆器的破碎原理是指细胞悬浮液在高压作用下从阀座与阀之间的环隙高速（可达到450m/s）喷出后撞击到碰撞环上，细胞在受到高速撞击作用后，急剧释放到低压环境中，从而在撞击力和剪切力等综合作用下破碎。操作压力通常为50~70MPa。影响因素：压力、循环操作次数和温度。高压匀浆法适用于酵母和细菌细胞的破碎。

2. 珠磨

珠磨指利用固体间研磨剪切力和撞击使细胞破碎，是最有效的一种细胞物理破碎法。珠磨机的主体一般是立式或卧式圆筒形腔体。磨腔内装钢珠或小玻璃珠以提高碾磨能力，一般，卧式珠磨破碎效率比立式高，因为立式机中向上流动的液体在某种程度上会使研磨珠流态化，降低其研磨效率。

珠磨法破碎细胞分为间歇和连续操作。珠磨法操作的有效能利用率仅为1%左右，破碎过程产生大量的热能。设计时要考虑换热问题。珠磨的细胞破碎效率随细胞种类而异，适用于绝大多真菌菌丝和藻类等微生物细胞的破碎。与高压匀浆法相比，影响破碎率的操作参数较多，操作过程的优化设计较复杂。

3. 撞击破碎

原理：细胞是弹性体，比一般刚性固体粒子难于破碎。将弹性细胞冷冻使其成为刚性球体，降低破碎难度，撞击破碎正是基于这样的原理。

操作：细胞悬浮液以喷雾状高速冻结（冻结速度为数千℃/min），形成粒径小于50μm的微粒子。高速载气（如氮气，流速约300m/s）将冻结的微粒子送入破碎室，高速撞击撞击板，使冻结的细胞发生破碎。

特点：①细胞破碎仅发生在与撞击板撞击的一瞬间，细胞破碎均匀，可避免反复受力发生过度破碎的现象；②细胞破碎程度可通过无级调节载气压力（流速）控制，避免细胞内部结构的破坏，适用于细胞器（如线粒体、叶绿体等）的回收。撞击破碎适于微生物细胞和植物细胞的破碎。

4. 超声波破碎

超声波破碎是利用液相剪切力破碎细胞。

机理：在超声波作用下液体发生空化作用，空穴的形成、增大和闭合产生极大的冲击波和剪切力，使细胞破碎。

超声波破碎很强烈，适用于多数微生物的破碎，有效能利用率低，破碎过程产生大量的热，对冷却的要求相当苛刻，故不易放大，主要用于实验室规模的细胞破碎。

影响因素：声强、声频、温度、时间、离子强度、pH、细胞类型。

（二）非机械破碎

1. 化学和生物化学渗透

（1）酸碱处理　调节 pH，改变蛋白质的荷电性质，提高产物的溶解度。

（2）化学试剂处理　用表面活性剂或有机溶剂（甲苯）处理细胞，增大细胞壁的通透性，降低胞内产物的相互作用，使之容易释放。

（3）酶溶　利用溶解细胞壁的酶处理菌体细胞，使细胞壁受到部分或完全破坏后，再利用渗透压冲击等方法破坏细胞膜，进一步增大胞内产物的通透性。酶溶的优点：操作温和，选择性强，酶能快速地破坏细胞壁，而不影响细胞内含物的质量，但缺点是酶的费用高，因而限制了它在大规模生产中的应用。

化学渗透法与机械破碎法相比：速度低，效率差，且化学或生化试剂的添加形成新的污染，给进一步的分离纯化增添麻烦。但化学渗透法选择性高，胞内产物的总释放率低，可有效抑制核酸的释放，料液黏度小，有利于后处理。

2. 物理渗透法

（1）渗透压冲击法　将细胞置于高渗透压的介质中，使之脱水收缩，达到平衡后，将介质突然稀释或将细胞转置于低渗透压的水或缓冲溶液中，在渗透压的作用下，外界的水向细胞内渗透，使细胞变得肿胀，膨胀到一定程度，细胞破裂，它的内含物随即释放到溶液中。渗透压冲击法适用于不具有细胞壁或细胞壁强度较弱细胞的破碎。

（2）冻结-融化法机理　一是在冷冻过程中会使细胞膜的疏水键结构破裂，从而增加细胞的亲水性；二是冷冻时胞内水结晶形成冰晶粒，引起细胞膨胀而破裂。操作：将细胞急剧冻结至-20℃～-15℃，使之凝固，然后在室温缓慢融化，此冻结-融化操作反复进行多次，使细胞受到破坏。冻结-融化法缺点：反复冻融会使蛋白质变性，从而影响活性蛋白质的回收率。冻结-融化法适用于比较脆弱的菌体。

四、细胞破碎效果的检查

一般用破碎率的测定检查细胞破碎效果，破碎率的测定方法一般有直接测定法、目的产物测定法、导电率测定法。

（一）直接测定法（革兰染色法）

革兰染色法，是指细菌学中广泛使用的一种重要的鉴别染色法，属于复染法。

未经染色的细菌，由于其与周围环境折光率差别甚小，故在显微镜下极难区别。革兰阳性菌和革兰阴性菌在化学组成和生理性质上有很多差别，染色反应不一样。现在一般认为革兰阳性菌体内含有特殊的核蛋白质镁盐与多糖的复合物，它与碘和结晶紫的复合物结合很牢，不易脱色，阴性菌复合物结合程度低，吸附染料差，易脱色，这是染色反应的主要依据。染色原理：通过结晶紫初染和碘液媒染后，在细菌细胞壁内形成了不溶于水的结晶紫与碘的复合物，再用95%乙醇脱色。革兰染色法一般包括初染、媒染、脱色、复染等四个步骤，具体操作方法是：①载玻片固定。在无菌操作条件下，用接种环挑取少量细菌于干净的载玻片上涂布均匀，在火焰上加热以杀死菌种并使其黏附固定。②草酸铵结晶紫染1min。③自来水冲洗，去掉浮色。④用碘-碘化钾溶液媒染1min，倾去多余溶液。⑤用中性脱色剂如乙醇（95%）或丙酮酸脱色30s，革兰阳性菌不被褪色而呈紫色，革兰阴性菌被褪色而呈无色。酒精脱色为整个流程中最关键的一步。⑥用蕃红染液或者沙黄复染30s，革兰阳性菌仍呈紫色，革兰阴性菌则呈现红色。革兰阳性菌和革兰阴性菌即被区别开。

（二）目的产物测定法

细胞破碎后，通过流式细胞仪观察菌体的存活率来判断细胞破碎情况，测定破碎后胞外蛋白、核酸的含量，流式细胞仪测定破碎液中目标产物的释放量，如蛋白或酶的含量、活性；测定活菌个数。

流式细胞仪（Flow cytometer）是对细胞进行自动分析和分选的装置。它可以快速测量、存储、显示悬浮在液体中的分散细胞的一系列重要的生物物理、生物化学方面的特征参量，并可以根据预选的参量范围把指定的细胞亚群从中分选出来。多数流式细胞计是一种零分辨率的仪器，它只能测量一个细胞的诸如总核酸含量、总蛋白含量等指标，而不能鉴别和测出某一特定部位的核酸或蛋白的含量。也就是说，它的细节分辨率为零。流式细胞仪主要由流动室和液流系统、激光源和光学系统、光电管和检测系统、计算机和分析系统四部分组成。

（三）导电率测定法

电导率，物理学概念，也可以称为导电率。在介质中该量与电场强度 E 之积等于传导电流密度 J。对于各向同性介质，电导率是标量；对于各向异性介质，电导率是张量。生态学中，电导率是以数字表示的溶液传导电流的能力。单位以西门子每米（S/m）表示。破碎率越大导电率越大。测定导电率，带电荷的内含物释放会使导电率上升。

五、 破碎方法选择的依据

根据细胞的细胞壁强度、提取分离的难易，目标物质的性质及其在细胞内的位置及各种细胞破碎方法的优缺点及适用范围来选择破碎方法。

（一）了解各种细胞破碎方法的优缺点及适用范围

常用的破碎方法有球磨破碎、高压匀浆破碎、超声破碎、酶溶破碎，各种方法有其特点。常用的破碎方法的特点见表2-5。

表 2-5   常用的破碎方法的特点

破碎方法	特点及适用范围
球磨破碎	适用范围较广；但有效能量利用率很低，设计操作时应充分考虑冷却系统的热交换能力；影响破碎率的操作参数较多，过程优化设计较复杂
高压匀浆	适用于酵母和大多数细菌细胞的破碎，不宜用于团状或丝状菌的破碎，易堵塞；由于操作中温度会升高，需对料液作冷却处理，保护目的产物活性
超声破碎	是很强烈的破碎方法；适用范围广；但有效能量利用率极低，对冷却要求相当苛刻，不易放大，多在实验室使用
酶溶破碎	不同的菌体细胞由于细胞壁化学组成不同应选用不同的酶处理。优点：对设备的要求低，能耗小；抽提的速率和收率高；产品的完整性好；对 pH 和温度等外界条件要求低；由于细胞壁被溶解，不残留碎片，有利于提纯。但是酶溶法受酶的费用限制。酶溶法的缺点：溶酶价格高，溶酶法通用性差，产物抑制的存在
化学渗透	对产物释放有一定的选择性，可使一些较小分子量的溶质如多肽和小分子的酶蛋白透过，而核酸等大分子量的物质仍滞留在胞内；细胞外形完整，碎片少，浆液黏度低，易于固液分离和进一步提取。缺点：通用性差；时间长，效率低；有些化学试剂有毒
X-press 法	适应范围广、破碎率高、细胞碎片粉碎程度低及活性保留率高等优点，但不适应于对冷冻敏感的生化物质。主要用于实验室
反复冻结-融化法	将细胞放在低温下突然冷冻而在室温下缓慢融化，反复多次而达到破壁作用；用于细胞壁较脆弱的菌体，破碎率较低，需反复多次
渗透压法	仅适用于细胞壁较脆弱的细胞或细胞壁预先用酶处理或在培养过程中加入某些抑制剂（如抗生素等），使细胞壁有缺陷，强度减弱

（二）了解目标物质性质及其在细胞内的位置

1. 目标物质性质

不同目标物质性质的外观、熔点、分子式或实验式、电泳及层析行为、溶解度、比旋度、官能团反应、紫外光谱、红外光谱、核磁共振谱和质谱都不同。不同目标物质性质仅具有多样性，而且还具有一些共同的特征和属性：例如各种生物的蛋白质的单体都是氨基酸，种类不过20种左右，各种生物的核酸的单体都是核苷酸，种类不过 8 种，这些单体都以相同的方式组成蛋白质或者核酸的长链，它们的功能对于所有生物都是一样的。在不同的生物体内基本代谢途径也是相同的，甚至在代谢途径中各个不同步骤所需要的酶也是基本相同的。生物技术中典型的固体粒子基本特性见表 2-6，一般随着固体粒子尺寸变大，回收费用会相应减少。

表 2-6   生物技术中典型的固体粒子基本特性

固体粒子的类型	尺寸/μm	回收费用趋势
细胞碎片	<0.4×0.4	
细菌细胞	1×2	
酵母细胞	7×10	
哺乳动物细胞	40×40	由上到下 费用减少
植物细胞	100×100	
真菌菌丝或丝状细菌	1~10 丝网状	
絮凝物	100×100	

2. 目标物质在细胞内的位置

细胞产物是细胞新陈代谢等生命活动中所产生的代谢产物。不是生命体的主要结构成分。但人体有的细胞的产物具有调节、免疫、分泌等功能，是人体的组成部分。目标物质在细胞内的位置分为细胞内产物及细胞外产物。细胞内产物：氨基酸、核苷酸、多糖、脂类、维生素、毒素、激素等。细胞外产物：抗生素、胞外酶等。

（三）在以上基础上，综合考虑细胞的细胞壁强度、提取分离的难易

细胞破碎阻力主要来自细菌、酵母、真菌、植物的细胞壁及动物细胞的细胞膜。不同破碎方法适应不同类型的细胞壁破碎。如：X-press 法不适应于对冷冻敏感的生化物质；反复冻结-融化法适应于细胞壁较脆弱的菌体；渗透压法仅适用于细胞壁较脆弱的细胞或细胞壁预先用酶处理的细胞。

六、 破碎技术的研究方向

破碎技术的研究方向有多种破碎方法相结合，以提高破碎率、与上游过程相结合、与下游工程相结合。

（一）多种破碎方法相结合

目前已发展了多种细胞破碎方法，以便适应不同用途和不同类型的细胞壁破碎。未来的研究方向为多种破碎方法相结合，以提高破碎率。

（二）与上游过程相结合

在发酵培养过程中，培养基、生长期、操作参数（如 pH、温度、通气量、稀释率）等因素对细胞破碎都有影响，因此细胞破碎与上游培养有关。另一方面用基因工程的方法对菌种进行改造也是非常重要的。

（三）与下游工程相结合

细胞破碎与固–液分离紧密相关，对于可溶性产品来讲，碎片必须除净，否则将造成层析柱和超滤膜的堵塞，缩短设备的寿命。因此，必须从后分离过程的整体角度来看待细胞破碎操作，机械破碎操作尤其如此。

◁任务四 固–液分离技术

微生物发酵或动植物细胞培养结束后，不论是胞内产物还是胞外产物，分离提取的第一步都涉及固–液分离。生化产品的固液分离方法与化工单元操作中的非均相物系分离方法基本相同，但由于发酵液或细胞培养液种类多、黏度大和成分复杂，其固液分离又很困难。特别是当固体微粒主要是细胞、细胞碎片及沉淀蛋白类物质时，由于这些物质具有可压缩性，给固液分离增加了困难。固液分离的好坏，将影响料液的进一步处理。

一、悬浮液的基本特性

悬浮液中的溶质，因布朗运动而不能很快下沉，此时固体分散相与液体的混合物称悬浮液。悬浮液中的固体颗粒的粒径为 $10^{-4} \sim 10^{-3}$ cm，大于胶体。

（一）悬浮液的固体微粒

发酵液或细胞培养液种类多，固体微粒主要是细胞、细胞碎片及沉淀蛋白类物质，生物技术中典型的固体粒子见图 2-10。

（二）过滤特性的改变

生物技术中典型的固体粒子具有可压缩性，给固液分离增加了困难。固液分离的好坏，将影响料液的进一步处理。固液分离前进行过滤特性的改变，过滤特性的改变方法见图 2-11。

1. 降低液体黏度

降低液体黏度由流体力学基本知识可知，滤液通过滤饼的速率与液体的黏度成反比，可见降低液体黏度可有效提高过滤速率。降低液体黏度常用的方法有加水稀释法和加热法。

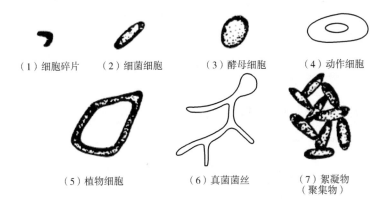

（1）细胞碎片　　（2）细菌细胞　　（3）酵母细胞　　（4）动作细胞

（5）植物细胞　　　　　（6）真菌菌丝　　　　（7）絮凝物
（聚集物）

图 2-10　生物技术中典型的固体粒子

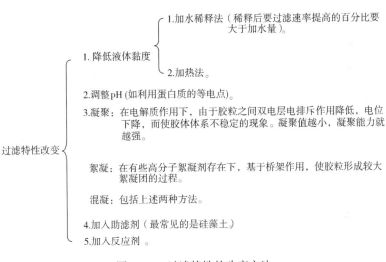

图 2-11　过滤特性的改变方法

加水稀释法可有效降低液体黏度，但会增加悬浮液的体积，使后处理任务加大，并且只有当稀释后过滤速率提高的百分比大于加水比时，从经济上才能认为有效升高温度可有效降低液体黏度，从而提高过滤速率，此法常用于黏度随温度变化较大的流体。另外，应用加热法的同时，可控制适当温度和受热时间，使用加热法时必须注意：①加热的温度必须控制在不影响目的产物活性的范围内；②对于发酵液，温度过高或时间过长，可能造成细胞溶解，胞内物质外溢，而增加发酵液的复杂性，影响其后的产物分离与纯化，使蛋白质凝聚形成较大颗粒，进一步改善发酵液的过滤特性。

2. 调整 pH

pH 直接影响发酵液中某些物质的电离度和电荷性质，适当调节 pH 可改善其过滤特性。对于氨基酸、蛋白质等两性物质作为杂质存在于液体中时，常采用调节pH至等电点使两性物质沉淀。另外，在膜分离中，发酵液中的大分子物质易与膜发生吸附，常通过调整pH，改变易吸附分子的电荷性质，以减少吸附造成的堵塞和污染。此外，细胞、细胞碎片及某些胶体物质等在某个pH下也可能趋于絮凝而成为较大颗粒，有利于固液分离。

（三）悬浮液中细胞和聚集物的重要性质

细胞回收中细胞和聚集物的重要性质见表2-7。

表2-7　　　　　　　　　　细胞回收中细胞和聚集物的重要性质

性质	可能有的特征	注释
尺寸	可能是小的	对细胞而言为 $1\sim50\mu m$
化学组成	高度复合物	通常很难对它下定义
尺寸分布	一般是小的	相差 $5\sim10$ 倍
相对密度	低，类同于水或生长培养基	在细胞和悬浮的培养液之间，相对密度可用沉降和离心的方法测定
形状	多样，从简单的球体到复杂的丝状体	在全发酵液的流变学特性上有很大的影响
强度	多样性，可相差10倍	植物细胞可能比细菌细胞大10倍
亲水性	常常是亲水的	亲水性细胞难以聚集
毒性	易变的，致病、致命、过敏原反应	抑制毒性是昂贵的操作
反应性	生物特异、高度复杂	动物细胞呈现生物特异性反应
表面	高的负电荷	相同电荷的细胞难以凝聚
其他	压缩性、胶装的、黏附到设备上	由于形成不透性薄膜，细胞难以过滤
价值	不确定，可变的	依赖于产品的形式、定位（胞外/胞内）
表面附属物	不确定	表面附属物（例如菌毛将引起有机物黏附在表面，凝聚物等）

二、 固液分离方法

按照颗粒的密度与周围溶液的差别，可以使用沉降（沉清）、水力旋流、分离离心、超速离心方法分离悬浮体；按照颗粒的大小，可以使用过滤、微滤、超滤的方法分离生物悬浮体。常见的固液分离方法见图2-12。

（一）离心

基于固体颗粒和周围液体密度存在差异，在离心场中使不同密度的固体颗粒

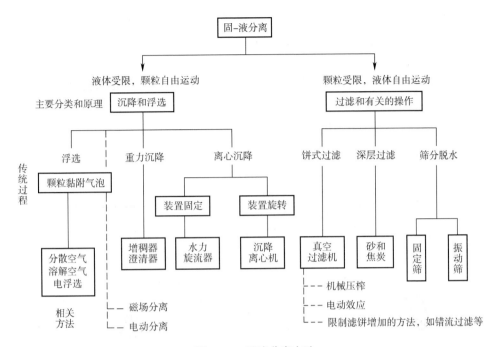

图 2-12　固液分离方法

加速沉降的分离过程。常用的离心分离方法有差速离心、密度梯度离心、碟片式离心机、管式离心。

1. 差速离心——工业上最常用的离心分离方法

差速离心是指在密度均一的介质中由低速到高速逐级离心，随着速度逐渐提高，样品按大小先后沉淀，用于分离不同大小的细胞和细胞器。主要用于混合样品中各沉降系数差别较大的组分。

2. 密度梯度离心——多用于生化研究

密度梯度离心用一定的介质在离心管内形成一个连续或不连续的密度梯度，将细胞混悬液或匀浆置于介质的顶部，通过重力或离心力场的作用使细胞分层、分离。常用密度梯度物质：蔗糖、甘油、$CsCl$、$NaBr$。密度梯度离心分为移动区带离心及等密度离心。①移动区带离心：用于分离密度相近而大小不等的细胞或细胞器。此法所采用的介质密度较低，介质的最大密度应小于被分离生物颗粒的最小密度。②等密度离心：细胞或细胞器在连续梯度的介质中经足够大离心力和足够长时间可沉降或漂浮到与自身密度相等的介质处，并停留在该层达到平衡，从而将不同密度的细胞或细胞器分离。

3. 碟片式离心

碟片式离心机是传统离心机，为目前工业上应用最广泛的离心机。分离因数可达 1000～20000，最大处理量达到 300m³/h，常用于大规模的分离过程。适用范围：细菌、酵母菌、放线菌、细胞碎片。

4. 管式离心机

管式离心机是一种分离效率很高的离心分离设备，其转鼓细长，可在 15000 ~ 50000r/min 的高转速下工作，分离因数可达 $10^4 ~ 6×10^5$。它设备简单、操作稳定。适用范围为细胞、细胞碎片、细胞器、病毒、蛋白质、核酸等。特别适合一般分离机难以分离的固形物含量<1%的发酵液的分离。管式离心机外观图及示意见图 2-13。

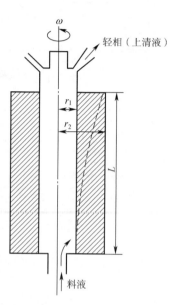

图 2-13　管式离心机及示意

（二）过滤

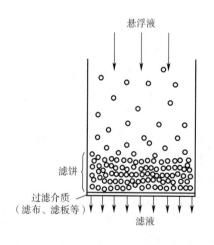

图 2-14　过滤原理

1. 过滤原理

根据被过滤物的粒径不同，让它们一起通过过滤介质，大的留下，小的过去，这样可达到过滤分离的目的。过滤原理见图 2-14。

2. 过滤介质

过滤介质无定形颗粒：无烟煤、砂、颗粒活性炭、铁矿砂等成形颗粒：烧结金属、烧结塑料以及用合成树脂黏结的硅砂、塑料颗粒等，做成圆筒形或板状。非金属织补棉：化学纤维、玻璃纤维织品、长纤维滤布、短纤维滤布。金属织布：不锈钢丝或铁丝等的织布。无纺品：纸、毡、石棉板、合成纤维无纺布等。

3. 过滤设备的分类

过滤设备是指用来进行过滤的机械设备或者装置，是工业生产中常见的通用设备。过滤设备总体分为真空和加压两类，真空类常用的有转筒、圆盘、水平带式等，加压类常用的有压滤、压榨、动态过滤和旋转型等。

按工作原理分为袋式过滤器、间歇式加压过滤机、连续式加压过滤机、厢式压滤机、膜过滤、管式过滤机、转鼓加压过滤机、立式连续加压叶滤机、卧式连续加压叶滤机、动态旋叶压滤机、连续盘式过滤器、间歇式真空过滤机、真空抽滤器、真空叶滤机、外滤面转鼓真空过滤机、内滤面转鼓真空过滤机、圆盘真空过滤机、转台真空过滤机、翻斗真空过滤机、袋式真空过滤机；按介质类型分空气过滤器、液体过滤器、网络过滤器、光线过滤器；按安装方式分吸油过滤器、回油过滤器、管路过滤器；按照性能分管路过滤器、双筒过滤器、高压过滤器。

4. 过滤器的选择

过滤介质的清除能力来选择不同的过滤器，选择依据如下：①进料性质包括悬浮固体的浓度、颗粒的尺寸分布、系统的组成、液体的物理性质（黏度、挥发度、饱和度）、温度和其他特殊的液体和固体性质。②采用间歇还是连续操作，常常取决于给定流速和劳动力的费用。③过滤过程还受其他一些因素影响。④过滤操作需要的结果涉及滤液澄清度和稀释度以及滤饼洗涤和最终湿度的要求。⑤设备的结构材料也影响过滤器的选择。⑥过滤介质的选择，常受过滤器单元型式，特别是滤饼支承体和卸料装置的限制。过滤介质的清除能力见图2-15。

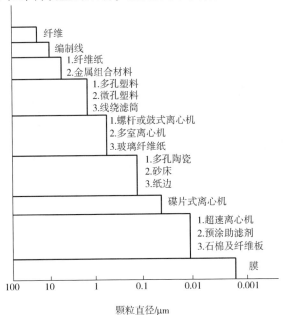

图2-15　过滤介质的清除能力

三、 常用过滤器

（一）真空转鼓过滤机

真空转鼓过滤机分为外滤面转鼓真空过滤机及内滤面转鼓真空过滤机。

1. 真空转鼓过滤机工作原理

（1）过滤区 Ⅰ　当浸在悬浮液内的各扇形格同真空管路接通时，格内为真空。在转筒外压力差的作用下，滤液透过滤布，被压入扇形格内，经分配头被吸出。而固体颗粒在滤布上则形成一层逐渐增厚的滤渣。

（2）洗涤吸干区域 Ⅱ　当扇形格离开悬浮液进入此区时，格内仍与真空管路相通。滤饼在此格内将被洗涤并吸干，以进一步降低滤饼中溶质的含量。有些特殊设计的转鼓过滤机上还设有绳索（或布）压紧滤饼或用滚筒压紧装置，用以压榨滤饼、降低液体含量并使滤饼厚薄均匀防止龟裂。

（3）卸渣区 Ⅲ　这个区与分配头的 Ⅲ 室相接通，在 Ⅲ 室通入压缩空气，压缩空气促使滤饼与滤布分离，然后将滤饼清除。

（4）滤布复原区 Ⅳ　滤渣被刮落后，为了除去堵塞在滤布孔隙中的细微颗粒，压缩空气通过分配头的 Ⅳ 室进入复原区的滤室，吹落这些颗粒使滤布复原，重新开始下一循环的操作。因为转鼓不断旋转，每个滤室相继通过各区即构成了连续操作的工作循环。在各操作区域之间，都有不大的休止区域。外滤式转鼓真空过滤机的工作过程见图 2-16。

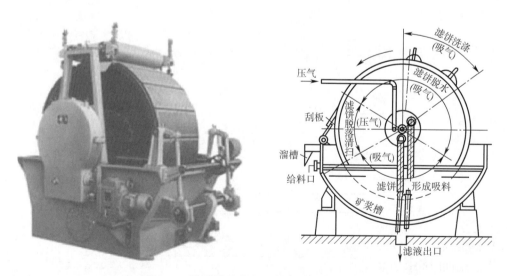

图 2-16　外滤式转鼓真空过滤机的工作过程

优点：真空转鼓过滤机具有自动化程度高、操作连续、处理量大的特点。特别适合固体含量大（>10%）的悬浮液的分离，在发酵工业中广泛用于霉菌、放线菌和酵母发酵液或细胞悬浮液的过滤分离。

缺点：由于受真空度的限制，不适于菌体较小和黏度较大的细菌发酵液的过滤，且过滤所得固相的干度不如加压过滤所得固相的干度。

（二）板框压滤机

广泛应用于培养基制备的过滤及霉菌、放线菌、酵母菌和细菌（需预处理）等多种发酵液的固液分离。适合于固体含量1%~10%的悬浮液的分离。

1. 板框压滤机结构

板框压滤机由压滤机滤板、液压系统、压滤机框、滤板传输系统和电气系统五大部分组成。板框过滤机及内部结构见图2-17和图2-18。

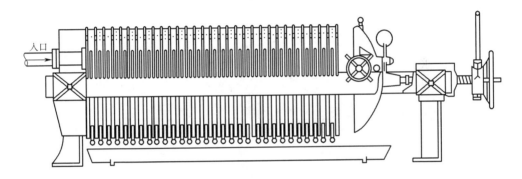

入口

图2-17　板框滤器结构

2. 板框压滤机工作运行的原理

板框压滤机是先由液压施力压紧板框组，料液由中间进入，分布到各滤布之间，通过过滤介质而实现固液分离的脱液方法。

3. 优缺点

板框压滤机的优点是结构简单、装配紧凑、过滤面积大、允许采用较大的操作压力，辅助设备少，动力消耗小，过滤和洗涤质量好，对固形物含量要求低，材料选择范围广。但是，设备笨重、占地面积多、辅助时间长、生产效率低。

4. 操作步骤

板框压滤机操作前，应将板、框和滤布按前述顺序排列，并转动机头，将板、

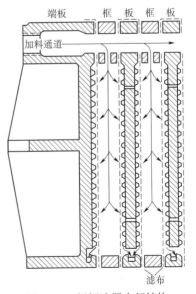

端板　框　板　框　板

加料通道

滤布

图2-18　板框滤器内部结构

框和滤布压紧。操作时，悬浮液在压力下经悬浮液通道和滤框的暗孔进入框内。滤液分别穿过两侧滤布，沿板上沟槽流下，汇集于下端，经滤液出口阀流出。然后将滤框和滤布洗净，重新装合，准备下一次过滤操作。但是，多数情况下滤饼装满后还需洗涤，有时还需将压缩空气吹干。所以，板框式过滤机的一个工作周期包括装合、过滤、洗涤（吹干）、去饼、洗净等过程。

（三）圆盘真空过滤机

圆盘式真空过滤机，是由负压形成真空过滤的固液分离机械，是在滤液出口处形成负压作为过滤的推动力。将数个过滤圆盘装在一根水平空心轴上组成的真空过滤机称之为圆盘式真空过滤机。其过滤动力也是来自于真空造成的压力差。每个圆盘又分成若干个小扇形过滤叶片，每个扇形过滤叶片即构成一个滤室，它适用于过滤密度小，不易沉淀的悬浮液。圆盘真空过滤器外形见图2-19。

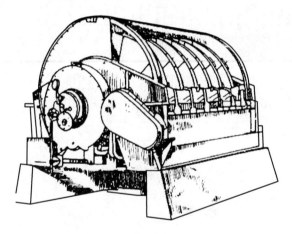

图 2-19　圆盘真空过滤机外形

1. 特点

①形滤板脱水孔分布均匀，孔率合理，筋条尺寸大，有高强度工程塑料制成，使用寿命提高了1~1.5倍。②滤液管过滤面积大，分配头腹腔面积大，提高了抽气率和滤液排放效果。③耐磨锦纶单丝或双层复丝滤布使脱水率提高且不易堵塞，延长了使用寿命。④多点干油泵集中自动润滑。⑤滤布自动清洗装置，保持了其良好的脱水效果。⑥卧式强制变速搅拌，轴端采用橡胶及石墨盘根和水压差三重密封，确保不漏浆。⑦主传动无级变速，依物料的浓度及流量调节（交流调速电机或变频器），以求达到理想的工作效果。⑧每盘由20片滤扇板组成，加强了过滤过程控制，成饼厚均匀。⑨摩擦片采用特制耐磨材料硼铸铁，刚柔相济、密封效果好，使用寿命长。⑩滤液管为高强度耐磨陶瓷复合钢管，提高寿命10倍以上，滤液管与滤扇接口去掉上下法兰，采用模具定位直接焊接，减少90%可能漏气点。

2. 注意事项

①虽然圆盘式真空过滤机是连续工作的过滤设备，但对每个过滤板来说，它的工作是间断的，工作中经过过滤、干燥、卸料3个工序。②过滤板处在各个工作区的时间，不仅与过滤机的转数有关，还与各个区域所占的角度有关，后者可以通过分配头进行调节。③在过滤工作时，扇形过滤板上每一点所经历的过滤时间都不一样，它取决于该点的径向位置。在图4-2a中，过滤板上 n 点所经历的过滤时间最短，m 点最长。增加每个圆盘上的过滤板数目，可以缩短两个点的时间差距，从而更合理地利用过滤板的面积。④由于每个扇形过滤板之间都有不工作的间隙，为减少回盘上这些不工作的面积，过滤板的数目不宜太多。在每个圆盘上，扇形滤板的最合理数目大约是 10 片，一般可在 8~16 片范围里选用。

（四）错流膜过滤

错流过滤是在泵的推动下料液平行于膜面流动，与死端过滤不同的是料液流经膜面时产生的剪切力把膜面上滞留的颗粒带走，从而使污染层保持在一个较薄的水平。错流膜过滤原理见图2-20。

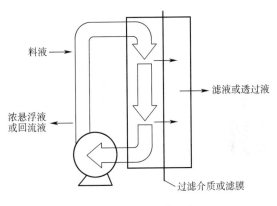

图 2-20　错流膜过滤

与传统的真空过滤或板框过滤相比，错流膜过滤用于抗生素等生物物质生产的过滤工序，具有如下优点。①过滤收率高。②滤液质量好。③减少处理步骤。④对染菌罐批易于处理，也容易进行扩大生产。

特点：①采用高强度，耐酸碱，抗氧化的膜材料，能适应高强度的频繁反冲清洗和高浓度，长时间的化学清洗，保证了膜的长寿命和低费用的特点。②固定孔径截留，不添加滤料，过滤质量稳定、可靠，完全避免了硅藻土过滤的各种不稳定因数和废土处理的环保压力。③高精度除菌级过滤，出液澄清度极高，除菌效果达到99%~99.9%，且对糖类、氨基酸、醇类、脂类等有效物质无影响。④可适应高浊度、高黏稠度液体过滤，粗滤、精滤一次完成，不需要传统的棉饼、硅藻土过滤机作预过滤。⑤独特的错流流程设计及运行过程中的自动化自体清洗，保证分离的连续性和规模性，与传统膜分离设备相比，提高分离效率在40%以上，防堵塞性能极佳。⑥采用不锈钢或 ABS 工程塑料卫生级制作，符合国家食品、药品卫生要求和 QS/GMP 认证规范。

错流膜过滤适合固含量高于0.5%的料液过滤。

四、 影响固液分离的因素

影响固液分离的因素很多，主要有微生物种类、发酵液黏度、颗粒粒度和粒度的分布、固体浓度、颗粒形状、表面特性、培养基组成、发酵周期、发酵液的pH、温度和加热时间。

（一）微生物种类

真菌的菌体大，固液分离容易，可采用真空转鼓式过滤或板框过滤；细菌和细胞碎片小，固液分离较难，固液分离前要进行预处理。

（二）发酵液黏度

固液分离速度与黏度成反比。菌体的种类和浓度，培养液中蛋白质、核酸大量存在培养基成分，某些染菌发酵液发酵过程的不正常处理等都会影响发酵液黏度。

（三）其他因素

颗粒粒度和粒度的分布，固体浓度，颗粒形状和表面特性，培养基组成、发酵周期、发酵液的pH、温度和加热时间等。

【技能实训】

> 实训　大肠杆菌菌液的处理及菌体破碎

一、实训目的
（1）掌握超声波细胞破碎仪操作。
（2）优化超声波细胞破碎仪工作条件。
（3）掌握冷冻高速离心机操作。
（4）掌握反复冻融法。
（5）掌握菌体破碎率的评价方法。

二、实训原理
大肠杆菌菌液的处理是用反复冻融法在-80℃冷冻，再融化，然后又冻，反复冻融3次，细胞内冰粒形成和剩余细胞液的盐浓度增高会引起溶胀，使细胞结构破碎。菌体破碎采用超声波细胞破碎仪破碎大肠杆菌菌体。

常用的细胞破碎率评价方法。

（1）直接计数法　对破碎后样品进行适当的稀释后，通过血球计数板上用显微镜观察来实现细胞的技术，从而计算出破碎率。

（2）间接计数法　将破碎后的细胞悬浮液离心分离掉固体（完整细胞和碎片），然后用 Lowry 法测量上清液中的蛋白质含量，也可评级细胞的破碎程度。

三、器具与试剂

1. 实训器具

超声波细胞破碎仪，冷冻高速离心机，50mL 离心管，-80℃冰箱。

2. 实训试剂

大肠杆菌菌液，50mmol/L PBS 或 50mmol/L Tris-HCl pH 7.5。

四、操作步骤

1. 大肠杆菌菌液的处理

反复冻融

①收集菌液 500mL，等分 10 份，4000r/min 4℃离心 15min，弃上清。

②菌体沉淀中加入相同菌液体积的 50mmol/L PBS 或 50mmol/L Tris-HCl（选择使蛋白稳定的缓冲液和 pH）重悬洗涤一次。

③然后按原菌液体积的 1/4 加入缓冲液重悬菌体，并加入蛋白酶抑制剂 PMSF 和 EDTA（带 His 标签不加），PMSF 终浓度为 100μg/mL，EDTA 的终浓度为 0.2mmol/L（约为 58μg/mL）。取 20μL 重悬菌液进行电泳，检测蛋白表达的情况（是否表达，是可溶性表达还是包涵体表达）。

④将菌液（经检测有表达）在-80℃冰冻，室温融解，反复几次（反复冻融三次），由于细胞内冰粒形成和剩余细胞液的盐浓度增高会引起溶胀，使细胞结构破碎。

2. 菌体破碎

（1）将反复冻融的菌液（必要时可加入 1mg/mL 溶菌酶，缓冲液 pH>8.0，加入后需静置 20min），进行超声破碎；超声条件：400W，工作 5s，间隔 5s，重复一定次数，（根据我们的仪器找出一个比较好的工作条件）。直至菌体溶液变清澈为止。

（2）取超声破碎后的菌液，滴一滴在血球计数板面上，盖上盖玻片，用电子显微镜进行观察，计数。计算破碎率。

取破碎菌液，4℃以 10000r/min 离心 10min，分别对上清和沉淀进行检测。用 Lowry 法检测上清液蛋白质的含量。

五、结果与处理

（1）用显微镜观察细胞破碎前后的形态变化。

（2）细胞破碎效果的检查-破碎率。

［注意事项］

（1）超声破碎具体条件可根据实验情况而定，要掌握好功率和每次超声时间，降低蛋白被降解的可能。

（2）功率大时，每次超声时间可缩短，不能让温度升高，应保持在 4℃左右，超声时保持冰浴。

（3）菌体破碎后总蛋白浓度的测定也可用 Bradford 法或者紫外吸收法。

六、思考与讨论

（1）用超声波细胞破碎仪破碎细胞时怎么有泡沫出现？

（2）为什么用塑料大试管，玻璃的不可以吗？

【项目拓展】

《中国药典》2020 年版三部（生物制品）拟新增品种名单

国家药典委员会于 2018 年 8 月 13 日公示的《关于《中国药典》2020 年版三部生物制品拟新增品种的公示》中拟新增生物制品的品种如下所述。

（1）重组戊型肝炎疫苗（大肠埃希菌）。

（2）冻干人用狂犬病疫苗（人二倍体细胞）。

（3）黄热减毒活疫苗。

（4）口服Ⅰ型Ⅲ型脊髓灰质炎减毒活疫苗（人二倍体细胞）。

（5）Sabin 株脊髓灰质炎灭活疫苗。

（6）肠道病毒 71 型灭活疫苗（人二倍体细胞）。

（7）肠道病毒 71 型灭活疫苗（Vero 细胞）。

（8）23 价肺炎球菌多糖疫苗。

（9）无细胞百白破 b 型流感嗜血杆菌联合疫苗。

（10）冻干人凝血酶。

（11）猪纤维蛋白黏合剂。

（12）马破伤风免疫球蛋白［F（ab'）2］。

（13）人类免疫缺陷病毒抗原抗体诊断试剂盒（酶联免疫法）。

（14）乙型肝炎病毒、丙型肝炎病毒、人类免疫缺陷病毒核酸检测试剂盒。

（15）治疗用卡介苗。

（16）外用重组人粒细胞巨噬细胞刺激因子凝胶（进一步确认临床使用情况）。

（17）重组人干扰素 α2a 软膏。

（18）重组人干扰素 α2b 阴道泡腾胶囊。

（19）重组人干扰素 α2b 阴道泡腾片。

（20）注射用重组人Ⅱ型肿瘤坏死因子受体–抗体融合蛋白。

（21）康柏西普眼用注射液。

（22）冻干重组人脑利钠肽。

（23）注射用重组人组织型纤溶酶原激酶衍生物。

（24）重组人血小板生成素注射液。

（25）注射用重组人生长激素。

（26）重组人生长激素注射液。

（27）注射用重组人促卵泡激素。

（28）重组甘精胰岛素。

（29）重组甘精胰岛素注射液。

（30）重组人胰岛素。

（31）重组人胰岛素注射液。

（32）精蛋白重组人胰岛素注射液。

（33）精蛋白重组人胰岛素混合注射液（30/70）。

（34）30/70 混合重组人胰岛素注射液。

（35）50/50 混合重组人胰岛素注射液。

（36）精蛋白重组人胰岛素混合注射液（50/50）。

（37）精蛋白重组人胰岛素混合注射液（40/60）。

（38）重组赖脯胰岛素。

（39）重组赖脯胰岛素注射液。

（40）精蛋白锌重组赖脯胰岛素混合注射液（25R）。

【项目测试】

简答题

1. 凝聚与絮凝的区别，常用凝聚剂及絮凝剂的种类。

2. 对微波消解仪效果最主要的影响因素是什么？

3. 从细胞中提取酶，超声波破碎仪破碎时间长会影响到酶的活性，怎么办？

项目二

萃取技术

项目简介

发酵液经过预处理后，由于体系复杂，杂质多，目标产物浓度低等原因，需要经过一系列的提取、浓缩、除杂等工序处理，才能够得到符合质量要求的产品。萃取是一种初级分离技术，是提取目标产物、浓缩发酵液、除去杂质的重要手段。

萃取，是指利用溶质在两相之间分配系数的不同而使溶质实现分离的方法。根据两相物质的存在状态，萃取可以分为液-液萃取（溶剂萃取）和浸取。近年来，越来越多的新技术与萃取技术结合，如超临界流体萃取等新型萃取技术不断涌现，为生物产品的分离纯化提供了更多更有效的手段。

▨▨▨ **知识要求**

1. 掌握影响萃取的主要因素。
2. 理解溶剂互溶规律，理解双水相体系的形成原理。
3. 熟悉常见的萃取方式。
4. 了解浸取相关理论知识。
5. 了解超临界流体萃取等新型萃取技术的特点及应用。

▨▨▨ **技术要求**

1. 能根据目标产物及杂质的性质初步选择萃取剂及操作条件。
2. 能进行浸取及液–液萃取操作。
3. 能理解成熟工艺的萃取单元操作条件。

◄ 任务一 萃取技术概述

一、 萃取的目的

在萃取单元操作中，一般可达成以下目的。

（一）提取目标产物

发酵液成分比较复杂，含有细胞体、胞内外代谢产物、残余的培养基以及发酵过程中加入的其他物质。经过预处理和固液分离后，料液性质得以改善，部分杂质被除去，但目标产物浓度低，杂质仍然较多。利用萃取技术，选择适宜的萃取剂，能够将目标产物由料液转移到萃取相中去。对于固体物料，通常可以利用浸取操作，选用适宜的溶剂，将包含目标产物在内的可溶性物质转移到液相中，以利于后续的纯化精制。

（二）浓缩

目标产物的浓度在萃取剂中的溶解度相对原溶剂而言有较大的提高。所以，可以通过选择适宜的体积比进行萃取，使目标产物在萃取相中的浓度会有较大程度的提高，达到进一步纯化的要求。

（三）除去杂质

在萃取操作中，通过选择适宜的萃取剂，在目标产物转移到萃取相中的前提下，能够使得与目标产物性质差异足够大的杂质保留在原溶剂当中。此外，通过一定条件下的反萃取操作，转变目标产物的存在形式，使其转入到新的相中，杂质在新相中的溶解度较差而被除去。另外，新技术的应用，也使得除杂手段更加丰富。如利用超临界流体萃取技术，脱除咖啡豆中的咖啡因，其含量可以从原来的 0.7% ~ 3% 下降到 0.02% 以下。

二、萃取的基本概念

（一）萃取和反萃取

萃取，是利用液体或超临界流体为溶剂提取原料中目标产物的分离纯化操作。故萃取操作中至少有一相为流体，称该流体为萃取剂，通常以 S 表示。在浸取（固-液萃取）中，包含目标产物的原料为固体；在液-液萃取中，包含目标产物的原料是液体。萃取过程中，萃取剂与原料 F 接触，溶质 A 在两相中发生分配，静置分相后，离开萃取器的萃取剂相为萃取相 E，另一相称为萃余相 R。

当完成萃取操作后，为进一步纯化目标产物或便于下一步分离操作的实施，往往会调节水相条件，将目标产物从有机相转入水相，这个过程称为反萃取。一个完整的萃取过程中，常在萃取和反萃取操作之间增加洗涤操作，目的是除去与目标产物同时萃取到有机相的杂质，提高反萃液中目标产物的纯度。

（二）物理萃取和化学萃取

物理萃取，是溶质根据在两相中的溶解度差异进行再分配，萃取剂与溶质之间不发生化学反应。化学萃取，是利用脂溶性萃取剂与溶质之间的化学反应生成脂溶性复合分子实现溶质向有机相的分配。

（三）分配定律

在恒温恒压条件下，溶质在互不相溶的两相中达到分配平衡时，如果其在两相中的相对分子质量相等，则其在两相中的平衡浓度之比为常数，这个常数称为分配系数具体公式如下：

$$k = \frac{c_2}{c_1}$$

式中　k——分配系数；

　　　c_2——溶质在萃取相中的浓度，mol/L；

　　　c_1——溶质在萃余相中的浓度，mol/L。

分配定律有其适用条件。在萃取过程中分子形态不发生变化的情况，符合分配定律。在化学萃取中，溶质在各相中并非以同一种分子状态存在，故分配定律不适用于化学萃取。

三、 萃取的特点

萃取技术和其他分离技术相比有如下的特点。

（1）萃取过程具有选择性，通过改变萃取条件，可以调节萃取选择范围；

（2）萃取不能直接得到产品，需要和其他的分离纯化技术（如结晶）相结合；

（3）萃取技术生产能力大，适用于各种不同规模的生产；

（4）传质速度快，生产周期短，便于连续操作，容易实现自动化控制。

◆ 任务二 浸取技术

浸取，又称固液萃取，是用萃取剂 S 自固体 B 中溶解某一种（或多种）溶质 A 的单元操作过程。浸取是溶质 A 从固相转移至液相的传质过程。在浸取操作中首先是萃取剂 S 与固体 B 的充分接触，溶解溶质 A 的液体从固体内部扩散至溶液内部，然后对固液两相进行相分离。浸取是生物分离过程中从细胞或生物体中提取目标产物或除去有害成分的重要手段之一。

一、 浸取理论

（一）扩散原理

浸取的传质过程是以扩散原理为基础。分子扩散是在一相内部有浓度差异的条件下，由于分子的无规则运动而造成的物质传递现象。涡流扩散是指物质在湍流流体中的传递，主要依靠流体质点的无规则运动。湍流中发生的旋涡，引起各部位流体间的剧烈混合，在有组成差存在的条件下，物质便朝着其组成降低的方向进行传递。凭借分子热运动，在静止或滞流流体里的扩散是分子扩散；凭借流体质点的湍动或旋涡而传递物质的，在湍流流体中的扩散主要是涡流扩散。

（二）浸取中的扩散过程

浸取过程，一般分：①浸取剂由溶液主体到达固液相接处；②浸取剂进入固体内部；③浸取剂溶解溶质，形成溶液；④包含目标物的溶液向固液相接处扩散；⑤包含目标物的溶液由固液相接处进入溶液主体。随着浸取的进行，溶液主体中目的物的浓度逐渐升高，固体物料中可被浸出的目的物逐渐减少，直至达到浸取平衡。需要说明的是在浸取过程中，根据物质组成结构和致密程度的不同，浸取剂在固体内部的扩散速度是有差异的。所以，在浸取操作前，有必要对固体物料进行相应的预处理，以加快溶液扩散速率，缩短生产周期。

（三）相平衡

浸取的相平衡关系，是溶液相的溶质浓度与包含于固体相中溶质浓度之间的关系。浸取相平衡的条件是两者浓度相等；只有溶液相的溶质浓度小于固体相中溶液中溶质浓度，浸取过程才能发生。达到平衡后，宏观上溶质无法继续浸出。要继续进行有效的浸取操作，需要设法打破相平衡。

（四）影响浸取的因素

1. 固体原料的颗粒度

仅从传质的角度考虑，固体颗粒度越小，表面积越大，进行浸取时固液两相接触界面越大，对传质有利，浸出效率高；另一方面，如果固体颗粒度太小，会使液体的流动阻力增大，不利于传质。而且从整体工艺考虑，过于细小的固体不利于相分离的进行。

2. 浸取剂的用量及浸取次数

浸取存在相平衡，两相之间溶质浓度相等时，宏观上溶质无法继续浸出。所以在浸取操作时，可以根据少量多次原则，将工艺要求的萃取剂用量分成几个部分，分次进行浸取。每一次浸取，新的浸取剂中浸取物含量均为0，浸取物在两相间的浓度差会推动传质，直至达到平衡。合并几次的浸取液，可以提高浸取的效率。不同的固体物质的浸取剂用量和浸取次数都需要实验确定。

3. 浸取温度和时间

温度的影响主要体现在影响料液黏度和影响溶质溶解度两个方面。随着操作温度的升高，浸取液的黏度会降低，有利于传质，达到浸取平衡的时间缩短。从溶解度的角度考虑，温度升高，溶质溶解度升高。但过高的温度会使得更多杂质转移进入液相，对产物的提纯不利。此外，对于热不稳定物质，在考察温度影响时，还要考虑到目标产物的稳定性。

在其他条件不变的情况下，达到相平衡之前，浸取时间越长，越接近相平衡，提取率越高。达到平衡后，目标产物浓度不再变化。继续延长浸取时间会使未达相平衡的杂质大量溶出，对纯化不利。此外，长时间浸取有时会造成目标产物结构变化，收率反而会降低。如果使用水溶液作为浸取剂，长时间浸泡易霉变，影响浸取液的质量。

如在进行杨梅色素的浸取实验中，考察浸取温度和浸取时间对浸取物的影响。使用杨梅渣10g，加入50mL经稀盐酸调制的pH 3的40%乙醇水溶液，分别在不同温度条件下浸取40min。结果表明，在达到最高浸取率前，杨梅色素的提取率随着温度的升高而增加。在50℃时，浸取率最高。超过70℃时，浸取率明显降低，原因是杨梅色素在较高温度下长时间提取，造成色素的结构破坏，从而使提取率降低。

4. 搅拌

搅拌强度越大，越有利于扩散的进行。因此在萃取设备中应增加搅拌、强制循环等措施，提高液体湍动程度，提高萃取效率。

5. 溶剂的pH

溶液的pH会影响溶质分子的存在形式。根据需要调整浸取剂的pH，将目标产物转化为更容易溶解在浸取剂中的形式，利于提取。如在进行碱性物质的提取时，可将水溶液 pH 调至酸性，使碱性物质质子化而以离子的形式溶解在水溶液中。

6. 浸取剂

理想的浸取剂对溶质的溶解度足够大，能够节省用量；与溶质之间有足够大的沸点差，以便于采取蒸馏方法回收利用；溶质在溶剂中的扩散系数大且黏度小；价廉易得，无毒，腐蚀性小等。常用的浸取溶剂有水、乙醇、丙酮、乙醚、氯仿、脂肪油等。

二、 浸取工艺

（一）单级浸取和多级错流浸取

单级浸取是指将固体物料与浸取剂一起加入浸取设备中，在一定条件下经一定时间浸取后，进行固液分离得到浸取液的过程。浸取速率随着浸取时间的延长逐渐降低，直至达到平衡状态。单级浸取比较简单，物料处理量相对较少，可用于小批量生产。其缺点是生产周期长，固体残渣中会残留一定量的浸取液，浸出率低，浸取液中溶质浓度低，后序处理量大。

由于单级浸取固液分离不彻底，固液分离后会有一部分浸取液残留在固相之中，要提高提取率，可依据少量多次的原则，将工艺所需的浸取剂分成几个部分，依次使用新鲜浸取剂对固体物料进行多次浸取操作，以提高浸取收率，减少目标产物的损失。

（二）多级逆流浸取

如图 2-21 所示，在多级错流浸取中，每一级都加入新鲜的浸取剂，保证了在每一级中固体物料中的目标产物最大程度地被浸取。但这种操作方式未能充分利用浸取剂的溶解能力。在浸取剂总量一致以及级数相等的情况下，多级逆流萃取能够充分利用浸取剂对溶质的溶解能力，提高浸出率。在多级逆流萃取中，新鲜溶剂 S 和新固体分别从首尾两级加入。加入溶剂的称为第一级，加入新固体物料的称为末级，溶剂与浸出液以相反方向流过。

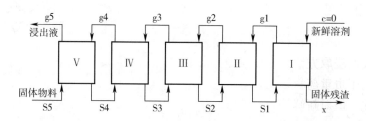

图 2-21　多级逆流浸取示意图

多级逆流浸取技术是一种高效的提取技术，具有浸取率高、浸取液浓度高、浸取速度快以及溶剂消耗少等优点。更主要的是，逆流浸取技术非常适宜工业化大生产。但是，它也存在着许多的不足：与罐组式提取器相比较，对原料的适应性差，不适宜用来对粒径过小或过大的原料进行浸提，物料过小，容易出现返混及堵塞流路，物料过大，有效成分很难被完全浸提。

目前，已经有研究将连续逆流浸取技术与微波、超声波等强化浸取技术集成在了一起，具有明显的优势。通过采用微波、超声强化技术可明显缩短浸取时间、提高有效成分浸取率，发挥各自的优势，改善连续逆流浸取的适应性，更有利于实现有效成分浸取率高、溶剂用量少、提取时间短、能耗低的工业化生产。

三、浸取方法及操作

（一）浸渍法

这种方法通常是在室温下进行操作。取适当粉碎的固体物料，置于有盖容器中，加入规定量的浸取剂，密闭放置规定的时间，经常搅拌或振摇，使目标产物浸出，倾出上层清液，过滤并压榨残渣，收集压榨液与滤液合并，静置24h，过滤即得。

很多中药材常用这种方法进行提取。该法适用于黏性药物、无组织结构的药材、新鲜及易于膨胀的药材。为提高浸出效果，可以采用多次浸取和提高浸取温度的方法。浸渍法简单易行，但进出效率差，故对贵重药材和有效成分含量低的药材，或制备浓度较高的制剂时，应采用重浸渍法或渗漉法为宜。

（二）煎煮法

将经过处理的药材，加适量的水加热煮沸 2~3 次，使其有效成分充分煎出，收集各次煎出液、沉淀或过滤分离异物，低温浓缩至规定温度，再制成规定的制剂。煎煮前，须加冷水浸泡适当的时间，以利于有效成分的溶解和浸出，一般浸泡时间为 30~60min。

煎煮法适用于有效成分能溶于水，对湿热较稳定的药材，煎煮法浸出的成分比较复杂，一般不用于精制。

（三）渗漉法

渗漉法是向药材粗粉中不断加入浸取剂，使其渗过药粉，从下端出口收集流出的浸取液的浸取方法。渗漉法属于动态浸出，溶剂的利用率高，有效成分浸出完全，适用于贵重药材、毒性药材及高浓度制剂；也可用于有效成分含量较低的药材的提取。但对新鲜的及易膨胀的药材，无组织结构的药材不宜选用。渗漉法不经滤过处理可直接收集渗漉液。

渗漉过程中，当渗出溶剂渗过药粉时，由于重力作用而向下移动，上层的浸出溶剂或稀浸液不断置换浓溶液，形成浓度阶梯，使扩散能较好地进行，故浸出效果优于浸渍法，提取较完全，且省去了分离浸取液的时间和操作。

渗漉法根据操作方法的不同，可分为单渗漉法、重渗漉法、加压渗漉法、逆流渗漉法。

1. 单渗漉法

单渗漉法操作一般包括药材粉碎、润湿、装筒、排气、浸渍、渗漉等 6 个步骤。

（1）粉碎　药材的粒度应适宜，过细易堵塞，吸附性增强，浸出效果差；过粗不易压紧，溶剂与药材的接触面小，皆不利于浸出。

（2）润湿　药粉在装渗漉筒前应先用浸取剂润湿，避免在渗漉筒中膨胀造成堵塞，影响渗漉操作的进行。一般加药粉 1 倍量的溶剂，拌匀后视药材质地，密闭放置 15min 至 6h，以药粉充分地均匀润湿和膨胀为度。

（3）装筒　药粉装入渗漉筒时应均匀，松紧一致。装得过松，溶剂很快流过药粉，浸出不完全；反之，又会使出液口堵塞，无法进行渗漉。

（4）排气　药粉填装完毕，加入溶剂时应最大限度地排除药粉间隙中的空气，溶剂始终浸没药粉表面，否则药粉干涸开裂，再加溶剂从裂隙间流过而影响浸出。

（5）浸渍　一般浸渍放置 24~48h，使溶剂充分渗透扩散，特别在制备高浓度制剂时更显得重要。

（6）渗漉　渗漉速度应符合工艺要求或质量标准要求。若太快，则有效成分来不及渗出和扩散，浸出液浓度低；太慢则影响设备利用率和产量。

2. 重渗漉法

重渗漉法是将渗漉液重复用作新药粉的溶剂，进行多次渗漉以提高渗漉液浓度的方法。

重渗漉法的特点：①溶剂用量少，利用率高；②渗漉液中有效成分浓度高，成品质量好，避免了有效成分受热分解或挥发损失；③该法所占容器太多，操作较麻烦。

四、 浸取过程中的问题及其处理

（一）增溶作用

由于细胞中各种成分间有一定的亲和力，溶质溶解前必须先克服这种亲和力，方能使这些待浸取的目标产物转入溶剂中，这种作用称为解吸作用。在溶剂中添加适量的酸、碱、甘油或表面活性剂以帮助解吸，增加目标产物的溶解。有些溶剂（如乙醇）本身就具有很好的解吸作用。

1. 加酸

酸是为了维持一定的 pH，促进生物碱生成可溶性生物碱盐类，适当的酸度还可对生物碱产生稳定作用。若浸取溶质为有机酸时，适量的酸可使有机酸游离，再用有机溶剂浸取时效果更好。常用的酸有盐酸、硫酸、冰醋酸、酒石酸等。

2. 加碱

常用的碱为氨水、氢氧化钙、碳酸钙、碳酸钠等。在从甘草浸取甘草酸时，加入氨水，能使甘草酸完全浸出。碳酸钙为不溶性的碱化剂，而且能除去鞣质、有机酸、树脂、色素等杂质。在浸取生物碱或皂苷时常加以利用。氨水和碳酸钙是安全的碱化剂，在浸取过程中用得较多，但没有酸用得普遍。

3. 加表面活性剂

阳离子型表面活性剂有助于生物碱的浸取；而阴离子表面活性剂对生物碱有沉淀作用；非离子型表面活性剂毒性较小。因此，利用表面活性剂增强浸取效果时，应根据被浸固体中目标产物的种类及浸取法进行选择。

研究人员在进行黄姜中薯蓣皂苷的提取时，对7种表面活性剂强化提取薯蓣皂苷的效果进行了比较，筛选出对该提取过程具有较好强化作用的表面活性剂十二烷基硫酸钠（SDS）。实验结果表明，SDS对水提取黄姜中的薯蓣皂苷有明显强化作用，提取效率高于传统的甲醇/水溶液，接近索氏提取。

（二）固体物料的预处理

1. 破碎

动物性固体的目标产物以大分子形式存在于细胞中，一般要求粉碎得细一些，细胞结构破坏越完全，目标产物就越能浸取完全。

植物性固体的目标产物的浸出率与粉碎方法有关。锤击式破碎，表面粗糙，与溶剂的接触面大，浸取效率高，可以选用粗粉；用切片机切成片状材料，表面积小，浸出效率差，块粒宜选用中等。根据扩散理论，固体粉碎得越细，与萃取剂的接触面积越大，扩散面也越大，浸出效果越好。但固体物料过细时，在提高浸出效果的同时，吸附作用同时增加，因而使扩散速率受到影响。又由于固体物料中细胞大量破裂，致使细胞内大量不溶物、黏液质等混入或浸出，使溶液黏度增大，杂质增加，扩散作用缓慢，萃取过滤困难。因此，对固体物料的粉碎要根据溶剂和物料的性质，选择颗粒的大小。

2. 脱脂

动物性固体物料一般都会有大量的脂肪，妨碍有效成分的分离和提纯。因此，要采用适宜的方法进行脱脂。常用的方法为冷凝法。由于脂肪和类脂质具有在低温时易凝固析出的特点，故将浸出液加热，使脂肪微粒乳化后或直接送入冰箱冷藏一段时间，便可从液面除去脂肪，也可用有机溶剂脱脂。脂肪或类脂质易溶于有机溶剂，而蛋白质类则几乎不溶解，可用丙酮、石油醚等有机溶剂进行连续循环脱脂处理。

对于植物性固体物料，不仅要考虑脱脂，还要考虑干燥脱水。一般非极性溶剂难以从含有多量水分的固体物料中浸出目标产物；极性溶剂则不易从含有油脂的固体物料中浸出目标产物。因此，在进行浸取操作前，可根据溶剂和固体物料的性质，进行必要的脱脂和脱水处理。

任务三 液-液萃取技术

一、液-液萃取概述

液-液萃取，又称溶剂萃取，是将所选定的某种溶剂，加入到液体混合物中，根据混合物中不同组分在该溶剂中的溶解度不同，将需要的组分分离出来的过程。在萃取操作中，溶质在两个互不相容的液相中发生相转移，进行再次分配。因此，在萃取操作中，通常会采用适当的手段，使一相以小液滴或股流形式分散在另一相中，这一相称为分散相。另一相在混合设备内占有较大体积，且不间断，连成一体，称为连续相。

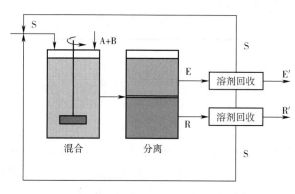

图 2-22 萃取基本过程

萃取操作的基本过程包括混合和分离两个部分，如图 2-22 所示。原料液（液体混合物）由 A、B 两组分组成，若待分离的组分为 A，则称 A 为溶质，B 组分为原溶剂（或称稀释剂），加入的溶剂称为萃取剂 S。首先将原料液和溶剂加入混合器中，然后进行搅拌。萃取剂与原料液互不相溶，混合器内存在两个液相。通过搅拌可使其中一个液相以

小液滴的形式分散于另一相中，以增加两相的接触面积，有利于溶质 A 由原溶剂 B 向萃取剂 S 扩散。A 在两相之间重新分配后，停止搅拌，将混合液放入澄清器内，依靠两相的密度差进行沉降分层。上层为轻相，通常以萃取剂 S 为主，并溶入较多溶质 A，同时含有少量原溶剂 B，为萃取相，以 E 表示；下层为重相，以原溶剂 B 为主及未扩散溶质 A，同时含有少量的 S，称为萃余相，以 R 表示。在实际操作中，也有轻相为萃余相，重相为萃取相的情况。

萃取相和萃余相都是 A、B、S 的均相混合物，为了得到分离后的 A 组分，应除去溶剂 S，称为溶剂回收。回收后的溶剂 S，可供循环使用。通常用蒸馏的方法回收 S，如果溶质 A 很难挥发，也可用蒸发的方法回收 S。萃取相脱去溶剂 S 后，称为萃取液，以 E 表示；萃余相脱去 S 后，称为萃余液，以 R 表示。

由此可见，一个完整的萃取过程应包括：原料液（A+B）与萃取剂（S）的充分混合，以完成溶质（A）由原溶剂（B）转溶到萃取剂 S 的传质过程；萃取相与萃余相的分离过程；从两相中回收溶剂 S 最后得到产品的过程。

二、理论基础

（一）物质的溶解和相似相溶原理

一种物质（溶质）均匀地分散在另一种物质（溶剂）中的过程，称为溶解。萃取过程是溶质溶解在萃取剂中的过程。同一物质在不同溶剂中的溶解度有差异，这种现象通常可以用"相似相溶原理"解释。相似相溶原理是指由于极性分子间的电性作用，使得极性分子组成的溶质易溶于极性分子组成的溶剂，难溶于非极性分子组成的溶剂；非极性分子组成的溶质易溶于非极性分子组成的溶剂，难溶于极性分子组成的溶剂。需要注意的是，相似相溶原理是定性规律，不能对溶解行为进行定量的解释。

（二）溶剂的互溶性规律

萃取剂与原溶剂的互溶度对萃取操作有重大影响。与原溶剂的互溶程度是选择萃取剂的重要依据，因此必须对溶剂的互溶性规律有所了解。

氢原子与电负性大的原子 A 以共价键结合，若同时与电负性大、半径小的原子 B（O、F、N 等）接近，在 A 与 B 之间以氢为媒介，生成 A–H……B 形式的一种特殊的分子间或分子内相互作用，称为氢键。其中，可接受电子的电子受体，A–H……B 中的 H 可接受电子；可提供孤对电子的电子供体，A–H……B 中的 B 有孤对电子。在其他条件相同的情况下，F、O、N 形成的氢键较强，S、Cl 形成的氢键较弱。

按照生成氢键的能力，可将溶剂分成四种类型。

1. N 型溶剂

N 型溶剂不能形成氢键，如烷烃、四氯化碳、苯等，称惰性溶剂。

2. A 型溶剂

A 型溶剂指只有电子受体的溶剂。如氯仿、二氯甲烷等，能与电子供体形成氢键。

3. B 型溶剂

B 型溶剂指只有电子供体的溶剂，如酮、醛、醚、酯等，萃取溶剂中的磷酸三丁酯（TBP）胺等。

4. AB 型溶剂

AB 型溶剂指同时具备电子受体 A—H 和供 B 的溶剂，可缔合成多聚分子。因氢键的结合形式不同，又可分为三类。

（1）AB（1）型　交链氢键缔合溶剂，如水、多元醇、氨基取代醇、羟基羧酸、多元羧酸、多酚等。

（2）AB（2）型　直链氢键缔合剂，如醇、胺、羧酸等。

（3）AB（3）型　生成分子内氢键，同类分子间不再生成氢键，故 AB（3）型溶剂的性质与 N 型或 B 型分子相似。

各类溶剂互溶性的规律，可由氢键形成的情况来推断。由于氢键形成的过程，是释放能量的过程，如果两种溶剂混合后能形成氢键或形成的氢键强度更大，则有利互溶，否则不利于互溶。AB（1）型与 N 型几乎不互溶，如水与四氯化碳，因为溶解要破坏水分子之间的氢键；A 型、B 型易互溶，如氯仿和丙酮混合后可形成氢键。

如图 2-23 所示粗略地表示了各类溶剂的互溶性规律，为选择萃取剂提供了依据。

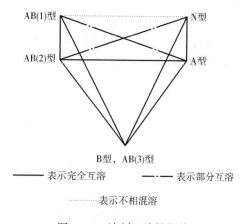

图 2-23　溶剂互溶性规律

（三）溶剂的极性

溶剂萃取的关键是萃取剂 S 的选择，萃取剂 S 既要与原溶剂互不相溶，又要与目标产物有很好的互溶度。根据相似相溶原理，分子的极性相似，是选择溶剂的重要依据之一。极性液体与极性液体易于相互混合，非极性液体与非极性液体易于相互混合。盐类和极性固体易溶于极性液体中，而非极性化合物易溶于低极性或没有极性的液体中。

对于分子极性大小，目前尚无一个公认准确的量化标准，但比较常用的是根据物质的介电常数。两物质的介常数相似，两物质的极性相似。常见溶剂的介电常数可通过查物理化学手册得到。通过测定萃取目标物质的介电常数，寻找极性相近的溶剂作为萃取剂，是溶剂选择的重要方法之一。对于一些简单的分子也可以根据其本身结构判断其是否有极性。

常用溶剂的极性大小顺序：水>乙腈>甲醇>乙醇>丙酮>乙酸乙酯>氯仿>乙醚>苯>甲苯>四氯化碳>己烷>石油醚。

（四）影响液-液萃取的因素

影响液-液萃取的因素很多，如温度、时间、料液中目标产物浓度、萃取剂及稀释剂的性质、两相体积比、盐析剂种类及浓度、料液 pH、不连续相的分散程度等。另外，萃取操作方式及选用的萃取设备也影响萃取效率。因此，在萃取工艺中应综合考虑各方面因素，实现效益最大化。

1. 萃取剂对萃取的影响

萃取剂 S 的选择性。萃取剂 S 对溶质 A 的分配系数大，对原溶剂 B 的分配系数小，萃取剂 S 的选择性就好。只有选择性好，才能利用不同溶质在两相中的分配平衡的差异实现萃取分离。

萃取剂 S 与原溶剂 B 的互溶度要小。互溶度越小，溶质 A 在萃取相 E 中的浓度就越高。

萃取剂 S 与原溶剂 B 之间要有密度差。有利于萃取后的萃取相 E 与萃余相 R 分层。同时界面溶剂的张力要适中。溶剂的界面张力过小，分散后的液滴不易凝聚，产生乳化现象不利于分层，使两相分离困难；溶剂的界面张力过大，两相分散难，单位体积内的相界面面积小，对传质不利，但细小的液滴易凝聚对分离有利。一般情况下，倾向于选择界面张力较大的溶剂。

2. 温度的影响

与浸取类似，温度对液-液萃取的影响主要体现在溶解性和溶液黏度两个方面。随着温度升高，溶质的溶解度增加，同时，两相互溶度增大。过高的温度，可能导致萃取分离不能进行。随着温度降低，溶质的溶解度减小，两相互溶减少。但温度过低，溶剂黏度增大，不利于传质。因此要选择适宜的操作温度，以利于目标产物的回收和纯化。由于生物产物在较高温度下的不稳定，萃取操作一般在室温或较低温度下进行。

3. 料液 pH

pH 对分配系数有显著影响。在不同 pH 条件下，溶质可能以不同形式存在。如青霉素在 pH＝2 时，醋酸丁酯萃取液中青霉素烯酸可达青霉素含量的 12.5%，当 pH>6.0 时，青霉素几乎全部分配在水相中。可见选择适当的 pH，可提高青霉素的收率。又如红霉素是一种弱碱性药物，在醋酸戊酯和 pH＝9.8 的水相之间分配系数为 44.7，而在 pH＝5.5 时，分配系数降至 14.4。

通过调节原溶剂 B 的 pH 可控制溶质的分配行为，提高萃取剂 S 的选择性，同样可以通过调节 pH 来实现反萃取操作。例如在 pH 在 10~10.2 的水溶液中萃取红霉素，而反萃取则在 pH＝5.0 的水溶液中进行。

4. 盐析作用对溶剂萃取的影响

无机盐类如硫酸铵，氯化钠等在水相中的存在，一般可降低溶质 A 在水中的溶解度，使溶质 A 向有机相中转移。如萃取青霉素时加入 NaCl，萃取维生素 B$_{12}$ 时添加（NH$_4$）$_2$SO$_4$ 等。但盐析剂的添加要适量，用量过多时可能促使杂质也转入有机相。

5. 萃取时间

在两相之间发生的传质需要一定的时间才能够达到平衡。在达到平衡之前，延长萃取时间有助于被萃取组分向萃取相中转移，提升萃取效果。传质达到平衡之后，单纯延长操作时间无法打破平衡，宏观上溶质在两相中的浓度不会发生变化。在实际生产中，不必等到达到平衡再停止操作。在接近传质平衡时，传质速率很小，延长生产时间意义不大，反而会降低设备生产能力，增加萃取相中的杂质浓度。

6. 两相体积比

根据分配定律可知，在一定条件下，达到分配平衡时，溶质在两相中浓度比值为常数。所以，增加萃取相体积，有助于被萃取组分向萃取相转移，最终萃取相中被萃取组分总量增加。但体积比过大，增加了萃取剂用量，同时被萃取组分在萃取相中浓度降低，不利于后续处理。

7. 不连续相的分散程度

增加不连续相的分散程度，能够增加两相的接触面积，有效较快传质，缩短混合时间。但不连续相过分分散不利于两相分层，可能增加分离时间，不利于萃取操作。不连续相的分散程度与两相的湍动程度有关，一般提高流速、加强搅拌等能够增加液体湍动程度的手段对提高不连续相的分散程度都有帮助。

8. 料液中被萃取组分的浓度

提高料液中被萃取组分的浓度，有助于提高萃取速度，有利于快速达到平衡。但被萃取组分浓度提高也可能使杂质浓度提高，影响萃取质量。

（五）萃取剂的选择

在选择萃取剂时除了考虑保持产物稳定并具有较大的分配系数以外，还应综合考察萃取剂对杂质的溶解能力以及萃取剂本身性质（如密度、黏度等）对萃取的影响。此外，萃取剂还应满足下列要求：①不与目标产物发生化学反应；②有较高的化学稳定性，不易燃，不易爆，毒性低，对设备的腐蚀性小；③价格低廉，来源方便；④容易回收和利用。在萃取操作中，萃取剂的回收操作往往是费用最多的环节，回收萃取剂的难易，直接影响萃取操作的经济效益。回收萃取剂的主要方法是蒸馏和蒸发。用蒸馏的方法回收萃取剂，萃取剂与溶质的相对挥发度要大，不形成恒沸物，且含量低的组分是易挥发的，以便节约能源。用蒸发的方法回收萃取剂，萃取剂的沸点越小越易蒸发，以节省操作费用。

三、 液-液萃取方式

在工业生产操作中，完整的萃取操作应该包括：①混合：原料液与萃取剂的充分混合，完成溶质 A 由原溶剂 B 转移到萃取剂 S 的过程。②分离：萃取相与萃余相分离过程。③萃取剂 S 的回收：从萃取相和萃余相中回收萃取剂 S，供循环使用的过程。

萃取操作流程按不同的分类方法，可分为间歇和连续，单级和多级萃取流程。在多级萃取流程中，又可分为多级错流和多级逆流萃取流程。

（一）单级萃取

单级萃取是液-液萃取中最简单的操作形式，一般用于间歇操作，也可用于连续操作。与单级浸取相似，单级萃取具有耗时长、萃取效率低等缺陷，所以在实际生产中并不常见。

（二）多级错流萃取

单级萃取效率不高，萃余相中溶质 A 的组成仍然很高。为使萃余相中溶质 A 的组成达到要求值时，可采取多级错流萃取。

与多级逆流浸取相似，多级错流萃取是由几个单机萃取单元串联组成。如图 2-24 所示，原料液自第一级进入，各级均加入新鲜萃取剂 S_1，S_2，……，S_n。由第一级放出的萃余相 R_1 引入第二级，作为第二级的原料液，由新鲜萃取剂 S_2 萃取，依次类推，直到第 n 级引出的萃余相 R_n 中含溶质 A 的含量达到规定的值。各级所得的萃取相 E_1，E_2，……，E_n 汇集在一起进入回收设备，回收萃取剂 S_R 供循环使用。

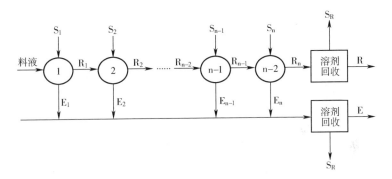

图 2-24　多级错流萃取流程示意图

多级错流萃取流程特点是萃取的推动力大，萃取效果好，但所用萃取剂量较大，回收萃取剂时能耗大，不经济，工业上此种流程较少。

（三）多级逆流萃取

将若干个单级萃取器分别串联起来，料液和萃取剂分别从两端加入，使料液和萃取液逆向流动，充分接触，即构成多级逆流萃取操作。萃取剂 S 从第一级加入，逐次通过第二、第三…第 n 各级，萃取相 E 从 n 级流出；料液 B 从第 n 级加入，逐次通过 n-1、…二、一各级，萃余相 R 由第一级排出，如图 2-25 所示。

在多级逆流萃取中，萃余相在最后一级与纯溶剂相接触，使其所含溶质 A 减少到最低程度，同时在各级中分别与平衡浓度更高的物料接触，有利于传质的进行。该流程消耗溶剂少，萃取效果好，所以在工业生产中广泛使用。

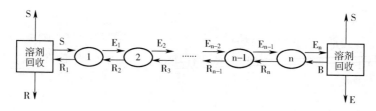

图 2-25　多级逆流萃取示意图

绿原酸是金银花中重要的生理活性物质，有研究人员使用乙酸乙酯作为萃取剂，采用多级逆流萃取法对从金银花粗粉中提取高纯绿原酸的工艺过程进行了研究。通过实验确定相比、萃取级数、萃取液 pH 等工艺参数，发现萃取液 pH 在2.0 左右，相比为 1.5：1，采用三级逆流萃取操作可得到纯度为 83.46% 的绿原酸产品，总绿原酸收率可达 70.31%。

（四）微分萃取

微分萃取设备多为塔式设备，原料液与溶剂中密度较大者（称为重相）从塔顶加入，密度较小者自塔底加入。两相中其中有一相经分布器分散成液滴（称为分散相），另一相保持连续（称为连续相），分散的液滴在沉降或上浮过程中与连续相逆流接触，进行溶质 A 由 B 相转移到 S 相传质过程，最后轻相由塔顶排出，重相由塔底排出。

连续逆流微分萃取设备包括物料混合器、连续逆流微分萃取塔，重相溶液接受器和轻相溶液接受器。连续逆流微分萃取塔是一个竖立设置的圆柱形塔体，塔体分为上、中、下三段，每段均设有测温装置；塔体的上段设有冷却装置，塔体的中段设有进料装置，塔体下段设有加热装置，塔体底部设有出料口，出料口连接有重相溶液接受器，塔体的顶部设有溢出口，溢出口连接有轻相溶液接受器；该方法先将待分离物质与轻相溶剂和重相溶剂制成混合物，然后以一定的流量输进设备中，进行连续逆流微分萃取。

塔内溶质在其流动方向的浓度变化是连续的；需用微分方程来描述塔内溶质的质量守恒定律，因此称为微分萃取。

（五）分馏萃取

分馏萃取是对多级逆流萃取的溶质进入体系的位置进行了改进，料液从中间位置引入。进料部位将萃取流程分为萃取段和洗涤段。重相从右端第 n 级进入，此重相与进料的组成相同但不含溶质，在与萃取相逆流接触的过程中，除去目标产物中不希望有的第二种溶质，相当于"洗涤"。第二种物质随重相离开接触器，结果使目标产物纯度增加而浓度减小，重相在此称为洗涤剂；萃取剂 S 从左端第一级进入，将"洗涤剂"带走的目标产物萃取出来，减少目标产物损失，此段称为萃取段，进入进料混合器，对目标产物萃取，萃取后再进入洗涤段对目标产物进行纯化。与多级逆流接触萃取相比，萃取段萃取溶质，洗涤段提纯溶质。分馏萃取显著提高了目标产物的纯度。

有文献报道，利用分馏萃取技术，可以实现24-去氢胆固醇和胆固醇的分离。该方法操作简单、工艺稳定、产能大，质量高、成本低。将含24-去氢胆固醇和胆固醇的混合物溶解于溶剂中配成原料液，原料液分馏萃取，收集萃取液浓缩后得24-去氢胆固醇，收集萃余液浓缩后得胆固醇。例如，24-去氢胆固醇和胆固醇的混合物（24-去氢胆固醇/胆固醇 = 13.64%，质量比）溶解在沸程为60~90℃的石油醚中，配制成24-去氢胆固醇和胆固醇总浓度为0.9 g/L的原料液。以环丁砜占总体积的百分比为70%的甲醇和环丁砜混合物为萃取剂，以沸程为60~90℃的石油醚为洗涤剂，萃取剂、洗涤剂、原料液三者的流量比为6∶4.5∶1.5，在50℃下进行分馏萃取，收集萃取液和萃余液，经过真空浓缩，制得纯度为93.83%的24-去氢胆固醇，收率为70.0%，纯度为97.86%的胆固醇，收率为95.0%。

四、 乳化现象及处理方式

在溶剂萃取过程中，两相界面上经常会产生乳化现象。乳化是指液体以细小液滴的形式分散在另一不相溶的液体中。例如，水以细小液滴的形式分散在有机相中，或有机溶剂以细小液滴的形式分散在水相中。在发酵液的溶剂萃取中产生乳化现象后，使水相和有机相分层困难，影响萃取分离操作的进行。它可能产生两种夹带：萃余相中夹带溶剂，目标产物的收益率降低；萃取相中夹带发酵液，给分离提纯制造困难。

一般形成乳状液要有两个条件：互不相溶的两相溶剂和表面活性物质。在发酵液中有蛋白质和固体微粒，这些物质具有表面活性剂的作用。因此溶剂萃取中，乳化现象极易发生。在形成的乳状液中，如果表面活性物质亲水基团强度大于亲油基团，则易形成水包油型（O/W）型乳状液；如果表面活性物质亲油基团强度大于亲水基团，则易形成油包水型（W/O）乳状液。在发酵液溶剂萃取中，由蛋白质引起的乳状液是水包油型的（O/W）的。这种界面乳状液可放置数月而不凝聚。一方面由于蛋白质分散在两相界面，形成无定形黏性膜保护作用，另一方面，发酵液中存在一定数量的固体颗粒，对于已产生的乳化层也有稳定作用。

因此，防止萃取过程发生乳化和破乳，就成为溶剂萃取提高萃取操作效率的重要课题。在发酵液溶剂萃取过程中，防止发生乳化现象的手段就是在实施萃取操作前，对发酵液进行过滤和絮凝沉淀处理，除去大部分蛋白质及固体微粒，消除引起水相乳化因素。

发生乳化后，可根据乳化的程度和乳状液的性质，采用适当的破乳手段。乳化程度不严重时，可采用过滤和离心沉降的方法。针对乳状液和界面型活性剂类型，加入相反的界面活性剂，促使乳状液转型变型性。对于水包油型（O/W）乳状油，加入十二烷基磺酸钠，可使乳状液从 O/W 型向 W/O 型转化，但由于溶液条件不允许 W/O 型号乳浊液的形成，从而达到破乳的目的。破乳的其他方法还有加入强电解质，破坏乳状液双电层的化学法；加热、稀释吸附的物理法；加入表面活性更强物质，把界面活性替代出来的顶替法等。但这些方法耗时、耗能、耗物，最好在实施溶剂萃取操作前，对发酵液进行预处理，从源头上消除乳化现象的发生。

五、 液-液萃取新技术

在传统液-液萃取中，互不相容的两相一般是水相和有机溶剂。随着新理论和新技术的不断发展，通过加入某些试剂，能够使水相或有机相发生性质上的变化，进而改进萃取过程，起到了提升萃取效率、稳定目标产物等作用。下面对双水相萃取和反胶团萃取进行简单介绍。

（一）双水相萃取

1. 双水相萃取技术概述

双水相萃取是新型的分离技术之一，其特点是操作条件温和，能够保持生物物质的活性和构象。由于体系中大部分是水，所用的高聚物或盐是不挥发性物质，对人体无害。溶质在两个水相之间传质和平衡过程速度很快，溶质萃取率高。因此，双水相萃取技术应用前景十分广泛。但高聚物成本较高且不易回收，减缓了双水相萃取技术的工业化进程。目前，双水相萃取技术主要用于蛋白质特别是胞内蛋白质的分离。

双水相系统是指某些亲水性聚合物之间或亲水性聚合物与无机盐之间，在水中超过一定的浓度溶解后形成不相溶的两相，并且两相中水分均占很大比例。典型的例子是聚乙二醇（PEG）和葡聚糖（Dx）形成的双水相系统。

在聚乙二醇和葡聚糖溶解过程中，当各种溶质均在低浓度时，可得到单相均质液体，超过一定浓度后，溶液会变浑浊，静置可形成两个液层。上层富集了聚乙二醇（PEG），下层富集了葡聚糖（Dx），两个不相混合的液相达到平衡。在双水相系统中，两个亲水成分的非互溶性，是由它们各自不同的分子结构产生的相互排斥来决定的。葡聚糖是一种几乎不能形成偶极现象的球形分子，而聚乙二醇是一种共享电子对的高密度聚合物。一种聚合物的周围将聚集同种分子而排斥异种分子，当达到平衡时，即形成分别富含不同聚合物的两相。这种聚合物分子的溶液发生分相的现象，称为聚合物的不相容性。高聚物-高聚物双水相萃取系统的形成就是依据这一特性。可形成高聚物-高聚物双水相的物质很多，最常用的是聚乙二醇（PEG）-葡聚糖（Dx）系统。除高聚物-高聚物双水相系统外，聚合物与无机盐的混合溶液也可形成双水相。其成相机理大多数学者认为是盐析作用。最常用的是聚乙二醇（PEG）-无机盐系统，其上相富含 PEG，下相富含无机盐。

双水相系统萃取属于液-液萃取范畴，其基本原理仍然是依据物质在两相间的选择性分配，与水-有机物萃取不同的是萃取系统的性质不同。当溶质进入双水相系统后，在上下两相进行选择性分配，从生物转化介质（发酵液、细胞碎片匀浆液）中将目标蛋白质分离在一相中，回收的微粒（细胞、细胞碎片）和其他杂质性的溶液（蛋白质，多肽，核酸）在另一相中。

在相体系固定时，预分离物质在相当大的浓度范围内，分配系数 K 为常数，与溶质的浓度无关，完全取决于被分离物质的本身性质和特定的双水相系统。与常规的分配关系相比，双水相系统表现出更大或更小的分配系数。如各种类型的细胞粒子，噬菌体的分配系数都大于 100 或小于 0.01。

在双水相系统中，两相的水分都在 85% ~ 95%，且成相的高聚物与无机盐都是生物相容的，生物活性物质或细胞在这种环境下，不仅不会丧失活性，而且还会提高它们的稳定性，因此双水相系统在生物技术领域被越来越多地应用。

2. 影响双水相萃取的因素

影响双水相萃取的因素很多，主要因素有组成双水相系统的高聚物平均分子质量和浓度，成相盐的种类和浓度、pH、体系的温度等。

组成双水相系统高聚物的平均分子质量和浓度是影响双水相萃取分配系数的最重要因素，在成相高聚物浓度保持不变的前提下，降低该高聚物的相对分子质量，则可溶性大分子如蛋白质或核酸，或颗粒如细胞或细胞器易被分配于富含该高聚物的相中。对聚乙二醇-葡聚糖系统而言，上相富含聚乙二醇，若降低聚乙二醇的相对分子质量，则分配系数增大；下相富含葡聚糖，若降低葡聚糖的相对分子质量，则分配系数减小，这是一条普遍规律。

当成相系统的总浓度增大时，系统远离临界点。蛋白质分子的分配系数在临界点处的值为 1，偏离临界点时的值大于 1 或小于 1。因此成相系统的总浓度越高，偏离临界点越远，蛋白质越容易分配于其中的某一相。细胞等颗粒在临界点附近，大多分配于一相中，而不吸附于界面。随着成相系统的总浓度增大，界面张力增大，细胞或固体颗粒容易吸附在界面上，给萃取操作带来困难，但对于可溶性蛋白质，这种界面吸附现象很少发生。

盐的种类和浓度对双水相萃取的影响主要反映在两个方面，一方面由于盐的正负离子在两相间的分配系数不同，两相间形成电势差，从而影响带电生物大分子在两相中的分配。例如在 8% 聚乙烯二醇-8% 葡聚糖，0.5 mmol/L 磷酸钠，pH = 6.9 的体系中，溶菌酶带正电荷分配在上相，卵蛋白带负电荷分配在下相。当加入浓度低于 50 mmol/L 的 NaCl 时，上相电位低于下相电位，使溶菌酶的分配系数增大，卵蛋白的分配系数减小。

另一方面，当盐的浓度很大时，由于强烈的盐析作用，蛋白质易分配于上相，分配系数几乎随盐浓度成指数增加，此时分配系数与蛋白质浓度有关。不同的蛋白质随盐的浓度增加分配系数增大程度各不相同，利用此性质可有效地萃取分离出不同的蛋白质。

pH 会影响蛋白质分子中可离解基团的离解度，调节 pH 可改变蛋白质分子的表面电荷数，电荷数的改变，必然改变蛋白质在两相中的分配。另外 pH 影响磷酸盐的解离，改变$H_2PO_4^-$和HPO_4^{2-}之间的比例，从而影响聚乙二醇-磷酸钾系统的相间电位和蛋白质的分配系数。对某些蛋白质，pH 的微小变化，会使蛋白质的分配系数改变 2~3 个数量级。

温度能影响蛋白质的分配系数。特别是在临界点附近，系统温度较小的变化，可以强烈影响临界点附近相的组成。当双水相系统离临界点足够远时，温度的影响很小。由于双水相系统中，成相聚合物对生物活性物质有稳定作用，常温下蛋白质不会失活或变性，活性效率依然很高。因此大规模双水相萃取一般在室温下操作，节约了冷却费用，同时室温下溶液黏度较低，有利于相分离。

3. 双水相萃取的应用

双水相萃取分离技术在生化工艺过程，中草药有效成分的提取，双水相萃取分析方面均得到成功应用，部分已实现工业化。

（1）蛋白质和酶的提取和纯化　蛋白质和酶在人类日常生活、疾病预防和治疗以及工业生产中都发挥着重要的作用，其提取分离是获取这类物质的必要手段。目前，工业上粗分离蛋白质的主要方法有盐析法、等电点沉淀法和有机溶剂沉淀法。这几种方法都能在一定程度上达到分离的目的，但存在操作步骤繁琐、对操作条件要求苛刻、分离过程中容易发生蛋白质变性等问题，采用低分子量亲水有机溶剂/无机盐的新型双水相体系较适合于蛋白质和酶的分离提取，具有良好的应用前景。

有研究系统地考察了牛血清白蛋白在单羟基短链醇/无机盐双水相体系中的分配特性。通过对多个单羟基短链醇/无机盐体系萃取能力的测定，选取了磷酸氢二钾/乙醇和碳酸钠/乙醇体系。在磷酸氢二钾 18%（质量分数）/乙醇 18%（质量分数）、碳酸钠 13%（质量分数）/乙醇 18%（质量分数）时，白蛋白收率达到最大分别为 94.0%、93.6%，此时的白蛋白分配系数为 11.52、11.24。低分子质量亲水有机溶剂/无机盐双水性体系对蛋白质有良好的萃取分离效果，并且操作简便、成本低廉、易于放，具有较好的工业应用前景。

尿激酶是一种具有激活纤溶酶原转变为纤溶酶进而产生纤维蛋白溶解作用的蛋白水解酶。作为有效的抗血栓药物在临床上有着广泛的应用。目前，工业上主要从成年男性的尿液中提取，再经柱层析等蛋白质分离纯化技术获得精品尿激酶。但传统的分离方法周期长、成本高，限制了尿激酶精品的生产。有文献报道，通过研究双水相萃取系统的各种影响因素：乙醇/（NH$_4$）$_2$SO$_4$ 的组成比例、pH、无机盐的加入、粗酶的浓度等，探索以乙醇/（NH$_4$）$_2$SO$_4$ 组成的双水相萃取体系纯化尿激酶的最佳条件。建立以乙醇/（NH$_4$）$_2$SO$_4$ 组成的双水相萃取体系分离纯化尿激酶的新途径。结果表明：双水相萃取系统冰乙醇浓度为 65%，（NH$_4$）$_2$SO$_4$ 浓度为

10.0%，pH8.0，酶加入量为30%，且不加入任何其他无机盐的条件下，尿激酶的纯化倍数可达到9.2倍，回收率最高达92%。

（2）分离RNA　低共熔溶剂是指由一定化学计量比的氢键受体（如季铵盐）和氢键供体（如酰胺、羧酸和多元醇等化合物）组合而成的两组分或三组分低共熔混合物。有文献研究了低共熔溶剂双水相体系快速有效萃取RNA的新方法。对比了几种基于不同氢键受体的低共熔溶剂的成相能力及对RNA的萃取能力，其中，基于四丁基溴化铵的低共熔溶剂的成相能力优于基于甜菜碱和氯化胆碱的低共熔溶剂，且可以和多种无机盐成相。萃取实验表明，基于四丁基溴化铵和四丁基氯化铵的低共熔溶剂双水相体系对RNA的萃取效率较高。单因素实验表明，RNA萃取效率受低共熔溶剂的加入量、盐浓度、温度、萃取时间、pH、离子强度等因素的影响，萃取优化后RNA的萃取效率为94.78%。反萃取实验表明，改变离子强度可以将RNA反萃取出来，RNA的反萃取效率为86.55%。

（3）中草药有效成分的提取　中药体系中微量成分较多，并且初生代谢和次生代谢产物共存，有效与无效成分共存，相互干扰严重，采用传统的分离纯化手段需要经过提取、萃取和多次反复的色谱分离才能得到高纯化合物。分离步骤繁多、繁琐耗时、产率偏低，很难满足后续活性筛选、结构改造等研究的需要。双水相萃取系统在中药活性成分分离领域得到了广泛应用，黄酮、生物碱、萜类、色素、醌类等物质均可使用该技术进行提取。以黄酮类化合物为例，有文献报道，利用双水相萃取技术对橘皮中的橙皮苷进行提取，用28%丙酮和20% K_2HPO_4组成ATPS体系，在pH 10，粗提物0.4g，室温条件下，橙皮苷回收率达到96.69%，最后经制备型高效液相制备得到纯度为96.09%的样品。

双水相萃取技术对中药中活性物质的分离多局限于样品初级回收，需要集成色谱分离手段才能得到高纯单体化合物。

（4）生物活性物质的分析检测　双水相系统萃取技术已成功地应用于免疫分析，生物分子间相互作用的测定和细胞数的测定。以免疫分析为例，一般免疫分析是依靠抗体和抗原之间达到一定平衡来分析的而双水相分析检测是根据分配系数的不同为基础进行分析。如强心药物羟基洋地黄毒苷的免疫测定，可用I^{125}标记的黄毒苷与含有黄毒苷的血清样品混合，加入一定量的抗体，保温后加入双水相系统［7.5%（质量分数）PEG4000，22.5%（质量分数）$MgSO_4$］分相后，抗体分配在下相，黄毒苷在上相，测定上相的放射性则可测定免疫效果。

（二）反胶团萃取

1. 反胶团萃取概述

反胶团萃取是利用表面活性剂在有机相中形成分散的亲水微环境，使蛋白质类生物活性物质溶解于其中的一种生物分离技术。其本质仍是液-液有机溶剂萃取。

将表面活性剂溶于水中，当其浓度达到一定值后，表面活性剂就会在水溶液中形成聚集体，称为胶团。表面活性剂在水溶液中形成胶团的最低浓度称为临界胶团浓度。由于表面活性剂是由亲水憎油的极性基团和亲油憎水的非极性基团组成的两性分子，在水溶液中，当表面活性的浓度超过临界胶团浓度时，其亲水憎油的极性基团向外与水相接触，亲油憎水的非极性基团向内，形成非极性核心，此核心可溶解非极性物质，这种聚集体，就是胶团。而在有机溶剂中加入表面活性剂，当其浓度超过临界胶团浓度时，形成聚集体，称为反胶团。

在反胶团中，表面活性剂亲油憎水基向外，亲水憎油基向内，形成了一个极性核，此极性核具有溶解极性物质的能力。因此，有机物中的反胶团可溶解水。反胶团中溶解的水通常称为微水相或"水池"。当含有此种反胶团的有机溶剂与蛋白质的水溶液接触后，蛋白质及其他亲水物质能通过整合作用进入"水池"。由于水层和极性基团的存在，为生物分子提供了适宜的亲水微环境，保持了蛋白质的天然构型，不会造成失活。

胶团或反胶团的形成均是表面活性剂分子自聚集的结果，是热力学稳定体系。当表面活性剂在有机相中形成反胶团时，水在有机溶剂中的溶解度随表面活性剂的浓度增大而呈线性增大，因此可通过测定有机相中平衡水浓度的变化，确定形成反胶团的最低表面活性剂浓度。

在反胶团萃取蛋白质的研究中，常用的阴离子表面活性剂是双（2-乙基己基）琥珀酸酯磺酸钠（AOT）。常用的阳离子表面活性剂：溴化十六烃基三甲胺（CTAB）、溴化十二烷基二甲胺（DDAB）、氯化三辛基甲烷（TOMAC）等。

反胶团不是刚性球体，而是热力学稳定体系。在有机相中反胶团以非常高的速度生长和破灭，不停地交换其构成分子，因此反胶团萃取平衡同样是动态平衡。

反胶团系统中的水通常可分为两部分，即结合水和自由水。结合水是指位于反胶束内部形成水池的那部分水，自由水为存在于水相中的那部分水。当反胶团的含水率 W_0 较低时，结合水与自由水的理化性质相差很大。例如，以 AOT 为表面活性剂，当 W_0 小于 6~8 时，反胶团微水相的水分子受表面活性剂亲水基团的强烈束缚，表观黏度上升 50 倍，疏水性也极高。随着 W_0 的增大，这些现象逐渐减弱，当 $W_0>16$ 时，结合水与自由水接近，反胶团内可形成双电层。但即使当 W_0 很大时，结合水的理化性质也不可能与自由水完全相同，特别是在接近表面活性剂亲水头的区域内。

由于反胶团内存在"水池"，故可溶解肽、蛋白质和氨基酸等生物分子，为生物分子提供易于生存的微水环境。因此，反胶团萃取可用于蛋白质类生物大分子的分离纯化。

表面活性剂和蛋白质都是带电分子，表面活性剂层在邻近的蛋白质作用下变形；接着在两相界面形成了包含有蛋白质的反胶团；然后反胶团扩散进入有机相，从而实现了蛋白质的萃取。如果改变水相的 pH、离子种类或强度等条件，又可使蛋白质由有机相重新返回水相，实现反萃取过程。

蛋白质在反胶团内的溶解情况，可用"水壳"模型解释：大分子的蛋白质位于"水池"中心，周围存在的水层将其与胶团内壁（表面活性剂）隔开，从而使蛋白质分子不与有机溶剂直接接触。该模型较好的解释了蛋白质在反胶团内的状况。

蛋白质溶解于 AOT 等离子型表面活性剂形成的反胶团的主要推动力是静电相互作用。阴离子表面活性剂如 AOT 形成的反胶团内表面带负电荷，阳离子表面活性剂如 TOMAC 形成的反胶团表面带正电荷。当水相 pH 偏离蛋白质等电点（用 pI 表示）。当 pH<pI，蛋白质带正电荷；pH>pI，蛋白质带负电荷。溶质所带电荷与表面活性剂相反时，由于静电引力的作用，溶质易溶于反胶团，溶解率或分配系数较大。如果溶质所带电荷与表面活性剂相同，则不能溶解到反胶团中。根据不同蛋白质在 AOT 中的溶解度实验，在等电点附近，当 pH<pI，即在蛋白质带正电荷的范围内，蛋白质在反胶团中的溶解率接近 100%，这说明静电相互作用对反胶团萃取起决定性作用。

反胶团萃取蛋白质，与反胶团内表面电荷与蛋白质的表面电荷间的静电作用，以及反胶团的大小有关。任何可以增强静电作用或导致形成较大的反胶团的因素，都有助于蛋白质的萃取。

2. 影响反胶团萃取的因素

蛋白质的萃取受很多因素影响，主要有水相的 pH、离子强度、蛋白质等电点、亲水性、电荷密度及分布等。表面活性剂与生物分子的静电作用是反胶团萃取的主要推动力。

下面对影响反胶团萃取的主要因素进行讨论。

（1）水相 pH 对萃取的影响　表面活性剂的极性头朝向反胶团的内部，使反胶团的内核表面带有一定的电荷。蛋白质是一种两性电解质，水相的 pH 决定了蛋白质分子表面可电离基团的离子化程度，当蛋白质表面所带的电荷与反胶团内所带电荷性质相反时，由于存在静电引力，可使蛋白质进入反胶团中。例如，当用阳离子表面活性剂构成反胶团时，其内壁带正电荷，若水相的 pH 大于蛋白质的等电点 pI，蛋白质表面带负电荷，在静电引力的作用下，蛋白质进入反胶团实现萃取。相反，当 pH<pI 时，由于存在静电斥力，溶入反胶团的蛋白质被反向萃取出来，可实现蛋白质的反萃。若使用的是阴离子表面活性剂，则情况与上相反。因此，水相的 pH 是影响反胶团萃取蛋白质的一个重要因素。

（2）水相离子浓度的影响　水相离子浓度的变大对蛋白质的萃取主要产生两方面的影响：①离子浓度变大影响反胶团内壁静电屏蔽的程度，降低了蛋白质分子与反胶团内壁的静电作用力；②离子浓度变大减小了表面活性剂极性头之间的相互斥力，使反胶团变小。这两方面的效应都会使蛋白质的溶解性下降，甚至使已溶解的蛋白质从反胶团中反萃出来。通常，随着离子强度的增大，蛋白质与反胶团内核的静电作用变弱，萃取率减小。

（3）助表面活性剂的影响　蛋白质的相对分子质量往往很大，几万乃至几十万，使表面活性剂形成的反胶团的大小不足以包容大的蛋白质，而无法实现萃取。此时，加入一些非离子表面活性剂，使它们插入反胶团的结构中，增大反胶团的尺寸，可溶解较大相对分子质量的蛋白质。

在反胶团中导入与目标蛋白有特异亲和作用的助剂可形成亲和反胶团。亲和助剂的极性头是一种亲和配基，可选择性地结合目标蛋白，该系统使蛋白质的萃取率和选择性大大提高，而且可使操作参数（如 pH、离子强度）的范围变宽。

（4）溶剂体系的影响　溶剂的性质，尤其是极性，决定着表面活性剂的临界反胶团浓度，对反胶团的形成和大小都有较大影响。常用的溶剂有：烷烃类（正己烷、环己烷、正辛烷、异辛烷、正十二烷等）、四氯化碳、氯仿等，有时也用添加助溶剂，如醇类（正戊醇、正己醇等）来调节溶剂体系的极性，改变反胶团的大小，增加蛋白质的溶解度。

（5）其他因素　温度是影响反胶团提取蛋白质的另一重要因素，温度升高使反胶团含水量 w_0 下降，不利于蛋白质的萃取，因此升高温度可以实现蛋白质的反萃取。由于蛋白质对温度变化较为敏感，所以这种方法值得探讨。蛋白质的溶解方法及其在原液相中的初始浓度也是影响其萃取的重要因素。蛋白质的溶解通常有三种方法：蛋白质的缓冲溶液直接注入反胶团相中；反胶团溶液与固相蛋白质粉末接触，将蛋白质引入反胶团；蛋白质水溶液与反胶团相混合，蛋白质转移到反胶团中。第三种方法相对较慢，形成的最终体系是稳定的，它是反胶团技术用于生化分离的基础。

3. 反胶团萃取技术的应用

多酚氧化酶是自然界中分布极广的一种金属蛋白酶，普遍存在于植物、真菌、昆虫的质体中，甚至在土壤中腐烂的植物残渣上都可以检测到多酚氧化酶的活性。在植物（如苹果、荔枝、菠菜、马铃薯、豆类、茶叶、桑叶、烟草等）组织中，多酚氧化酶是与内囊体膜结合在一起的，为天然状态无活性，但将组织匀浆或损伤后，多酚氧化酶被活化，从而表现出活性。在果蔬细胞组织中，多酚氧化酶存在的位置因原料的种类、品种及成熟度的不同而有差异，绿叶中多酚氧化酶活性大部分存在于叶绿体内；马铃薯块茎中几乎所有的亚细胞部分都含有多酚氧化酶，含量大约与蛋白质部分相同。多酚氧化酶可以通过硫酸铵分级沉淀，葡聚糖凝胶 sephadex G-75 等纯化方法对多酚氧化酶的纯化工艺复杂，设备要求较高，纯化时间较长，杂质不易除去，酶活损失较大。利用反胶团对多酚氧化酶粗酶液进行萃取，之后浓缩并冷冻干燥，可以得到纯度和酶活均较高的多酚氧化酶。

任务四 超临界流体萃取技术

流体在超临界状态下，其密度接近液体，具有与液体溶剂相当的萃取能力；其黏度接近于气体，传递阻力小，传质速率大于其处于液态下的溶剂萃取速率。基于超临界流体的这种优良特性，自 20 世纪 70 年代以来，其迅速发展为一门综合了精馏与液-液萃取两个单元操作优点的独特的分离工艺。

一、 超临界流体

每一种物质都有其特征的临界参数，在压力-温度相图上（图 2-26），称其为临界点。临界点对应的压力称为临界压力，用 P_c 表示，对应的温度称为临界温度，用 T_c 表示。不同的物质有不同的临界点。临界点是气体和液体转化的极限，饱和液体和饱和气体的差别消失。当温度和压力超过临界点值时，物质处于既不是液体也不是气体的超临界状态，称为超临界流体（SCF）。

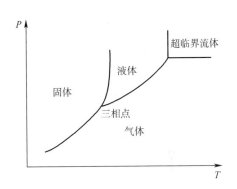

图 2-26 临界点附近的 $P\text{-}T$ 相图

CO_2 的临界温度为 31.3℃，接近于室温，临界压力为 7.38MPa，处于中等压力，目前工业水平易于达到，并且无毒、无味、性质稳定，不燃、不腐蚀，易于精制，易于回收。

二、 超临界流体萃取的基本原理

（一） 超临界流体的溶解性

溶质在一种溶剂中的溶解度取决于两种分子间的作用力，这种溶剂、溶质之间的作用力随着分子靠近而强烈增加，分子间作用力越大，溶剂的溶解度越大。超临界流体的密度越接近液体的密度，对溶质的溶解能力与液体基本相同。压力越大，超临界流体的密度越大，对溶质的溶解度也就越大，随着压力的降低，超临界流体的密度减小，溶解度急剧减小。由此可见，在保持温度恒定条件下，通过调节压力来控制超临界流体的萃取能力或保持密度不变，可改变温度来提高其萃取能力。

超临界流体的密度与液体基本相同，而其黏度比液体小，其扩散性能优于同密度的液体，可以迅速渗透到物体的内部溶解目标物质，快速达到萃取平衡。因此，在固体内提取有效成分时，用超临界流体作为萃取剂远优于液体。

超临界流体对物质的溶解具有选择性。以 CO_2 为例，其对低分子、低极性、亲脂性、低沸点的成分如挥发油、烃、酯、内酯、醚、环氧化合物等表现出优异的溶解性，而对极性较强的化合物溶解性较差，如多元醇、多元酸及多羟基的芳香物质均难溶于超临界 CO_2。对于分子质量高的化合物，分子质量越高，越难萃取，分子质量超过 500 的高分子化合物几乎不溶。

（二）夹带剂

以超临界 CO_2 做萃取剂为例。如果目标产物的分子质量较大或极性基团较多，超临界 CO_2 难以提取，可以向目标产物和超临界二氧化碳组成的二元体系中加入第三组分，来改善超临界 CO_2 对目标产物的溶解性。通常将具有改变溶质溶解度的第三组分称为夹带剂。一般地说，具有很好溶解性能的溶剂也往往是很好的夹带剂，如甲醇、乙醇、丙酮、乙酸乙酯等。

夹带剂可以从两个方面影响溶质在超临界 CO_2 中的溶解度和选择性，即超临界 CO_2 的密度和溶质与夹带剂分子间的相互作用。一般来说，夹带剂在使用中用量较少，对二氧化碳的密度影响不大，所以影响溶解度和选择性的决定因素就是夹带剂与溶质分子间的范德华力或夹带剂与溶质有特定的分子间作用，如氢键及其他各种作用力。例如，超临界 CO_2 萃取重金属离子时，由于重金属离子带有正电荷，具有很强的极性，使得重金属离子与超临界 CO_2 之间的范德华力很弱，难以直接萃取。一般采取的方法是选择带有负电的夹带剂，中和金属离子的正电荷，生成极性降低的中性配合物，增强其在超临界 CO_2 中的溶解度。另外，在溶剂的临界点附近，溶质溶解度对温度、压力的变化最为敏感。加入夹带剂后，能使混合溶剂的临界点相应改变，更接近萃取温度。增强溶质溶解度对温度、压力的敏感程度，可使被分离组分在操作压力不变的情况下，适当升温就可使溶解度大大降低，从循环气体中分离出来，以避免气体再次压缩的高能耗。

夹带剂的引入在拓展了超临界流体萃取技术的应用范围的同时，也带来了一些负面影响。①夹带剂的使用，增加了从萃取物中分离回收夹带剂的难度。②由于使用了夹带剂，使得一些萃取物中有夹带剂的残留，这就失去了超临界 CO_2 萃取没有溶剂残留的优点。③夹带剂在改善对目标产物溶解性的同时，使原料中其他物质的溶解性也有改变，削弱了超临界流体对溶质的选择性，导致了共萃物增加。

三、 影响超临界流体萃取的因素

（一）操作压力

操作压力是超临界流体萃取最重要的参数之一，萃取温度一定时，压力增大，流体密度增大，溶剂强度增强，溶剂的溶解度就增大。对于不同的物质，需要选择不同的萃取压力。

（二）操作温度

温度对超临界流体溶解能力影响比较复杂，在一定压力下，升高温度可使被萃取物挥发性增加，这样就增加了被萃取物在超临界气相中的浓度，从而使萃取量增大；但另一方面，温度升高，可使超临界流体密度降低，从而使化学组分的溶解度减小，导致萃取数减少。因此，在选择萃取温度时要综合这两个因素考虑。

（三）物料粒度

与浸取类似，物料粒度大小可影响提取回收率。减小样品粒度，可增加固体与超临界流体的接触面积，从而使萃取速度提高。不过，粒度过小，可能对设备及后序处理产生影响。

（四）超临界流体的流量

超临界流体的流量的变化对超临界萃取有两个方面的影响。流量太大，会造成萃取器内超临界流体流速增加，停留时间缩短，与被萃取物接触时间减少，不利于萃取率的提高。但另一方面，流量增加，可增大萃取过程的传质推动力，相应地增大传质系数，使传质速率加快，从而提高萃取能力。

（五）夹带剂的选择

对于分子质量较大或极性基团较多的目标产物，在选择夹带剂时，应综合考虑目标产物及夹带剂的性质，包括分子结构、分子极性、分子质量、分子体积和化学活性等。如果最终产品有相关的质量要求，还应考虑夹带剂是否容易除去，残留的夹带剂是否会影响最终产品质量等问题。

四、超临界流体萃取的工艺及装置

（一）工艺流程

超临界流体萃取的工艺流程包括萃取和分离步骤。在具体操作中，首先将萃取剂由常温、常压转变为超临界流体状态，再将萃取流体导入样品管内进行萃取，将萃取流体导入吸附柱分离溶质，减压挥发溶剂，选用适当溶剂洗脱待测组分。

超临界流体萃取的工艺流程的萃取步骤大致相同。根据分离步骤的不同，可将超临界流体萃取工艺流程分为3种基本流程：变压萃取分离、变温萃取分离、使用吸附剂的萃取分离。

变压萃取分离，又称等温变压法。在本法中，萃取和分离在同一温度下进行。萃取完成后，萃取了溶质的超临界萃取相经膨胀阀进入分离槽，此时压力下降，萃取相对溶质的溶解度下降，于是溶质析出得以分离。释放了溶质后的萃取剂经压缩机加压后再循环使用。这种方法应用较多，生产中由于高压操作，有部分流体会损失，可定期补充适量萃取剂。

变温萃取分离，又称等压变温法。在本方法中，萃取和分离在同一压力下进行。萃取完成后，含有溶质的超临界流体从萃取槽进入加热器，经过适当加热，超临界流体密度下降，对溶质的溶解度会下降，于是溶质析出得以分离。释放了溶质的萃取剂经压缩机加压，并经冷却器降温后可再循环使用。这种方法的分离和萃取过程均在高压环境下进行，设备投资较大，且分离过程中需升温，对热敏性物质不适用，但压缩机功耗小。

使用吸附剂的萃取分离，分离和萃取均在同一温度、压力下进行。萃取完成后，溶解了溶质的超临界流体经过一个装有吸附剂的吸附分离器，使萃取剂与溶质分离。分离后的萃取剂经适当加压后可循环使用，吸附了溶质的吸附剂进行解吸、再生，将溶质分离出来。这种方法十分节能，但需要增加吸附设备及吸附剂处理工艺过程。

（二）超临界流体萃取装置

超临界流体萃取设备由高压萃取器、分离器、换热器、高压泵（压缩机）、储罐以及连接这些设备的管道、阀门和接头等构成。如果采用吸附法进行分离，还需要增加吸附设备。另外，因控制和测量的需要，还有数据采集、处理系统和控制系统。

（三）超临界流体萃取的特点

（1）萃取速度高，特别适合于固态物质的分离提取。

（2）在接近常温的条件下操作，适合于热敏性物质和易氧化物质的分离。

（3）传热速率快，温度易于控制。

（4）适合于挥发性物质的分离。

（5）常用超临界 CO_2 作为萃取剂，价格便宜，纯度高，环境友好，容易取得，且在生产过程中可循环使用，从而降低了生产成本。

五、 超临界流体萃取的应用

（一）天然植物成分提取

超临界流体萃取技术在天然植物成分提取领域有着诸多应用，可提取的物质种类包括生物碱、蒽醌、黄酮、皂苷、多糖、挥发油、色素、萜类及香豆素等。

生物碱是在植物类药材中研究最早最多的一类物质。利用超临界流体萃取技术提取生物碱，能够克服传统方法中提取分离步骤多、排污量大等缺点。同时，通过选用不同的夹带剂和操作条件，能够使超临界流体产生不同的溶解性和选择性。如在提取靛玉红和秋水仙碱时，分别使用甲醇和76%的乙醇水溶液为夹带剂，能够有效提高萃取效率。

在黄酮类化合物的提取中，与传统的溶剂提取法相比，超临界流体萃取具有更高的提取效率和产品质量，并且不存在有机溶剂和金属残留。有文献报道，利用超临界流体对银杏叶中的黄酮进行提取，在较低的操作压力下，提取率达2.61%，纯度达到27.7%，其纯度是直接使用乙醇提取的2.43倍。

挥发油类物质相对分子质量较小，沸点低，具有一定的亲脂性，在超临界CO_2中具有良好的溶解性。与传统工艺采用的水蒸气蒸馏法相比，超临界流体萃取不仅产物收率普遍提高，提取时间缩短，而且可分离出常规方法得不到的成分。

在天然植物成分提取方面，超临界流体萃取技术具有提取时间短、分离效率高、操作温度低、污染少等优点，具有广泛的应用前景。

（二）农药残留分析、残留农药的脱除

农药残留分析包括对样品的提取、净化、浓缩、检测等步骤。其中，提取和分离净化是分析的关键环节。传统的农药残留分析中，样品的前处理大多采用有机溶剂提取。溶剂提取存在很多缺点：①溶剂用量大，对环境有污染；②提取、净化过程繁琐、费时；③提取率低。超临界流体萃取技术在农药残留的提取中具有得天独厚的优势：样品处理简单，萃取时间短，提取效率高，结果准确度高、重现性好。有文献报道，对有机磷、有机氯和除草剂分别利用常规溶剂提取和超临界流体萃取，对比分析结果，超临界流体萃取在回收率以及标准偏差方面优于常规方法。

除了进行农药残留分析以外，利用超临界流体萃取技术，能够达到脱除药材中农药的目的。有文献报道，有机氯农药能够在人参的生长周期内累积，影响了药材的质量。利用超临界CO_2，采用水、10%或70%乙醇水溶液作夹带剂，在30MPa，60℃的条件下进行超临界流体萃取，可以实现一次性脱除农药率达91%以上。但采用该方法脱除农药也有缺陷，比如萃取物中除了有机氯农药外，还包含一部分具有药用价值的人参挥发油成分。

（三）在食品工业中的应用

超临界CO_2可以有选择性地直接从原料中萃取咖啡因而不失其芳香味。具体过程为将绿咖啡豆预先用水浸泡增湿，用70~90℃、16~22MPa的超临界CO_2进行萃取，咖啡因从豆中向流体相扩散，然后随CO_2一起进入水洗塔，用70~90℃水洗涤，约10h后，所有的咖啡因都被水吸收；该水溶液经过脱气后进入蒸馏器回收咖啡因。CO_2可循环使用。经过萃取，咖啡豆中的咖啡因可以从原来的0.7%~3%下降到0.02%以下。

超临界 CO_2 可以进行啤酒花的萃取。首先将非极性的液体 CO_2 泵入装有含有酒花软树脂的柱中，将压力控制在 5.7 MPa 并预冷到 7℃，使 α-酸萃取率达到最大；接着萃取液进入蒸发器中，CO_2 在 40℃ 左右蒸发，非挥发性物质在蒸发器底部沉积，CO_2 气体用活性炭吸附的方法去污并在增压后重新用于萃取，每次循环损耗小于 1%。

【技能实训】

 实训 索氏法提取枸杞色素

一、实训目的
（1）掌握索氏提取器的使用方法。
（2）熟悉影响浸取效果的因素。
（3）掌握样品预处理的方法。
（4）理解浸取剂选择原则。

二、实训原理
索氏提取器，又称脂肪抽取器或脂肪抽出器。索氏提取器是由提取瓶、提取管、冷凝器三部分组成的，提取管两侧分别有虹吸管和连接管，各部分连接处要严密不能漏气。提取时，将待测样品包在脱脂滤纸包内，放入提取管内。提取瓶内加入适宜的提取剂，加热提取瓶，提取剂转变为蒸气，由连接管上升进入冷凝器，凝成液体滴入提取管内，浸提样品中的脂类物质。待提取管内提取剂液面达到一定高度，溶有脂类物质的提取剂经虹吸管流入提取瓶。流入提取瓶内的提取剂继续被加热气化、上升、冷凝、滴入提取管内，如此循环往复，直到抽提完全为止。

枸杞色素的主要成分为脂溶性类胡萝卜素类化合物，如游离类胡萝卜素、类胡萝卜素脂肪酸酯。游离类胡萝卜素包括 β-胡萝卜素、β-隐黄质和玉米黄质；类胡萝卜素脂肪酸酯主要为玉米黄质双棕榈酸酯、玉米黄质单棕榈酸酯和 β-隐黄质棕榈酸酯。枸杞子色素以黄色素为主，还含有少量红色素。

本次实训选用乙酸乙酯作为枸杞色素的提取溶剂，提取时间为 1h。

三、器具与试剂
1. 仪器设备
索氏提取器、恒温水浴锅、研钵、旋转蒸发器、循环水泵、薄层色谱板、点样毛细管、紫外灯。

2. 原料与试剂
市售枸杞、乙酸乙酯、滤纸、脱脂棉绳。

四、操作步骤
（1）取市售枸杞 10 粒左右，置于研钵中研碎，置于大小适宜的滤纸中包住并用脱脂棉线扎好，勿让样品漏出。

（2）搭建装置应按照由下而上的顺序来搭建。用铁夹将烧瓶和提取管固定在铁架台上，固定点分别是烧瓶的颈部和提取管的颈部，装置高度以移入水浴锅后烧瓶的瓶颈略高于恒温水浴锅的液面为宜。

（3）把装有样品的滤纸包放入提取管内，高度低于虹吸管，向提取管中缓缓倒入提取剂直至液面达到虹吸管上弯头部，正好虹吸一次；再向提取管中倒入提取剂，使其液面达到第一次液面的一半。用乳胶管将冷凝管与自来水管相连，将冷凝管安装到提取管上，打开冷凝水，将索氏提取仪整个装置放入恒温水浴锅中，打开加热，至冷凝管处有提取剂冷凝回流，开始计时并维持回流状态 1h。

（4）提取结束，关闭加热，从水浴锅中取出索氏提取装置，室温冷却 5～10min。取下烧瓶，合并烧瓶内和提取管内的提取液。

（5）使用旋转蒸发仪蒸发除去提取液中的提取剂，得到提取物。

（6）取少量提取物溶于少量乙酸乙酯中，用毛细管吸取样品点在薄层色谱板上，待样品点溶剂挥发后，选择合适的展开剂展开。在自然光及紫外灯下观察并记录样品点。

五、结果与处理

记录薄层层析板上斑点的 R_f 值。

六、思考与讨论

（1）在实训操作步骤中提到"把装有样品的滤纸包放入提取管内，高度低于虹吸管"，思考其原因。

（2）提取物样品经过薄层色谱展开后可以看到几个组分？为什么提取物是混合物？通过改变哪些条件可以增强提取的选择性？

【项目拓展】

手性萃取剂与液-液萃取拆分对映体技术

手性是某些物质不能与其镜像重合的特征，互成实物和镜像对应的两个异构体，称为对映异构体。目前，手性对映体拆分是获得单一对映体的主要途径之一。现有的拆分方法一般有化学拆分法、生物拆分法、结晶拆分法、色谱拆分法等。传统手性拆分方法都存在着一定的局限性，近年来，许多新的手性拆分方法不断发展，其中手性液-液萃取拆分法是研究较广泛的一种手性拆分方法。

手性液-液萃取技术中互不相容的两相，多为水相和有机相。待拆分的外消旋体溶解在一相中，在另一相中溶解有手性萃取剂；也有研究同时在两相中添加不同的手性萃取剂，通过手性萃取剂对两对映体的手性识别使其中一个对映体被选择地萃取到另一相中。

在手性液-液萃取拆分外消旋体的技术中，关键在于高立体选择性的萃取拆分剂。目前，研究报道的手性萃取剂主要有酒石酸类手性萃取剂、环糊精类手性萃取剂、冠醚类手性萃取剂、金属络合物类手性萃取剂以及其他特殊的手性萃取剂。随着研究的不断完善，更多的手性萃取剂应用于手性液−液萃取，手性液−液萃取有望成为一种手性化合物拆分的重要方式。

【项目测试】

一、填空题

1. 当完成萃取操作后，通过调节水相条件，将目标产物从有机相转入水相，这个过程称为_____。

2. 相似相溶原理是指由于极性分子间的电性作用，使得极性分子组成的溶质易溶于_____组成的溶剂，难溶于_____组成的溶剂；非极性分子组成的溶质易溶于_____组成的溶剂，难溶于_____组成的溶剂。

3. 一般形成乳状液要有两个条件：_____和_____。

二、简答题

1. 理想的萃取剂具有哪些特征？

2. 在液−液萃取中，不同的萃取方式，各有什么特点？

3. 乳化现象使如何产生的？在生产中如何防止乳化现象的产生？如何进行破乳？

4. 影响浸取的因素有哪些，它们是如何对浸取结果产生影响的？

5. 浸取物料如何进行预处理，依据是什么？

6. 什么是反胶团？反胶团萃取有什么特点？

模块三

分离与纯化单元操作技术

项目一

固相析出技术

项目简介

在工业生产中，生物物质的最终产品许多是以固体形式出现的。通过加入不同试剂或改变溶液条件，使溶质以固体形式从溶液中分离出来的操作技术称为固相析出分离技术。固相析出技术根据析出固体的形式分为两种类型：沉淀法和结晶法。析出的固体是晶体时称为结晶法，析出物是无定形固体时称为沉淀法。在工业生产中，蔗糖、食盐、氨基酸、柠檬酸等的最终产品一般都是结晶形物质从溶液中析出，而淀粉、酶制剂、蛋白质和某些气流干燥喷雾干燥获得的产品一般为无定形物质。在固相析出过程中沉淀和结晶本质上都属于一个过程，都是新相析出的过程，两者的区别在于构成单元的排列方式不同，沉淀的原子、离子或分子排列是不规则的，而结晶是规则的。当条件变化剧烈时，溶质快速析出，溶质分子来不及排列就析出，结果形成无定形沉淀。相反，在条件变化缓慢时，溶质分子有足够的时间进行排列，有利于结晶形成。沉淀法具有浓缩与分离的双重效果，但所得的沉淀物可能聚集有多种物质，或含有大量的盐类，或包裹着溶剂。相反，一般来讲，只有同类原子、分子或离子才能排列成晶体，所以结晶法析出的晶体纯度比较高，但结晶法只有目的物达到一定纯度后才能达到良好的效果。

固相析出技术具有操作简单、成本低、浓缩倍数高，广泛应用于生物产品的分离纯化过程中。本项目依据各种生化分子的性质，主要介绍盐析沉淀、有机溶剂沉淀、等电点沉淀及结晶等方法从溶液中分离和提纯生物物质的方法。

知识要求

1. 了解固相析出分离技术的应用。
2. 熟悉盐析法的概念、原理、特点及影响因素。
3. 掌握盐析法的具体操作方法及其注意事项。
4. 熟悉有机溶剂沉淀法的概念、原理、特点及影响因素。
5. 掌握有机溶剂沉淀法的具体操作方法及其注意事项。
6. 熟悉结晶的基本原理，结晶的工艺过程。
7. 掌握结晶的一般方法，影响晶体析出的主要因素及提高晶体质量的方法。

技术要求

1. 能够进行盐析操作，并能对盐析效果进行评价。
2. 能熟练进行有机溶剂沉淀操作，并能对有机溶剂沉淀效果进行评价。
3. 能够进行等电点沉淀操作，并能对沉淀效果进行评价。
4. 能够进行结晶操作，并能控制相应条件提高晶体的质量。
5. 能够根据实际情况选择合适的沉淀或结晶方法，并进行相关数据运算。

任务一 盐析沉淀法

向蛋白质溶液中加入高浓度的中性盐，破坏蛋白质稳定的胶体状态，使蛋白质的溶解度降低，而从溶液中析出的过程称为盐析。由于不同的蛋白质沉淀时所需的盐离子强度不相同，从低到高使盐的浓度改变可将混合液中的蛋白质分批盐析，从而使不同蛋白质从溶液中分步分离，这种分离蛋白质的方法称为分段盐析法，如半饱和硫酸铵可沉淀血浆球蛋白，饱和硫酸铵则可沉淀包括血浆清蛋白在内的全部蛋白质。

盐析法具有经济、安全、操作简便的特点，常用于蛋白质、酶、多肽、多糖和核酸等物质的分离和纯化。但盐析法存在共沉淀现象，分辨率不高，需和其他方法交替使用，一般用于生物分离的粗提纯阶段。此外，盐析完成后还需要对沉淀进行除盐操作。

一、 盐析法的基本原理

1. 中性盐离子破坏蛋白质表面水膜

在蛋白质等生物大分子表面分布着各种亲水基团，如—COOH、—NH$_2$、—OH等。这些基团与极性水分子相互作用形成水膜，包围蛋白质分子，形成 1~100 nm 大小的亲水胶体，削弱了蛋白质分子间的作用力，以胶体形式稳定存在于溶液中。

蛋白质分子表面的亲水基团越多，水膜越厚，蛋白质分子的溶解度也越大。当蛋白质溶液中加入可溶性中性盐时，中性盐对水分子的亲和力大于蛋白质，它会抢夺本来与蛋白质分子结合的自由水，于是蛋白质分子周围的水化膜层减弱乃至消失，暴露出蛋白质的疏水区域，蛋白质的溶解度也会随之减小。

2. 中性盐离子中和蛋白质表面电荷

蛋白质分子中含有不同数目的酸性氨基酸和碱性氨基酸，蛋白质肽链中有不同数目的自由羧基和氨基和其他一些带电荷的基团，这些基团使蛋白质分子表面带有一定数量的电荷，而在同种溶液中，同种蛋白质分子往往带有同种电荷相互排斥，故蛋白质分子之间彼此分离。当向蛋白质溶液中加入中性盐时，盐离子与蛋白质表面具有相反电荷的离子基团结合形成离子对，因此盐离子部分中和了蛋白质的电性，蛋白质分子之间的排斥力作用减弱，从而使蛋白质分子之间聚集而沉淀析出。

二、 盐析用盐的选择

（一）盐析用盐的种类

盐析法常用的盐类以中性盐居多，主要有硫酸铵、硫酸钠、氯化钠和磷酸钠等，其溶解度见表 3-1。

表 3-1　　　　　　　　　　常用盐析剂在水中的溶解度　　　　　　单位:℃

盐析剂	温度					
	0	20	40	60	80	100
硫酸铵	70.6	75.4	81.0	88.0	95.3	100
硫酸钠	4.9	18.9	48.3	45.3	43.3	42.2
氯化钠	35.7	36.0	36.6	37.3	38.4	39.8
磷酸钠	5.4	14.1	23.3	54.3	68	94.6

1. 硫酸铵

硫酸铵具有盐析作用强，溶解度大且受温度影响小，一般不会使蛋白质变性，价廉易得，分段效果好等优点。缺点是硫酸铵水解后变酸，在高 pH 下会释放出铵，腐蚀性较强，使用时必须注意对器皿质地的选用。此外，盐析后要进行除盐，将硫酸铵从产品中除去。

2. 硫酸钠

硫酸钠也可作为盐析法用的盐类。硫酸钠在 30℃ 以下时溶解度较低，30℃ 以上时溶解度才升高得较快。由于大部分生物大分子在 30℃ 以上时容易失活，故分离沉淀或提纯时，限制了硫酸钠作为沉淀剂的使用。

3. 氯化钠

氯化钠也可用于盐析。例如，在鸡蛋清溶液中加入氯化钠可以使球蛋白沉淀出来，再配合溶液调整 pH，清蛋白也能沉淀出来。但氯化钠溶解度较低，限制了它的应用。

4. 磷酸钠

磷酸钠也可作为盐析用盐。例如盐析免疫球蛋白，用磷酸钠的效果不错。但由于溶解度太低，受温度影响比较大，故应用不广泛。

（二）中性盐的选择

在工业生产中，根据生产要求及产品的性质，不少中性盐类都可以作为盐析用的盐类，但实际应用中以硫酸铵最为常用。在选择中性盐时需考虑以下几个问题。

①要有较强的盐析效果；一般多价阴离子的盐析效果比阳离子显著。

②要有足够大的溶解度，且受温度影响尽可能的小；这样便于获得高浓度的盐溶液。尤其是在低温的温度下操作，不至于造成盐结晶析出，影响盐析较高。

③盐析用盐在生物学上是惰性的，并且最好不引入给分离或测定带来干扰的杂质。

④来源丰富，价格低廉。

盐离子的种类对蛋白质等生物分子的溶解度有一定的影响。盐离子的盐析作用规律：半径小而带电荷量高的离子的盐析作用较强，而半径大、带电荷量低的离子的盐析作用较弱。以下将各种盐离子的盐析作用按由强到弱的顺序排列：

阴离子：$IO_3^->PO_4^{3-}>SO_4^{2-}>CH_3COO^->Cl^->ClO_3^->Br^->NO_3^->ClO_4^->I^->SCN^-$。

阳离子：$Al^{3+}>H^+>Ca^{2+}>NH_4^+>K^+>Na^+$。

三、盐析操作过程及注意事项

硫酸铵盐析中最为常用的中性盐，下面以硫酸铵盐析蛋白质为例来介绍盐析操作的过程。

（一）确定盐析时硫酸铵的饱和度

如果要分离一种新的蛋白质或酶，没有相关资料可以参考，则应先确定该物质所需的硫酸铵饱和度。具体方法是绘制盐析曲线，操作如下：取已定量测定蛋白质（或酶）的活性与浓度的待分离样品溶液，冷却至0℃，调至该蛋白质稳定的pH，分6~10次分别加入不同量的硫酸铵，第一次加硫酸铵至蛋白质溶液刚开始沉淀时，记下所加硫酸铵的量，这是盐析曲线的起点。继续加硫酸铵至浑浊时，静置一段时间，离心得到第一个沉淀级分，然后取上清液再加至浑浊，离心得到第二个级分，如此连续可得到 6~10 个级分，按照每次加入硫酸铵的量，在表 3-2 中查出显影的硫酸铵饱和度。将每一级分沉淀物分别溶解在一定体积的适宜的 pH 缓冲溶液中，测定其蛋白质含量或酶组分。以每个级分的蛋白质含量或酶活力对硫酸铵饱和度作图，即可得到盐析曲线，见图 3-1。

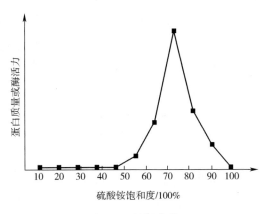

图 3-1　盐析曲线

（二）盐析操作方式

1. 加硫酸铵饱和溶液

适用于要求饱和度不高而原来溶液体积不大的情况，多用于实验室或小规模生产时。可向待处理溶液中加入饱和硫酸铵溶液，由于溶液中硫酸铵浓度不断增大，蛋白质等生物分子逐渐沉淀下来。这种方式优点是可防止溶液局部过浓，沉淀分离效果比较好；但是缺点是易导致待处理溶液体积增大，待分离的生物分子溶解度相对增加。

若加入饱和硫酸铵溶液，应加入的体积 V 可由下式计算：

$$V = \frac{V_0(S_2 - S_1)}{100 - S_2}$$

式中　S_2——所需达到的硫酸铵饱和度，%；

　　　S_1——原液中已有的硫酸铵饱和度，%；

　　　V_0——待盐析溶液的体积，L；

　　　V——需要加入的饱和硫酸铵溶液的体积，L。

在这里，硫酸铵的饱和度是为溶液中所含硫酸铵质量与该溶液所能饱和溶解的硫酸铵质量之比，又称为质量饱和度。

配制硫酸铵饱和溶液方法：在溶液中加入过量的硫酸铵，加热至 50~60℃，保温数分钟，趁热滤去不溶物，在 0~25℃ 下平衡 1~2d，有固体析出，即达到 100% 饱和度。如表 3-2 所示。

表 3-2 　0℃下硫酸铵水溶液由原来饱和度达到所需饱和度时，每 1L 溶液硫酸铵水溶液应加入固体硫酸铵的质量　　单位：g

		硫酸铵终浓度（饱和度）/%															
		20	25	30	35	40	45	50	55	60	65	70	75	80	85	90	95	100
硫酸铵起始浓度（饱和度）/%	0	10.6	13.4	16.4	19.4	22.6	25.8	29.1	32.6	36.1	39.8	43.6	47.6	51.6	55.9	60.3	65.0	69.7
	5	7.9	10.8	13.7	16.6	19.7	22.9	26.2	29.6	33.1	36.8	40.5	44.4	48.4	52.6	57.0	61.5	66.2
	10	5.3	8.1	10.9	13.9	16.9	20.0	23.3	26.6	30.1	33.7	37.4	41.2	45.2	49.3	53.6	58.1	62.7
	15	2.6	5.4	8.2	11.1	14.1	17.2	20.4	23.7	27.1	30.6	34.3	38.1	42.0	46.0	50.3	54.7	59.2
	20	0	2.7	5.5	8.3	11.3	14.3	17.5	20.7	24.1	27.6	31.2	34.9	38.7	42.7	46.9	51.2	55.7
	25		0	2.7	5.6	8.4	11.5	14.6	17.9	21.1	24.5	28.0	31.7	35.5	39.5	43.6	47.8	52.2
	30			0	2.8	5.6	8.6	11.7	14.8	18.1	21.4	24.9	28.5	32.3	36.2	40.2	44.5	48.8
	35				0	2.8	5.7	8.7	11.8	15.1	18.4	21.8	25.4	29.1	32.9	36.9	41.0	45.3
	40					0	2.9	5.8	8.9	12.0	15.3	18.7	22.2	25.8	29.6	33.5	37.6	41.8
	45						0	2.9	5.9	9.0	12.3	15.6	19.0	22.6	26.3	30.2	34.2	38.3
	50							0	3.0	6.0	9.2	12.5	15.9	19.4	23.0	26.8	30.8	34.8
	55								0	3.0	6.1	9.3	12.7	16.1	19.7	23.5	27.3	31.3
	60									0	3.1	6.2	9.5	12.9	16.4	20.1	23.1	27.9
	65										0	3.1	6.3	9.7	13.2	16.8	20.5	24.4
	70											0	3.2	6.5	9.9	13.4	17.1	20.9
	75												0	3.2	6.6	10.1	13.7	17.4
	80													0	3.3	6.7	10.3	13.9
	85														0	3.4	6.8	10.5
	90															0	3.4	7.0
	95																0	3.5
	100																	0

2. 直接加固体硫酸铵

在工业生产溶液体积较大时，或需要达到较高的硫酸铵饱和度时，可采用这种方式。为了达到所需的饱和度，应加入固体硫酸铵的量，可由下列公式计算而得：

$$G = \frac{V_0 A(S_2 - S_1)}{100 - BS_2}$$

式中　G——需要加入的固体硫酸铵的质量，g；

　　　V_0——待盐析溶液的体积，L；

　　　S_1——待盐析溶液的原始硫酸铵饱和度，%；

S_2——要求达到的硫酸铵饱和度,%;

A——经验常数,0℃时为 515,20℃时为 513;

B——常数,0℃时为 0.27,20℃时为 0.290。

应加入固体硫酸铵的量,也可由表 3-2 或表 3-3 查得。

表 3-3　　室温 25℃下硫酸铵水溶液由原来饱和度达到所需饱和度时,
每 1L 硫酸铵水溶液应加入固体硫酸铵的质量　　　　　单位:g

起始\终浓度	硫酸铵终浓度(饱和度)/%																
---	10	20	25	30	33	35	40	45	50	55	60	65	70	75	80	90	100
0	56	84	114	176	196	209	243	277	313	351	390	430	472	516	561	662	767
10		57	86	118	137	150	183	216	251	288	326	365	406	449	494	592	694
20			29	59	78	91	123	155	189	225	262	300	340	382	424	520	619
25				30	49	61	93	125	158	193	230	267	307	348	390	483	583
30					19	30	62	94	127	162	198	235	273	314	356	449	546
33						12	43	74	107	142	177	214	252	292	338	426	522
35							31	63	94	129	164	200	238	278	319	441	506
40								31	63	97	132	168	205	245	285	375	469
45									32	65	99	134	171	210	250	339	431
50										33	66	101	137	176	214	302	392
55											33	67	103	141	179	264	353
60												34	69	105	143	227	314
65													34	70	107	190	275
70														35	72	153	237
75															36	115	198
80																77	157
90																	79

（左侧纵向标注：硫酸铵起始浓度（饱和度）/%）

在盐析操作加盐之前,注意应先将硫酸铵研磨成细粉,不能有块状;此外,加盐速度不能太快,要在搅拌下缓慢均匀、少量多次地加入,尤其到接近计划饱和度时,加盐的速度要更慢一些。加盐速度过快会出现盐来不及溶解被沉淀包裹,或者局部盐浓度过高产生不应有的蛋白质共沉淀等现象。

3. 脱盐

利用盐析法进行初级纯化时,产物中的盐含量较高,一般在盐析沉淀后,需要进行脱盐处理,才能进行后续的纯化操作。通常所说的脱盐就是指将小分子的盐与目的物分离开,最常用的脱盐方法有两种,即透析和凝胶过滤。凝胶过滤脱盐不仅能除去小分子的盐，也能除去其他小分子的物质。与透析法相比，凝胶过滤脱盐速度比较快，对不稳定的蛋白质影响较小。但样品的黏度不能太高，不能超过洗脱液的 2~3 倍。

4. 操作注意事项

①加固体硫酸铵时，必须注意规定的温度，一般有 0℃ 和室温两种，加入固体盐后体积的变化已考虑在表中。

②分段盐析时，要考虑到每次分段后蛋白质浓度的变化。蛋白质浓度不同要求盐析的饱和度也不同。

③为了获得实验的重复性，盐析的条件如 pH、温度和硫酸铵的纯度都必须被严格控制。

④盐析后要放置一段时间，待沉淀完全后再进行沉淀分离，过早的分离将影响产品收率。

⑤盐析过程中，搅拌必须是有规则和温和的，搅拌太快将引起蛋白质变性，产生泡沫。

⑥为了平衡硫酸铵溶解时产生的轻微酸化作用，沉淀反应最好在缓冲溶液中进行。

四、 影响盐析的因素

1. 盐离子强度和种类的影响

一般来说，盐离子强度越大，蛋白质等生物分子的溶解度就越低。能够影响盐析沉淀效应的盐类很多，每种盐的作用大小不同。在进行分离时，一般从低离子强度到高离子强度顺次进行。即每一组分被盐析出来，经过过滤等操作后，再在溶液中逐渐提高盐的浓度，使另一种组分也被盐析出来。

2. 生物分子浓度的影响

溶液中生物分子的浓度对盐析有一定的影响。高浓度的生物分子溶液可以节约盐的用量，但生物分子的浓度过高时，溶液中的其他成分就会随着沉淀成分一起析出，发生严重的共沉淀现象；如果将溶液中生物分子稀释到过低浓度，则可减少共沉淀现象，但这会造成反应体积的增大，进而导致反应容器容量的增大，需要更多的盐类沉淀剂和配备更大的分离设备，加大人力、财力的投入，并且回收率会下降。

3. pH 对盐析的影响

在生物分子的等电点位置，净电荷为零，其溶解度最小。一般情况下，蛋白质等生物分子带的净电荷越多，其溶解度就越大；相反，净电荷越少，溶解度就越小。对于特定的生物分子，有盐存在时的等电点与其在纯水溶液中的等电点是有偏差的。因此，在盐析时，要沉淀某一成分，应该将溶液的 pH 调整到该成分的等电点；若要保留某一成分在溶液中不析出，则应该使溶液的 pH 偏离该成分的等电点。

4. 温度对盐析的影响

在低离子强度的溶液或纯水中，蛋白质等生物分子的溶解度在一定范围内随温度的升高而增加；但在高离子强度的溶液中，蛋白质或酶等生物分子的溶解度会随温度的升高而降低。

一般情况下，盐析对温度无特殊要求，在室温下就可以完成。但有些生物分子（如某些酶类）对温度很敏感，需要盐析的温度为 $0 \sim 4℃$，以防止其活性的改变。

5. 操作方式对盐析的影响

操作方式的不同会影响沉淀物颗粒的大小。采用饱和硫酸铵溶液的连续方式，得到的颗粒比用固体盐的间歇方式得到的颗粒大；相反，采用饱和盐溶液的间歇方式进行操作，得到的沉淀颗粒就小些。在加盐过程中，适当的搅拌能防止局部浓度过大，在蛋白质等生物分子沉淀期间，温和的搅拌有利于生产大颗粒沉淀物质，但剧烈的搅拌则会对粒子产生较大的剪切作用，得到较小的颗粒。

五、 盐析的应用

盐析广泛应用于各类蛋白质的初级纯化和浓缩。例如，人干扰素的培养液经硫酸铵盐析沉淀，可使人干扰素纯化 1.7 倍，回收率为 99%；白细胞介素 2 的细胞培养液经硫酸铵沉淀后，沉淀中白细胞介素 2 的回收率为 73.5%，纯化倍数达到 7。

盐析沉淀法在某些情况下也可用于蛋白质的高度纯化。例如，利用无血清培养基培养的融合细胞培养液浓缩 10 倍后，加入等量的饱和硫酸铵溶液，在室温下放置 1h 后离心除去上清液，得到的沉淀物中单克隆抗体回收率达 100%。对于杂质含量较高的料液，例如，从胰脏中提取胰蛋白酶和胰凝乳蛋白酶，可利用反复盐析沉淀并结合其他沉淀法，制备纯度较高的酶制剂。

◁ 任务二 ▷ 有机溶剂沉淀法

通过往生物分子溶液中加入与水互溶的有机溶剂（如甲醇、乙醇、丙酮等），使生物分子在水中的溶解度显著降低而沉淀析出的方法，称为有机溶剂沉淀法。不同生物产品沉淀时所需有机溶剂的浓度不同，因此调节有机溶剂的浓度，可以使混合物中的生物物质分段析出，达到分离纯化的目的，称为有机溶剂分级沉淀。有机溶剂沉淀法常用于蛋白质、酶、核酸和多糖等生物分子的提取。利用与水互溶的有机溶剂，称为有机溶剂沉淀。

有机溶剂沉淀法的优点：①分辨能力比盐析法高，即蛋白质或酶等生物分子只在一个比较窄的有机溶剂浓度范围下沉淀。②沉淀不用脱盐，过滤较为容易。

③在生化物质制备中应用较广。其缺点是对具有生物活性的大分子容易引起变性失活。操作要求在低温下进行，需要耗用大量的有机溶剂，此外，有机溶剂一般易燃易爆，储存比较麻烦。总体来说，蛋白质等生物分子的有机溶剂沉淀法不如盐析法普遍。

一、有机溶剂沉淀法的基本原理

有机溶剂沉淀法的基本原理有两点。

（一）降低水溶液的介电常数

不同溶剂的介电常数不同，溶剂的介电常数越小，溶质的溶解度就会越小。向溶液中加入有机溶剂能降低溶液的介电常数，减弱溶剂的极性，从而削弱溶剂分子与蛋白质等生物分子的相互作用力，增加生物分子间相互作用，导致溶液溶解度降低而出现沉淀。溶液介电常数的减小意味着溶质分子异性电荷库仑引力增加，使带电溶质分子更易互相吸引凝集，从而发生沉淀。部分溶剂的相对介电常数见表3-4。

表 3-4　　　　　　　　　　　某些溶剂的相对介电常数

溶剂名称	相对介电常数	溶剂名称	相对介电常数
水	78	丙酮	21
甲醇	31	乙醚	9.4
甘油	56.2	乙酸	6.3
乙醇	26	三氯乙酸	4.6

（二）破坏生物大分子表面水化膜

由于蛋白质等生物大分子表面分布着各种亲水基团，这些基团与水分子相互作用形成水膜，包围蛋白质分子，削弱了蛋白质分子间的作用力，以胶体形式稳定存在于溶液中。在溶液中加入有机溶剂后，有机溶剂与水互溶，它们在溶解于水的同时从蛋白质等生物分子周围的水化层中夺走水分子，破坏其水化膜，从而发生沉淀作用。

二、有机溶剂的选择

（一）常用有机溶剂的种类

1. 乙醇

乙醇是最常用的有机沉淀剂。乙醇具有极易溶于水、沉淀作用强、沸点适中、无毒等优点，广泛应用于沉淀蛋白质、核酸、多糖等生物高分子及氨基酸等。工业上常用95%～96%（体积分数）的乙醇按照实际需要而稀释，之后加入蛋白质等生物分子溶液中进行沉淀，达到分离蛋白质等生物分子的目的。

2. 甲醇

甲醇的沉淀作用与乙醇相当，但对蛋白质等生物分子的变性作用比乙醇、丙酮都小，由于其口服具有强毒性，限制了它的使用。

3. 异丙醇

异丙醇是一种无色、有强烈气味的可燃液体，可代替乙醇进行沉淀作用，但因易与空气混合后发生爆炸，易形成环境的烟雾现象，对人体具有潜在的危害作用，限制了它的使用。

4. 丙酮

丙酮的沉淀作用大于乙醇，用丙酮代替乙醇作沉淀剂一般可以减少 1/4～1/3 的用量。但因其具有沸点较低、挥发损失大、对肝脏具有一定的毒性、着火点低等缺点，它的应用不如乙醇广泛。

5. 其他有机溶剂

其他有机溶剂，如二甲基甲酰胺、二甲基亚砜、乙腈和 2-甲基-2,4-戊二醇等也可作为沉淀剂使用，但远不如乙醇、甲醇和丙酮使用普遍。

（二）有机溶剂的选择

选择有沉淀作用的有机溶剂时，主要应考虑以下几个方面的因素。

（1）介电常数小，沉淀作用强。

（2）对生物分子的变性作用小。

（3）毒性小，挥发性适中。

（4）沉淀用溶剂一般要能与水无限混溶，一些与水部分混溶或微溶的溶剂，如氯仿、乙醚等也有使用，但使用对象和方法不尽相同。

（三）有机溶剂用量

进行有机溶剂沉淀时，欲使原溶液达到一定的有机溶剂浓度，需加入的有机溶剂的体积可按以下公式计算：

$$V = \frac{V_0(S_2 - S_1)}{100 - S_2}$$

式中　V——需加入有机溶剂的体积，L；

　　　V_0——原溶液的体积，L；

　　　S_1——原溶液中有机溶剂的质量分数，%；

　　　S_2——所要求达到的有机溶剂的质量分数，%。

上式未考虑混溶后体积的变化和溶剂的挥发情况，实际上存在一定的误差。

如果有机溶剂浓度要求不太精确，可采用上式进行计算。在实际工作中，有时为了获得沉淀而不着重于进行分离，可用溶液体积的倍数，如加入一倍、二倍、三倍原溶液体积的有机溶剂，来进行有机溶剂沉淀。

制备较低浓度乙醇时，乙醇及水的用量参考见表3-5。

表3-5　制备较低浓度乙醇1L所需较高浓度乙醇及水的用量（mL，20℃）　　单位:%

较高浓度乙醇的体积分数	溶剂	混合液的体积分数																		
		95	90	85	80	75	70	65	60	55	50	45	40	35	30	25	20	15	10	5
100	醇	950	900	850	800	750	700	650	600	550	500	450	400	350	300	250	200	150	100	50
	水	62	119	174	228	282	334	385	436	487	537	585	633	681	727	772	817	862	908	953
95	醇		947	895	842	789	737	684	632	579	526	474	421	368	316	263	211	158	105	53
	水		61	119	176	233	288	344	397	451	504	556	608	658	708	756	805	852	901	950
90	醇			944	889	833	778	722	667	611	556	500	444	389	333	278	222	167	111	56
	水			62	122	182	241	299	357	414	471	526	580	635	687	738	791	842	894	947
85	醇				941	882	824	765	706	647	588	529	471	412	353	294	235	176	118	59
	水				65	128	190	252	313	374	434	493	552	609	665	721	776	832	887	943
80	醇					938	875	813	750	688	625	563	500	438	375	313	250	188	125	63
	水					67	134	200	265	330	394	457	520	581	641	701	760	819	879	939
75	醇						933	867	800	733	667	600	533	467	400	333	267	200	133	76
	水						71	141	211	280	349	417	483	550	614	678	742	806	870	929

三、有机溶剂沉淀的操作方法

下面以多糖类的分离为例，来说明有机溶剂沉淀的操作步骤，见图3-2。

（一）操作流程

多糖类的水溶液加入等量或倍量的乙醇（可用甲醇或丙酮代替），可破坏多糖颗粒的水化膜及降低溶液的介电常数，使多糖沉淀而析出。含有糖醛酸或硫酸基团的多糖，可在其盐类溶液中直接加入乙醇等，则多糖以盐的形式沉淀出来。若在其乙酸或盐酸溶液中加入乙醇，则多糖以游离酸形式沉淀。

（二）注意事项

（1）一般情况下，有机溶剂对身体具有一定的损害作用，在使用时采取好防

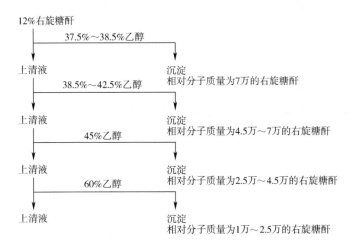

图 3-2 乙醇分步沉淀右旋糖苷

护措施。如佩戴手套、眼罩或在通风橱中进行操作，应避免身体部位与有机溶剂的直接接触。

（2）高浓度有机溶剂易引起蛋白质变性失活，操作必须在低温下进行，并在加入有机溶剂时注意搅拌均匀，以避免局部浓度过大。分离后的蛋白质沉淀，应立即用水或缓冲液溶解，以降低有机溶剂浓度。

（3）操作时的 pH 大多数控制在得出沉淀物分子的 pI（等电点）附近。有机溶剂在中性盐存在时能增加蛋白质等生物分子的溶解度，减少变性，提高分离的效果。

（4）沉淀的条件一经确定，就必须严格控制，这样才能得到可重复的结果。用有机溶剂沉淀生物分子后，有机溶剂易被除去，缺点是易使酶和具有活性的蛋白质变性。故操作时要求条件比盐析严格。对于某些敏感的酶和蛋白质等生物分子，使用有机溶剂沉淀尤其要小心。

四、 影响有机溶剂沉淀效果的因素

（一） 温度

一般来讲，低温有利于提高有机溶剂沉淀的效果。多数蛋白质等生物大分子在乙醇-水混合液中的溶解度会随着温变的降低而降低，其他物质大致也是如此。同时，大多数生物分子在高温时容易变性失活，尤其在有机溶剂中，大多数生物分子对温度变化更加敏感，温度稍高即发生变性。因此，加入的有机溶剂的过程都必须预先冷却至较低温度，并且操作要在冰浴中进行。加入有机溶剂的过程必须缓慢并不断搅拌，避免局部过浓。有机溶剂可沉淀一些小分子物质，如核苷酸、氨基酸及糖类等，其温度要求没有生物大分子那样苛刻。这是由于小分子物质结构相对稳定，不易受到破坏。

（二）有机溶剂的种类及用量

不同的有机溶剂对相同的溶质分子产生的沉淀作用不同，其沉淀作用与介电常数密切相关。一般情况下，有机溶剂介电常数越低，其沉淀能力就越强。同一种有机溶剂对不同的溶质分子产生的作用大小也不一样。在生产中应根据需要选择合适的有机溶剂种类。

溶质的溶解能力与加入有机溶剂的体积密切相关。在溶液中加入有机溶剂后，随着有机溶剂用量的加大，溶液的介电常数也会逐渐下降，溶质的溶解度会在某个阶段出现急剧降低的现象，从而沉淀析出。不同溶质分子的溶解度发生急剧变化时所需的有机溶剂用量是不同的。因此，沉淀反应的操作过程中应该严格控制有机溶剂的用量，否则会造成有机溶剂浓度过低而无沉淀或沉淀不完全，或者因有机溶剂浓度过高导致溶液中其他组分一起被沉淀出来。总之，通过选择有机溶剂且控制其用量可以使不同的溶质分子分别从溶液中沉淀析出，从而达到分离的目的。

（三）样品浓度

在相同的有机溶剂条件下，样品浓度越大，越容易沉淀，所需的有机溶剂浓度越低。低浓度样品要使用比例更大的有机溶剂进行沉淀，且样品的损失较大，即回收率低；优点是低浓度样品沉淀时，共沉淀作用小，有利于提高分离效果。反之，对于高浓度的样品，可以节省有机溶剂，减少变性的危险，但与杂蛋白的共沉淀作用大，分离效果下降。通常使用 $5\sim20\,mg/mL$ 的蛋白质初浓度为宜，可以得到较好的沉淀分离效果。

（四）溶液 pH

为了达到良好的沉淀效果，常常把溶液的 pH 调整到与生物分子的 pI（等电点）相同或相近。但并不是所有生物分子在其等电点时都是稳定的，在保证生物分子结构不被破坏、药物活性不丧失的 pH 范围内，生物分子的溶解度是随着 pH 的变化而变化的。因此，在控制溶液 pH 时必须使溶液中大多数生物分子带有相同的电荷，而不要让目的物与主要杂质分子带相反的电荷，以避免出现严重的共沉淀现象。

（五）离子强度

在溶液中加入低浓度的氯化钠、乙酸钠等物质，常常有利于生物分子的沉淀，甚至还具有保护蛋白质等生物分子、防止变性、减少水和有机溶剂互溶及稳定介质 pH 的作用。有机溶剂沉淀蛋白质等生物分子时，加入盐的离子强度以 $0.01 \sim 0.05 mol/L$ 为好，通常不超过 5%。当溶液中离子强度较高（$0.2 mol/L$ 以上）时，往往须增加有机溶剂的用量才能使沉淀析出。介质中离子强度很高时，沉淀物中会夹杂较多的盐，因此若要用有机溶剂对盐析后的上清液进行沉淀，则必须先除去盐。

（六）样品浓度

与盐析较为相似，当样品浓度较稀时，将增加有机溶剂的投入量和损耗，降低溶质的回收率，且易产生稀释变性，但稀释的样品的共沉淀现象小，分离效果相对较好。反之，样品浓度大时，会增加共沉淀现象发生的概率，降低分辨率，但这减少了有机溶剂的用量，提高了回收率，使变性的危险性也小于稀溶液。一般认为，蛋白质等生物分子的初浓度以 $0.5\% \sim 2\%$ 为好，黏多糖的初浓度则以 $1\% \sim 2\%$ 较为合适。

任务三　其他沉淀法

一、等电点沉淀法

等电点沉淀法是利用蛋白质等两性电解质在等电点时溶解度最低，而各种蛋白质又具有不同等电点的特点进行分离的方法。

（一）原理及特点

在等电点时，蛋白质分子以两性离子形式存在，其分子净电荷为零（即正负电荷相等），此时蛋白质分子颗粒在溶液中因没有相同电荷的相互排斥，分子相互之间的作用力减弱，其颗粒极易碰撞、凝聚而产生沉淀，所以蛋白质在等电点时，其溶解度最小，最易形成沉淀物。调节溶液的 pH，使两性溶质溶解度下降，进而沉淀析出。此外，等电点时的许多物理性质如黏度、膨胀性、渗透压等都变小，从而有利于悬浮液的过滤。

等电点沉淀法操作十分简单，试剂消耗量少，引入杂质少，是一种常用的分离与纯化方法。但由于其分辨率差，并且许多生物分子的等电点又比较接近，因此，很少单独使用等电点沉淀法作为得到主要纯化产物的手段，常常与盐析、有机溶剂沉淀等方法联合使用。

在实际工作中，普遍使用等电点法作为去杂手段。如工业上生产胰岛素时，在粗提液中先调 pH=8.0 去除碱性蛋白质，再调 pH=3.0 去除酸性蛋白质。

（二）等电点沉淀操作

在进行等电点操作时，需要注意以下几个问题。

1. 蛋白质种类的影响

不同的蛋白质，具有不同的等电点。在生产过程中应根据分离要求，采用合适的 pH 生产目的产物或者除去目的产物以外的杂质。如果是除去目的产物之外的杂蛋白，若目的产物也是蛋白质，且等电点较高时，可先除去低于等电点的杂蛋白。如细胞色素 C 的等电点为 10.7，在细胞色素 C 的提取纯化过程中，调 pH = 6.0 除去酸性蛋白，调 pH = 7.5~8.0，除去碱性蛋白。

2. 盐离子对等电点的影响

同一种蛋白质在不同条件下，等电点不同。在盐溶液中，蛋白质若结合较多的阴离子（如 Cl^-、SO_4^{2-} 等），则等电点移向较低的 pH，因为负电荷相对增多了，只有降低 pH 才能达到等电点状态；若蛋白质结合较多的阳离子，则等电点的 pH 升高，因为结合阳离子后，正电荷相对增多，只有 pH 升高才能达到等电点状态，如胰岛素在水溶液中的等电点为 5.3，在含一定浓锌盐的水-丙酮溶液中的等电点为 6；如果改变锌盐的浓度，等电点也会改变。

3. 目的成分对 pH 的要求

过酸过碱会导致蛋白质等活性物质变性失活，因此在生产中应尽可能避免直接用强酸或强碱调节 pH，以免局部过酸或过碱。另外，调节 pH 应以尽量不增加新物质为原则，所用的酸或碱应与原溶液中的盐或即将加入的盐相对应，如原溶液中含有氯化钠时，可用盐酸或氢氧化钠调 pH；如溶液中含硫酸铵时，可用硫酸或氨水调 pH。

4. 等电点沉淀法效果不理想

由于各种蛋白质在等电点时，仍存在一定的溶解度，使沉淀不完全，而多数蛋白质的等电点又都十分接近，因此当单独使用等点电沉淀法效果不理想时，可以考虑采用几种方法结合来实现沉淀分离。

二、 水溶性非离子型聚合物沉淀法

（一）基本原理

水溶性非离子型聚合物近年来逐渐广泛应用于核酸和酶的分离提纯。这类物质包括不同相对分子质量的聚乙二醇（PEG）、葡聚糖等，其中，应用最多的是聚乙二醇（PEG），其结构式：$HOCH_2 (CH_2-O-CH_2) nCH_2OH$。

PEG 的亲水性强，能溶于水和许多有机溶剂，对热稳定，有广范围的相对分子质量，在生物大分子制备中，采用较多的是相对分子质量为 6000~20000 的 PEG。

聚合物有较强的亲水性，同时与生物大分子之间以氢键相互作用形成复合物，由于重力作用和空间位置排斥而形成沉淀析出。其优点如下：①操作条件温和，不易引起生物大分子变性；②沉淀效率高，水溶性非离子型聚合物使用量少，沉淀生物大分子的量多；③沉淀后水溶性非离子型聚合物容易去除。

（二）操作方法

用水溶性非离子型聚合物沉淀生物大分子时，一般有两种方法。①选用两种水溶性非离子型聚合物组成液–液两相体系，使生物大分子在两相系统中不等量分配，从而造成分离。此方法是受不同生物大分子表面结构不同，有不同的分配系数，并且有离子强度、pH 和温度等的影响，从而增强分离效果的。②选用一种水溶性非离子型聚合物和一种盐溶液，使生物大分子在同一液相中，由于被排斥而相互凝集沉淀析出。用该方法操作时应先离心除去大悬浮颗粒，调整溶液的 pH 和温度，然后加入中性盐和聚合物至一定浓度，混匀再冷储一段时间后，由于蛋白质在两种溶液中溶解度不同而形成沉淀。

（三）影响因素

PEG 的沉淀效果主要与其本身的浓度和相对分子质量有关，同时还受离子强度、溶液 pH 和温度等因素的影响。

用 PEG 等水溶性非离子型聚合物沉淀生物分子，沉淀中含有大量的非离子型聚合物，这需要用吸附法、乙醇沉淀法或盐析法将目的物吸附或沉淀，而聚合物不被吸附、沉淀，从而将其去除，但在操作上具有一定的难度。

三、 成盐沉淀法

生物大分子和小分子都可以生成盐类复合物沉淀，这种方法称为成盐沉淀法。此法一般可分：①与生物分子的酸性基团相互作用形成的金属复合盐法（如铜盐、锌盐、钙盐、铅盐等）；②与生物分子的碱性基团相互作用形成的有机酸复合盐法（如苦味酸盐、苦酮酸盐、鞣酸盐等）；③无机复合盐法（如磷钼酸盐、磷钨酸盐等）。以上复合物盐类都具有很低的溶解度，极易析出沉淀。但需要注意的是，重金属、某些有机酸或无机酸和蛋白质等生物分子形成复合盐后，常使蛋白质等生物分子发生不可逆的沉淀，应用时必须谨慎。

（一）金属复合盐法

许多蛋白质等生物分子在碱性溶液中带负电荷，能与金属离子形成复合盐沉淀。沉淀中的金属离子可以通过加入 H_2S 使其变成硫化物而除去。根据它们与生物分子作用的机制，金属离子可分为三类：①包括 Zn^{2+}、Mn^{2+}、Fe^{2+}、Co^{2+}、Cu^{2+}、Cd^{2+}、Ni^{2+}，它们主要作用于羧酸、胺及杂环等含氮化合物；②包括 Ca^{2+}、Ba^{2+}、Mn^{2+}，这些金属离子也能与羧酸作用，但对含氮物质的配体没有亲和力；③包括 Hg^{2+}、Ag^{2+}、Pb^{2+}，这类金属离子对含有巯基的化合物具有特殊的亲和力。蛋白质等生物分子中含有羧基、氨基、咪唑基和巯基等，均可以和上述金属离子作用形成复合物，但复合物的形式和种类则依各类金属离子和蛋白质等生物分子的性质、溶液离子强度和配体的位置等不同而有所不同。

蛋白质-金属离子复合物的重要性质是其溶解度对溶液介电常数非常敏感。调整水溶液的介电常数，即可沉淀多种蛋白质。但有时复合物的分解比较困难，并容易促使蛋白质等生物分子发生变性，应注意选择适当的操作条件。

（二）有机酸复合盐法

含氮有机酸如苦味酸、苦酮酸、鞣酸等，都能与生物分子的碱性基团形成复合物而沉淀。但这些有机酸与蛋白质等生物分子形成的盐复合物常常发生不可逆的沉淀反应。因此，工业上应用此法制备蛋白质等生物分子时，常采取较温和的条件，有时还需加入一定的稳定剂，以防止蛋白质等生物分子的变性。

单宁即鞣酸，广泛存在于植物界中，是一种多元酚类化合物，分子上有羧基和多个羟基。由于蛋白质等生物分子中有许多氨基、亚氨基和羧基等，很容易与单宁分子间因形成氢键而结合在一起，从而生成巨大的复合颗粒沉淀下来。

单宁沉淀蛋白质等生物分子的能力与蛋白质种类、环境 pH 及单宁本身的来源和浓度有关。由于单宁与蛋白质等生物分子的结合相对比较牢固，用一般方法不易将它们分开，故常采用竞争结合法使被结合的蛋白质等生物分子能被释放出来。选用的此类竞争性结合剂的有聚乙烯氮戊环酮碘剂（PVP）聚氧化乙烯、聚乙二醇、山梨醇甘油酸酯等。

（三）无机复合盐法

磷钨酸、磷钼酸等能与阳离子形式的生物小分子形成溶解度极低的复合盐，从而使其沉淀析出。无机复合盐法一般用于小分子物质如氨基酸等的分离制备，而在蛋白质、酶和核酸等生物大分子在分离提纯时则很少使用。其特点是常使蛋白质等生物大分子发生不可逆的沉淀，应用时必须谨慎。

◁ 任务四 结晶技术

结晶是溶质呈晶态从溶液中析出来的过程。很多生化物质利用形成晶体的性质进行分离纯化。在一定条件下，溶液中的溶质分子有规则排列而结合形成晶体，只有同类分子或离子才能排列形成晶体，故结晶过程具有高度的选择性。通过结晶，溶液中的大部分杂质会留在母液中，再通过过滤、洗涤等就可以得到纯度高的晶体。结晶法是生化物质进行分离与纯化的一种常用方法，广泛用于氨基酸、有机酸、抗生素等生物产物的分离纯化过程中。

一、 晶体的概念

固体物质分为结晶形和无定形两种状态。食盐、蔗糖、氨基酸、柠檬酸都是结晶形物质，而淀粉、蛋白质、酶制剂、木炭、橡胶等都是无定形物质。它们的区别在于构成单位（原子分子或离子）的排列方式不同，结晶形物质是三维有序规则排列的固体，而无定形物质是无规则排列的物质。晶体具有一定的融化温度（熔点）和固体的几何形状，具有各向异性的现象，无定形物质不具备这些特征。当溶质从液相中析出时，不同的环境条件和控制条件下，可以得到不同形状的晶体，甚至是无定形物质。如表 3-6 所示为光辉霉素在不同溶质中的凝固状态。

表 3-6　　　　　　　　　　　光辉霉素在不同溶质中的凝固状态

溶剂	凝固状态	溶剂	凝固状态
三氯甲烷浓缩液滴入石油醚	无定形沉淀	丙酮	长柱状晶体
乙酸戊酯	微粒晶体	戊酮	针状晶体

二、结晶的过程

结晶分为溶质溶解为分子扩散进入液体内部，溶质分子从液体中扩散到固体表面进行沉积两个过程。如果溶液浓度未达到饱和，则固体的溶解速率大于沉积速率；如果溶液的浓度达到饱和，则固体的溶解速率等于沉积速率，溶液处于一种平衡状态，不能析出晶体。当溶液浓度超过饱和浓度，达到一定的过饱和度时，溶液平衡状态被打破，固体的溶解速率小于沉积速率，这时才有晶体析出。晶体析出溶液的饱和度有关，溶液的过饱和与溶解度曲线见图 3-3。图中 SS 曲线和 TT 曲线，将溶解度与温度-浓度图分成三个区域。

稳定区

在 SS 曲线下半部区域，其浓度等于或低于平衡浓度，在这里不可能发生结晶，在该区域任意一点溶液均是稳定的。

介稳区

在 SS 曲线与 TT 曲线之间的区域。在介稳区，结晶不能自动进行，但如加入晶体，则能诱导结晶进行。这种加入的晶体称为晶种。介稳区又可细分为两个区：养晶区（TT′曲线与 SS 曲线间）和刺激起晶区（TT′曲线与 TT 曲线间）。

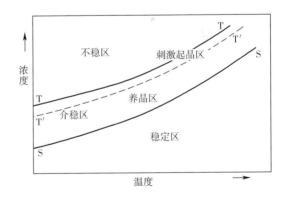

图 3-3　溶液的过饱和与溶解度曲线

不稳区

在 TT 曲线的上半部的区域，在该区域任意一点溶液均能自发形成结晶，溶液中溶质浓度迅速降低至 SS 线（饱和）。在此时，晶体生长速度快，晶体尚未长大，溶质浓度便降至饱和溶解度，此时已形成大量的细小结晶，晶体质量差。

结晶过程中最先析出的微小颗粒是晶体的中心，称为晶核。晶核形成以后，在良好的结晶环境中，继续成长为晶体。可见，结晶包括三个过程：过饱和溶液的形成、晶核的生成、晶体的生长。

（一）过饱和溶液的形成

结晶的首要条件是溶液达到过饱和。溶液的过饱和度，与晶核生成速率和晶体生长速率都有关系，因而对结晶产品的粒度及其分布有重要影响。在低过饱和度的溶液中，晶体生长速率与晶核生成速率的比值较大，因而所得晶体较大，晶形也较完整，但结晶速率很慢。当过饱和度增大时，溶液黏度增高，杂质含量也增大，容易产生一些问题：成核速率过快，晶体细小；晶体生长速率过快，容易在晶体表面产生液泡，影响结晶质量；结晶壁产生晶垢，给结晶操作带来困难，使产品纯度降低。因此，过饱和度与结晶速率、成核速率、晶体生长速率及结晶产品质量之间都有影响，在工业生产中应根据具体产品的质量要求，取最适宜的过饱和度。一般在工业结晶器内，过饱和度通常控制在介稳区内，此时结晶器具有较高的生产能力，又可得到一定大小的晶体产品。

过饱和溶液的制备一般有四种方法。

1. 饱和溶液冷却法

饱和溶液冷却法适用于溶解度随温度降低而显著减小的物质。例如，冷却 L-氨酸的浓缩液至 4℃左右，放置 4h，L-脯氨酸结晶将大量析出。与此相反，对溶解度随温度升高而显著减少的场合，则应采用加温结晶。

2. 部分溶剂蒸发法

部分溶剂蒸发法是将溶液在加压、常压或减压下加热，蒸发除去部分溶剂达到过饱和的结晶方法。此法主要适用于溶解度随温度的降低而变化不大的物质。例如，灰黄霉素的丙酮萃取液真空浓缩除去部分丙酮后即有结晶析出。

3. 化学反应结晶法

化学反应结晶法是通过加入反应剂或调节 pH 生成一个新的溶解度更低的物质，当其浓度超过它的溶解度时，就有结晶析出。例如：在头孢菌素 C 的浓缩液中加入乙酸钾，即析出头孢菌素钾盐；在利福霉素 S 的乙酸丁酯萃取浓缩液中加入氢氧化钠，利福霉素 S 即转为其钠盐而析出；四环素、氨基酸等水溶液，当其 pH 调至等电点附近时就会有结晶或沉淀。

4. 解析法

解析法是向溶液中加入某些物质，使溶质的溶解度降低，形成过饱和溶液而析出结晶的方法。这些物质称为抗溶剂或沉淀剂，它们可以是固体，也可以是液体或气体。抗溶剂最大的特点就是极容易溶解在原溶液的溶剂中。利用固体氯化钠作为抗溶剂使溶液中溶质尽可能地结晶出来的方法称为盐析结晶法。如普鲁卡因青霉素结晶时加入一定量的食盐，可以使晶体容易析出。向水溶液中加入一定量亲水性的有机溶剂，如甲醇、乙醇、丙酮等，降低溶质的溶解度，使溶质结晶析出，这种结晶方法称为有机溶剂结晶法。例如，利用卡那霉素容易溶于水而不溶于乙醇的性质，在卡那霉素脱色液中加入95%的乙醇至微浑，加晶种并保温，即可得到卡那霉素的粗晶体。

在工业生产中，除了单独使用上述各法外，还常将几种方法合并使用。例如，制霉菌素结晶的制备就是并用饱和溶液冷却和部分溶剂蒸发两种方法。先将制霉菌素的乙醇提取液真空浓缩10倍，再冷至5℃放置2h，即可得到制霉菌素结晶；维生素 B_{12} 的结晶原液中，加入5~8倍用量的丙酮，使结晶原液浑浊，在冷库中放置3d，就可得到紫红色的维生素 B_{12} 结晶。

（二）晶核的生成

晶核是在过饱和溶液中最先析出的微小颗粒，是以后结晶的中心。单位时间内在单位体积溶液中生成的新晶核数目，称为成核速率。成核速率是决定晶体产品粒度分布的首要因素。工业结晶过程要求有一定的成核速率，如果成核速率超过要求，必将导致细小晶体生成，影响产品质量。

1. 成核机理

溶质在溶液中成核现象，即生成晶核，在结晶过程中占有重要的地位。晶核的产生根据成核机理可分为初级成核和二次成核。

（1）初级成核 初级成核是过饱和溶液中的自发成核现象，即在没有晶体存在的条件下，自发产生晶核的过程。初级成核，根据饱和溶液中有、无其他微粒诱导而分为非均相成核和均相成核。分子、原子或离子在溶液中做快速运动，可称为运动单元；结合在一起的运动单元称为集合体；结合体逐渐长大，当增大到某种极限时，结合体可称为结合体，可称之为晶坯，晶坯长大成为晶核。

实际上溶液中常常难以避免外来固体物质颗粒，如大气中的灰尘，或其他人为引入的固体粒子。这种存在其他颗粒的过饱和溶液中自发产生晶核的过程，称为非均相初级成核。非均相初级成核，可以在比均相成核更低的过饱和度下发生。在工业结晶器中发生均相初级成核的机会比较少。

（2）二次成核 如果向过饱和溶液中加入晶种，就会产生新的晶核，这种现象称为二次成核。二次成核的机理一般认为有剪应力成核和接触性两种。剪应力成核是指当过饱和溶液以较大的流速流过正在生长中的晶体表面时，在流体边界层存在的剪应力能将一些附着于晶体之上的粒子扫落，而成为新的晶核；接触成核，是指当晶体与其他固体物接触时所产生的附着于晶体表面上的碎粒。

接触成核的概率往往大于剪应力成核。例如，用水与冰晶在连续混合搅拌结晶器中的试验表明，晶体与搅拌桨的接触成核速率，在成核速率中约占40%，晶体与器壁或挡板的约占 15%，晶体与晶体的约占 20%，剩下的 25% 可归因于流体剪应力等作用。

2. 成核速率的影响因素

成核速率主要与溶液的过饱和度、温度以及溶质种类有关。在一定温度下，当过饱和度超过某一值时，成核速率则随过饱和度的增加而加快。但实际上成核速率并不按理论曲线进行变化，因为过饱和度太高时，溶液的黏度就会显著增大，分子运动减慢，成核速率反而减少。由此可见，要加快成核速率，就需要适当增加过饱和度，但过饱和度过高时，对成核速率并不利。实际生产中，常从晶体生长速率及所需晶体大小两个方面来选择适当的过饱和度。

在过饱和度不变的情况下，温度升高，成核速率也会加快，但温度又对过饱和度有影响，一般当温度升高时，过饱和度会降低。所以温度对成核速率的影响要从温度与过饱和度相互消长的速率来决定。根据经验，一般成核速率开始随温度升高而上升，当达到最大值后，温度再升高，成核速率反而降低。

成核速率与溶质种类有关。对于无机盐类，有下列经验规则：阳离子或阴离子的化合价越大，越不容易成核；在相同化合价下，含结晶水越多，越不容易成核。对于有机物质，一般结构越复杂，相对分子质量越大，成核速率就越慢。例如，过饱和度很高的蔗糖溶液，可保持长时间不析出。对于粒度小于某一最小值的晶体，其单个晶粒的接触成核速率接近于零。粒度增大，接触频率及能量增大，单个晶粒成核速率增加，越过某一最大值后，晶粒与桨叶的接触频率降低，成核速率下降。当晶粒大于某一粒度的界限时，晶粒不再参与循环而沉于结晶器的底部。

3. 常用的工业起晶方法

在工业生产中，使溶液产生晶核，也叫起晶。采用合适的起晶方法，可以提高晶核质量，从而控制成品质量。常用的起晶方法有三种：自然起晶法、刺激起晶法和晶种起晶法。

自然起晶法：溶剂蒸发进入不稳定区形成晶核、当产生一定量的晶种后，加入稀溶液使溶液浓度降至亚稳定区，新的晶种不再产生，溶质在晶种表面生长。

刺激起晶法：将溶液蒸发至亚稳定区后，冷却，进入不稳定区，形成一定量的晶核，此时溶液的浓度会有所降低，进入并稳定在亚稳定的养晶区使晶体生长。

晶种起晶法：将溶液蒸发后冷却至亚稳定区的较低浓度，加入一定量和一定大小的晶种，使溶质在晶种表面生长。该方法容易控制、所得晶体形状大小均较理想，是一种常用的工业起晶方法。

在三种方法中，前两种方法因不易控制，现已较少采用。晶种起晶法也称加晶种控制起晶法，是目前普遍采用的方法。但是，在生产中应控制晶种的质量和数量，投加的晶种必须整齐，大小均匀，不含碎粒、粉尘和杂物。

制备晶种的常用方法有两种。

（1）如有现成晶体，可取现有晶体，经粉碎机粉碎，过筛，按各档目数 20 目、30 目、40 目分级投入一定量至待结晶溶液中使用。

（2）如果没有现成晶体，可取 1~2 滴待结晶溶液置于表面玻璃皿上，缓慢蒸发除去溶液，可获得少量晶体。或者取少量待结晶溶液置于一试管中，旋转试管使溶液在管壁上形成薄膜，使溶剂蒸发至一定程度后，冷却试管，管壁上即可形成一层结晶。用玻璃棒刮下玻璃皿或试管壁上所得的结晶，蘸取少量接种到待结晶的溶液中，轻轻搅拌并放置一定时间，即有结晶形成。

（三）晶体的生长

在过饱和溶液中已有晶核形成或加入晶种后，以浓度差为推动力，晶核或晶种将长大，这种现象称为晶体的生长。晶体的生长速率也是影响晶体产品粒度大小的一个重要因素。因为晶核形成后立即开始晶体生长，同时新的晶核还在继续形成，如果晶核生成速率大大超过晶体生长速率，则过饱和度主要用来生成新的晶核，因而得到细小的晶体，甚至成无定形固体颗粒；反之，如果晶体生长速率超过晶核生成速率，则得到粗大而均匀的晶体。在实际生产中，一般希望得到粗大而均匀的晶体，因为这样的晶体便于以后的过滤、洗涤、干燥等操作，且产品质量也较高。

影响晶体生长速率的因素主要有温度、过饱和度、搅拌和杂质等。

温度对晶体生长速率的影响要大于成核速率，当溶液缓慢冷却时，得到较粗大的颗粒；当溶液快速冷却时，达到的过饱和程度较高，得到的晶体较细小。

过饱和度增高一般会使结晶速率增大，但同时引起黏度增加，结晶速率增大受阻。

搅拌能促进扩散，加速晶体生长，同时也能加速晶核形成，但超过一定范围，效果就会降低，搅拌越剧烈，晶体越细。应确定适宜的搅拌速率，获得需要的晶体，防止晶簇形成。

杂质通过改变晶体与溶液之间的界面。上液层的特性可影响溶质长入晶面，或通过杂质本身在晶面上的吸附，发生阻挡作用；如果杂质和晶体的晶格有相似之处，杂质能长入晶体内而产生影响。

三、影响结晶析出的主要条件

结晶时，在过饱和溶液中生成新相的过程涉及固液平衡，影响结晶操作和产品质量的因素很多。

1. 溶液浓度

溶质的结晶必须在超过饱和浓度时才能实现，所以目的物的浓度是结晶的首要条件，一定要予以保证。浓度高，结晶收率高，但溶液浓度过高时，结晶物的分子在溶液中聚集析出的速率太快，超过这些分子形成晶核的速率便得不到晶体，只获得一些无定形固体颗粒；再者，溶液浓度过高，相应的杂质浓度也增大，容易生成纯度较差的粉末结晶；另外，溶液浓度过高，结晶壁容易产生晶垢，给结晶操作带来困难。因此，溶液的浓度应根据工艺和具体情况确定或调整，才能得到较好、较多的晶体。一般情况下，结晶操作应以最大过饱和度为限，在不易产生晶垢的过饱和度下进行。

2. 样品纯度

大多数情况下，结晶是同种物质分子的有序堆砌。无疑杂质分子的存在是结晶物质分子规则化排列的空间障碍。因此，多数生物大分子需要相当的纯度才能进行结晶。一般来说，纯度越高，越容易结晶，结晶母液中目的物的纯度应接近或超过50%。杂质的积累除了会影响产物结晶的纯度外，还会改变目标产物的溶解度，改变晶体的习性，影响目标产物结晶的理化性质（如导电性、催化反应活性）及生物活性（如抗生素药效）。

3. 溶剂

溶剂对于晶体能否形成和晶体质量的影响十分显著，故在结晶试验中挑选合适的溶剂时应考虑：所用溶剂不能和结晶物质发生任何化学反应；选用的溶剂应对结晶物质有较高的温度系数，以便利用温度的变化达到结晶的目的；选用的溶剂应对杂质有较大的溶解度，或在不同的温度下结晶物质与杂质在溶剂中应有溶解度的差别；所用溶剂为易挥发的有机溶剂时，应考虑操作是否方便、安全。工业生产上，还应考虑成本高低、是否容易回收等。

4. pH

一般来说，两性生化物质在等电点附近溶解度低，有利于达到过饱和使晶体析出，所以生化物质结晶时的 pH 一般选择在等电点附近。例如，溶菌酶的5%溶液，pH 为9.5~10，在4℃放置过夜便会析出晶体。

5. 温度

根据操作温度的不同，生成的晶形和结晶水会发生改变，因此，结晶操作温度一般可控制在较小的温度范围内。从生物活性物质的稳定性而言，生成结晶一般要求在较低的温度下进行，这样不容易使目标产物变性失活。另外，低温可使溶质溶解度降低而有利于溶质的饱和，还可避免细菌繁殖。因此，生化物质的结晶温度多控制在0~20℃，对富含有机溶剂的结晶体系则要求更低的温度。但也有某些酶，如猪糜胰蛋白酶，需要在稍高的温度（25℃）下才能较好地析出晶体。另外，若温度过低，有时由于黏度大会使结晶生成变慢，可在低温下析出结晶后适当升温。通过降温促使结晶时，如果降温快，则结晶颗粒小；降温慢，则结晶颗粒大。

6. 搅拌与混合

增大搅拌速率可提高成核和生长速率，但搅拌速率过快会造成晶体的剪切破碎，影响结晶产品质量。在工业生产中应尽量利用直径或叶片较大的搅拌桨，并注意控制搅拌桨的转速。

四、 提高晶体质量的方法

晶体的质量主要指晶体的大小、形状和纯度三个方面。工业上通常希望得到粗大而均匀的晶体。粗大而均匀的晶体较细小不规则的晶体便于过滤和洗涤，在储存过程中不容易结块。

（一）晶体大小

前面已分别讨论了影响晶核形成及晶体生长的因素，但实际上成核及其生长是同时进行的，因此必须同时考虑这些因素对两者的影响。过饱和度增加能使成核速度和晶体生长速度增快，但成核速度增加更快，因而得到细小的晶体。尤其过饱和度很高时影响更为显著。当溶液快速冷却时，能达到较高的饱和度，得到较细小的晶体；反之，缓慢冷却常得到较大的晶体。例如，土霉素的水溶液以氨水调 pH 至 5，温度从 20℃ 降低到 5℃，使土霉素碱结晶析出，温度降低速度越快，得到的晶体比表面就越大，晶体越细。当溶液的温度升高时，使成核速度和晶体生长速度都加快，但对后者影响显著。因此低温得到较细晶体。搅拌能促进成核加快扩散，提高晶体长大的速度，但当搅拌达到一定程度后再加快搅拌速度效果就不明显；相反，晶体还会被打碎。经验表明，搅拌越快，晶体越细。

（二）晶体形状

同种物质用不同方法结晶时，得到的晶体形状可以完全不一样，虽然他们属于同种一种晶系。外形的变化是由于在一个方向生长受阻，或在另一方向生长加速所致。前已指出，快速冷却常导致针状结晶。其他影响晶形的因素有过饱和度、搅拌、温度、pH 等。从不同溶剂中结晶常得到不同的外形。例如，普鲁卡因青霉素在水溶液中结晶得方形晶体，而从乙酸丁酯中结晶呈长棒状。

杂质的存在也会影响晶型，杂质可吸附在晶体的表面上，而使其生长速度受阻。

（三）晶体的纯度

从溶液中结晶析出的晶体并不是十分纯粹的。晶体常会包含母液、尘埃和气泡等。所以结晶器需要非常清洁，结晶液也应仔细过滤以防止夹带灰尘、铁锈等。要防止夹带气泡可不用强烈搅拌和避免激烈翻腾。晶体表面有一定的物理吸附能力，因此表面上有很多母液和杂质。晶体越细小，表面积越大，吸附的杂质也就越多。表面吸附的杂质可通过晶体的洗涤除去。对于非水溶性晶体，常可用水洗涤，如红霉素、制霉菌素等。有时用溶液洗净能除去表面吸附的色素，对提高成品质量起很大作用。例如，灰黄霉素晶体，本来带黄色，用丁醇洗条后就显白色；又如青霉素钾盐的发黄变质主要是成品中含有青霉烯酸和噻唑酸，而这些杂质都很容易溶于醇中，故用醇洗涤时可除去。用一种或多种溶剂洗染后，为便于干燥，最后常用容易挥发的溶剂，如乙醇、乙醚等洗涤。为加强洗涤效果，最好是将溶液加到晶体中，搅拌后再过滤。边洗涤边过滤的效果较差，因为容易形成沟流使有些晶体不能被洗到。

当结晶速度过大时（如过饱和度较高、冷却速度很快时），常容易形成晶簇，而包含母液等杂质，或晶体对溶液有特殊的亲和力，晶格中常会包含溶剂。对于这种杂质，用洗涤的方法不能除去，只能通过重结晶来除去。例如，红霉素从有机溶剂中结晶时，用每一分子碱可含 1~3 个分子丙酮，只有在水中结晶才能除去。

杂质与晶体具有相同晶形，称为同结晶现象。对于这种杂质需用特殊的物理化学方法分离除去。

（四）晶体结块

晶体的结块给使用带来很多不便。结块的主要原因是母液没有洗净，温度的变化会使母液中溶质析出，而使颗粒胶结在一起。另外，吸湿性强的晶体容易结块。当空气中湿度较大时，表面晶体吸湿溶解成饱和溶液，充满于颗粒缝隙中，以后如空气中湿度降低时，饱和溶液蒸发又析出晶体，而使颗粒胶结成块。

均匀整齐的颗粒晶体结块倾向较小，即使发生结块，由于晶块结构疏松，单位体积的接触点少，结块也容易被弄碎。粒度不均匀的晶体，由于大晶粒之间的空隙充填着较小晶粒，单位体积中接触点增多，结块倾向较大，而且不容易被弄碎。晶粒均匀整齐，但为长柱形，能挤在一起而结块。

（五）重结晶

重结晶是将晶体用合适的溶剂溶解，再次结晶，使纯度提高。因为杂质和结晶物质在不同溶剂和不同温度下的溶解度是不同的。

重结晶的一般操作过程：①选择合适的溶剂；②将经过粗结晶的物质加入少量的热溶剂中，并使之溶解；③冷却使之再次结晶；④分离母液；⑤洗涤晶体。重结晶的关键是选择合适的溶剂。

◀ 小结

1. 盐析法

盐析法是利用生物分子溶解度的差异，向溶液中加入高浓度中性盐，达到分离的目的。盐析原理有两点：破坏蛋白质表面水化膜；中和表面电荷。盐析法优点：经济、安全、操作简便、不易引起蛋白质变性。缺点：分辨率不高。适合于生化物质粗提纯阶段。常用于蛋白质、酶、多肽、多糖和核酸等物质的分离与纯化。

2. 有机溶剂沉淀法

有机溶剂沉淀法是指向溶液中加入亲水性的有机溶剂，使溶质分子溶解度降低从而使溶液中沉淀析出的方法。加入亲水性有机溶剂后可以降低溶液介电常数，增加生物分子上电荷的引力；破坏生物分子水化膜，降低生物分子溶解度。优点：能力比盐析法高、沉淀不用脱盐、应用比盐析法广泛。缺点：易引起变性失活，操作要求在低温下进行，有机溶剂易燃易爆，注意使用安全。

3. 其他沉淀法

等电点沉淀法：操作简单，试剂消耗量少，引入杂质少。

水溶性非离子型聚合物沉淀法：常用聚乙二醇（PEG）；条件温和、效率高、易去除。

成盐沉淀法：金属复合盐法、有机酸复合盐法、无机复合盐法。

4. 结晶法

结晶是溶质呈晶态从溶液析出的过程。结晶包括三个过程：过饱和溶液的形成、晶核的生成和晶体的长大。溶液浓度、样品纯度、溶剂、温度、搅拌与混合等会影响结晶操作和产品质量，在生产中应注意提高晶体质量。

【技能实训】

实训一　硫酸铵盐析法分级分离血浆中的 IgG

一、实训目的

（1）了解硫酸铵沉淀蛋白质的原理。

（2）掌握硫酸铵分级沉淀分离血浆中 IgG 的基本操作和方法。

二、实训原理

IgG 是免疫球蛋白（简称 IgG）的主要成分之一，分子质量为 15 万～16 万。IgG 是动物和人体血浆的重要成分之一。血浆蛋白质的成分多达 70 余种，要从血浆中分离出 IgG，首先要进行除去其他蛋白质成分的粗分离程序，使 IgG 在样品中比例大为增高，然后再纯化而获得 IgG。盐析法是粗分离蛋白质的重要方法之一，是利用各种蛋白质所带电荷不同、相对分子质量不同，在高浓度的盐溶液中溶解度不同的性质分离蛋白的方法，因此一个含有几种蛋白质的混合液，就可用不同浓度的中性盐来使其中各种蛋白质先后分别沉析下来，达到分离纯化的目的，这种方法称为分级盐析。其中最常用的盐析剂是硫酸铵，本实训利用硫酸铵饱和溶液沉淀并分离目的蛋白质。

三、器具与试剂

1. 仪器

离心机、烧杯、高精度 pH 试纸、大容量瓶、移液管、玻璃棒等。

2. 试剂

动物血浆或血清（无溶血现象）。

（1）饱和硫酸铵溶液 取化学纯（NH_4）$_2SO_4$ 800g，加蒸馏水 1000mL，不断搅拌下加热至 50~60℃，并保持数分钟，趁热过滤，滤液在室温中过夜，有结晶析出，即达到 100%饱和度，使用时用浓 NH_4OH 调至 pH 7.0。

（2）0.2mol/L pH 7.2 的磷酸盐缓冲液（PBS）其配制方法如下所述。

①配 A 液：0.2mol/L 磷酸氢二钠溶液（取磷酸氢二钠 5.37g 加去离子水定容至 100mL）。

②配 B 液：0.2mol/L 磷酸二氢钠溶液（称取磷酸二氢钠 3.12g 加去离子水定容至 100mL）。

③取 A 液约 72mL，取 B 液约 28mL，然后将这两种溶液边混合边用高精度 pH 试纸检测，调配成约 100mL 浓度为 0.2mol/L pH 7.2 的磷酸盐缓冲液备用。

（3）动物血浆或血清（无溶血现象）。

四、操作步骤

（1）在 1 支离心管中加入 5mL 血清和 5mL 0.01mol/L pH7.0 磷酸盐缓冲液，混匀。

（2）用胶头滴管吸取饱和硫酸铵溶液，边滴加边搅拌于血浆溶液中，使溶液的最饱和度为 20%，用滴管边加边搅拌，是为防止饱和硫酸铵一次性加入或搅拌不均匀造成局部过饱和的现象，使盐析达不到预期的饱和度，得不到目的蛋白质。搅拌时不要过急，以免产生过多泡沫，致使蛋白质变性。

（3）加完后应在 4℃ 放置 15min，使之充分盐析（蛋白质样品量大时，应放置过夜）。然后以 3000r/min 离心 10min，弃去沉淀（沉淀为纤维蛋白原），上清液中为清蛋白、球蛋白。

（4）量取上清液的体积，置于另一离心管中，用滴管继续在上清液中滴加饱和硫酸铵溶液，使溶液的饱和度达到 50%（计算出应加入饱和硫酸铵溶液的体积）。加完后在 4℃ 放置 15min，以 3000r/min 离心 10min，清蛋白在上清液中，沉淀为球蛋白。弃去上清液，留下沉淀部分。

（5）将所得的沉淀再溶于 5mL 0.01mol/L，pH 7.0 磷胶盐缓冲液中。滴加饱和硫酸铵溶液，使溶液的饱和度达 35%（计算出应加入饱和硫酸铵溶液的体积）。加完后在 4℃ 放置 20min，3000r/min 离心 15min，α，β 球蛋白在上清液中，沉淀为 IgG。弃去上清液，即获得粗制的 IgG 沉淀。

五、实训结果与处理

Bradford 法测定工艺过程中所得各种蛋白质和终产物 IgG 的浓度及总含量。

六、思考与讨论

（1）如何继续分离纯化上清液中的球蛋白？

（2）如何加磷酸盐缓冲液？

实训二　槐耳粗多糖的提取

一、实训目的

（1）掌握槐耳粗多糖的提取过程。

（2）了解分级沉淀的工作原理及操作方法。

二、实训原理

槐耳是一种珍稀药用菌，多糖是药用菌中重要的活性成分。槐耳粗多糖是一种棕褐色粉末，没有明显的熔点，在280℃时变黑，易溶于热水，稍溶于低浓度乙醇，不溶于高浓度乙醇、丙酮、乙醚、乙酸乙酯、正丁醇等有机溶剂。

本实验采用乙醇分级沉淀法制备槐耳多糖。分级沉淀法是指在混合组分的溶液中加入与该溶液能互溶的溶剂，通过改变溶剂的极性而改变混合组分溶液中某些成分的溶解度，使其从溶液中析出。其中最常用的有机溶剂为乙醇。通过向待提取物料混合物中分次加入乙醇（乙醇：中强极性，能与水以任何比例相混。乙醇浓度越高溶液极性越低，各种目的产物在乙醇中的溶解度随乙醇浓度的变化而变化），使醇含量逐步增高，逐级沉淀出分子质量由大到小的蛋白质、多糖、多肽。

三、器具与试剂

1. 器具

分液漏斗、电炉、分析天平、蒸馏装置。

2. 试剂

槐耳、蒸馏水、氯仿、正丁醇、95%乙醇。

四、操作步骤

1. 浸泡

250g槐耳，粉碎后加入8倍蒸馏水浸泡24h。

2. 热浸提

pH自然，100℃，不时搅拌，2h。

3. 过滤

残渣加入适量的水，重复抽提一次，合并两次提取所得滤液。

4. 浓缩

采用蒸发浓缩法，加热至小于150mL左右体积。

5. 去蛋白

连续2~3次加入氯仿：正丁醇=4：1溶液去除蛋白（sevag法），至不显示蛋白反应为止，离心收集上清液。

（注：sevag法为加入0.2倍多糖体积的氯仿和乙醇的混合液，震荡分离15min左右，直到氯仿和水的界面没有沉淀为止，且重复处理2~3次才能有效去除多糖

中的蛋白质。)

6. 浓缩和抽提

本次实验经浓缩和抽提之后获得 80g 的粗多糖提取液。将所得的多糖的粗提取液平均分成 4 份，依据每份的质量体积按照 70%、75%、80%、85% 的乙醇浓度加入乙醇，室温下静止 24h。

7. 离心（滤纸过滤，切记不要震荡）

3600r/min，离心 10min。

8. 收集沉淀

采用对流加热干燥方法，60℃加热干燥至恒重。

五、结果与处理

称重干燥后产品的质量，按照下表记录数据。

乙醇浓度				
滤纸质量/g				
总质量/g				
粗多糖净含量/g				

六、思考与讨论

（1）沉淀多糖最适乙醇用量是什么？

（2）粗多糖的提取率是多少？

◦ **实训三** 等电点沉淀法分离牛乳中的酪蛋白

一、实训目的

（1）理解等电点沉淀法原理，学习从牛乳中采用等电点沉淀法制备酪蛋白的操作方法。

（2）加深对蛋白质等电点性质的理解。

二、实训原理

蛋白质是种亲水胶体，在水溶液中蛋白质分子表面可形成一个水化层。另外，蛋白质又是一种两性物质，在一定 pH 下溶液能够维持一个稳定的状态。但是调节蛋白质溶液的 pH 至等电点时，蛋白质会因失去电荷而变得不稳定，此时若再加脱水剂或加热，水化层被破坏，蛋白质分子就相互凝聚而析出。等电点沉淀法主要利用两性电解质分子在等电点时溶解度最低的原理，而多种两性电解质具有不同等电点而进行分离的一种方法。

牛乳中主要的蛋白质是酪蛋白，含量约为 35g/L。酪蛋白是一些含磷蛋白质的混合物，等电点为 4.7。将牛乳的 pH 调至 4.7 时，酪蛋白就沉淀出来。用乙醇洗涤沉淀，除去脂类杂质后便可得到较纯的酪蛋白。

但单独利用等电点沉淀法来分离生化产品效果并不太理想，因为即使在等电点时，有些两性物质仍有一定的溶解度，并不是所有的蛋白质在等电点时都能沉淀下来，特别是同一类两性物质的等电点十分接近时。生产中等电点沉淀法常与有机溶剂沉淀法、盐析法并用，这样沉淀的效果较好。

三、器具与试剂

1. 器具

恒温水浴、普通离心机、精密 pH 试纸或酸度计、布氏漏斗、抽滤瓶、表面皿、离心管、量筒、烧杯、玻棒、电子天平。

2. 试剂

新鲜牛乳。95%乙醇、乙醚、0.2mol/L 醋酸溶液、0.2mol/L pH 4.7 醋酸–醋酸钠缓冲液［配制 A 液（0.2mol/L 醋酸钠溶液）：称取分析纯醋酸钠（$CH_3COONa \cdot 3H_2O$）27.22g 溶于蒸馏水中，定容至 100mL。配制 B 液（0.2mol/L 醋酸溶液）：称取分析纯冰醋酸（含量大于 99.8%）12.0g 溶于蒸馏水中，定容至 1000mL。取 A 液 885mL 和 B 液 615mL 混合，即得 pH 4.7 的醋酸钠缓冲液 1500mL］。

四、操作步骤

（1）取 30mL 鲜牛乳，置 100mL 烧杯中，加热至 40℃。在搅拌下慢慢加入预热至 40℃、pH 4.7 的醋酸–醋酸钠缓冲溶液 40mL，再用精密 pH 试纸或酸度计检查 pH。醋酸溶液调至 pH 4.7，静置冷至室温。

（2）悬浮液出现大量沉淀后，转移至离心管中，3500r/min 离心 10min 弃去上清液，所得沉淀为酪蛋白的粗制品。

（3）用 40mL 蒸馏水洗涤沉淀，将沉淀搅起，同上离心分离，弃去上清液。加入 95%乙醇，把沉淀充分搅起至成悬浊液，将其转移到布氏漏斗中抽滤，先用 30mL 95%乙醇洗涤，再用 30mL 乙醚洗涤，最后抽干制得酪蛋白。

（4）将酪蛋白白色粉末摊在表面皿上风干，于电子天平称重，记录酪蛋白质量。

五、结果与处理

（1）记录实验数据。

（2）计算酪蛋白得率（牛乳中酪蛋白理论含量为 3.5g/100mL）。

六、思考与讨论

（1）为什么在牛乳中加入缓冲液后，还要再加几滴 0.2mol/L 的醋酸溶液？

（2）用乙醇洗涤沉淀时，为什么要充分将沉淀搅起成悬浊液？

实训四 结晶法提纯胃蛋白酶

一、实训目的

（1）掌握胃蛋白的提取过程。

（2）理解结晶法的工作原理，掌握操作方法。

二、实训原理

药用胃蛋白酶是胃液中多种蛋白水解酶的混合物，含有胃蛋白酶、组织蛋白酶、胶原蛋白酶等，为粗制的酶制剂。临床上主要用于因进食蛋白性食物过多所致的消化不良及病后恢复期消化机能减退等。胃蛋白酶广泛存在于哺乳类动物的胃液中，药用胃蛋白酶从猪、牛、羊等家畜的胃黏膜中提取。

药用胃蛋白酶制剂，外观为淡黄色粉末，具有肉类特殊的气味及微酸味，吸湿性强，易溶于水，水溶液呈酸性，可溶于 70%乙醇和 pH 为 4 的 20%乙醇中，难溶于乙醚、氯仿等有机溶剂。

干燥的胃蛋白酶稳定，100℃加热 10min 不被破坏。在水中，于 70℃以上或 pH 6.2 以上开始失活，pH 8.0 以上呈不可逆失活，在酸性溶液中较稳定，但在 2mol/L 以上的盐酸中也会慢慢失活。最适 pH 1.0~2.0。

结晶胃蛋白酶呈针状或板状，经电泳可分出 4 个组分。其组成元素除 N、C、H、O、S 外，还有 P、Cl。相对分子质量为 34500，pI 为 1.0。

胃蛋白酶是具有生物活性的大分子物质，本实训采用结晶法提纯胃蛋白酶，可以提高胃蛋白酶的活性。

三、器具与试剂

1. 器具

烧杯、玻璃棒、试管、水浴锅、旋转蒸发仪、真空干燥箱、可见分光度计、研钵等。

2. 试剂

猪胃黏膜。盐酸、硫酸、纯化水、氯仿、5%三氯醋酸、血红蛋白试液、硫酸镁。

四、操作步骤

1. 酸解、过滤

在烧杯内预先加水 500mL，加盐酸，调 pH 1.0~2.0，加热至 50℃时，在搅拌下加入 1kg 猪胃黏膜，快速搅拌使酸度均匀，45~48℃，消化 3~4h。用纱布过滤除去未消化的组织，收集滤液。

2. 脱脂、去杂质

将滤液降温至 30℃以下用适量氯仿提取脂肪，水层静置 24~48h。使杂质沉淀，分出弃去，得脱脂酶液。

3. 结晶、干燥

加入乙醇中，使乙醇体积为 20%，加 H_2SO_4 调 pH 至 3.0，5℃静置 20h 后过滤，加硫酸镁至饱和，进行盐析。盐析所得沉淀在 pH 3.8~4.0 的乙醇中溶解，过滤，滤液用硫酸调 pH 至 1.8~2.0，即析出针状结晶——胃蛋白酶。将沉淀溶于 pH 4.0 的 20%乙醇中，过滤，滤液用硫酸调 pH 至 1.8，在 20℃放置，可得板状或针状结晶。真空干燥，球磨，即得胃蛋白酶粉。

4. 活力测定

胃蛋白酶系药典收载药品，按规定每 1g 胃蛋白酶应至少能使凝固卵蛋白 3000g 完全消化。在 109℃干燥 4h，减重不得超过 4.0%。每 1g 含糖胃蛋白酶中含蛋白酶活力不得少于标示量。

取试管 6 支，其中 3 支各精确加入对照品溶液 1 mL，另 3 支各精确加入供试品溶液 1mL，摇匀，并准确计时，在（37±0.5）℃水浴中保温 5min，精确加入预热至（37±0.5）℃的血红蛋白试液 5mL，摇匀，并准确计时，在（37±0.5）℃水浴中，反应 10min。立即精确加入 5%三氯醋酸溶液 5mL，摇匀，滤过，弃去初滤液，取滤液备用。另取试管 2 支，各精确加入血红蛋白试液 5mL，其中 1 支加盐供试品溶液 1mL，另一支加酸溶液 1mL，摇匀，过滤，弃去初滤液，取续滤液，分别作为对照管。按照分光光度法，在波长 275nm 处测吸收度，算出平均值 A_0 和 A。按下列公式计算：

$$每克含蛋白酶活力 = \frac{A \times W_S \times n}{A_S \times W \times 10 \times 181.19}$$

式中　A——供试品的平均吸收值；

　　　A_S——对照品的平均吸收值；

　　　W——供试品取样量，g；

　　　W_S——对照品溶液中含酪氨酸的量，μg/mL；

　　　n——供试品稀释倍数；

181.19——酪氨酸分子质量。

五、结果与处理

（1）记录实验数据。

（2）按公式计算每 1g 蛋白酶活力。

六、思考与讨论

（1）影响胃蛋白酶纯化的因素有哪些？

（2）结晶过程中调节 pH 的目的是什么？

【项目拓展】

水溶性聚合物

水溶性聚合物又称为水溶性树脂或水溶性高分子，是一种亲水性的高分子材料，在水中能溶解或溶胀而形成溶液和分散液。水溶性聚合物被作为一类物质研究至今仅 30 多年的历史，它具有特殊的亲水性能。这是因为其分子中含有亲水基团，最常见的亲水基团是羧基、羟基、酰胺基、醚基等。由于它的相对分子质量可以控制，高到数千万，低到几百，其亲水基团的强弱和数量可以按要求加以调节；其亲水基团等活性官能团还可以进行再反应，生成具有新官能团的化合物。

这类聚合物均含有亲水基与疏水基，所以具有两性性质。可用作增稠剂、胶凝剂、稳定剂、絮凝剂、涂料、黏合剂、乳化剂等。水溶性聚合物广泛应用于造纸、水净化、国防、石油、采矿、冶金、化纤、纺织、印染、食品、化工、农业、医药等行业及部门。

1. 水溶性聚合物的分类

水溶性高分子化合物可以分为四大类：有机天然水溶性高分子化合物、有机半合成水溶性高分子化合物、有机合成水溶性高分子化合物和无机水溶性高分子化合物。

（1）有机天然水溶性高分子化合物 有机天然水溶性高分子化合物以植物或动物为原料，通过物理过程或物理化学的方法提取而得。这类产品最常见的有淀粉类、海藻类、植物胶类、动物胶类、微生物胶等五种。

（2）有机半合成水溶性高分子化合物 有机半合成水溶性高分子化合物由天然物质经化学改性而得。常见的品种有改性纤维素类和改性淀粉类。

（3）有机合成水溶性高分子化合物 有机合成水溶性高分子化合物由化学方法合成而得，分为加聚类和缩聚类两种。

（4）无机水溶性高分子化合物 无机水溶性高分子化合物包括天然类无机胶体，在水中能形成胶态分散液，主要用作增稠剂、悬浮稳定剂。品种主要包括硅酸镁铝、硅酸镁钠、膨润土和改性膨润土、水辉石和改性水辉石等。

2. 常见的水溶性聚合物及性质

（1）聚乙烯醇（PVA） PVA是由醋酸乙烯聚合后用碱醇解所制得的产品，有完全醇解品和部分醇解品。它的特性在于水溶性（根据品种不同而多少有些差别），这是由于分子链上含有大量侧基——羟基。它稍溶于酸、碱，不溶于有机溶剂，而具有耐溶剂型的特点。PVA作为水溶性聚合物是用作合成纤维尼龙的原料，应用逐渐扩大至纤维用糊剂、纸加工剂、黏结剂、膜用等。在实训室可用作聚合反应的分散剂。

（2）聚乙烯亚胺（PEI） PEI是由己烯亚胺聚合而得到的水溶性聚合物，并非是完全线性结构，而是带有含伯胺、仲胺、叔胺分支结构的高分子聚合物。因其带有活性阳离子而富有反应性，易与酸、氯氧化物、异氰酸、环氧化物和羰基化合物等反应。主要用于造纸工业，以及黏结剂、涂料、油墨、纤维等工业。

（3）聚氧乙烯（PEO） PEO是由环氧乙烷开环聚合而成的线型高分子，有规则的螺旋结构，其性质与蜡状的聚己二醇很不相同，可以认为是新的高分子物质。聚氧乙烯为白色粉末或颗粒，相对分子质量为几十万至数百万。它全溶于水，溶于多数有机溶剂，乳化分散性能优良。PEO不但具有水溶性而且还具热塑性，是一种独特的共聚物。它可应用在较广泛的领域中，主要用于造纸、纤维工业，以及土建、建材、陶瓷、黏结剂涂料、水溶性膜、凝聚剂等方面，也可作为聚合物的稳定剂。

（4）聚乙烯吡咯烷酮（PVP）　聚乙烯吡咯烷酮简称 PVP，是一种非离子型高分子化合物，是 N-乙烯基酰胺类聚合物中最具特色，且被研究得最深、广泛的精细化学品品种。已发展成为非离子、阳离子、阴离子 3 大类，工业级、医药级、食品级 3 种规格，相对分子质量从数千至一百万以上的均聚物、共聚物和交联聚合物系列产品，并以其优异独特的性能获得广泛应用，主要用于黏结剂、涂料、油墨、化妆品、医药等领域。

2017 年 10 月 27 日，世界卫生组织国际癌症研究机构公布的致癌物清单初步整理参考，聚乙烯吡咯烷酮在 3 类致癌物清单中。

（5）甲基纤维素（MC）　甲基纤维素是一种非离子纤维素醚，它是通过醚化在纤维素中引入甲基而制成的。甲基纤维素有 4 种重要功能：增稠、表面活性、成膜性以及形成热凝胶（冷却时熔化）。MC 应用范围广，可用于涂料、建材、土木、医药、化妆品、化工、纤维、食品、热敏记录纸等方面。

（6）羧甲基纤维素（CMC）　纤维素经羧甲基化后得到羧甲基纤维素（CMC），其水溶液具有增稠、成膜、黏接、水分保持、胶体保护、乳化及悬浮等作用，广泛应用于石油、食品、医药、纺织和造纸等行业，是最重要的纤维素醚类之一。羧甲基纤维素钠（CMC）是纤维素醚类中产量最大、用途最广、使用最为方便的产品，俗称为"工业味精"。

【项目测试】

一、名词解释

（1）盐析法；（2）有机溶剂沉淀法；（3）等电点沉淀法；（4）结晶法。

二、判断题

1. 盐析法经济安全，操作简便，不易引起蛋白质变性，但分辨率不高。（　　）

2. 多价阳离子的盐析作用一定比多价阴离子的强。（　　）

3. 有机溶剂沉淀蛋白质的作用比盐析的强，并且免去了后期脱盐的麻烦。（　　）

4. 工业上生产胰岛素，采用等电点沉淀时一般先去除酸性蛋白质，再调 pH 去除碱性蛋白质。（　　）

5. Pb^{2+} 不但可以和羧酸作用，也可以和含有巯基的化合物作用形成金属盐复合物。（　　）

6. 要增加目的物的溶解度，往往要在等电点附近进行提取。（　　）

7. 蛋白质变性后溶解度降低，主要是因为电荷被中和及水膜被去除。（　　）

8. 蛋白质类生物大分子在盐析过程中，最好在高温下进行，因为温度高会增加其溶解度。（　　）

9. 蛋白质为两性电解质，改变 pH 可改变其电荷性质，pH>pI 时蛋白质带正

电。（　　　）

10. 盐析是利用不同物质在高浓度的盐溶液中溶解度的差异，向溶液中加入一定量的中性盐，使原溶解的物质沉淀析出的分离技术。（　　　）

11. 硫酸铵在碱性环境中可以使用。（　　　）

12. 在低盐浓度时，离子能增加生物分子表面电荷，使生物分子水合作用增强，具有促进溶解的作用。（　　　）

13. 丙酮沉淀作用小于乙醇。（　　　）

14. 有机溶剂与水混合要在低温下进行。（　　　）

15. 盐析作用反应完全需要一定时间，一般硫酸铵全部加完后，应放置 30min 以上才进行固液分离。（　　　）

16. 丙酮介电常数低，沉淀作用大于乙醇，所以在沉淀时选用丙酮较好。（　　　）

17. 甲醇沉淀作用与乙醇相当，但对蛋白质的变性作用比乙醇、丙酮都小，所以应用广泛。（　　　）

18. 盐析一般可在室温下进行，当处理对温度敏感的蛋白质或酶时，盐析操作要在低温下（如 0~4℃）进行。（　　　）

三、选择题

1. 不适合盐析用的盐是（　　　）。

A. 硫酸钡　　　　　B. 氯化钠　　　　　C. 磷酸钠　　　　　D. 碳酸钠

2. 下列离子中，盐析作用比较强的是（　　　）。

A. IO_3^-　　　　　B. PO_4^{3-}　　　　　C. Al^{3+}　　　　　D. Na^+

3. 下列不属于有机溶剂沉淀法的特点的是（　　　）。

A. 降低水介电常数　　　　　　　B. 无毒

C. 破坏水化膜　　　　　　　　　D. 变性蛋白

4. 等电点法沉淀蛋白质，原因是（　　　）。

A. 试剂耗量少　　　　　　　　　B. 降低其溶解度

C. 稳定双电层　　　　　　　　　D. 形成复合物

5. 不影响 PEG 沉淀效果的因素是（　　　）。

A. 试剂毒性　　　　　　　　　　B. 离子强度

C. 溶液 pH 和温度　　　　　　　D. 本身的浓度和相对分子质量

6. 盐析法纯化酶类是根据（　　　）进行纯化的。

A. 酶分子电荷性质的纯化方法　　B. 调节酶溶解度的方法

C. 酶分子大小、形状不同的纯化方法　D. 酶分子专一性结合的纯化方法

7. 有机溶剂沉淀法中可使用的有机溶剂为（　　　）。

A. 乙酸乙酯　　　B. 正丁醇　　　C. 苯　　　　D. 丙酮

8. 等电点沉淀法是利用（　　　）进行分离的。

A. 电荷性质　　　　B. 挥发性质　　　　C. 溶解性质　　　　D. 生产方式

9. 在什么情况下得到粗大而有规则的晶体（　　）。

A. 晶体生长速率大大超过晶核生成速率

B. 晶体生长速率大大低于晶核生成速率

C. 晶体生长速率等于晶核生成速率

D. 以上都不对

10. 盐析法与有机溶剂沉淀法比较，其优点是（　　）。

A. 分辨率高　　　　B. 变性作用小　　　　C. 杂质易除去　　　　D. 沉淀易分离

11. 氨基酸的结晶纯化是根据氨基酸的（　　）性质。

A. 溶解度和等电点　　　　　　　B. 相对分子质量

C. 酸碱性　　　　　　　　　　　D. 生产方式

12. 结晶过程中，溶质过饱和度大小（　　）。

A. 不仅会影响晶核的生成速率，而且会影响晶体的长大速率

B. 不会影响晶核的生成速率，但会影响晶体的长大速率

C. 不会影响晶核的生成速率，但会影响晶体的长大速率

D. 不会影响晶核的生成速率，而且不会影响晶体的长大速率

四、简答题

1. 简述中性盐沉淀蛋白质的原理。

2. 简述有机溶剂沉淀法的原理。

3. 简述过饱和溶液形成的方法。

项目二

膜分离技术

项目简介

膜分离技术是以选择性半透膜为分离介质，当膜两侧存在某种推动力时，料液组分选择性地透过膜，而实现料液组分分离的技术。膜分离操作一般分为两大类：过滤式膜分离操作（微滤、超滤、纳滤和反渗透等）和渗析式膜分离操作（渗透和透析等）。

本项目介绍了常用膜分离操作的方法和原理，以及工业生产中的膜组件，相关行业从业人员正确选择和利用各种膜分离技术奠定基础。

知识要求

1. 认识膜分离技术。

2. 理解膜分离过程的原理。

3. 了解表征膜性能的参数。

4. 了解膜分离的操作方式。

5. 了解影响膜分离的因素。

技术要求

1. 能选择适宜的膜分离技术分离料液。

2. 能采用各种操作方式开展膜分离工作。

3. 能正确处理膜污染和进行膜清洗、消毒与保存。

任务一 认识膜分离技术

净水机已成为人们日常生活中必需的设备之一，膜分离技术在净水过程中发挥了重要作用。以图 3-4 五级净水组件为例，第 3 级超滤膜和第 4 级反渗透膜即是膜分离装置。

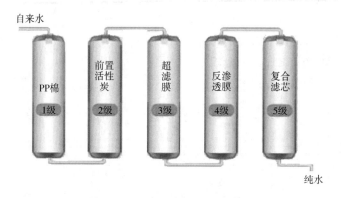

图 3-4 纯水机中五级净水组件

膜分离技术不仅用于生活制水，还被广泛应用于生物医药、食品和轻工等工业生产之中。例如，采用微滤膜的高效滤器，可用于净化进入洁净室的空气；膜分离技术还用于蛋白质、核酸和氨基酸等各类生物物质分离，制备药品和功能食品等产品。

一、 膜分离技术概述

膜分离技术是以选择性透过膜（半透膜）为分离介质。当膜两侧存在某种推动力（如压力差、浓度差、电位差等）时，料液组分会选择性地透过膜，从而达到分离、提纯目标物质的目的，如图 3-5 所示。

膜分离技术具有以下优点：①无相变发生，能耗低；②无外加物质，节约资

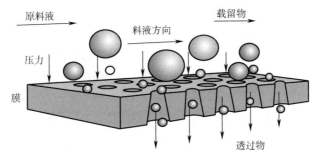

图 3-5 膜分离技术示意图

源，保护环境；③分离与浓缩同时进行，大大提高效率；④条件温和，适于热敏性物质的分离、浓缩；⑤设备简单，可实现连续操作，易控制、易放大；⑥适用微粒范围广泛，不仅适用于从细菌、病毒到有机物或无机物的分离，而且还适用于特殊溶液体系的分离，如共沸物的分离。但是，目前膜分离技术存在膜强度较差，使用寿命不长，易于污染等不足。

二、膜分离过程的分类

生产中得到较广泛应用的膜分离过程主要有两大类。一类是过滤式膜分离操作，它将混合物置于膜的一侧，在压力差等推动力作用下，由于悬浮粒子或组分的分子大小、性质不同，它们透过膜的能力和速率不同，致使透过膜部分与留下部分的组成不同而实现分离，如微滤、超滤、纳滤和反渗透等都属于过滤式膜分离操作。另一类是渗析式膜分离操作，它将混合液置于膜的一侧，膜的另一侧放置接受液，在浓度差、电位差等推动力作用下，某些分子可透过膜而进入接受液中被分离，如渗透、透析等都属于渗析式膜分离，见表 3-7。

表 3-7 生产中主要的膜分离类型和基本特性

分离类型	推动力	透过物质	截留物质	应 用
微滤	压力差	溶剂、溶解物等	微粒、细菌	料液澄清、除菌
超滤	压力差	溶剂、离子、抗生物、有机小分子等	破碎细胞、微粒，蛋白质、胶体等大分子	大分子物质的浓缩或去除、分离
纳滤	压力差	溶剂、可溶性无机盐等	单糖、氨基酸等可溶性有机小分子物质	小分子物质浓缩、分离，料液脱盐，纯水制备
反渗透	压力差	溶剂等	各类溶解性物质	超纯水制备
透析	浓度差	低分子量物、盐离子	大分子物	医疗透析
电渗析	电位	电解质（有机、无机）离子	非离子化合物，大分子物质	纯水制备

三、 膜分离原理

膜分离过程的实质是由于大小不同的物质透过膜的能力和传递速度不同，有的物质能透过膜而有的不能透过，有的透过得快而有的透过得慢，使得膜两侧溶液组成不同，物质间实现分离的过程。至今没有一个膜分离的机制能准确地解释各种膜分离的原理。具有代表性的膜分离机理主要有以下几种。

（一） 筛分理论

该理论将分离膜的表面看成具有无数微孔，直径大于微孔径的溶质和颗粒被截留，小于孔径的则透过膜，实现分离。筛分理论认为，膜孔径越大、压力越大、孔隙率越高、水黏度越小，水透过膜的通量就越大。微滤膜、超滤膜这两种具有微孔的分离膜可用该理论来解释其分离机制。

但是，膜孔径大小并不是影响物质分离选择性的唯一支配因素，因为有时膜材料表面的荷电性、亲疏水性等化学性质会起到决定性的截留作用。

（二） 溶解-扩散理论

假定膜是无缺陷的致密无孔的"完整膜"，溶剂与溶质透过膜是由于溶剂与溶质在膜中的溶解，然后在化学位差（对于溶质为浓度差，对于溶剂为压力差）的推动力作用下，从膜的一侧向另一侧进行扩散，直到透过膜。当过滤压力升高时，溶剂通过量线性增加，但溶质通量与压力无关，因此透过液的溶质浓度会降低。

溶解-扩散理论适合无机盐的反渗透过程，不能用于解释有机物的反渗透过程。

（三） 优先吸附-毛细孔流动理论

当水溶液与高分子多孔膜接触时，如果膜的化学性质使膜对溶质排斥，对水优先吸附，那么在膜的表面就会形成一层被膜吸附的纯水层，在外界压力的作用下，该纯水层通过膜表面的毛细孔，从而从水溶液中得到纯水，纯水层厚度与溶液性质和膜表面的化学性质有关。

以氯化钠水溶液为例，溶质是氯化钠，溶剂是水，膜的表面选择性地吸收水分子而排斥氯化钠，盐是负吸附，水是正吸附，水优先吸附在膜的表面上。在压力作用下，优先吸附的水分子通过膜，从而形成了脱盐的过程。这种理论同时给出了混合物分离和渗透性的一种临界孔径的概念。当膜表面毛细孔直径为纯水层厚的2倍时，对一个毛细孔而言，将能够得到最大流量的纯水，此时对应的毛细孔径称为临界孔径。理论上讲，制膜时应使孔径为2倍纯水厚度的毛细孔尽可能多地存在，以便膜的纯水通量最大。当膜毛细孔的孔径大于临界孔径时，溶液将从毛细孔的中心部位通过而导致溶质的泄露。

（四）唐南平衡模型

该理论可用于解释荷电膜对离子的选择性分离过程。将荷电纳滤膜置于电解质溶液中，膜对各种离子的选择透过性与离子本身大小、离子荷电性、膜孔径大小、膜带电荷性及各种离子的浓度等因素有关，最终形成各种离子在膜两侧浓度的不同。例如，在浓缩大分子蛋白时，无机盐被部分去除。

四、 膜及膜性能

膜，是指在一种流体相内或是在两种流体相之间有一层薄的凝聚相，它把流体相分隔为不能完全互通的两部分，并能使这两部分之间产生传质作用。

（一）膜的分类

1. 根据膜的相态分类

根据膜的相态可分为固态膜和液态膜。

2. 根据膜断面形态结构分类

根据膜断面形态结构可分为对称膜、非对称膜和复合膜，见图3-6。

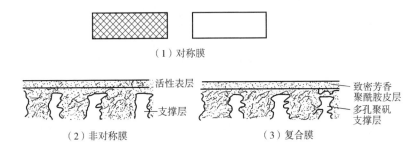

（1）对称膜

（2）非对称膜   （3）复合膜

图3-6　膜断面形态结构分类

3. 根据膜的来源分类

根据膜的来源可分为有机膜和无机膜。有机膜是高分子有机聚合物，常见的制膜有机物有纤维素衍生物类，包括醋酸纤维素，硝酸纤维素，乙基纤维素等；聚砜类，包括聚砜，聚醚砜，聚芳醚砜，磺化聚砜等；聚酰（亚）胺类，包括聚砜酰胺，芳香族聚酰胺，含氟聚酰亚胺等；聚酯、烯烃类，包括涤纶，聚碳酸酯，聚乙烯，聚丙烯腈等；含氟（硅）类，包括聚四氟乙烯，聚偏氟乙烯，聚二甲基硅氧烷等；其他还有壳聚糖，聚电解质等。无机多孔膜常见的有陶瓷膜和不锈钢膜等。

（二）膜的性能

膜的特性：不管膜多薄，它必须有两个界面。这两个界面分别与两侧的流体相接触。

膜传质有选择性，它可以使流体相中的一种或几种物质透过，而不允许其他物质透过。

膜需要具备较好的选择透过性，良好的分离性能，既能充分截留一些组分，又能最大限度地使另一些组分快速透过；膜材料需要具有一些特性。

不同种类的膜都有一些基本要求。①耐压：膜孔径小，要保持高通量就必须施加较高的压力，一般膜操作的压力范围在 0.1~0.5MPa，反渗透膜的压力更高，为 1~10MPa。②耐高温：高通量带来的温度升高和清洗的需要。③耐酸碱：防止分离过程中，以及清洗过程中水解。④具化学相容性，以保持膜的稳定性。⑤生物相容性：防止生物大分子的变性。⑥成本低，这是膜技术得以大规模应用于工业生产的前提。

（三）表征膜性能的参数

表征膜性能的参数主要有描述孔道特征的膜孔性能参数（孔径、孔径分布和空隙度等），截留率和截留相对分子质量（MWCO）、渗透通量等。

1. 孔道特征

关于孔径大小的表述，主要有最大孔径、平均孔径两个参数。

孔径分布是指膜中一定大小的孔占整个孔的体积分数。数值越大，说明孔径分布较窄，膜的分离选择性好。

孔隙率是指全部膜孔所占膜的体积分数。数值越大，流动阻力越小，但膜相应的机械强度会降低。

2. 截留率和截留相对分子质量

膜对溶质的截留能力为截留率 σ，指对于一定相对分子质量的物质，膜能截流的程度。

其定义为

$$\sigma = 1 - c_p/c_b$$

式中　c_b——原料液中欲截留物质的浓度；

　　　c_p——透过液中欲截留物质的浓度。

如 $\sigma = 1$，则 $c_p = 0$，表示溶质全部被截留；如 $\sigma = 0$，则 $c_p = c_b$，表示溶质能自由透过膜。

除分子大小外，分子的结构形态、刚柔性、吸附作用等都影响膜的截留性能，膜制造商以已知分子质量的球形分子物质作为基准物（如葡萄糖 M = 180，菊粉 M = 5000，卵清蛋白 M = 45000）进行试验，测定膜的截留率。

　　根据截留率与相对分子质量之间的关系，可绘制截留曲线，用于描述膜的性能。截留率越高，截留相对分子质量的范围越窄，膜的性能越好。

　　质量好的膜，截留曲线陡直，可使不同分子量的溶质分离完全；反之，则会导致分离不完全，膜的截留曲线见图3-7。

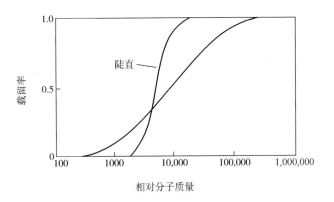

图3-7　膜的截留曲线

　　截留相对分子量与孔径：膜的孔径无法直接测量，通常用截留相对分子质量（MWCO）表示，MWCO表示相当于一定截留率（通常为90%或95%）的分子质量。如表3-8所示。

表3-8　　　　　　　　　　　　　截留相对分子质量与膜平均孔径的关系

MWCO（球状蛋白质）	近似孔径/nm	MWCO（球状蛋白质）	近似孔径/nm
1000	2	100 000	12
10 000	5	1000 000	29

3. 渗透通量

　　渗透通量 J 反映膜的处理能力，又称透水率，水通量，是指在一定条件下，单位时间内透过单位膜面积的溶剂体积，单位：$m^3/(m^2 \cdot h)$。使用过程中，由于膜本身的性质、操作因素和污染等原因，膜通量会大大降低，故渗透通量是使用中重要控制参数。一般情况下，同类膜，孔径越大，水通量越大。水通量并不能完全衡量和预测实际料液的透过流通量。具体公式为

$$J = \frac{V}{S \cdot t}$$

式中　V——透过液的体积，m^3；

　　　S——膜的有效面积，m^2；

　　　t——操作时间，h。

一、微滤

以多孔细小薄膜为过滤介质，压力差为推动力，依据分子大小的差异将不溶性粒子（0.1~10μm）分离的操作。操作压力差一般介于0.01~0.7MPa。微滤所分离的粒子远大于反渗透、纳滤和超滤过程，基本属于固液分离，一般不需要考虑渗透压的影响，见图3-8。

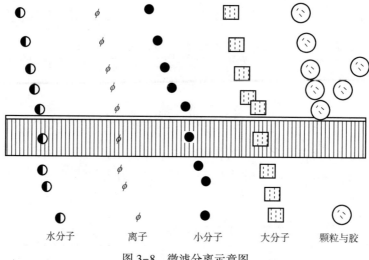

图3-8 微滤分离示意图

微滤一般认为是机械筛分，符合筛分理论，膜的物理结构起着决定性作用，另外，膜的吸附和电性能等因素对截留也有一定的影响。

微滤是所有膜分离过程中应用最普遍的，已广泛用于：①微粒和细菌的过滤。可用于水的高度净化、食品和饮料的除菌、药液的过滤、发酵工业的空气净化和除菌等。除菌通常采用0.22μm孔径的微孔滤膜。②微粒和细菌的检测。微孔膜可作为微粒和细菌的富集器，从而进行微粒和细菌含量的测定。③气体、溶液和水的净化。大气中悬浮的尘埃、纤维、花粉、细菌、病毒等；溶液和水中存在的微小固体颗粒和微生物，都可借助微孔膜去除。④食糖与酒类的精制。微孔膜对食糖溶液和啤、黄酒等酒类进行过滤，可除去食糖中的杂质、酒类中的酵母、霉菌和其他微生物，提高食糖的纯度和酒类产品的清澈度，延长存放期。由于是常温操作，不会使酒类产品变味。⑤药物的除菌和除微粒。以前药物的灭菌主要采用热压法。但是采用热压法灭菌时，细菌的尸体仍留在药品中，并且对于热敏性药物，如胰岛素、血清蛋白等不能采用热压法灭菌。对于这类情况，微孔膜有突出的优点，经过微孔膜过滤后，细菌被截留，无细菌尸体残留在药物中。常温操作也不会引起药物的受热破坏和变性。许多液态药物，如注射液、眼药水等，用常规的过滤技术难以达到要求，必须采用微滤技术。常用 0.22μm 微孔滤膜，装于不同规格的微孔过滤器中用于工业生产，见图 3-9。

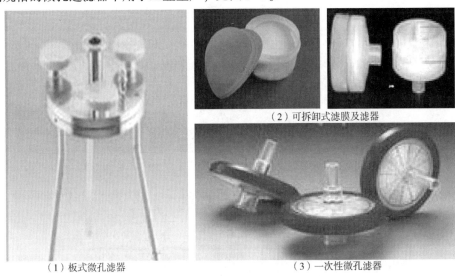

（2）可拆卸式滤膜及滤器

（1）板式微孔滤器　　　　　　　　　　　（3）一次性微孔滤器

图 3-9　工业生产中的微滤装置

二、超滤

以压力差为推动力，利用超滤膜表面的微孔结构对液体中溶质进行选择性分离的物理筛分过程。截留分子直径为 0.01~0.1μm，即截留组分的相对分子质量截余 500~1000000 的大分子和胶体微粒，操作压力差一般为 0.2~0.6MPa，见图 3-10。

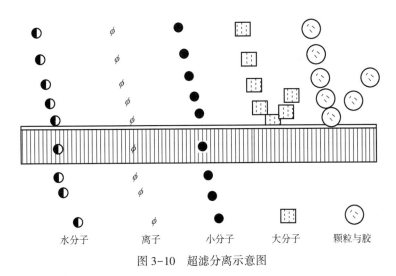

水分子　　　　　离子　　　　　小分子　　　　　大分子　　　　　颗粒与胶

图 3-10　超滤分离示意图

超滤也是通过膜孔的筛分作用将料液中大于膜孔的大分子溶质进行截留的，并使之与溶剂、小分子物质分离。分离过程可以用筛分理论进行解释。

超滤主要用于尺寸大的分子与低分子物质或溶质之间分离。已用于蛋白质、酶、DNA 的浓缩，料液脱盐，清洗细胞，纯化病毒以及除病毒和热源。

三、 纳滤

纳滤是以压力差为推动力，利用纳滤膜的选择性透过作用实现物质分离的物理筛分过程的。压力差一般小于 1MPa。截留分离纳米级微粒，透过无机盐和水，截留介于反渗透和超滤之间，透过了超滤膜的那部分有机小分子，见图 3-11。

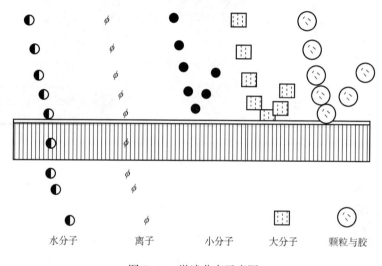

| 水分子 | 离子 | 小分子 | 大分子 | 颗粒与胶 |

图 3-11　微滤分离示意图

大多数学者认为，纳滤的对物质的分离原理主要可由筛分理论和唐南平衡模型予以解释。

纳滤技术可用于小分子质量的有机物质的分离，有机物与小分子无机物的分离，溶液中一价盐类与二价或多价盐类的分离，抗生素和维生素的浓缩和纯化，超纯水的制备。

四、 反渗透

反渗透膜选择透过性，以膜两侧压力差（静压差）为推动力，实现对液体混合物进行分离的过程。操作压差一般为 1.5 ~ 10.5MPa，截留组分为小分子物质，0.1 ~ 1nm，见图 3-12。

自 20 世纪 50 年代末起，国内外学者先后提出多种不对称反渗透膜的传质机理，目前普遍认可的有溶解–扩散理论和优先吸附–毛细孔流动理论。

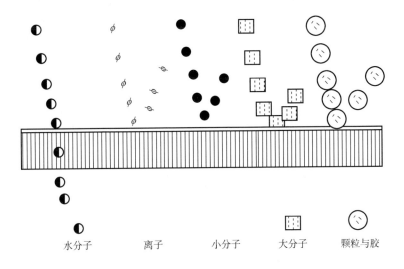

水分子　　　　离子　　　　小分子　　　　大分子　　　　颗粒与胶

图 3-12　微滤分离示意图

把相同体积的稀溶液（如纯水）和浓溶液（如海水或盐水）分别置于一个容器的两侧，中间有半透膜阻隔，两侧液面高度相同。纯水会自然地穿过半透膜，向浓溶液侧流动，浓溶液侧的液面升高而纯水的液面降低，高度差形成压力差，达到渗透平衡状态，此种压力差即为渗透压。若在浓溶液侧施加一个大于渗透压的压力时，浓溶液中的溶剂会向纯水流动，此种溶剂的流动方向与原来渗透的方向相反，这一过程称为反渗透，见图 3-13。

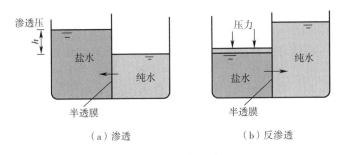

（a）渗透　　　　　　　　　　（b）反渗透

图 3-13　渗透与反渗透

反渗透在工业中应用的领域已有早期的海水淡化制饮用水发展到食品、药品和造纸等工业。如制备医药、化学工业中所需的超纯水，浓缩中草药制剂，回收药物提取溶液中的溶剂，处理重金属废水和活性物质浓缩等。

微滤、超滤、纳滤和反渗透四种过滤式膜分离技术都是以压力差为物质分离的推动力，主要区别在于滤膜的孔径大小不同，分离与截留的物质不同。相应的，孔径越小，推动物质透过所需的压力差就会越大。

以分离纯化发酵液为例。微滤截留细菌微粒，透过溶剂和溶解物等。超滤截留破碎的菌体、微粒、蛋白质、胶体等大分子，透过溶剂、离子、有机小分子等。纳滤截留单糖、氨基酸等可溶性有机小分子物质，透过溶剂、可溶性无机盐等。反渗透截留各类溶解性物质，透过溶剂。如图 3-14 所示。

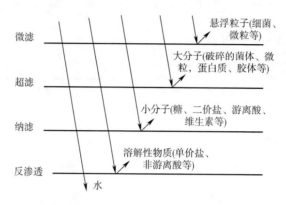

图 3-14　多种膜分离技术分离发酵液示意

五、　透析

透析也叫渗析，是以膜两侧溶液中组分的浓度差为推动力的膜分离过程。在透析中料液和透析液分别从膜两侧通过，料液和透析液中的小分子溶质在膜两侧浓度梯度的推动下，通过膜扩散相互交换。由于各组分的分子大小和溶解度不同，不同溶质的扩散速率也不同，通过选择适当膜孔径的透析膜，可实现分子大小不同的组分分离目的。在实际中常用来脱除混合溶液中的低分子质量组分，达到浓缩目的。

由于透析过程传质推动力是浓度差，受体系条件限制，处理效率低，选择性不高，已用于从血清蛋白和疫苗中脱除盐和其他低分子溶质，但是在工业生产上应用不多。

任务三　膜分离操作关键技术

一、　膜组件

膜分离不仅需要有优良分离特性的膜，还需要结构合理、性能稳定的膜分离装置，安装有膜的最小单元称为膜组件。膜组件是所有膜分离装置的核心，它是由膜、支撑材料、间隔器及外壳等合理组装构成的。

膜组件有多种类型，工业上应用的膜组件主要有板框式、管式、螺旋卷式、中空纤维式四种型式。无论哪种膜组件，都需要满足：有较大的有效膜面积；有良好的膜支撑装置，具有透过液的流出通道，易于清洗等。

（一）板框式膜组件

板框式膜组件是最早使用的一种膜组件。结构类似于常规的板框过滤装置，膜被放置在多孔的支撑板上，两块多孔的支撑板叠压在一起形成的料液流道空间，组成一个膜单元，单元与单元之间可并联或串联连接，见图 3-15。

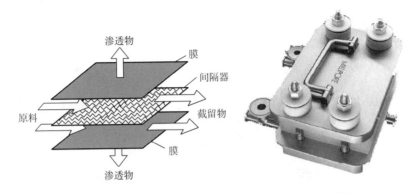

图 3-15　板框式膜组件示意及内置有该膜组件的超滤膜包

板框式膜组件具有组装方便、膜清洗更换容易、料液流通截面较大、不易堵塞、同一设备可视生产需要组装不同数量的膜组件等优点，但是，存在需密封边界线长的缺点。

（二）管式膜组件

管式膜组件有外压式和内压式两种管式膜组件。外压式膜组件将膜浇铸在多孔支撑管外侧面。加压的料液流从管外侧流过，渗透溶液则由管外侧渗透通过膜进入多孔支撑管内。内压式膜则被直接浇铸在多孔的不锈钢管内或用在玻璃纤维增强的塑料管内。加压的料液流从管内流过，透过膜的渗透溶液在管外侧被收集，见图 3-16。

管式膜组件可以根据需要设计成串联或并联装置。

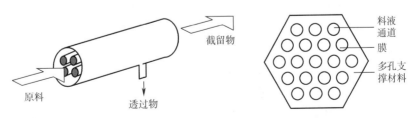

图 3-16　管式膜组件示意

管式膜组件的优点是对料液预处理要求不高，可用于处理高浓度悬浮液，料液流速可在很宽的范围内调节，对控制运行过程中浓差极化比较有利。此为，该种膜组件既可以采用化学清洗，也可用清洗工具进行机械清洗。缺点是膜的装填密度不高，设备投资和运行费用较高。

（三）螺旋卷式膜组件

膜、间隔器以及多孔的膜支撑体等通过适当的方式被组合在一起，然后将其卷绕装入能承受压力的外壳中制成膜组件。料液在膜表面通过间隔材料沿轴向流动，透过液呈螺旋形流向中心，见图3-17。

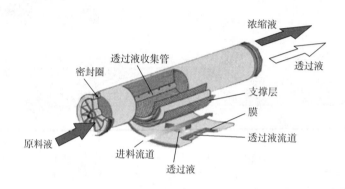

图 3-17　螺旋卷式膜示意

螺旋卷式膜应用比较广泛，与板框式相比，卷式组件的设备比较紧凑、单位体积内的膜面积大，适用于反渗透。但是，该类型膜清洗不方便，易堵塞。

（四）中空纤维膜组件

中空纤维膜组件由数百上万根中空纤维膜固定在圆形容器内构成，是装填密度最高的一种膜组件构型，装填密度可以达到$30000m^2/m^3$。在膜组件中装有一个有孔的中心管，原料液从该管流入，这种情况下纤维呈环状排列并在渗透物侧进行封装，见图3-18。在多数应用情况下，被分离的混合物流经中空纤维膜的外侧，而渗透物则从纤维管内流出，即多数情况下外压使用，因此更为耐压，可以承受高达10MPa的压差。

从外向内流动式中空纤维膜组件的一个缺点是可能发生沟流，即原料倾向于沿固定路径流动而使有效膜面积下降。采用中心管可以使原料液在腹内分布得更为均匀，从而提高膜面积利用率。

中空纤维膜组件可用于超滤、反渗透和气体分离等过程。该种膜组件设备紧凑，单位设备体积内的膜面积大；但是因为存在中空纤维内径小、阻力大、易堵塞、膜污染难以除去的情况，存在对料液处理要求高的问题。

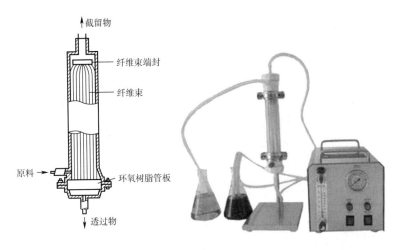

截留物

纤维束端封

纤维束

原料

环氧树脂管板

透过物

图 3-18　中空纤维膜组件

二、浓差极化

（一）浓差极化现象

膜分离操作中，大分子溶质被截留而在膜表面处聚积，使得膜表面上被截留的大分子溶质浓度增大。这种大分子溶质在膜表面附近浓度高于主体中大分子溶质浓度的现象称为浓度极化或浓差极化。

膜表面附近浓度升高，使膜两侧的渗透压差增大，当操作压差一定时，有效压差会减小，使有效推动力下降，导致渗透通量降低。当膜表面附近的浓度超过溶质的溶解度时，溶质会析出，紧密排列形成凝胶层，流体透过膜的阻力增大，导致渗透通量进一步降低。当分离物含有菌体、细胞或其他含固形成分的料液时，也会在膜表面形成凝胶层。

（二）浓差极化的不利影响及措施

1. 浓差极化的影响

浓差极化导致膜面上结垢，使膜孔阻塞，导致其逐渐丧失透过能力。渗透压升高，在一定压力差下使溶剂的透过速率下降，渗透通量降低；溶质浓度的增加使溶质的透过速率提高，使截留率下降。

2. 应对浓差极化的策略

采取错流操作，可减弱浓差极化现象。料液与膜面平行流动，料液的流动可有效减少被截留物质在膜面上的沉积。

增大料液的流速，减少大分子在膜表面聚集，使靠近膜的浓度边界厚度减小，减少浓差极化的影响，有利于维持较高的渗透通量。但流速加大，膜分离能量消耗增大。

三、 膜分离的操作方式

(一) 膜分离的基本操作方式

膜的操作方式有传统操作和错流操作两种，见图 3-19。传统操作与错流操作不同的是所有料液都被强制通过膜，膜表面截留的组分随运行时间延迟而不断增加，渗透通量随运行时间减小。

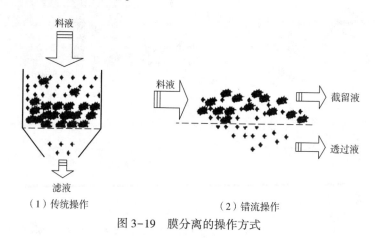

图 3-19　膜分离的操作方式

传统操作回收率较错流操作高，但膜的渗透通量衰减严重。错流操作中料液与膜面平行流动，流动产生的剪切力可有效防止和减少被截留物在膜表面的沉积，并减轻浓差极化的影响，有利于维持较高的渗透通量，工业应用中更多选用错流操作。错流操作的料液在流动过程中膜两侧的组成不断发生变化，最后形成渗透液和截留液两部分。

(二) 膜分离的典型工艺

工业生产中有以下四种膜分离基本工艺模式，实际生产中的工艺往往是这些工艺在单独使用或合理组合。

1. 浓缩模式

浓缩模式是指料液经过膜后，大分子物质被截留并随截留液回流至储料槽中，小分子物质和溶剂透过膜，随透过液排出，反复循环直至截留液大分子溶质浓度达到较高浓度为止。此工艺主要用于浓缩大分子溶质，除去料液中的小分子和溶剂。浓缩模式中，随着浓缩时间的延长，渗透通量逐渐降低，要注意控制截留液的终浓度，终浓度太高可引起严重浓差极化现象，导致浓缩时间延长，甚至无法继续运行。

2. 透析模式

透析模式是指截留液不回流，为保证膜分离持续进行需向储液槽中连续加入溶剂（水）或缓冲溶液，加入速度与透过液通量相等以减轻浓差极化。透析模式主要用于从大分子料液中较完全的去除小分子溶质。透析模式需要较多的溶剂（水）或缓冲液，在实际操作过程中，常与浓缩模式结合使用，即开始时采用浓缩模式，当达到一定浓度后，再转变为透析模式。

3. 多段模式

多段模式是将第一段的截留液经过第二段的膜进行进一步的分离，第二段的截留液再经过第三段的膜进一步分离，而各段透过液分别排出（或统一收集），依次类推。多段模式由于流向下一段的截留液，所以浓度越来越高，截留液体积越来越小，因此，为保证膜表面的料液流速和减轻浓差极化，后续段的膜面积应小于前段的膜面积，或者多批次的前段截留液收集到一起后再进行后续段分离。该模式比较适合对截留液有较高浓度要求的分离过程，可有效减轻浓差极化现象，但投资也随之有较大增加。

4. 多级模式

多级模式是将第一级的透过液经过第二级的膜进行进一步的分离，第二级的透过液再经过第三级的膜进一步分离，而各级截留液分别排出（或统一收集），依次类推。多级模式由于流向下一级的透过液体积越来越小，因此，为保证膜表面的料液流速和通量，后级的膜面积应小于前级的膜面积，或者多批次的前级透过液收集到一起后再进行后续段分离。该模式比较适合对透过液有较高纯度要求的分离过程。如纯净水的生产一般采用多级反渗透过滤模式。

四、影响膜分离的因素

影响膜分离的因素很多，一般从料液性质、操作条件、操作方式、膜性能、膜的污染和清洗等多个方面考虑。具体影响因素通常考虑以下方面。

（一）压力的影响

压力差 ΔP 是膜分离过程的推动力，对渗透通量产生决定性的影响。对纯水进行超滤时，渗透通量 J 与压力差 Δp 成正比；在对溶液进行超滤的过程中，压力差 Δp 较小时，渗透通量 J 与压力差 Δp 成正比；当压力差 Δp 逐渐增大时，浓差极化现象开始逐渐增强，渗透通量 J 的增大逐渐减慢，当膜面产生凝胶层时，渗透通量趋于定值，此后渗透通量 J 不再随压力差 Δp 而变化，此时的通量称为临界渗透通量，见图 3-20。

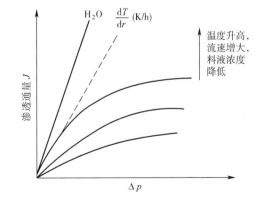

图 3-20　压力对渗透通量的影响

当料液浓度降低、操作温度升高、液流速度增大时，均可提高临界渗透通量，在实际超滤操作中，应在接近临界渗透通量的压力差条件下操作。根据溶液性质与浓度的不同，操作压力一般在 0.4~0.6MPa 范围内，过高的压力不仅无益而且有害。

（二）温度的影响

温度升高，料液度降低都可使膜分离阻力减小，渗透通量增大。温度升高，临界渗透通量增大。一般来说，只要膜与料液及溶质的稳定性允许，应尽量选取较高的操作温度，使膜分离在较高的渗透通量下进行。例如，青霉素分离的操作温度不能超过 10℃。

（三）料液浓度和流速的影响

料液的浓度增加，黏度增大，浓度边界层增厚，易导致浓差极化现象的发生，容易形成凝胶层，使渗透通量降低。

对于错流操作的膜分离过程，控制料液的流速使其处于适宜流速状态，可以保证较高的传质速率，同时可减轻膜表面积垢。若增加料液流速，可有效减小浓差极化层的厚度，从而使渗透通量增大。

（四）操作时间的影响

在膜分离过程中，随着时间的推移，由于浓差极化、凝胶层的形成和膜污染等原因，渗透通量将逐渐下降，下降速度随物料种类不同而有很大差别，因此在膜分离过程中，要注意渗透通量的衰减，合理确定操作周期，才能有效地降低生产成本，如发酵液的超滤过程，一般 1 周左右清洗 1 次。

（五）其他因素的影响

溶液的 pH 可对溶质的溶解特性产生影响，同时对膜的亲疏水性和荷电性也有较大的影响，从而使膜与溶液中溶质间的相互作用发生变化，对渗透通量造成一定的影响。在生物制药的料液中常含有多种蛋白质、无机盐类等物质，它们的存在对膜污染产生重大影响。

实验证明，在等电点时，膜对蛋白质的吸附量最高，使膜污染加重，而无机盐复合物会在膜表面或膜孔上直接沉积而污染膜。由于各种膜的化学性质不同，各种蛋白质的特性差异较大，无机盐对膜的化学性质、待分离物质特性的影响复杂，使得它们对膜的渗透通量的影响很难被预测，对于不同组分料液需通过大量实验确定最终操作条件。

五、 膜的污染、 清洗、 消毒与保存

（一）膜污染

膜污染是指膜表面形成的附着层或膜孔堵塞等外部因素导致膜性能的下降。

膜污染会造成膜孔堵塞，膜的渗透通量大幅度下降，膜的使用寿命缩短和影响目标产物的回收率。渗透通量下降是膜受到污染的最直观标志。

膜污染的主要原因在不同类型膜中有所差异。对于微滤膜，通常主要是由膜孔被颗粒堵塞而造成污染；对于超滤膜，通常主要是由浓差极化造成膜污染；对于反渗透膜，通常主要由溶质的吸附和沉积作用造成膜污染。

工业生产中，可采用适宜措施减轻或延迟膜污染。例如，采用对料液进行适当的预过滤、沉淀胶体、离心和调节 pH 等方式，可相当程度地减轻污染的发生。

（二）膜的清洗

膜的清洗是恢复膜分离性能、延长膜使用寿命的重要操作。清洗方法有物理清洗法、化学清洗法，以及物理清洗与化学清洗结合法。

1. 物理清洗法

物理清洗法借助于液体流动产生的机械力，将膜表面上的污染物冲刷掉。具体方法：

（1）正向清洗，采用清洗液，加大流速循环洗涤膜。

（2）反向清洗，采用空气、透过液或清洗剂反向冲洗膜。

（3）借助超声波技术清洗膜。

物理清洗法通常能有效地清除因颗粒沉积造成的膜孔堵塞，但是不能彻底洗净，尤其对于吸附作用造成的膜污染及膜表面胶层压实造成的污染。

2. 化学清洗法

化学清洗法是指选用一定的化学物质，对膜组件进行浸泡，并应用物理清洗的方法循环清洗，达到清除膜上污染物的目的。

化学清洗剂有盐溶液、稀酸、稀碱、表面活性剂、络合剂、氧化剂和酶溶液等。

需采用针对性的清洗法清洗不同原因造成的膜污染，例如，膜表面污染是油污造成的，可用热的表面活性剂溶液进行浸泡清洗；当膜污染是由蛋白质的严重吸附所引起时，可用蛋白酶（如胃蛋白酶、胰蛋白酶等）溶液浸泡后循环清洗，效果较好。

（三）膜的消毒与保存

药物的生产过程需在无菌条件下进行，因此膜分离系统需进行无菌处理，无机膜和部分有机膜可以进行高温灭菌，而大多数有机高分子膜通常采用化学消毒法，常用的化学消毒剂有乙醇、甲醛、环氧乙烷等，需根据膜材料和微生物特性的要求选用和配制消毒剂。膜装置经无菌处理后需采取相应措施，保存于无菌状态或直接在无菌环境中以备使用。

一般采用浸泡膜组件的方式进行消毒，膜在使用前需清洗干净。如果膜分离操作停止时间超过24h或长期不用，则应将膜组件清洗干净后，选用能长期储存的消毒剂浸泡保存。一般情况下，膜供应商根据膜的类型和分离料液的特性，提供配套的清洁剂、消毒剂和相应的工艺参数，以便于指导用户科学使用和维护膜组件，防止膜受损，提高膜的使用寿命。

膜污染被认为是膜分离中最重要的问题，定期清洗是解决方法之一，但属于被动方法，应主动寻求预防和减轻膜污染的方法。料液的预处理是预防膜污染的有效措施之一，针对料液的具体情况，可以选择多种预处理方法。如调节溶液的pH，使电解质处于比较稳定的状态，加入配位剂，把能形成污染的物质配位起来，防止其沉淀加入某些物质，使污物沉淀，再进行预处理，以除去颗粒杂质。这些方法都可减少颗粒沉积，减轻吸附作用，防孔堵塞，提高透通量，延长操作周期。另外，缩短膜的清洗周期，选择抗污染性能的膜对防治膜污染亦有作用。

【技能实训】

实训 蛋白质的透析脱盐

一、实训目的
学习透析的基本原理和操作方法

二、实训原理
透析是利用小分子能通过，而大分子不能透过半透膜的原理，把不同性质的物质彼此分开的一种手段。透析过程中因蛋白质分子体积很大，不能透过半透膜，而溶液中的无机盐小分子则能透过半透膜进入水中，不断更换透析用水即可将蛋白质与小分子物质完全分开。蛋白质和酶的提取过程常用此法，用于脱除离子交换法和盐析法等制得的高盐料液中的盐。

如果透析时间过长，可在低温条件下进行，以防止微生物滋长、样品变质或降解。

透析袋材料通常根据蛋白孔径大小，直接选购商品化的透析袋。利用硝酸银和双缩脲反应检验透析结果。

三、器具与试剂
1. 器具
透析袋、透析袋夹、磁力搅拌器、电导率仪等。

2. 试剂
（1）氯化钠蛋清溶液 取一个鸡蛋清蛋白，加入30%NaCl溶液100mL、250mL蒸馏水混合均匀后，四层纱布过滤。

（2）1% $AgNO_3$溶液 称取1g $AgNO_3$，溶解于100mL水中，储存于棕色瓶保存。

（3）1% $CuSO_4$溶液 称取1g $CuSO_4$，用水溶解并稀释至100mL。

（4）10% NaOH 溶液　称取 10g NaOH，用水溶解并稀释至 100mL。

四、操作步骤

1. 透析袋的处理

将透析袋剪成 10~20cm 的小段，在 20g/L 的 $NaHCO_3$ 溶液和 1mmol/L 的 EDTA 溶液（pH 8.0）中煮沸 10min，用蒸馏水彻底洗尽透析袋，然后放在 1mmol/L 的 EDTA 溶液（pH 8.0）中煮沸 10min，用蒸馏水彻底洗尽透析袋，冷却后，存放于 4℃条件下，备用，再取用时需戴手套。

2. 装样

取透析袋，将其一端用透析袋夹夹住，由开口端加入约 5mL 待透析的带氯化钠的蛋白质样品溶液，然后用透析夹夹住（或用棉绳扎死）开口端，系于一横放在盛有蒸馏水烧杯上的玻璃棒上，调节水位使透析袋完全浸没于蒸馏水中。

3. 透析

用磁力搅拌器搅拌促进溶液交换，透析过程中要更换水数次（约 15min 一次），至达到溶液平衡为止（透析用水中无 Cl^-），至少约需 1h。

4. 透析情况检验

（1）无机盐透析检验　透析 10min 后，自烧杯中取透析用水 2mL 于试管中，用 1% $AgNO_3$ 溶液检验氯离子是否能被透析出。

（2）蛋白质透析检验　自烧杯中另取透析用水 2mL 于试管中，加入 2mL 10% NaOH 溶液，摇匀，再加 1%$CuSO_4$溶液数滴，进行双缩脲反应，检验蛋白质是否被透析出。

（3）不断更换烧杯中的蒸馏水以加速透析进行，直至水中不再有氯离子检测出为止，则表明透析完成。因为蛋清溶液中的清蛋白不溶于纯水，此时可观察到透析袋中有蛋白沉淀出现。

［注意事项］

（1）透析袋使用前应检查是否破裂并进行预处理。

（2）将样品放入透析袋内，不宜过满，以避免透析过程中透析袋被胀破。

（3）透析袋两端要封闭，袋内不要留气泡。

5. 电导率仪测试透析后溶液的电导率

五、结果与处理

记录带氯化钠的蛋白质样品溶液电导率，以及透析后溶液的电导率。

六、思考与讨论

（1）透析在蛋白质、生物酶提取纯化中的意义。

（2）蛋白质可逆沉淀反应与不可逆沉淀反应的区别在哪里？举例说明。

【项目拓展】

海水淡化

海水淡化是人类追求了几百年的梦想。早在 250 多年前，英国王室就曾悬赏征求经济合算的海水淡化方法。

从20世纪50年代以后，海水淡化技术随着水资源危机的加剧得到了加速发展，在已经开发的二十多种淡化技术中，蒸馏法、电渗析法、反渗透法都达到了工业规模化生产的水平，并在世界各地广泛应用。

一座现代化的大型海水淡化厂，每天可以生产几千、几万甚至近百万吨淡水。全球海水淡化日产量约3500万 m^3，其中80%用于饮用水，解决了1亿多人的供水问题，即世界上1/50的人口靠海水淡化提供的饮用水生活。

淡化水的成本在不断地降低，有些国家已经降低到和自来水的价格差不多。某些地区的淡化水量达到了国家和城市的供水规模。

目前，我国人均水资源量约为 $2100m^3$，为世界人均占有量的1/4，我国已被联合国列为13个最缺水国之一。沿海工业城市人均水资源量大部分低于 $500m^3$，处于极度缺水状态。大力发展海水淡化市场已经是当务之急。

反渗透法是淡化海水的主流方法之一。反渗透法是1953年才开始采用的一种膜分离淡化法。反渗透法的最大优点是节能。它的能耗仅为电渗析法的1/2，蒸馏法的1/40。因此，从1974年起，美日等发达国家先后把发展重心转向反渗透法。

反渗透海水淡化技术发展很快，工程造价和运行成本持续降低，主要发展趋势为降低反渗透膜的操作压力，提高反渗透系统回收率，降低高效预处理技术价格，增强系统抗污染能力等。

【项目测试】

一、选择题

1. 常用的膜中，膜孔径大小顺序一般为（　　）。

A. 超滤>微滤>纳滤>反渗透　　　　B. 微滤>超滤>纳滤>反渗透

C. 超滤>微滤>反渗透>纳滤　　　　D. 微滤>超滤>反渗透>纳滤

2. 以下原理中，哪种不是膜分离技术的原理（　　）。

A. 优先吸附-毛细孔流动理论　　　　B. 溶解-扩散理论

C. 唐南平衡模型　　　　D. 玻尔兹曼分布定律

3. （　　）技术常用于去除培养液或者原料液中的微生物菌体和固形悬浮物。

A. 超滤　　　　B. 微滤

C. 纳滤　　　　D. 反渗透

二、填空题

1. 膜分离技术是以_____为分离介质。当膜两侧存在某种推动力（如_____、_____、_____等）时，料液组分选择性地透过膜，从而达到分离、提纯目标物质的目的。

2. 膜组件是所有膜分离装置的核心，它是由_____、_____、_____及_____等合理组装构成的。

三、简答题

1. 请简述微滤、超滤、纳滤、反渗透的特点，并比较这些方法所能截留的微粒或溶质，以及所需推动力（压力差）的大小。

2. 浓差极化现象常出现于膜分离过程，并且对膜分离造成不利的影响。请简述浓差极化现象及其对膜分离的影响，并提出减小浓差极化对膜分离影响的措施。

3. 完成技能实训后，请简述透析操作的过程及该技术方法操作中的注意事项，并比较透析操作与微滤操作的异同。

项目三

层析技术

项目简介

层析（chromatography）是"色层分析"的简称，也称为色谱。层析技术是利用混合物中各组分理化性质之间的差异，使各组分不同程度地分布在固定相和流动相，从而以不同速度移动，实现组分分离的技术。层析技术种类较多，分离原理各异，易于放大，广泛用于生化物质工业化生产中的提取、纯化和浓缩等分离纯化阶段，是生化物质分离纯化中常用的技术之一。

本项目简述层析技术，重点对工业生产中常用的凝胶过滤层析、吸附层析、离子交换层析、亲和层析、疏水层析和薄层层析等层析技术，从层析原理、层析填料和操作技术等方面予以介绍，为从业人员认识和应用这些层析技术奠定基础。

知识要求

1. 熟悉凝胶过滤层析技术概念、原理、特点。
2. 熟悉离子交换层析概念、原理、特点。
3. 熟悉亲和层析技术概念、原理、特点。
4. 熟悉疏水层析技术概念、原理、特点。
5. 熟悉吸附层析技术概念、原理、特点。
6. 熟悉纸层析及薄层层析技术概念、原理、特点。

技术要求

1. 能针对不同的生物材料选择合适的层析技术。
2. 能运用凝胶过滤层析技术分离纯化料液。
3. 能运用离子交换层析技术分离纯化料液。
4. 能运用亲和层析技术分离纯化料液。

5. 能运用疏水层析技术分离纯化料液。

6. 能运用吸附层析技术分离纯化料液。

7. 能运用纸层析及薄层层析技术鉴定或制备生化物质。

任务一 层析技术概述

1906 年，俄国的植物学家茨维特发明一种极其重要的实验方法——层析法。研究植物色素时，在一根玻璃管底部塞上一团棉花，在管中填入粉末状吸附剂（碳酸钙）制成吸附柱，然后把柱与吸滤瓶连接，将有色植物叶子的石油醚萃取液倾注到柱内吸附剂的上表面，用石油醚冲洗。结果，植物叶中色素在吸附柱中展开了，形成各种颜色的条带，分离出胡萝卜素、叶绿素和叶黄素，如图 3-21 所示。1931 年，奥地利化学家 R. 库恩利用和发展了茨维特的层析法，他利用改良的液-固层析法分离出了 60 多种类萝卜素，并分离出单质胡萝卜素化合物。1938 年，库恩因在维生素和胡萝卜素的分离与结构分析中做出重大贡献而被授予诺贝尔化学奖。伴随着研究与应用的深入，层析法不仅用于少量物质的分离与分析，在大规模生产中也发挥着越来越重要的作用。

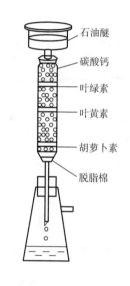

图 3-21 层析法示意

一、 层析技术的基本原理

层析法（chromatography）又称色谱法，是利用混合物中各组分在分子亲和力、吸附力、形状、大小和分配系数等理化性质之间的差异，使各组分以不同程度分布在两个相中，其中一个相为固定相，另一个相则流过此固定相（称为流动相）并使各组分以不同速度移动，从而实现组分分离的技术。

（一）层析法的基本原理

层析法中有互不混溶的固定相和流动相。固定相为固体或涂滞在固态载体表明上的液体，作为分离的基质，能与待分离的物质发生可逆的吸附、溶解等作用，它一般填充于层析柱中，如茨维特实验中的碳酸钙。流动相是连续流动的气体或液体，它在层析柱中与固定相发生相对运动，携带待分离的组分朝着一个方向移动，如茨维特实验中的石油醚。

固定相填充于层析柱中（纸层析和薄层层析等除外），在柱的顶部加入料液后，连续输入流动相，料液中溶质在流动相带动下，在向前运动过程中，在流动相和固定相之间扩散传质，发生分配平衡。溶质在运动过程中遇到固定相，与之发生吸附（或溶解）；在流动相作用下，溶质又会脱附（或挥发），被洗脱进入流动相；溶质在随流动相向前移动过程中，又会吸附（或溶解）于固定相，而后脱附（或挥发），被洗脱进入流动相。溶质在固定相和流动相之间反复吸附与脱附（或溶解与挥发），在两相间达到分配平衡，最终随流动相流出层析柱。

混合物中各组分理化性质的差异、固定相的吸附（或溶解）能力和流动相的洗脱能力是影响层析法中物质分离的主要因素。在相同流动相和固定相中，由于各组分性质不同，从而在两相中的分配系数 K 有差异，使各组分随流动相移动的速率不同，分配系数大的溶质在流动相上存在的概率小，随流动相移动速率慢，反之，分配系数小的溶质移动速率快。

当流动相带动溶质经过足够长度的层析柱时，分配系数小的溶质先流出，分配系数大的溶质后流出，从而使各组分之间得到分离，见图 3-22。

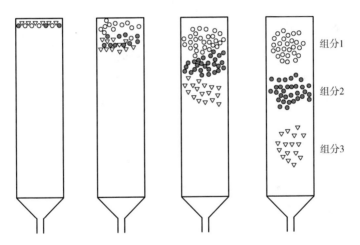

图 3-22　层析法分离物质示意（分配系数：$K_{组分1} > K_{组分2} > K_{组分3}$）

（二）层析法中的常用术语

1. 层析图（又称层析曲线）

层析图是指溶质从层析柱流出，通过柱后检测器系统时所产生的响应信号对时间或流动相流出体积的曲线图。一般以组分流出层析柱的时间 t 或流动相消耗体积 v 为横坐标，以检测器对各组分的电信号响应值为纵坐标，见图 3-23。

（1）基线　没有组分通过检测器时，层析流出曲线是一条只反映仪器噪声随时间变化的曲线，该曲线即为基线（OO′）。

（2）层析峰　组分流出所形成的对称的峰型，理论上符合高斯分布。生产实际中可能呈前伸峰、拖尾峰或分叉峰等。

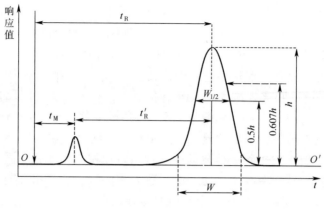

图 3-23　层析图

（3）峰高与峰面积　峰高（h）：层析峰顶点与基线之间的垂直距离。峰面积（A）：每个组分的流出曲线与基线间所包围的面积。峰高与峰面积是对组分定量分析的依据。

（4）峰宽与半峰宽　峰宽（W）：层析峰两侧拐点处所做的切线与峰底相交两点之间的距离。半峰宽（$W_{1/2}$）：峰高为 1/2 处的峰宽。

（5）保留值　描述各组分层析峰在层析图中的位置，在一定操作条件下，组分的保留值具有特征性，是对组分定性的依据。可以用保留时间和保留体积两种方式表示保留值。

惰性组分（如不被固定相吸附或溶解的物质）从进样到层析柱后出现浓度极大值时所用的时间和消耗流动相的体积，称为死时间（t_M）和死体积（V_M）；

组分从进样到层析柱后出现浓度极大值时所用的时间和消耗溶液的体积，称为保留时间（t_R）和保留体积（V_R）；

扣除死时间后的保留时间为组分在两相间分配所实际消耗的时间，称为调整保留时间（t_R'）：$t_R' = t_R - t_M$；

扣除死体积后的保留体积为组分在两相间分配所实际消耗流动相的体积，称为调整保留体积（V_R'）：$V_R' = V_R - V_M$。

2. 分离参数

（1）分配系数 K　平衡状态时，组分在固定相与流动相间分配达到平衡时的浓度比。

$$K = \frac{c_s}{c_m}$$

式中　c_s——固定相中浓度；

$\quad\quad c_m$——流动相中浓度。

影响平衡系数的主要因素有：①被分离物质本身的性质；②固定相和流动相的性质；③温度，操作温度与平衡系数一般成反比。分配系数是层析分离的依据，

各组分平衡系数 K 的差异越大，相互分离得越好。

（2）选择性因子 a　相邻两组分的调整保留值之比。选择性因子是组分分离的依据，当 α 接近 1 或等于 1 时，说明两组份层析峰重叠，不能分开。

$$a = V'_{R1} / V'_{R2} = t'_{R1} / t'_{R2}$$

（3）分离度 R　相邻两层析峰保留值之差与两组分层析峰峰底宽度平均值之比。

$$R = \frac{t_{R_2} - t_{R_1}}{(W_1 + W_2)/2}$$

式中　t_{R_1}、t_{R_2}——分别为组分 1 和 2 的保留时间（也可采用其他保留值）；

　　　W_1、W_2——分别为组分 1 和 2 的层析峰的峰宽，与保留值的单位相同。

分离度考虑了保留值的差值与峰宽两方面因素对柱效率的影响，是层析柱总分离效能指标。分离度数值越大，两相邻组分分离越完全。$R = 1.5$，两相邻组分分离程度 99.7%；$R = 1$，两相邻组分分离程度 98%；$R < 1$，两相邻层析峰有明显重叠。通常用 $R \geqslant 1.5$ 作为相邻两峰完全分离的指标。

3. 柱效

研究表明，用一定条件下层析柱的洗脱峰的某些特性可以比较准确的评估层析柱的填充好坏及分离效果即柱效，从而形成塔板理论。塔板理论将层析分离过程比拟作蒸馏过程，将连续的层析分离过程视为多次的平衡过程的重复（类似于蒸馏塔塔板上的平衡过程）。每一块塔板的高度，即组分在柱内达成一次分配平衡所需要的柱长称为理论塔板高度，简称板高。平衡的次数称为理论塔板数。

$$N = 5.54 \left(\frac{t_R}{W_{1/2}} \right)^2 = 16 \left(\frac{t_R}{W_b} \right)^2$$

$$H = L/N$$

式中　N——理论塔板数；

　　　t_R——组分的洗脱时间（保留时间）；

　　　$W_{1/2}$——半峰宽；

　　　L——柱长；

　　　H——理论塔板高度。

L 固定时，每次平衡所需的理论塔板高度 H 越小，理论塔板数 N 就越多，层析峰就会越窄，此时柱效能越高。但是，有时计算出的 n 值很大，但层析柱在实际应用中的分离效能并不高。这是因为保留时间 t_R 中包括了死时间 t_M，而 t_M 不参加柱内的分配，因此需要用有效塔板数 $n_{有效}$ 反映层析柱的实际分离能力。

$$n_{有效} = 5.54 \left(\frac{t'_R}{W_{1/2}} \right)^2 = 16 \left(\frac{t'_R}{W} \right)^2$$

式中　t'_R——调整保留时间。

另外，根据分离度与柱效能（$n_{有效}$）、选择性因子的关系，已知其中两个参数，即可知第三个参数，三者的关系：

$$n_{有效} = 16R^2 \left(\frac{\alpha}{\alpha-1} \right)^2$$

二、层析法分类

层析法常见分类方法如下所示。

（一）按固定相和流动相所处的状态分类

流动相为气体，称为气相层析（GC）；流动相为液体，称为液相层析（LC）。进一步根据固定相的状态，当气相层析的固定相为固体时，称为气-固层析（GSC）；固定相为液体时，称为气-液层析（GLC）。当液相层析的固定相为固体时，称为液-固层析（LSC），固定相为液体时，称为液-液层析（LLC）。在物质分离纯化生产中，通常采用以液相为流动相的液相层析法。

（二）按固定相的形状分离

根据固定相或层析装置形状的不同，液相层析法又分为纸层析法、薄层层析法和柱层析法（column chromatography）。

纸层析和薄层层析大多用于物质分析和少量制备。柱层析将层析介质填装于层析柱（见图3-24）中，易于放大，适用于大量制备分离，是生产中主要的层析分离手段。

（三）按层析分离机理分类

该种方法是生产中常用的分类方式。常见的有吸附层析、离子交换层析、凝胶层析、亲和层析、疏水层析和反相层析等。

1. 吸附层析

吸附层析利用吸附剂对不同组分吸附性能的差别实现物质分离。

2. 离子交换层析

图3-24　层析柱

离子交换层析利用离子交换剂对不同离子亲和能力差别实现物质分离。

3. 凝胶层析

凝胶层析又称为分子筛或空间排阻法，利用凝胶对不同组分分子的阻滞作用差别实现物质分离。

4. 亲和层析

亲和层析利用偶联亲和配基的亲和吸附介质作为固定相吸附目标产物，使目标产物得以分离纯化。

三、 层析系统及层析基本过程

层析系统主要由以下部分构成。由容器、上样装置、恒流泵或恒压泵、管路和三通阀等组成的输液部分，由固定相、流动相和层析柱构成的分离部分，由紫外检测器或示差折光检测器、酸度计和电导率仪等组成的检测部分，由集液器和盛装容器等组成的收集部分，由记录仪构成的数据记录部分。另外，有的层析系统还配备安装于计算机中，能自动控制层析系统运行，记录和处理层析数据的软件系统。

将料液盛装于容器的泵入层析柱中，或者加入定量上样装置中。然后，泵入流动相，料液中的组分在层析柱中向前移动，依据组分在固定相和流动相间分配能力大小的差异，先后流出层析柱，见图 3-25。检测器在线监测溶液中参数的变化和组分分离情况，依据检测数据分别收集目的产物和其他组分，完成分离纯化。

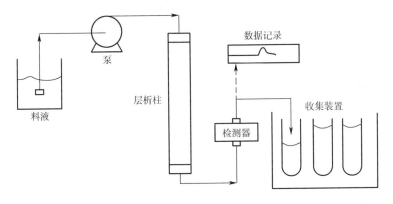

图 3-25　层析装置示意图

> 任务二　凝胶过滤层析技术

凝胶过滤层析（Gel Filtration，GF）在 20 世纪 40 年代已经被用于物质的分离，但直到 1955 年才首次被报道用于生物分子的分离。凝胶层析又称凝胶色谱、凝胶层析、分子筛层析或分子排阻层析（Size-Exclusion Chromatography，SEC），它以各种多孔凝胶为固定相，利用溶液中各组分的相对分子质量差异进行分离，是唯一一种利用分子大小差别作为分离依据的层析技术。用于分离的多孔介质称为凝胶层析介质。凝胶层析介质主要是以葡聚糖、琼脂糖、聚丙烯酰胺等为原料，通过特殊工艺合成的。

凝胶层析与其他层析法相比，最大特点是操作简便，凝胶过滤介质相对价廉易得，适合于大规模分离纯化过程。因此，凝胶层析在生物大分子的分离纯化过程中应用普遍，尤其被广泛应用于分离纯化过程的脱盐以及最后成品化前的精纯阶段。凝胶层析的优点有：

①溶质与介质不发生任何形式的相互作用。因此可采用恒定洗脱法展开，操作条件温和，产品收率可接近100%。

②每批操作结束后不需要或仅需要简单地进行介质的清洗或再生，故容易实施循环操作。

③作为脱盐手段时，凝胶层析比透析法速度快，精度高，与超滤法相比，剪切应力小，蛋白质活性收率高。

④分离并不依赖于流动相和固定相的相互作用力，无需使用梯度溶液淋洗，操作简单。

⑤分离机理简单，操作参数少，容易规模放大。

相对于其他层析法，凝胶层析的缺点在于：

①仅根据溶质之间相对分子质量的差别进行分离，选择性低，料液处理量小。

②经凝胶层析洗脱展开后产品被稀释。因此通常在具有浓缩作用的单元操作（如离子交换和亲和层析等）前使用或凝胶层析操作后进行浓缩操作。

一、 凝胶层析的分离机理

（一）凝胶层析基本原理

凝胶层析是利用具有网状结构的凝胶的分子筛效应，根据被分离物质的分子大小不同来进行分离的。含有尺寸大小不同分子的样品进入层析柱后，较大的分子不能通过孔道扩散进入凝胶内部，而与流动相一起先流出层析柱；较小的分子可通过部分孔道、更小的分子可通过任意孔道扩散进入凝胶内部，然后再流出。这种颗粒内部扩散的结果，使小分子移动路径长，在层析柱中滞留时间长，流出层析柱的时间相对于较大的分子晚，从而样品组分会根据分子大小的不同依次从柱内顺序流出，达到分离的目的，见图3-26。

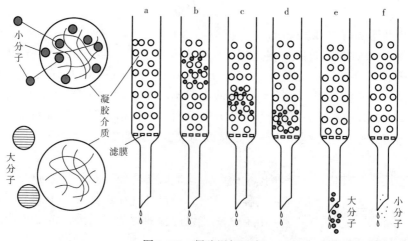

图3-26　凝胶层析示意

各种分子筛的孔隙大小分布有一定范围，给定的分离柱中凝胶的孔径可分离聚合物的最大分子质量的极限和最小分子质量的极限分别称为最大极限和最小极限。分子直径小于最小极限，能进入全部孔隙，称为全渗透分子。分子直径比最大极限大的，就会全部被排阻在凝胶之外，称为全排阻分子。介于最小极限和最大极限之间的为部分渗透分子，称为分离分子。两种分子，即使大小有区别，如果都高于上限分子质量，或者都低于下限分子质量，也是无法分开的。因此，各种规格的分子筛会有一定的分子质量适用范围。

（二）影响凝胶层析分辨率的因素

1. 凝胶颗粒及孔径的大小

分离程度主要取决于凝胶颗粒内部微孔的孔径和混合物的相对分子质量这两个因素。和凝胶孔径直接关联的是凝胶的交联度，交联度越低，孔径越大；反之，孔径越小。

2. 洗脱流速

一般洗脱速度要恒定，速度稍慢利于样品与凝胶基质较好地平衡，分离效果好。但是，过慢的流速会使轴向扩散作用增加，对小分子影响会较显著。过快的流速会引起不完全的分离，造成洗脱峰变宽，尤其对大分子影响明显。

洗脱速度的选择取决于柱长、凝胶种类和颗粒大小等因素。市售的凝胶一般会提供建议流速，可供参考。

3. 柱长

在凝胶层析中增加柱长可以增强分离效果，但是并非线性地增加。柱长增加 1 倍，分辨率会以 $\sqrt{2}$ 倍增加。同时，还要考虑柱长增长对柱压增大所造成的影响。

4. 样品体积

凝胶层析的样品在柱中会有稀释现象，因此样品的体积对分辨率有较大的影响。不同的凝胶颗粒，影响的大小也不同。一般来说，小颗粒介质对上样体积的增加更为敏感。对于分级分离来说，若用 $10\mu m$ 的凝胶颗粒，一般用 0.5% 柱体积的样品量；$100\mu m$ 的凝胶颗粒，一般用 2%～5% 柱体积的样品量。

5. 黏度

样品的黏度比洗脱液高，会使样品在柱中的分布变宽而且不均匀。因此，样品的高黏度往往是限制高浓度生物样品使用的主要因素。为了取得理想的效果，样品的浓度最好在 70mg/mL 以下。

二、凝胶层析介质

（一）聚丙烯酰胺凝胶

聚丙烯酰胺凝胶是以丙烯酰胺为单位，由甲叉双丙烯酰胺交联而成，即丙烯酰胺和少量交联剂甲叉双丙烯酰胺，在催化剂过硫酸铵作用下聚合形成的凝胶。改变单体（丙烯酚胺）的浓度，即可获得不同吸水率的产物。交联剂越多，孔隙越小。

聚丙烯酰胺凝胶的商品为生物胶-P（Bio-gel P）。该凝胶多制成干性珠状颗粒剂型，使用前必须溶胀。聚丙烯酰胺凝胶在酸、碱环境中的稳定性不如交联葡聚糖凝胶，在酸性条件下，其酚胺键易水解为羧基，使凝胶带有一定的离子交换基团，一般在 pH 4~9 范围内使用。实践证明，聚丙烯酰胺凝胶层析对蛋白质相对分子质量的测定、核苷及核苷酸的分离纯化，均能获得理想的结果。

（二）交联葡聚糖凝胶

交联葡聚糖凝胶的商品名称为 Sephadex，由葡聚糖和 3-氯-1.2-环氧丙烷（交联剂）以醚键相互交联而形成，具有三维空间多孔网状结构的高分子化合物。交联葡聚糖凝胶，按其交联度大小分成 8 种型号。交联度越大，网状结构越紧密，孔径越小，吸水膨胀就越小，故只能分离相对分子质量较小的物质；而交联度越小，孔径就越大，吸水膨胀大，则可分离相对分子质量较大的物质。不同规格型号的葡聚糖用英文字母 G 表示，G 后面的阿拉伯数为凝胶得水值的 10 倍。如 Sephadex G-25 表示该凝胶的吸水量为每 1g 干胶能吸水 2.5g，同理，G-200 每克干胶吸水 20g。因此，"G"反映凝胶的交联程度，膨胀程度及分布范围。交联葡聚糖凝胶的型号分别是 G-10，G-15，G-25，G-50，G-75，G-100，G-150 和 G-200。

交联葡聚糖凝胶 Sephadex G 适于在水溶液中使用，羟丙基化的葡聚糖凝胶 LH 可在有机溶剂中溶胀而适用于有机溶剂环境。在 Sephadex G-25 及 G-50 中分别引入羟丙基基团，即可构成 LH 型羟丙基化葡聚糖凝胶。Sephadex LH-20，是 Sephadex G-25 的衍生物，能溶于水及亲脂溶剂，用于分离不溶于水的物质。

交联葡聚糖凝胶在水溶液、盐溶液、碱溶液、弱酸溶液和有机溶剂中较稳定，但当其暴露于强酸或氧化剂溶液中时，则易使糖苷键水解断裂。在中性条件下，交联葡聚糖凝胶悬浮液能耐高温，120℃条件下消毒 10min，其性质不会改变。如要在室温下长期保存，应加入适量防腐剂，如氯仿、叠氮钠等，避免微生物生长。

交联葡聚糖凝胶由于有羧基基团，故能与分离物质中的电荷基团（如碱性蛋白质）发生吸附作用，但可借助提高洗脱液的离子强度得以克服。因此在进行凝胶层析时，常用含有 NaCl 的缓冲溶液作洗脱液。交联葡聚糖凝胶可用于分离蛋白质、核酸、酶、多糖、多肽、氨基酸、抗菌素，也可用于高分子物质样品的脱盐及测定蛋白质的相对分子质量。

（三）琼脂糖凝胶

琼脂糖的商品名称有 Sepharose（瑞典）、Bio-gel A（美国）、Segavac（英国）、Gelarose（丹麦）等多种，因生产厂家不同而名称各异。琼脂糖是由 β-D-吡喃半乳糖和 3,6 位脱水的 L-半乳糖连接构成的多糖链，在温度 100℃时呈液态，当温度降至45℃以下时，它们之间相互连接成线性双链单环的琼脂糖，再凝聚即呈琼脂糖凝胶。

常见琼脂糖凝胶按其浓度不同，分为 Sepharose 2B（浓度为2%）、4B（浓度为4%）及6B（浓度为6%）。Sepharose 与1,3-二溴异丙醇在强碱条件下反应，即生成 CL 型交联琼脂糖，其热稳定性和化学稳定性均有所提高，可在广泛 pH 溶液（pH 3~14）中使用。Sepharose 通常只能在 pH 4.5~9.0 范围内使用。琼脂糖凝胶在干燥状态下保存易破裂，故一般均存放在含防腐剂的水溶液中。

琼脂糖凝胶是依靠糖链之间的次级链和氢键来维持网状结构的，网状结构的疏密取决于琼脂糖的浓度。一般情况下，它的结构是稳定的，可以在许多条件下使用。琼脂糖凝胶的机械强度和筛孔的稳定性均优于交联葡聚糖凝胶。琼脂糖凝胶适于用 Sephadex 不能分级分离的大分子的凝胶过滤，若使用5%以下浓度的凝胶，也能够分级分离细胞颗粒、病毒等。琼脂糖凝胶用于柱层析时，流速较快，因此是一种很好的凝胶层析载体。

注意：琼脂糖凝胶在40℃以上开始融化，不能用高温高压法消毒，可用化学灭菌法处理。

（四）聚苯乙烯凝胶

商品为 Styrogel，具有大网孔结构，可用于分离分子质量1600到40000000的生物大分子，适用于有机多聚物分子质量的测定和脂溶性天然物的分级，凝胶机械强度好，洗脱剂可用甲基亚砜。

三、凝胶层析操作技术

对料液进行凝胶层析分离，一般经历上样和洗脱阶段，有时分离完成后还需对凝胶介质进行再生，凝胶层析过程见图3-27。

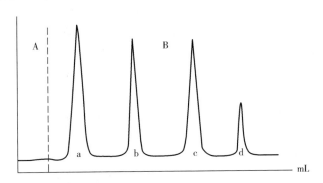

图3-27　凝胶层析示意图

A 上样；B 洗脱；a，b，c，d 依次为四种分子质量由大到小的物质

（一）凝胶的选择

1. 型号的选择

首先要根据样品的分子大小情况确定一个合适的分离范围，根据分离范围选择相应型号的凝胶。例如，蛋白质脱盐常采用分离范围较小的 Sephadex G-10 或 Sephadex G-15。一般来说，在规定的筛分范围内，混合物之间相对分子质量相差越大，分离的效果越好。

2. 粒度的选择

选择凝胶的另一个方面就是凝胶颗粒的大小。颗粒小则装柱均匀，分辨率高，但相对流速慢，分离时间长，有时会造成扩散现象严重，多用于精制分离或分析等；颗粒大，流速快，分辨率较低，但条件得当也可以得到满意的结果，多用于粗制分子及脱盐等。

（二）凝胶的预处理

凝胶在使用前必须浸泡溶胀 1~4d，使干凝胶颗粒充分吸收溶剂，并达到平衡，体积不再胀大为止。如在沸水浴中将凝胶逐渐升温近沸腾（切不可直接加热），则溶胀时间缩短至 1~2h，同时还可起到杀菌和除气泡的效果。将所用的干凝胶慢慢倾入 5~10 倍的蒸馏水中进行充分浸泡，然后用倾泻法除去表面悬浮的小颗粒。为了除去凝胶颗粒空隙中的气泡，可把处理过的凝胶浸泡于蒸馏水或平衡液中用抽气的方法实现。

（三）层析柱的选择

层析柱（包括体积和长度等）的选择是否合理将会直接影响分离效果。当用同样直径的层析柱分离物质时，层析柱长的分辨率更高；当用同样长度的层析柱分离物质时，层析柱直径大的比小的分辨率高；当用同样体积的层析柱分离物质时，层析柱长的比短的分辨率高。一般层析柱的直径与长度之比是 1∶5，也可 1∶25~1∶100。层析柱宜装有夹套，以便控制温度，生产时也可将层析柱放入层析柜中控温。

（四）装柱

凝胶分离依靠筛分作用，所以凝胶的填充要求很高，必须要使整个填充柱非常均匀，否则必须重填。最好购买商品化的玻璃或有机玻璃的凝胶空柱，在柱的两端皆有平整的筛网或筛板。

将柱垂直着固定，向柱中装入 1/4~1/3 柱高的水，使底部全部充满水，不留气泡。凝胶置烧杯中，上面稍加一些水。在搅拌下、缓慢地、均匀地将凝胶倒入柱中少许，待底面上积起 1~2cm 的凝胶床后，打开柱的出口维持适当流速，随着水从下面流出，上面不断加凝胶，使形成的凝胶床面上有凝胶颗粒连续沉积，得到均匀的柱。沉积凝胶的上表面距离柱的顶端约 5cm 处或到所需高度位置时停止装柱。最后，再用大量洗脱剂将凝胶床洗涤一段时间。该装柱方法比较简单，但要求操作比较熟练。如装填的是封闭的柱，则拧紧柱头后再洗涤。装柱后，至少用相当于 3 倍保留体积的洗脱剂洗涤。

层析分离效果与装填的层析柱均匀与否密切相关，使用前必须检查装填柱的质量。由于凝胶在层析柱中是半透明的，检查时可在柱旁放一支与柱平行的日光灯，用肉眼观察柱内是否有"纹路"或气泡。或用一种有色物质的溶液，当有色溶液流过层析柱床后，观察色带的移动情况，如色带狭窄，均匀完整，说明性能良好，如色带出现歪曲，散乱变宽，则必须重新装柱。

（五）上样

由于凝胶层析的稀释作用，样品的浓度应尽可能地大，但样品浓度过大往往致使分辨率下降。但如果样品的溶解度与温度有关，必须将样品适当稀释，并使样品温度与层析柱的温度一致。如果样品浑浊，应先过滤或离心除去颗粒后上柱。

打开层析柱的活塞，让流动相与凝胶床刚好平行，关闭出口。用滴管吸取样品溶液沿柱壁轻轻地加入到层析柱中，打开流出口，使样品液渗入凝胶床内。当样品液面恰与凝胶床表面平时，再次加入少量的洗脱剂冲洗管壁。重复上述操作即可，每一次的关键是既要使样品恰好全部渗入凝胶床，又不致使凝胶床面干燥而发生裂缝。随后加大洗脱剂流量进行洗脱。

还可以利用两种液体相对密度不同将其分层，将相对密度高的样品加入柱床表面相对密度低的洗脱液中，样品就慢慢均匀地下沉于床表面，再打开出口，使样品渗入层析床。如果样品相对密度不够大，可在样品中加入 1% 的葡萄糖或蔗糖。具体方法：打开层析柱下口活塞，当洗脱液流至床上表面 1cm 左右时，关闭出口，将装有样品的滴管头插入洗脱液表层以下 2~3mm 处，慢慢加入样品，使样品和洗脱液分层，然后上层再加适量洗脱液，开始层析。

对于封闭的凝胶柱，直接将样品溶液泵入即可。

（六）洗脱

一般都以单一缓冲液或盐溶液作为洗脱液，有时甚至也可以用蒸馏水或水与极性有机溶剂的混合液作为洗脱液。

pH 的影响与被分离物质的酸碱度有关，在酸性 pH 时，碱性物质易于洗脱，在碱性 pH 时，酸性物质易于洗脱。多糖类物质的洗脱以水为最佳，可以使水–甲醇、水–乙醇和水–丙酮等溶液混合。有时为了使样品增加溶解度而使用含盐洗脱剂，盐类的另一个作用是抑制交联琼脂糖和葡聚糖凝胶的非特异性吸附。

洗脱时控制流速至关重要，常采用恒流泵。一般来说：洗脱流速慢，分离效果就好，但是太慢时也会因扩散加剧而影响分离效果。

（七）凝胶柱的再生和保存

凝胶层析介质原则上不会与溶质发生任何作用，因此经过一次分离后的凝胶柱通常进行重新平衡后即可再次使用。但使用过多次后会出现凝胶床体积变小、流动速度降低或污染杂质过多等情况，致使其正常性能受到影响，需要进行再生处理。其方法是先用水反复进行逆向冲洗，再用缓冲液进行平衡，平衡完毕即可重复使用。另一种方法是把凝胶倒出，用低浓度的酸或碱冲洗后重新装柱即可用。如交联葡聚糖凝胶柱可用50℃的0.5mol/L氢氧化钠和0.5mol/L氯化钠混合液浸泡，用水冲洗至中性。聚丙烯酰胺凝胶由于对酸碱不稳定，常用盐浸泡，用水冲洗至中性。

凝胶层析介质短时间保存以湿态为主，可加入适当的防腐剂，能在层析柱中放置数月至一年。若要长时间保存，则需将凝胶从柱中取出保存，常用的保存方法有干法和半缩法等。

1. 干法保存

干法保存是指将凝胶用低浓度的酸或碱溶液短时间浸泡后，再用水反复洗涤除去杂质和细小颗粒，过滤抽干，浸泡在50%乙醇溶液脱水。然后再次过滤抽干，并浸泡在浓度更高的乙醇溶液中。如此依次提高乙醇溶液浓度进行浸泡，逐步使凝胶收缩，反复抽干。乙醇溶液浓度增加至95%时，将凝胶抽干，置60~80℃烘箱中烘干，即可装瓶保存。

琼脂糖凝胶的干燥操作较麻烦，并且干燥后不易溶胀，所以一般以湿态保存为主。

2. 半缩法

半缩法是指用60%~70%的乙醇溶液使凝胶部分脱水收缩，然后封口，置于4℃冰箱中保存。交联度越小的葡聚糖凝胶越难以脱水，一般可采用将其较长时间浸泡在60%~70%乙醇溶液中的做法来达到这一目的。

四、凝胶层析技术的应用

（一）生物分子的分离纯化

凝胶层析可用于相对分子质量从几百到10^6数量级的物质的分离纯化，是蛋白质、抗生素、肽、脂质、糖类、核酸以及50~400nm病毒的分离与分析中频繁使用的方法。

此外，还可用于医药产业中无热原水的制备以及低分子生物制剂中抗原性杂质的除去。例如，一般认为青霉案的致敏作用是产品中存在的一些高分子杂质所致，如青霉素聚合物和青霉素降解产物青霉烯酸与蛋白质相结合形成的青霉噻唑蛋白，它们都是具有强烈致敏性的抗原。利用Sephadex G-25凝胶柱处理青霉素溶液可除去这类高分子杂质。

（二）脱盐

凝胶层析在生物分离领域的另一主要用途是生物大分子溶液的脱盐，以及除去其中相对低分子质量的物质。例如，经过盐析沉淀获得的蛋白质溶液中盐浓度很高，一般不能直接进行离子交换层析分离，可首先用凝胶层析脱盐。此外，凝胶层析还用于溶解目标产物的缓冲液的交换。生物物质的分离纯化需要多步操作，上一步操作所用缓冲液有时不适合于实施下一步单元操作。例如，某些盐离子抑制蛋白质在亲和吸附剂上的吸附，在亲和层析前可利用凝胶层析进行缓冲液的交换。

（三）相对分子质量的测定

凝胶层析中溶质的分配系数 m 在分级范围内，利用 Andrews 的实验经验式，可知分子量与洗脱体积之间存在如下关系所示。

$$\lg Mr = a/b - V_e/bV_o$$

式中　　V_e——洗脱体积；

　　　　V_o——外水体积；

　　　　Mr——相对分子质量；

　　　　a、b——常数。

因此，凝胶层析可用于未知物质相对分子质量的测定。不过，凝胶层析仅对球形分子的测量精度较高，对分子形状为棒状的物质，测量值将小于实际值。

◇任务三　离子交换层析技术

离子交换层析技术（ion-exchange chromatography，IEC）是根据某些溶质能解离为阳离子或阴离子的特性，利用离子交换剂与离子是否发生结合，以及结合强弱的差异，将带电溶质暂时交换到离子交换剂上，然后用适合的洗脱剂将溶质离子洗脱下来，达到溶质与原溶液分离，提纯或浓缩的技术。

18 世纪中期 Thompson 发现离子交换现象，后来 J. Thomas Way 开展了全面研究。1935 年，B. A. Adams 和 Holmes 研究合成的具有离子交换功能的高分子缩聚类酚醛型阳、阴离子交换树脂是第一批人工合成的离子交换树脂，对离子交换层析技术的发展与应用有重要意义。二战及二战后期离子交换树脂大发展，德国法本公司和美国的树脂产品和化学品公司先后开始工业化生产。美国获得了苯乙烯系和丙烯酸系加聚型离子交换树脂合成的专利，开创当今离子交换树脂制造方法的基础。20 世纪 50 年代中期，Sober 和 Peterson 合成了羧甲基（CM—）纤维素和二乙氨乙基（DEAE—）纤维素，这两种离子交换剂大大提高了离子交换容量，得到了极为广泛的应用。

一、 离子交换层析的分离机理

（一）离子交换机理

离子交换层析法通过带电的溶质微粒与离子交换剂中可交换的离子进行交换而达到分离纯化。不同的溶质微粒在相同条件下带电荷的种类、数量及电荷的分布不同，表现出与离子交换剂在结合强度上的差异。与离子交换剂的功能基团带相反电荷的离子与离子交换剂功能基团结合，竞争性结合离子交换剂上的电荷部位，而带相同电荷的离子和不带电的分子等其他微粒则不能结合。

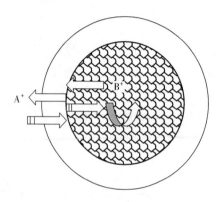

图 3-28　离子交换动力学示意
（以阳离子交换剂为例）

离子交换过程可分为五个步骤，见图 3-28。①可交换离子在溶液中经扩散到达凝胶颗粒表面。亲水性的凝胶和水离子形成氢键，从而在凝胶表面束缚了一层结合水构成水膜，水膜的厚度取决于凝胶的亲水性强弱、层析时流速的快慢，亲水性越强、流速越慢，水膜越厚，反之水膜越薄。可交换离子通过扩散穿过水膜到达凝胶表面的过程称为膜扩散，速度取决于水膜两侧可交换离子的浓度差。②可交换离子进入凝胶颗粒网孔，并到达可发生交换的位置，此过程称为粒子扩散，其速度取决于凝胶颗粒网孔大小（交联度）、交换剂功能基团的种类、可交换离子大小和带电荷数等多种因素。③可交换离子取代交换剂上的活性离子而发生离子交换。④被置换下来的活性离子扩散到达凝胶颗粒表面，即粒子扩散，方向与步骤②相反。⑤活性离子通过扩散穿过水膜到达溶液中，即膜扩散，方向与步骤①相反。

根据电荷平衡的原则，一定时间内，一个带电离子进入凝胶颗粒，就有与该离子所带净电荷数相当数量的活性离子扩散出凝胶颗粒。上述五个步骤实际上就是膜扩散、粒子扩散和交换反应三个过程。其中交换反应通常速率比较快，而膜扩散和粒子扩散速率较慢，当溶液中可交换离子浓度较低时，膜扩散过程往往最慢而成为整个过程的限制性步骤；当溶液中可交换离子浓度较高时，粒子扩散过程往往最慢而成为整个过程的限制性步骤。

（二）离子交换层析法分离的关键过程

一般将离子交换剂装填入层析柱中制成离子交换层析柱，用于生产中目标物质的分离与纯化。离子交换层析法分离物质的主要过程包括平衡、上样、洗涤、洗脱、再生等步骤，见图 3-29。

（1）平衡　用初始缓冲液平衡离子交换剂。平衡所用缓冲液要具有适当的离子强度和 pH，以保证在上样时料液中目标物质能结合在离子交换剂上，而杂质尽量不能结合。

（2）上样　与功能基团带有相反电荷的目标物质及杂质会与活性离子发生交换，结合在离子交换剂的功能基团上，从而在离子交换柱中富集。不带电荷和与功能基团带相同电荷的物质则不结合于离子交换剂，流过离子交换柱。

（3）洗涤　用初始缓冲液冲洗离子交换剂。将虽未与离子交换剂发生交换，但游离于交换柱中的物质冲洗流出，以保证柱中仅保留与离子交换剂发生离子交换的物质。

（4）洗脱　增大离子强度，替换下结合在离子交换剂上的物质。通常洗脱由两步或更多步骤完成，每步骤中洗脱液的洗脱能力依次加强（增加离子强度或改变溶液 pH），从而能把结合在离子交换剂上的物质按照结合力由弱到强的顺序依次先后交换下来，使目标物质与杂质间分离。

（5）再生　用最高离子强度的缓冲液或带有强洗脱能力溶质的溶液进行冲洗，以便去除在洗脱阶段未洗下的任何存留于离子交换剂上的物质。

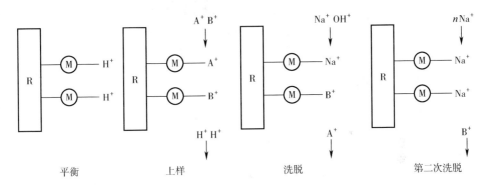

图 3-29　离子交换层析分离物质的关键过程

起始相洗脱法，这是另一种离子交换分离的方法。上样时，使目标物质在起始条件下不发生离子交换结合，直接从层析柱中流出，形成穿透峰，而多数杂质在此条件下都被结合在层析柱上，从而达到分离的目的。该分离方法使用相对较少，但有时能获得理想的效果。

（三）离子交换发生的顺序

离子和离子交换剂的结合能力与离子所带电荷量成正比，与该离子形成的水合离子半径成反比。通常带电荷数目高者比带电荷低者优先交换，结合到离子交换剂上。若都带有相同的电荷数目，原子序数越高，结合力越强。在阳离子交换剂上，常见离子结合力强弱顺序：$Li^+ < Na^+ < K^+ < Rb^+ < Cs^+$；$Mg^{2+} < Ca^{2+} < Sr^{2+} < Ba^{2+}$；

$Na^+ < Ca^{2+} < Al^{3+} < Ti^{4+}$。在阴离子交换剂上，结合力强弱顺序：$F^- < Cl^- < Br^- < I^-$。

如果所带电荷数目少，离子体积也不大（例如 H^+），若浓度够大，也可以取代比它电荷多、体积大的离子。因此，若把缓冲液的 pH 调低，也可以把大部分吸附在交换介质上的溶质交换下来。

二、 离子交换剂

离子交换剂是一类能发生离子交换的物质，分为无机离子交换剂和有机离子交换剂，见图 3-30。无机离子交换剂常见的有海绿石和合成沸石等。常用的有机离子交换剂有离子交换树脂和多糖基离子交换剂（离子交换纤维素、离子交换葡聚糖和离子交换琼脂糖等）。

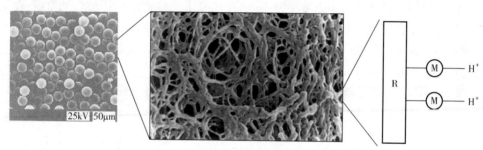

图 3-30　离子交换介剂

（一）离子交换树脂

离子交换树脂不溶于酸碱及有机溶剂，性能稳定、经久耐用、选择性高，在制药业中应用广泛。

1. 离子交换树脂的结构

离子交换树脂由三部分结构组成：①具有化学稳定性、机械强度和不溶性的三维空间网状结构的惰性树脂骨架；②以共价键与骨架相联的功能基团；③与功能基团带相反电荷的可移动的离子，称为活性离子，它与功能基团结合，能与带相同电荷的待交换离子发生离子交换现象，如图 3-31。

离子交换树脂的结构可简单表示为 $R—SO_3^-H^+$（Na^+），R-表示高分子骨架，SO_3^- 表示功能基团，H^+（Na^+）表示活性离子。

2. 离子交换树脂分类

（1）**按树脂骨架的主要成分分类** 　根据树脂骨架不同，常见的有聚苯乙烯型树脂、聚丙烯酸型树脂、环氧氯丙烷型树脂、多烯多胺型树脂、酚-醛型树脂等。

（2）**按聚合反应类型分类** 　按聚合的化学反应不同，可分为：共聚型树脂、缩聚型树脂。

（3）**按树脂骨架的物理结构分类** 　按骨架物理结构分为凝胶型、大网格型、

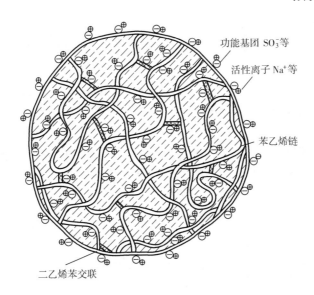

图 3-31　聚苯乙烯型离子交换树脂示意图

均孔型。

凝胶型离子交换树脂又称为微孔树脂，是由苯乙烯或丙烯酸与交联剂聚合得到的交联网状结构聚合体，一般呈透明状，孔径小，2~4nm，这些孔隙并不是真正的孔，非长久性，失水闭合，不稳定，称为"暂时孔"，应用有一定的限制。易被大分子的有机物所污染，可用于无机离子分离。

大网格型离子交换树脂又称为大孔离子交换树脂，孔径为 20~100nm。在制造时加入一些惰性的制孔剂，孔隙大，交换速度快；理化性质稳定；抗有机污染能力强，溶胀不易破碎；流体阻力小，工艺参数稳定；适合吸附有机大分子。但是，存在交换容量较低、再生时酸碱用量大及价格较高等问题。

均孔型离子交换树脂又称为等孔树脂，交联均匀，孔径大小一致，交换容量高，再生能力强，但机械强度可能不好，使用中会出现裂痕。

（4）按离子交换树脂所带基团分类　　根据活性基团，可分为含酸性基团的阳离子交换树脂和含碱性基团的阴离子交换树脂，进一步又可分为强酸性和弱酸性阳离子交换树脂，以及强碱性和弱碱性阴离交换树脂。强、弱并不是指可交换分子与交换剂结合的牢固程度，而取决于带电功能基团的 pK_a 值。强型离子交换剂带有强酸性或强碱性功能基团，其 pK_a 值很低或很高，远离中性，因此解离程度大，在很宽的 pH 范围内都处于完全解离状态，强酸型离子交换剂中最常用的是磺基，强碱型最常用的是季氨基。弱型离子交换剂则带有弱酸性或弱碱性功能基团，其 pK_a 值与强型交换剂相比靠近中性，工作 pH 范围较窄，超出此范围会造成解离程度下降，带电荷数量明显减少，弱酸型最常用的是羧基，弱碱型最常用的是氨基。

此外，还有具其他功能基团的螯合树脂、氧化还原树脂以及两性树脂等。

①阳离子交换树脂：用于进行交换的离子是阳离子，基团是酸性基团。如磺酸（—SO_3H）、磷酸（—PO_3H_2）、羧酸（—COOH）和酚性羟基（—OH）及其他们的盐（钾、钠等）。

a. 强酸性阳离子交换树脂：以磺酸基—SO_3H作为活性基团最常见。交换反应以磺酸型树脂与氯化钠的作用为例，可表示如下：

$$RSO_3H + NaCl \longrightarrow RSO_3Na + HCl$$

其电离程度不随外界溶液的 pH 而变化，所以使用时的 pH 一般没有限制。

此外，以磷酸基—$PO(OH)_2$和次磷酸基—$pHO(OH)$作为活性基团的树脂具有中等强度的酸性。

强酸性阳离子交换树脂与 H^+ 结合力弱，再生比较困难，耗酸量大，约为树脂交换容量的 $3\sim5$ 倍。

b. 弱酸性阳离子交换树脂：功能基团可以为羧基—COOH 或—OH（酚羟基）。

这类树脂的电离程度小，其交换性能和溶液的 pH 有很大关系。在酸性溶液中，这类树脂几乎不能发生交换反应，交换能力随溶液的 pH 增加而提高。对于羧基树脂，应该在 pH>7 的溶液中操作，对于酚羟基树脂，溶液的 pH 应>9。

弱酸性树脂和 H^+ 结合力很强，再生较容易，耗酸量少。

②阴离子交换树脂：用于进行交换的离子是阴离子，含有季铵、伯、仲、叔胺等碱性基团。

a. 强碱性阴离子交换树脂：有两种强碱性树脂。功能基团为三甲胺基称为强碱 I 型，为二甲基-β-羟基-乙基胺称为强碱 II 型。

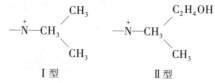

$$RN(CH_3)_3Cl + NaOH \longrightarrow RN(CH_3)_3OH + NaCl$$

I 型的碱性比 II 型强，但再生较困难，II 型树脂的稳定性较差。与强酸性树脂一样，强碱性树脂使用的 pH 范围没有限制。

氯型强碱性阴离子交换树脂比羟型更稳定，耐热性更好，商品中大多应用氯型。

强碱性树脂与 OH^- 结合力弱，再生比较困难，耗碱量大。

b. 弱碱性阴离子交换树脂：有伯胺基—NH_2、仲胺基—NHR 和叔胺基—NR_2以及吡啶等基团。

其电离程度受溶液 pH 的变化影响很大，pH 越低，交换能力越高，在 pH<7 介质中才能显示离子交换能力。

弱碱性树脂与 OH^- 结合力强，再生比较容易，耗碱量少。

四类离子交换树脂的比较见表 3-9。

表 3-9　　　　　　　　　　　　四类离子交换树脂的比较

性能	阳离子交换树脂		阴离子交换树脂	
	强酸性	弱酸性	强碱性	弱碱性
常见活性基团	磺酸	羧酸	季铵	伯、仲、叔胺
pH 对交换能力的影响	无	在酸性溶液中交换能力很小	无	在碱性溶液中交换能力很小
盐的稳定性	稳定	洗涤时要水解	稳定	洗涤时要水解
再生（再生剂用量）	需过量强酸（3~5 倍）	很容易（1.5~2 倍）	需要过量强碱（3~5 倍）	再生容易（1.5~2 倍）
交换速度	快	慢	快	慢

3. 离子交换树脂的命名

1997 年我国原石化部颁布了新的规范化命名法，离子交换树脂的型号由三位阿拉伯数字组成。

第一位数字代表树脂的分类（酸性或碱性）；

第二位数字代表树脂骨架的高分子化合物类型；

第三位数字为顺序号。

树脂的分类代号和骨架代号都是 7 种，分别以 0~6 七个数字表示，其含义见表 3-10。

表 3-10　　　　　　　　　　　　以阿拉伯数字表示的分类

代号	第一位名称	代号	第二位名称
0	强酸性	0	苯乙烯系
1	弱酸性	1	丙烯酸系
2	强碱性	2	酚醛系
3	弱碱性	3	环氧系
4	螯合性	4	乙烯吡啶系
5	两性	5	脲醛系
6	氧化还原	6	氧乙烯系

凝胶型离子交换树脂——型号后面加"×"号连接阿拉伯数字，表示交联度；

大孔型离子交换树脂——型号前加有字母"D"。格式如下：

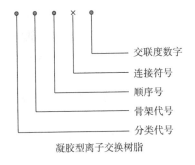

凝胶型离子交换树脂

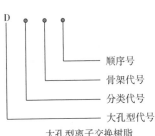

大孔型离子交换树脂

例如：001×7 表示是凝胶型苯乙烯系强酸性阳离子交换树脂（交联度 7%）；D301 表示是大孔型苯乙烯系弱碱性阴离子交换树脂。

4. 离子交换树脂的理化性质

（1）外观和粒度　颜色为乳白、淡黄或棕色等。为不透明或半透明球状颗粒，液体流动阻力较小，耐磨性较好，不易破裂。

粒度是指溶胀状态下的直径。粒度关系到离子交换速度、树脂床中液流分布均匀性和液流压强降，以及反洗时树脂流失等。通常使用的树脂颗粒粒径为 16～70 目（1.2～0.2mm）。特殊用途的细磨树脂，其半径可小至 0.04mm。制药中 90% 以上的球形树脂选用 16～60 目。

（2）膨胀度　膨胀度又称吸水值，是指当干态的离子交换剂在水溶液中吸水后造成体积膨胀的程度，通常用每克干胶吸水膨胀后的体积（mL）来表示。干树脂浸入水、缓冲液或有机溶剂后，树脂上极性基团强烈吸水，高分子骨架吸附有机溶剂，使树脂的体积发生膨胀。

溶剂溶胀 24h 后，树脂体积与干树脂体积之比称为该树脂的膨胀系数，用 $K_{膨胀}$ 表示。干树脂初次使用前应用盐水浸润后，再用水逐步稀释以防暴胀破碎。装柱前充分溶胀，并填装适宜用量，避免膨胀导致柱体碎裂。

影响离子交换剂膨胀度的因素有基质种类、交联度、带电基团的强弱、溶液离子强度和 pH 等。交联度较小的交换剂，其结构强度不如交联度较大的交换剂，其膨胀度更易受上述因素影响。

（3）交联度　将树脂的骨架用交联法形成一个巨大且可与热固性塑料相比拟的分子网。这种交联的程度称为交联度。

树脂的交联度是按合成时所用单体中含有交联剂的质量分数来表示的。

例如，聚苯乙烯树脂的交联度为 10%DVB，它的意义是这种树脂合成时单体中苯乙烯占 90%，二乙烯苯占 10%。

根据被交换物质分子的大小及性质选择适宜交联度的树脂。交联度大的树脂特点：空隙率小，相对密度大，含水率高；交联网孔直径小，因而离子交换选择性大，但交换速度变慢；导入活性基团较困难，故交换容量较小；树脂机械强度较大，稳定性好。

（4）电荷密度　电荷密度是指基质颗粒上单位表面积的取代基（功能基团）的数量，它决定着离子交换剂的交换容量、膨胀度等性质。对小分子进行离子交换时，离子与功能基团按 1∶1 的物质的量之比结合，交换剂上功能基团密度越大，工作能力越强，高电荷密度的离子交换剂具有优势。但蛋白质类大分子进行离子交换层析时，交联度比电荷密度对交换容量影响更大。如果基质颗粒孔径太小而蛋白质分子不能进入颗粒网孔，颗粒表面电荷密度即使很大，交换容量也不高。此外，蛋白质类分子带电荷数量往往较多，与交换剂上功能基团结合不是 1∶1 的物质的量之比关系，而是多点结合，过高的电荷密度会导致蛋白质与离子交换剂结合过于牢固而难以洗脱，极易造成蛋白质变性，回收率下降。因此，适合蛋白质类分子离子交换的介质电荷密度往往较低。

（5）交换容量　交换容量是说明树脂的交换能力，通常按每克干树脂所能交换的离子的毫摩尔来表示（mmol/g 干树脂）。

理论交换容量是指树脂中可以交换的化学基团总量。

再生交换容量是指再生后树脂中可以交换的化学基团总量。再生可能不完全，导致其小于理论交换容量，为 0.5~1.0 理论交换容量。

工作交换容量是指实际进行交换反应时树脂的交换容量，为 0.3~0.9 再生交换容量。工作交换容量又分出静态容量和动态容量的概念，这是由于层析分离过程中的流速对有效容量的影响较大造成。静态容量是指在流速为零，目标物质有充足的时间从流动相扩散到固定相并吸附在交换剂上，此时离子交换剂对应的结合容量即为静态容量。当层析流速增大后，目标物质来不及使离子交换剂达到完全饱和，这种在特定流速测出的为动态容量，它在数值上总是小于静态容量。

（6）稳定性及机械强度　树脂需要具备较好的化学稳定性、热稳定性和机械强度。

树脂的机械强度是指树脂在各种机械力的作用下，抵抗破碎的能力。药品分离中，商品树脂的机械强度一般要求 95% 以上。

（二）多糖基离子交换剂

多糖基离子交换剂是在纤维素、葡聚糖和琼脂糖等多糖基质骨架（载体）上连接离子功能基团制成，主要包括离子交换纤维素、离子交换葡聚糖和离子交换琼脂糖等。常见的多糖基离子交换功能基团见表 3-11。

表 3-11　　　　　　　　　　常见的离子交换功能基团

类型		名称	英文缩写	功能基团
阴离子交换剂	弱碱型	二乙基氨乙基	DEAE	$—OCH_2CH_2N^+H(C_2H_5)_2$
	强碱型	季氨基	Q	$—OCH_2N^+(CH_3)_3$
	强碱型	三乙基氨乙基	TEAE	$—OCH_2CH_2N^+(C_2H_5)_3$
阳离子交换剂	弱酸型	羧甲基	CM	$—OCH_2COO^-$
	强酸型	磺丙基	SP	$—OCH_2CHOHCH_2OCH_2CH2CH_2SO_3^-$
	强酸型	磺甲基	S	$—OCH_2CHOHCH_2OCH_2CHOHCH_2SO_3^-$

1. 离子交换纤维素

离子交换纤维素的特点是表面积大，开放性的骨架允许大分子自由通过，同时对大分子的交换容量较大。离子交换纤维素在层析分离时洗脱很方便，并且蛋白质活性的回收率高。

英国的 Whatman 公司是最早生产离子交换纤维素的企业之一，产品种类较多，其生产的 DEAE-纤维素和 CM-纤维素属于常规生化分离中常用的介质类型。GE Healthcare 公司（原 Pharmacia 公司）生产的 DEAE-Sephacel 是另一种常用的纤维素离子交换剂。

2. 离子交换葡聚糖

离子交换葡聚糖是 GE Healthcare 公司（原 Pharmacia 公司）以两种交联葡聚糖凝胶 Sephadex G-25 和 Sephadex G-50 为基质，连接上 4 种不同的功能基团后形成的离子交换剂。这类交换剂的型号中分别用字母 A 和 C 代表阴离子交换剂和阳离子交换剂，用数字 25 或 50 代表其基质是 Sephadex G-25 或 Sephadex G-50。

葡聚糖离子交换剂在交换容量方面要明显大于纤维素离子交换剂。

交联度较小的 50 系列的葡聚糖交换剂，其膨胀度大于 25 系列，并受离子强度和 pH 的影响。当离子强度由 0.01mol/L，增加到 0.5mol/L 时，一根 DEAE-Sephadex A-50 层析柱的体积会缩小至原来的一半。体积变化跨度过大时，样品有陷入网格的危险，应尽量避免。

3. 离子交换琼脂糖

离子交换琼脂糖是一类在交联琼脂糖凝胶的基础上连上功能基团形成的离子交换剂，这类凝胶比葡聚糖凝胶更显多孔结构，由于其孔径稍大，对于相对分子质量在 10^6 以内的球状蛋白质表现出很好的交换容量。琼脂糖离子交换剂表现牢固，体积（膨胀度）随离子强度或 pH 的变化改变很小。常用的离子交换琼脂糖有 GE Healthcare 公司（原 Pharmacia 公司）的 Sepharose 系列和 Bio-Rad 公司的 Bio-Gel A 系列。

Sepharose 离子交换剂又包括了多个系列。Sepharose CL-6B 系列属于大孔型珠状离子交换剂，这类离子交换剂有较好的分辨率，较高的交换容量，适合于各类大分子的分离。Sepharose High Performance（Sepharose HP）系列凝胶颗粒粒径平均为 34μm，高的交联度赋予该层析介质极好的物理稳定性，其体积不随 pH 和离子强度而改变，有很高的分辨率，是 Sepharose 系列中颗粒最细、分辨率最高、化学稳定性最好的一类。Sepharose Fast Flow（Sepharose FF）系列凝胶颗粒粒径要大于 Sepharose HP 系列，平均为 90μm，这使得它比后者具有更好的流速性能，适合大规模分离纯化的要求。Sepharose Big Beads（Sepharose BB）凝胶颗粒粒径更大，平均为 200μm，大的粒度赋予该介质极好的流速特性，即使在分离勃性样品时仍能保持高的流速，因此非常适合大规模分离使用。

Bio-Rad 公司开发的 Bio-Gel A 系列是基于 4% 交联琼脂糖的离子交换剂，主要有 DEAE Bio-Gel A 和 CM Bio-Gel A 两种，它们同样具有物化稳定性高、回收率低等特点。

4. 高效离子交换剂

高效离子交换剂指的是在中压层析或高压层析中使用的粒度较小而有一定的

硬度，分辨率很高的一类离子交换剂，其中包含了很多种类。常见的有 GE Health-care 公司（原 Pharmacia 公司）的 SOURCE 系列和 Mono Beads 系列，Toso-Haas 公司的 DEAE-3-SW 和 CM-3-SW 等。

三、离子交换层析操作技术

（一）离子交换层析条件的确定

离子交换层析条件的选择主要包括离子交换剂的选择、层析柱的尺寸、起始缓冲液的种类、pH 和离子强度、洗脱缓冲液的 pH 和离子强度等。

1. 离子交换剂的选择

选择离子交换剂主要依据分离的规模、分离的模式、目标蛋白质分子大小、等电点和化学稳定性等。根据分离的实际情况，选择有适合的基质和功能基团的离子交换剂，没有任何一种离子交换剂能够适合各种不同的分离要求。

考察层析效果的指标包括分辨率、速度、容量和回收率，但在优化其中的某个指标时，其他指标往往会发生不利的变化，达不到尽善尽美，往往根据分离所处的阶段，对其中一到两个重要指标进行优化，其余是次要的指标，只作一定的参考。流动相会影响离子交换效果，因此，在选择离子交换剂时还需要考虑离子交换剂所处环境的影响。

2. 层析柱尺寸的确定

柱的尺寸通常用内径（mm）×高度（mm）来表示，据此可计算出柱体积（mL）和高径比。

同其他高选择性的吸附技术一样，离子交换层析通常选用短的层析柱，即高径比小的层析柱，高径比一般小于 5。在大规模的分离过程中，当分离参数确定后，可以通过增加层析柱的直径来达到扩大分离规模的目的。

3. 缓冲液的选择

溶液 pH 影响目的物的带电状态，影响目的物与离子交换剂的结合能力。上样时，如果溶液中离子强度较低，目的物与交换剂之间结合能力会更强，能取代离子而吸附到交换剂上；洗脱时，往往通过提高溶液的离子强度，增加离子的竞争性结合能力，使得样品从交换剂上解吸。

流动相的选择取决于目的产物的等电点、离子交换剂的类型和是否需要挥发性缓冲液等。好的缓冲液具有在工作 pH 条件下有高的缓冲能力、高的溶解性、高纯度及廉价等特点。

（1）缓冲液的pH 为了具有较好的缓冲能力，缓冲盐的 pK_a 与工作 pH 相差不超过 0.5 个 pH 单位为宜。在选择操作 pH 时还需特别注意目标分子的 pH 稳定范围，若超出此范围会造成目标分子活性丧失，导致回收率下降。

（2）缓冲液的离子强度 二价盐缓冲液（如磷酸盐）能和一价盐缓冲液（如

乙酸盐）有相同的缓冲能力，但是有更高的离子强度。高离子强度可能影响结合，如果必须保持低离子强度，那就要选择一价盐缓冲液。缓冲液的浓度通常为 0.01~0.05mol/L。

（3）缓冲液与介质相互作用　应该避免选择能与介质相互作用的缓冲盐类。如磷酸盐缓冲液和阴离子交换剂不能共同使用，否则磷酸基团会结合到柱子上，平衡会被破坏，导致 pH 的变化而使目的产物被解吸。

（4）温度和离子强度对缓冲液 pH 的影响　温度和离子强度都会影响 pK_a，进而影响溶液的 pH。如20℃时，pH 9.40 的 0.1 mol/L 碳酸钠-碳酸氢钠缓冲液在37℃时的 pH 为 9.12。

（5）缓冲液的浓度　缓冲液的浓度是由其平衡离子交换剂所需要的时间、需要的缓冲能力和缓冲液的离子强度决定的。高浓度的缓冲液会减少平衡所需的时间，具有更高缓冲容量。但是浓度高会增加离子强度，可能对离子交换不利。在工作 pH 和缓冲盐的 pK_a 之间有较大的差距时，就需要提高浓度来保持缓冲能力。如果工作 pH 和 pK_a 之间有 1 个 pH 值单位的差距，就需提高 10 倍缓冲盐离子的浓度来保持相同的缓冲能力。

（6）缓冲液的离子强度　起始缓冲液的离子强度可以采用能使目的物发生吸附的最高离子强度，而洗脱则采用使目的物解吸所需的最低离子强度，离子强度的具体参数可以通过试管小试法确定。

试管小试法确定，具体操作如下：①取 10 支 15mL 试管，每管加入充分溶胀的 0.1g 基于交联葡聚糖的离子交换剂或 1.5mL 基于琼脂糖或纤维素的离子交换剂；②配制一系列浓度为 0.5mol/L 的不同 pH 的缓冲液，相邻两种缓冲液的 pH 相差 0.5 个单位，如果使用阴离子交换剂，这个系列的缓冲液 pH 分布在 4~8，如果使用阳离子交换剂，这个系列的缓冲液 pH 分布在 5~9，注意随着 pH 的不同可能需要选择不同的缓冲物质；③各取 10mL 上述不同 pH 的缓冲液分别加入 10 支试管中用以平衡交换剂，混合一段时间后弃去上清液，再分别加入 10mL 新鲜缓冲液，反复 10 次后可以使试管内的交换剂在 pH 上完全与缓冲液达到平衡（之所以采用高浓度的缓冲液是为了使离子交换剂能迅速在 pH 方面达到平衡，此过程通常远远慢于离子强度方面达到平衡）；④再用 10mL 低浓度（交联葡聚糖交换剂可采用 0.05mol/L 的浓度，琼脂糖和纤维素交换剂可采用 0.01mol/L 的浓度）的相同 pH 的缓冲液洗涤各试管中的交换剂，反复 5 次可确保试管内的交换剂在离子强度方面与起始缓冲液保持一致；⑤各支试管中加入相同数量的样品，混合放置 5~10min；⑥使离子交换剂沉降，分析上清液中目的物含量。

起始缓冲液多数情况下直接采用由缓冲物质提供离子强度，不再额外往缓冲液中添加非缓冲盐，缓冲物质的浓度（一般为 0.02~0.05mol/L）决定了离子强度，只要起始 pH 选择合适，在此离子强度下目的物完全能够与交换剂结合。但是有些物质在低的离子强度下可能会与交换剂结合过于牢固而难以洗脱，甚至结构被破坏，此时应当往起始缓冲液中额外添加非缓冲盐来提供较高的离子强度，减弱物质与交换剂之间的作用力，具体非缓冲盐的浓度可以通过试管小试法确定。

洗脱缓冲液就是由起始缓冲液添加特定浓度的非缓冲盐组成的，即洗脱缓冲液与起始缓冲液的缓冲物质组成、浓度及 pH 均应相同，仅非缓冲盐浓度不同。非缓冲盐所需的浓度同样可以通过试管小试法确定。试管法确定起始和洗脱缓冲液所需离子强度的具体操作类似于起始 pH 的确定，只是 10 支试管中分别用相同 pH 而不同浓度非缓冲盐的缓冲液分别平衡，相邻两个管中非缓冲盐的浓度相差 0.05mol/L，然后加入等量样品，充分混合后也对上清液目的物含量进行分析。

当离子交换后的洗脱组分需要进行冷冻干燥时，优先选用挥发性的缓冲物。

（二）填装离子交换层析柱

1. 离子交换剂的预处理

各种不同的离子交换剂在使用前所需进行的预处理程序不同。以预装柱形式和液态湿胶的形式出售的离子交换剂一般已经过处理，无需预溶胀。预装柱可以直接使用；液态湿胶在使用前倾去上清液，按湿胶与缓冲液体积比为 3∶1 的比例添加起始缓冲液，搅匀后即可装柱。

基于 Sephadex 的离子交换剂通常以固态干胶形式出售，使用前需要进行溶胀。溶胀过程通常将交换剂放置在起始缓冲液中进行，在常温下完全溶胀需 1~2d，在沸水浴中需 2h 左右（同时达到脱气的目的）。溶胀过程中不要强烈搅拌，避免凝胶颗粒破裂。另外，Sephadex 类干胶在溶液离子强度很低的情况下，内部的功能基团之间的静电斥力会变得很大，容易将凝胶颗粒胀破，因此，不能使用蒸馏水溶胀。

基于纤维素的离子交换剂通常也是以干态形式出售的，使用前需要溶胀。纤维素的微晶结构是不会被静电斥力破坏的，故可以用蒸馏水进行溶胀，沸水浴加热能够加快此过程。离子交换纤维素在加工制造过程中会产生一些细的颗粒，应将其在水中搅匀后进行自然沉降，一段时间过后将上清液中的漂浮物倾去，反复数次沉降和倾去即可去除细颗粒。有些纤维素产品使用前需进行洗涤。洗涤方法：先用 0.5mol/L 的 NaOH 浸泡 0.5h，倾去碱液，用蒸馏水洗至中性后再用 0.5mol/L 的 HCl 浸泡 0.5h，再洗至中性后又用 0.5mol/L 的 NaOH 浸泡 0.5h，最后洗至中性备用，酸碱洗涤顺序也可反过来。阴离子交换纤维素，一般用碱-酸-碱的顺序洗涤，最终平衡离子是 OH^-；阳离子交换纤维素，一般用酸-碱-酸的顺序洗涤，最终平衡离子为 H^+。洗涤完以后，必须用酸或碱将离子交换纤维素的 pH 调节到起始 pH 以后才能用于装柱。

离子交换树脂使用前的处理方法类似于离子交换纤维素，也需要先倾去细的颗粒，然后用酸、碱轮流洗涤。洗涤时所使用酸碱的浓度大于纤维素交换剂，一般可 2mol/L 的 NaOH 和 HCl 进行处理。

2. 装柱

层析柱装填质量会影响分离效果，填充得不好，会导致柱床内液体不均匀地流动，造成区带扩散，影响分辨率。

首先，排空层析柱底部死角的空气。将恒流泵连接柱下端接口，泵入缓冲液至层析柱下端，直至柱中可以看到少量液体为止。然后，将预处理好的离子交换剂放置在烧杯中，倾去过多的液体（交换剂与上清液体积比为 3∶1 即可），轻微搅拌混匀，利用玻棒引流使液体沿着柱的内壁流下，防止气泡产生，尽可能一次性将层析介质倾入层析柱。注意：当层析介质沉降后需要再补加交换剂时，应当将沉降表面轻轻搅起，然后再次倾入，防止两次倾注时产生界面。

3. 平衡

平衡过程的目的是为了确保离子交换剂上的功能基团与起始缓冲液中的平衡离子间达到吸附平衡。平衡能确保功能基团与缓冲液中的平衡离子间达到吸附平衡，营造适当的溶液环境，以保证样品中目标物质能与功能基团结合而杂质尽量不结合。层析柱是否已经达到平衡可通过检验柱下端流出的洗脱液 pH 是否与起始缓冲液 pH 一致来判断。

弱型离子交换剂本身具有一定的缓冲能力，很难直接用起始缓冲液将其平衡至起始 pH，应当用酸或碱在装柱前将其 pH 先调节至起始 pH，装柱后再用起始缓冲液进行平衡。有时为了加快平衡的速度，先选择与起始缓冲液有相同 pH 并具有更大缓冲能力的更高浓度的缓冲液平衡层析柱，然后再换用起始缓冲液进行平衡，使流出液在 pH 和离子强度方面均与起始缓冲液一致。

（三）上样

1. 样品的准备

浑浊的样品在上柱前必须经过滤或离心除去颗粒状物质。离子交换剂颗粒越小，对样品溶液的澄清度要求越高。当样品体积非常小或滤膜对目的物有吸附作用时，为了减少样品的损失，选择 10000g 离心 15min 也能达到除去颗粒物的目的。

样品的黏度会影响上样量和分离效果。高黏性的样品会造成层析过程中区带不稳定及不规则。因此，通常样品的黏度最大不超过 $4 \times 10^{-3} Pa \cdot s$，对应的目的物浓度不超过 5%。

对于固体样品，将其溶于起始缓冲液并校对 pH 即可；对于蛋白质溶液，可以按一定的比例与浓缩形式的起始缓冲液（pH 相同而浓度为起始缓冲液的 2~10 倍）混合，具体比例根据缓冲液浓度及样品体积进行计算，使混合液的离子强度与起始缓冲液一致。要想使样品溶液的离子成分与起始缓冲液一致，最好的方法是进行缓冲液交换或透析操作。当样品的体积很大时，无法采用凝胶过滤层析或透析法，此时可以通过稀释样品的方法使其离子强度与起始缓冲液一致，再用酸碱调节至起始 pH。

2. 上样量

根据已有实验条件，即层析柱和离子交换剂的规格，来确定层析分离时的最大上样量。

工作交换容量并不是常数，样品成分差异会影响到目的物的实际交换容量，因此，上样时样品中目的物的含量不应超过离子交换层析有效交换容量的10%~20%。

3. 上样方法

上样是将一定体积的样品溶液添加至柱床的上表面，依靠重力或泵提供的压力使样品进入柱床的过程。在上样过程中，样品溶液应尽可能均匀地添加至床面。

上样的方法有多种，如果采用的是成套液相层析系统，一般都提供标准的上样方法；如通过进样器或注射器等定量加样，之后利用泵将样品溶液加入柱床。

对于自装柱，常见的上样方法有排干法和液面下上样法。①排干法。该法最常用，所需设备最少，但对操作的要求较高。先打开层析柱上口和下端阀门，让床面之上的液体靠重力作用自然排干，当床面刚好暴露时将层析柱下端阀门关闭。用吸管将样品加到床面上，但要避免破坏床面的平整，以免造成区带的扭曲和倾斜，然后打开柱下端阀门，重力作用使样品溶液进入床面，必要时用少量起始缓冲液洗涤层析柱上端，打开阀门使洗涤液也进入床面，最后用起始缓冲液充满层析柱内床面上端空间，拧紧层析柱上口，即可以用恒流泵泵入起始缓冲液完成吸附过程并洗去不吸附物质。②液面下上样法。该法将层析柱上口拧开而不排干床面之上的液体，利用带有长的针尖的注射器将样品溶液轻轻注入液面下，使其平铺在床面上，注意采用此方法时样品溶液的密度必须大于起始缓冲液，这可以通过往样品溶液中添加葡萄糖来实现。打开柱下端阀门后，同样依靠重力，样品会进入床面。然后拧紧柱上口，用起始缓冲液进行洗涤。

（四）洗涤

样品进入柱床后，接着就是用起始缓冲液洗涤柱床，将起始条件下不能被吸附的物质从柱中洗去，在层析图谱上可见穿透峰。通常在层析柱下端连接一个紫外检测器，根据测定出的吸光度来指示组分流出情况，洗涤过程一般需进行到穿透峰流出后紫外吸收重新回到初始值附近为止，洗涤所需起始缓冲液一般不会超过两倍柱体积。流速对清洗过程不会产生大的影响，因此必要时，特别是大规模的分离时可以适当提高洗涤流速。

如果采用的是起始相洗脱，目的物在起始条件下不发生吸附，而其他杂质成分被吸附在层析柱上，因此应收集穿透峰。

（五）洗脱

上样吸附和洗涤操作后，料液中大部分的杂质已经从层析柱中被洗去，形成穿透峰，即样品已实现部分分离。洗脱需要改变柱中溶液条件，使起始条件下发生吸附的目的物从离子交换剂上解吸而被洗脱，并通过控制洗脱条件使不同的组分在不同时间发生解吸，从而进一步分离吸附在柱上的杂质。

1. 洗脱条件的选择

使蛋白质从离子交换剂上解吸而被洗脱，可采取的方法如下所述。

①改变洗脱剂的 pH，使结合离子的带电荷情况发生变化。当 pH 接近等电点时，失去净电荷，从交换剂上解吸并被洗脱下来。对于阴离子交换剂，应当降低洗脱剂的 pH，使目的结合离子带负电荷减少；对于阳离子交换剂，洗脱时应当升高洗脱剂的 pH，使结合离子带正电荷减少，从而被洗脱下来。

②增加洗脱剂的离子强度，此时结合离子与交换剂的带电状态均未改变。但洗脱离子会与结合离子竞争结合交换剂，降低了结合离子与交换剂之间的相互作用而导致洗脱，常用 NaCl 与 KCl。

③往洗脱剂中添加某种特定的离子，其能与结合离子发生特异性相互作用而把结合离子洗脱下来，这种洗脱方式称为亲和洗脱。

④往洗脱剂中添加特殊的置换物质，置换剂与离子交换剂之间具有很强的亲和性，因此包括目的物在内的所有物质都从层析柱上被置换下来，称为置换洗脱。在离子交换中一般很难找到合适的置换剂，置换洗脱较少使用。

2. 洗脱方式

离子交换层析法中，常用的洗脱方式主要有连续梯度洗脱与阶段洗脱。图 3-32 中采用的是通过改变离子强度而分别进行的连续梯度洗脱与阶段洗脱（虚线为电导率，用于表示离子强度的变化）。在初次分离目标物质时，往往需要先采用连续梯度洗脱，待确定了样品的特性和洗脱条件后再考虑采用阶段洗脱来优化分离效果，缩短操作时间。阶段洗脱技术简单，易于操作，对于层析条件已经清楚的物质往往有较高的分辨率。有时如阶段洗脱效果不理想，则仍需使用连续梯度洗脱。

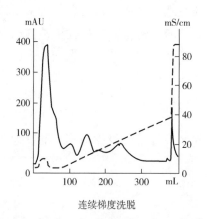
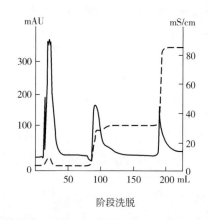

连续梯度洗脱　　　　　　　　　　　　阶段洗脱

图 3-32　连续梯度洗脱与阶段洗脱

（1）阶段洗脱　阶段洗脱分为 pH 阶段洗脱和离子强度阶段洗脱。

pH 阶段洗脱是用一系列具有不同 pH 的缓冲液进行洗脱，pH 的改变造成目的物带电状态改变，会在某一特定 pH 的缓冲液中被洗脱而与在其他阶段被洗脱的杂质之间实现分离。

离子强度阶段洗脱是使用有相同 pH 而离子强度不同的同一种缓冲液进行洗脱，不同的离子强度通常通过添加不同比例的非缓冲盐来实现，最常用的非缓冲盐是 NaCl，也可通过添加乙酸铵等挥发性盐的方法来增加离子强度，或直接增加缓冲液中缓冲物质的浓度来增加离子强度，例如，起始缓冲液采用 pH 4.5 的 0.02mol/L 醋酸盐缓冲液，而洗脱缓冲液采用 pH 4.5 的 0.10 mol/L 磷酸盐缓冲液。增加离子强度后，结合离子与离子交换剂之间的静电作用力减弱，首先会使带净电荷较少而吸附得不太牢固的物质发生解吸而被洗脱下来；再次增加离子强度，使得结合更为牢固的一些物质被洗脱。依次增强洗脱液的离子强度，吸附物质会依据吸附力由弱到强而依次被洗脱下来，目的物会在特定离子强度的缓冲液中被洗脱而与在其他离子强度下被洗脱的杂质实现分离。

（2）连续梯度洗脱　连续梯度洗脱与阶段洗脱原理上是相同的，只是洗脱剂的洗脱能力是连续增加的。梯度洗脱也分为 pH 梯度洗脱和离子强度梯度洗脱。

获得连续线性 pH 梯度比较难，它无法通过按线性体积比混合两种不同 pH 的缓冲液来实现，因为缓冲能力和 pH 具有相关性，并且 pH 的改变往往会使得离子强度同步发生变化，因此 pH 梯度洗脱很少被使用。

离子强度梯度洗脱即盐浓度梯度洗脱是离子交换层析中最常用的洗脱技术，它展现性好而且易于实现，只需将两种不同离子强度的缓冲液（起始缓冲液和极限缓冲液）按线性变化的比例混合即可得到需要的离子强度梯度，此过程中缓冲液的 pH 始终不变。起始缓冲液是根据实验确定的起始条件而选择的由浓度很低的缓冲物质组成的特定 pH 的缓冲液，通常缓冲物质浓度在 0.02~0.05mol/L。极限缓冲液一般是往起始缓冲液中添加了非缓冲盐，如 NaCl 后制得的。例如，某离子交换层析操作中起始缓冲液为 pH 4.5，0.05mol/L 的醋酸盐缓冲液，极限缓冲液为含 1mol/L NaCl 的 pH 4.5，0.05mol/L 的醋酸盐缓冲液，将两种缓冲液的混合液由极限缓冲溶液占比 0% 逐渐提高至 100%，可以得到 NaCl 浓度在 0~1mol/L 间连续变化的离子强度梯度。

（六）离子交换剂再生与保存

洗脱后，可能会有一些结合牢固的物质残留在离子交换剂上，如变性蛋白、脂类等。残留物质会干扰正常的离子交换，可能污染样品，甚至堵塞层析柱。使用后，应彻底清洗掉柱中的结合物质，使离子交换剂恢复至初始状态。

根据介质的稳定性和功能基团不同，再生有着不同的方法。一般情况下，采用最终浓度达到 2mol/L 的盐溶液清洗层析柱可以除去以离子键与交换剂结合的物质，选择盐的种类时应使其含有离子交换剂的平衡离子，以使得再次使用前的平衡过程更容易进行，NaCl 是最常规的选择，其中的 Na^+ 是大多数阳离子交换剂的平衡离子，而 Cl^- 是大多数阴离子交换剂的平衡离子。当层析柱上结合了以非离子键吸附的污染物后，可选择碱和酸清洗，但使用时应注意离子交换剂的 pH 稳定性。

高效离子交换层析介质和预装柱通常都是原位清洗（CIP），将清洗剂直接通过泵加入层析柱，污染物从柱下端被洗出，清洗后柱效率几乎不受影响。对于自装柱，既可以进行原位清洗（注意：柱床的体积可能发生大的变化），也可以拆柱后清洗离子交换剂。

如果离子交换剂需长期储存，应将其浸泡在防腐剂中，阴离子交换剂可浸泡在含 20%乙醇的 0.2mol/L 乙酸中，阳离子交换剂可浸泡在含 20%乙醇的 0.01mol/L 的 NaOH 中，有时也可使用叠氮钠等其他防腐剂。离子交换剂通常于 4~8℃条件下保存。

四、 离子交换层析技术的应用

离子交换层析技术适用于分离纯化的各阶段，并且易于放大，在生物医药制备的工艺过程中应用广泛。在预处理和初分级阶段，离子交换层析技术可用于捕获和浓缩目标分子；在精制阶段，离子交换层析技术可用于除去性质相近而尚未去除的杂质。

在药物生产中被用于药物的脱盐、吸附分离、提纯、脱色、中和及中草药有效成分的提取等。该技术最早应用于制药业主要是用于提取分离抗生素、浓缩维生素，以及提取和纯化天然药物等。

离子交换树脂已逐步用于缓、控释给药系统。缓、控释原理是利用离子交换的可逆性，药物口服进胃肠道后与胃肠道中生理性离子发生反向离子交换而持续释放药物，达到长久发挥作用的目的。

任务四 亲和层析技术

亲和层析是利用生物分子与其配体间特殊的、可逆的特异性生物亲和力，对目标分子进行分离的一种层析技术。特异性结合在一定条件下是可逆的，选用适当的洗脱液，改变缓冲液的离子强度和 pH 或者加入与配体有更强结合力的物质，能够将结合在配体上的物质洗脱下来。

亲和层析更适用于从某些组织匀浆或发酵液中，分离相对含量低，杂质与纯化目的物之间的溶解度、分子大小、电荷分布等理化性质差异较小，其他经典手段分离有困难的高分子物质。亲和层析分辨率高、操作简便、耗时短、得率高，故对分离某些不稳定的高分子物质，更具优越性。通常只需要亲和层析这一种技术便能将目的蛋白从混合物中分离出来，并且纯度很高。

一、 亲和层析的分离机理

（一）亲和作用的原理

生物大分子间存在很多特异性的相互作用，如抗原与抗体、酶与底物或酶抑制剂、激素与受体等，它们之间都能够专一而可逆地结合，这种结合力称为亲和力。常用于亲和层析的具有较高特异性相互作用的物质见表 3-12。

表 3-12 具有特异性结合能力的生物分子

待分离生物分子	配体
抗体	相应抗原、病毒和细胞等
凝集素	多糖类、糖蛋白、细胞表面受体和细胞等
激素、维生素	受体、载体蛋白
酶	底物类似物、抑制剂、辅助因子
核酸	互补碱基序列、组蛋白、核酸聚合酶和核酸结合蛋白
GST 融合蛋白、谷胱甘肽巯基转移酶	谷胱甘肽
聚组氨酸融合蛋白，天然含组氨酸、半胱氨酸和色氨酸残基的蛋白	金属离子

亲和层析的分离原理简单地说就是通过将具有亲和力的两种分子中的一种固定在不溶性基质上，利用分子间亲和力的特异性和可逆性，分离纯化另一种分子。固定在基质上的分子称为配体，配体和基质是共价结合的，构成亲和层析的固定相，称为亲和吸附剂。

目标物质与配体间的亲和力，可以是由于静电学相互作用或者分子疏水性的相互作用产生，也可由范德华力或氢键等产生，也可以是由空间立体结构互补而产生的结合力等。

（二）亲和层析分离的过程

亲和层析时，先选择与目标生物分子有特异性亲和力的物质作为配体，并将配体共价结合在适当的不溶性基质上，制成亲和吸附剂。将亲和吸附剂装入层析柱，用起始缓冲液平衡，使吸附剂处于适宜与目标分子结合的状态。当样品溶液通过亲和层析柱时，待分离的目标生物分子就会与配体发生特异地结合，从而吸附在固定相上。其他物质不能与配体结合，仍在流动相中，并随洗涤液流出，这样层析柱中就只保留有能发生特异性亲和的目标生物分子和少量杂质。由于亲和介质与目标物质之间相互作用是可逆的，因此可以使用特异性竞争的配体洗脱，也可以通过改变 pH、离子强度或极性等非特异性洗脱，将目标物质从亲和吸附剂上洗脱下来，从而得到纯化的目标物质。

二、 亲和吸附剂

亲和吸附剂一般有基质、间隔臂和配体三部分组成。基质，也称为骨架，一般呈球状，内部为多孔的立体网络状，作为配体的支撑物，为亲和作用提供场所。配体，也称为配基，与目的分子发生特异性亲和作用，是亲和吸附剂中的活性部位。间隔臂将配体与基质连接起来，克服配体与目的分子间空间位阻，利于配体和目的分子间的相互作用，见图 3-33。当配体与目标分子间结合的空间位阻不大时，亲和吸附剂也可以没有间隔臂。

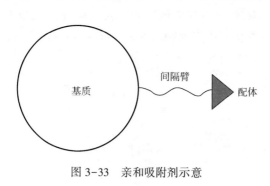

图 3-33　亲和吸附剂示意

(一) 配体

在亲和分离技术中，亲和配体起着举足轻重的作用。亲和配体的专一性和特异性，决定着分离纯化时所得产品的纯度，亲和配体与目标分子之间作用的强弱决定着吸附和解吸的难易程度，影响它们的使用范围。

根据配体亲和作用专一性程度和配体分子质量的大小，分类如下所述。

1. 单专一性的小分子配体

单专一性的小分子配体指如激素、维生素和某些酶抑制、金属离子等小分子，这些亲和配体只和某个或少数几个特定的蛋白发生作用，无论这些蛋白是否来源于特定细胞或生物体。单专一性的亲和配体专一性高，结合力较强，比较难于洗脱。

2. 基团专一性小分子亲和配体

基团专一性小分子亲和配体主要包括酶的辅因子，如 NAD 和其类似物，惰性染料等。如果被分离的酶需要辅因子，该蛋白就能够和辅因子结合（如果配体是辅因子类似物，原理也一样，只是酶可将其识别为辅因子）。将该辅因子或类似物作为亲和配体，便可将蛋白质结合到亲和配体上。

3. 专一性的大分子亲和配体

专一性的大分子亲和配体指利用生物大分子具有三维识别结构的亲和作用，将其中的一种作为配体，就可以用来分离另外所对应的生物大分子，如凝集素

ConA 对多糖和糖蛋白有专一性；蛋白 A 及 G 对 IgG 和 IgM 等免疫蛋白有专一性；组织纤维溶酶原激活剂（t-PA）可以用纤维蛋白作为亲和配体进行分离。

4. 免疫亲和配体

免疫亲和配体指利用抗体和抗原之间的专一作用性进行的亲和分离技术，又称免疫吸附，在免疫吸附中使用的亲和配体称为免疫亲和配体。该配体即可以是抗原，也可以是抗体。单克隆抗体技术为免疫亲和配体的生产和免疫亲和吸附的应用创造了前提条件。相对于其他的亲和配体而言，免疫亲和配体专一性高，纯化效率高，只需一步操作就可以得到很高纯度的产品。但是，它的价格相对较高，配体与目的产品可能会产生不可逆性吸附，在保证目的产品不变性的前提下，难以被解吸。一般而言，免疫亲和配体多为蛋白质，因此配体本身也容易被蛋白酶降解。

5. 基因专一性的大分子亲和配体

基因专一性的大分子亲和配体指利用大分子之间或基因亲和识别性实现分离。一般而言，基因亲和层析可以用来分离纯化多聚核苷酸和能够与多聚核苷酸结合的蛋白质，如限制性核酸内切酶、聚合酶，以及转录因子等。随着分子生物学和重组 DNA 技术的飞速发展，纯化 DNA 结合蛋白的方法引起了人们越来越大的兴趣。一些基于固定化 DNA 吸附剂的亲和分离技术，尤其是亲和层析方法得到了广泛应用。

注意配体是相对的，成对分子中，哪一方与载体相联接，用于分离纯化另一种物质即可被称为配体。

（二）间隔臂

间隔臂用于克服配体和目标物质间的空间位阻效应，使两者之间有效结合，发生亲和作用。

在亲和层析中，如果将配体直接结合在基质上，它在与待分离的生物大分子结合时，会受到基质和待分离的生物大分子间的空间位阻效应的影响。尤其是当配体较小或待分离的生物大分子较大时，待分离的生物大分子由于受到基质的空间障碍，可使得其与配体结合的部位无法接近配体，影响待分离的生物大分子与配体的结合，造成吸附量的降低。

解决这一问题的方法通常是在配体和基质之间引入适当长度的间隔臂，即加入一段有机分子，使基质上的配体离开基质的骨架向外扩展伸长，这样就可以减少空间位阻效应，大大增加配体对待分离的生物大分子的吸附效率。

加入手臂的长度要恰当，太短则克服位阻的效果不明显；太长则容易造成弯曲，而影响配体与生物分子结合。引入间隔臂最常用的方法是将适当长度的氨基化合物 $NH_2(CH_2)_nR$ 共价结合到活化的基质上，n 一般为 $2\sim12$，R 通常是氨基或羧基。

（三）基质

1. 基质的类型

纤维素、交联葡聚糖、琼脂糖、聚丙烯酰胺、多孔玻璃珠等惰性的物质都可以作为亲和层析的基质。纤维素价格低，可利用的活性基团较多，但它对蛋白质等生物分子可能有明显的非特异性吸附作用，另外它的稳定性和均一性也较差；交联葡聚糖和聚丙烯酰胺的物理化学稳定性较好，但它们的孔径相对比较小，而且孔径的稳定性不好，可能会在与配体偶联时有较大的降低，不利于待分离物与配体充分结合，只有大孔径型号凝胶可以用于亲和层析；多孔玻璃珠机械强度好、化学稳定性好，但是可利用的活性基团较少，对蛋白质等生物分子有较强的吸附作用。

琼脂糖凝胶应用最为广泛。它具有非特异性吸附低、稳定性好、孔径均匀适当、宜于活化等优点，可以较好地满足基质所需具备的性质，如 Sepharose - 4B、6B。

2. 基质的活化

基质和配体的偶联，通常要先经过基质的活化，即通过对基质进行一定的化学处理，使基质表面上的一些化学基团转变为易于和特定配体结合的活性基团。

（1）多糖基质的活化　多糖基质尤其是琼脂糖是常用的基质。琼脂糖带有大量的羟基，通过一定的处理可以引入各种适宜的活性基团。琼脂糖常采用溴化氰活化法，该法能生成可以和伯胺反应的亚胺碳酸活性基团。因此，含有伯氨基的配体，如氨基酸、蛋白质都可以结合在基质上。环氧乙烷基活化法活化后的基质都含有环氧乙烷基。环氧乙烷基可以结合带有伯氨基、羟基和巯基等基团的配体。

（2）聚丙烯酰胺的活化　聚丙烯酰胺凝胶有大量的甲酰胺基，可以通过氨乙基化作用、肼解作用和碱解作用等对甲酰胺基修饰而活化聚丙烯酰胺凝胶。

（3）多孔玻璃珠的活化　通常采用硅烷化试剂与玻璃反应生成烷基胺-玻璃，在多孔玻璃引入氨基，再通过氨基进一步反应引入活性基团，与适当的配体偶联。

三、 亲和层析操作技术

亲和层析技术的操作过程主要包括平衡阶段、上样阶段、洗涤阶段、洗脱阶段和再生阶段，见图3-34。

（一）亲和吸附剂的制备

1. 选择合适的配体

自然状态下存在的配体如果较难获得，可以使用类似物做配体。选择合适的配体应考虑以下几个特性。配体必须具备以下条件。①能够进行一定的化学改性，以共价键吸附到层析基质上。②必须保持它对于目标物质有特异性亲和力，并且

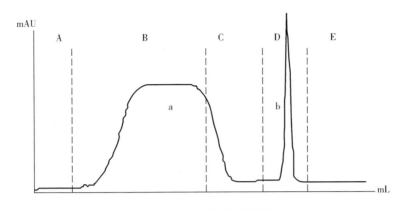

图 3-34　亲和层析的层析图

A—平衡阶段　B—上样阶段　C—洗涤阶段　D—洗脱阶段　E—再生阶段

a—穿透峰　b—洗脱峰

亲和力是可逆的。③结合力不能过强，上样和洗涤除去非结合物之后，当溶液环境改变时，可以使目标物质以有活性的形式解吸，实现分离。④稳定性好，能稳定发挥亲和作用。任何符合以上条件的物质都可能被用作配体，用于分离纯化与它能特异性、可逆性结合的目标物质。

2. 选择适宜的基质

适宜的配体要发挥良好的吸附作用还要依赖基质提供合适的空间环境。亲和层析基质选择的主要参考指标在高度多孔性、优良的物理化学稳定性以及良好的机械强度等方面的要求。基质需要具有以下一些性质。

（1）具有较好的物理化学稳定性　在与配体偶联、配体与目标分离物结合，以及洗脱等条件下，基质不能有明显地改变。

（2）能够和配体稳定地结合　亲和层析的基质应具有较多的化学活性基团，通过一定的化学处理能够与配体形成稳定的共价结合，并不改变配体和结合物的性质。

（3）基质应为多孔网状结构，以便被分离的生物分子能够均匀、稳定的进出，并充分与配体结合。基质的孔径不宜过小，否则会增加基质的排阻效应，降低亲和层析的吸附容量。

（4）基质本身与样品中的各个组分均没有明显的非特异性吸附，不影响亲和吸附剂对待分离物的选择性。基质应具有较好的亲水性，以便易于生物分子靠近配体并与之结合。

3. 间隔臂的选择

间隔臂是亲水性的，且不能因为自身带有电荷或具有疏水性而与料液中物质发生作用。间隔臂的长度参数非常重要，只能靠实验确定。化学手臂碳链的长度一般 6~8 碳为宜。

4. 亲和吸附剂的制备

基质和配体经间隔臂连接共同构成亲和吸附剂。连接过程通常为化学反应，根据生产实践选择适宜方法。目前，市场上已可购买到商品化的亲和吸附剂，亲和吸附剂可以根据生产需要从专业公司直接购买或定制。

5. 装柱

由于亲和吸附剂的吸附容量较大，因此多使用高径比小的层析柱，以达到快速分离。如目标物质量较大，可根据吸附容量扩大层析柱尺寸。如果目标物质亲和能力不强，则选择高径比大的层析柱，以便于增加配体与目标物质接触机会，充分结合。亲和层析柱装柱的方法与离子交换法相似。

（二）平衡

以起始缓冲液冲洗亲和层析柱，以使亲和吸附剂处于适宜的平衡状态，利于目标物质在上样时与亲和吸附剂特异性结合。

缓冲液种类、盐种类、离子强度、温度以及 pH 等会影响亲和结合效果。缓冲液一般具有一定的离子强度，以减小基质、配体与样品其他组分之间的非特异性吸附。如果对配体与蛋白质的结合情况比较了解，可以用缓冲液平衡至该条件。如金黄色葡萄球菌蛋白 A 和免疫球蛋白 IgG 之间的结合力主要起疏水作用，可以通过增大盐浓度、调高 pH 来增强吸附。如果不清楚两者之间的结合情况，就必须对盐、盐浓度及 pH 等条件进行摸索。

（三）上样

上样过程就是目标物质与配体亲和结合的过程。

上样时，要有充裕的吸附时间。流速应调节至足够充分吸附的程度，如结合力弱，则需降低流速。延长吸附时间也可促进吸附，可以在进料后静置一段时间，之后再行后续层析步骤，这类似分批吸附。可将上样后流出液进行二次上样，以增加吸附量。生物分子间亲和力大多受温度影响，通常亲和力随温度升高而下降，所以可以在较低温度下上样。为提升吸附效果，可以降低料液浓度、减小进料量，将体积较大的原料分成多个小量分次进料。

（四）洗涤

上样完成后，目的物已紧密地吸附在亲和柱上，立即更换为起始缓冲液洗涤以除去未发生吸附的杂质。必要时用不同缓冲液洗涤，以除去非专一吸附的杂质，使亲和柱上只留下专一吸附的目的物。

洗涤条件的选择。配体与目标物质之间的亲和力较强，并且属于特异性结合，能够耐受使非特异性吸附蛋白质脱落的冲洗条件。洗涤缓冲液的强度应介于目的分子吸附条件与目的分子洗脱条件之间。例如，一个蛋白质在 0.1mol/L 磷酸盐缓冲液中吸附，洗脱条件是添加 0.6mol/L NaCl 的磷酸盐缓冲液，则可考虑使用添加 0.3mol/L NaCl 的磷酸盐缓冲液进行杂质的洗涤。

（五）洗脱

洗脱是使目标物质与配体解吸，进入流动相并随流动相流出层析柱床的过程。可以通过改变缓冲液条件、添加竞争性结合物质和添加蛋白促溶剂等方法促使目标物质与配体解离，从而被从层析柱洗脱下来。

洗脱条件可以是特异性的，也可以是非特异性的。任何导致亲和作用的结合力减弱的情况都可用来作为非特异性的洗脱条件。选择洗脱条件时还要考虑蛋白质的耐受性，过强的洗脱条件可能会导致蛋白质变性。在建立和优化洗脱的离子强度和 pH 时，可以先使用梯度洗脱掌握目的分子的洗脱条件，条件确定后再改为阶段洗脱。

1. 非特异性洗脱

如果配体与蛋白质之间主要以静电作用吸附，则可考虑使用提高离子强度的方法。多数情况下，最高采用 1mol/L 的 NaCl 溶液。

改变缓冲液，选择能减弱纯化目的物与亲和吸附剂之间吸附力的条件也可实现洗脱目的。一般洗脱方法是改变缓冲液的 pH、改变离子强度或同时改变两者。如采用 0.1mol/L 稀醋酸或 0.01mol/L 稀盐酸洗脱蛋白质，也可尝试用 0.01mol/L 氢氧化铵洗脱。蛋白质洗出后应立刻中和、稀释、透析、重折叠为天然结构恢复蛋白质活力。

2. 特异性洗脱

特异性洗脱条件是指在洗脱液中引入配体或目标物质的竞争性结合物，使目的分子与配体解吸。与配体有亲和特异性的目的分子的类似物可以作为目的分子的竞争者与配体结合，从而将目标物质从配体上置换下来得以洗脱。因特异性洗脱通常都在低浓度、中性 pH 进行，所以条件很温和，目标物质不易发生变性。

例如用较高浓度的抑制剂、辅酶或底物来竞争性洗脱酶。用各种糖或低聚糖苷从固定化的植物凝集素亲和吸附系统上洗脱专一吸附的糖蛋白目的物。这类洗脱剂的优点在于它又一次地利用了生物专一性。但这种洗脱方法所得蛋白质溶液往往较稀，并含有可溶性洗脱剂，之后需要用透析和凝胶过滤法将洗脱剂去除。

3. 高强度洗脱

如果遇到吸附强的情况时，如抗原和抗体结合力特别强，最常见的非特异性洗脱方法是改变流动相的 pH，可使用极限 pH（如 pH2.0）。此时应在目的物收集瓶内事先加入中和缓冲液以便收集物立即还原到中性条件，避免变性或失活等。

有时，吸附过于牢固的情况下，要考虑使用强洗脱条件。方法主要包括降低溶液极性、加入水化试剂或加入变性剂等。可加入 10% 的二氧己烷或 50% 的乙烯乙二醇降低溶液极性；加入水化试剂可破坏溶液中水分子的有序结构以致解吸，只有吸附太牢且其他方法都无法洗脱时才考虑使用，如使用 2mol/L 碘化钾；变性剂可以是 8mol/L 尿素或 6mol/L 盐酸胍。使用后两种方法时要特别小心，因为这些试剂对蛋白质活性影响较大，洗脱获得生物分子的空间立体结构可能发生过变化，需要再经适当处理以恢复其活力。

（六）再生与保存

再生的目的是当分离目的物洗脱下后，除去所有仍结合在柱上的物质，以便于再次使用亲和层析柱。一般可连续使用大量洗脱液或高浓度盐溶液（如 2mol/L NaCl 溶液）洗涤亲和柱，再使用起始缓冲液充分平衡处理亲和柱即可。

有时，特别是样品组分复杂情况下，亲和柱上产生不可逆吸附时，就需要比较强烈的手段再生。例如，在保证亲和吸附剂稳定的前提下升高或降低 pH、加入洗涤剂、使用尿素等变性剂或加入蛋白酶进行再生。一般不使用极端 pH 或加热灭菌等方法。

亲和吸附剂在储存时应加抑菌剂，如添加 0.2g/L 的叠氮钠，但是对于制备人用药物时必须要按照国家相关对于防腐剂的要求进行，不可加叠氮钠。

四、常用的亲和层析技术

亲和层析技术众多，命名方法多样。通常根据配体的名称和所使用技术的名称组合来命名，如固定化金属离子亲和膜技术、染料亲和层析等。生产实践中常用的有以下几种。

（一）核苷酸及辅酶亲和层析

核苷酸（或辅酶）亲和层析是指将核苷酸（或辅酶）作为亲和配基固定在层析介质上进行亲和层析的层析技术，主要利用核苷酸、辅酶因子和蛋白质之间的专一性识别到达分离纯化目的。

1. 核苷酸亲和层析的吸附和解吸

在核苷酸亲和层析吸附中，没有特殊的要求。但为减少非特异性吸附，一般选择在一定的离子强度（0.5~1mol/L NaCl）下解吸。一般而言，蛋白质的解吸可以采用以下方法。

①用辅酶或辅因子进行梯度洗脱，如采用 NADH 梯度洗脱 3-磷酸脱氢酶和乳酸脱氢酶。

②用盐溶液梯度洗脱：对亲和作用力较弱的蛋白质吸附，可采用增加盐浓度的方法洗脱。如采用 0~0.3mol/L KCl Tris-HCl 缓冲液可洗脱 3-羟基丁酸酯脱氢酶。

③依次采用氧化及还原辅因子进行洗脱。

2. 核苷酸、辅酶亲和层析的应用

常见的核苷酸、辅酶亲和配基如表 3-13 所示。

表 3-13　　　　　　　　常见的核苷酸及辅酶亲和层析介质

配基分类	配基	典型应用
腺苷	腺苷 3′,5′-环化单磷酸（CAMP）	腺苷激酶及脱氨酶
	腺苷-3′,5′二磷酸（3′,5′-ADP）	依赖辅酶 A 的酶
	腺苷-5′-单磷酸（AMP）	磷酸化酶
	腺苷-5′-三磷酸（AIP）	激酶
辅酶	辅酶 A（CoA）	CoA 转移酶，乙酸-CoA 酶
	氧化型辅酶 I（NAD$^+$）	5-核苷酸酶
	氧化型辅酶 II（NADP$^+$）	核酸酶
核苷酸	鸟苷-5′-三磷酸	谷氨酸脱氢酶

（二）固定化金属离子亲和层析

固定化金属离子亲和层析（Immolibized Metal Ion Affinity Chtomatograpgy，IMAC）主要原理是利用蛋白质表面的某些氨基酸（如组氨酸、半胱氨酸等）和金属离子的螯合性而达到吸附分离的目的。金属离子和蛋白质或氨基酸的亲和作用主要有机理有：静电作用，配位键结合，金属离子与蛋白质表面含巯基基团（如半胱氨酸）形成共价键，形成 π-络合物。

固定化金属离子亲和层析有多个名称：如金属螯合亲和层析和金属螯合作用亲和层析等。

1. 螯合基团和金属离子的选择

除了少数层析介质如壳聚糖等介质外，金属离子不能直接吸附在层析介质上，因为常见的层析介质上并没有螯合基团。因此金属离子必须通过一个螯合基团才能固定在层析介质上。常见的螯合基团有甲基亚氨基二醋酸、羧甲基亚氨基二醋酸等。主要螯合功能基团是亚氨基二醋酸（IDA）。可作为亲和配基的金属离子有多种，如 Cu^{2+}、Ni^{2+}、Fe^{2+}、Zn^{2+}、Co^{2+} 等。亚氨基二醋酸对金属离子螯合强度的排列顺序：$Cu^{2+} > Ni^{2+} > Zn^{2+} > Co^{2+} > Fe^{2+}$。蛋白质在金属离子的吸附强度排列顺序为：$Cu^{2+} > Ni^{2+} > Zn^{2+} > Co^{2+} > Fe^{2+}$。

Zn^{2+} 和 Co^{2+} 应用较多。Fe^{2+} 也经常用于金属离子亲和层析，但其稳定性比 Zn^{2+} 和 Co^{2+} 较差。Ni^{2+} 较多地用于纯化含组氨酸的蛋白质。

2. 固定化金属离子亲和层析的吸附和解吸条件

在吸附时，为减少非特异性吸附，平衡缓冲液中应加入 0.5~1.0mol/L NaCl，吸附的 pH 选择为 5.0~9.0 较为合适。吸附蛋白质的解吸可采用以下几种方法。

①改变 pH：将 pH 降低到 3.0~4.0 进行洗脱。改变 pH 是一种简单的方法，但不一定对所有蛋白质有效。

②竞争性洗脱：采用一些和金属离子有作用的物质如咪唑、甘氨酸、组氨酸等。在竞争性洗脱中，咪唑和甘氨酸比较温和，一般浓度在 50~100mmol/L 便可达到解吸目的。在解吸时可以采用梯度洗脱，以提高分辨率。

解吸后需要对层析柱进行再生，再生一般采用 EDTA。EDTA 不但可以解吸蛋白质，而且可以将所有结合在层析介质上的金属离子也一起接洗脱下来。EDTA 浓度一般采用 50~100 mmol/L。完全解吸后，需要重新平衡层析柱，然后再将金属离子固定到柱子上。

3. 固定化金属离子亲和层析的应用举例

固定化金属离子亲层析在重组蛋白质的分离纯化中已成为一种标准方法，利用基因设计来使表达的重组蛋白质融合有特定氨基酸的亲和尾（如末端带有多个连续的组氨酸），纯化重组蛋白时可利用 Ni^{2+} 亲和层析填料高效实现与杂质的分离，见图 3-35。

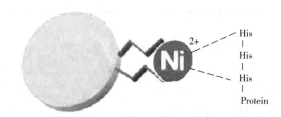

图 3-35　Ni^{2+} 亲和层析填料纯化组氨酸标签蛋白质示意

（三）染料亲和层析

常见的活性染料有活性蓝染料（Cibacron Blue）和活性红 120（Procion Red H-E3B）。从结构上看，Cibacron Blue 的结构和 NAD 的结构相似，它和蛋白质的亲和性类似于蛋白质对核苷酸或蛋白质对辅酶 NAD 基团的识别性。Cibaron Blue F3G-A 和蛋白质的结合位点为腺嘌呤和核糖体，因此染料亲和作用更像一个 ADP-核糖。Procion Red H-E3B 对于 $NADP^+$ 为辅酶的蛋白质的专一性更好。

染料亲和层析对以 NAD、ADP 等为辅因子的激酶、脱氢酶等蛋白质有特异性结合，从而可以用于分离这些蛋白质。

1. 染料亲和层析吸附和解吸要点

在初步确定亲和配基染料后，接着应该选择合适的吸附条件。一般吸附 pH 在 6.0~7.0 较为合适。提高 pH 可提高蛋白吸附量。缓冲液最好选用磷酸盐，因其有利于蛋白质和染料的结合。

对于染料亲和层析的解吸方法而言，可以分为非特异性洗脱和亲和洗脱两种。

非特异性解吸主要是改变缓冲液组成，逐渐的减少染料和蛋白质之间的作用力结合，使得不同的蛋白质解吸下来的先后顺序不同，从而使目标产品得到纯化，常用的解吸的方法主要有如下几种。

（1）增加盐浓度（NaCl） 对第一组到第三组染料有效，但对第四组和第五组染料效果不明显。

（2）改变 pH 采用 pH 梯度进行洗脱。

（3）采用水溶性高聚物 如 PEI、PVP 等，这些高聚物可以阻止蛋白质从染料上洗脱下来，目前这个方法已用于多种酶的解吸。

（4）亲和洗脱 采用辅酶或辅因子如 NAD 等进行亲和洗脱。

染料亲和层析的非特异性吸附比较严重，在蛋白解吸后，层析柱上仍有一定的吸附蛋白质。通常采用 6mol/L 脲–NaOH（0.5mol/L）溶液处理，以除去残存的蛋白质。处理完之后立即用 10mmol/L NaCl 溶液洗涤。再用平衡缓冲液平衡柱子。

2. 染料亲和层析的应用

染料亲和层析是亲和层析中应用最为广泛的一种，分离纯化的蛋白质已达到 50 多种。几乎所有的蛋白质分离介质公司都生产各种染料亲和层析介质。

（四）免疫亲和层析

免疫亲和层析是利用抗体和抗原之间的专一性识别进行分离纯化的方法之一。一般将抗体固定在层析介质上，当样品流过层析柱时，只有和抗体有专一性识别的抗原才会吸附在层析柱上。通过合适的解吸方法将抗原从柱子上解吸下来，便可达到分离纯化的目的。

抗体和抗原的专一性是目前发现的最强的亲和作用，它们不但在作用基团上，而且在空间构象上也有互补性，因此分辨率很高，往往一步便可以达到很高的纯化倍数。

（五）基团专一性大分子亲和层析

基团专一性大分子亲和层析是指用对某一类结构相近的物质、有亲和性的大分子作为亲和配基偶联在层析介质上进行亲和层析的层析技术。如 Protein A 对 IgG 类似抗体有专一性，凝集素（如 Con A）对糖蛋白有专一性。因此，用基团专一性大分子亲和层析可同时纯化许多物质，而不需要更换配基。如以 Protein A–Sepharose 为基质，用于分离纯化 IgG、IgG 抗体片断以及用于相应抗原及免疫复合物的 Protein A 亲和层析；以 Con A–Sepharose 为介质，用于分离纯化糖蛋白、多糖和糖酯的 Con A 亲和层析等。

◢ 任务五 疏水层析技术

疏水层析（Hydrophobic Interaction Chromatography，HIC），又称疏水色谱，是

指利用表面偶联弱疏水基团（疏水性配基）的吸附剂为固定相，根据蛋白质与疏水性吸附剂之间的疏水性相互作用的差别，在相对温和的条件下进行生物大分子分离与纯化的层析法。

1961 年，Gillam 用甲酰二乙氨乙基纤维素对核酸进行分步纯化，这是疏水作用层析用于分离生物大分子的开始。1973 年，Hjerten 正式将该层析法命名为疏水作用层析。

HIC 主要用于蛋白质类和其他生物大分子的分离与纯化。HIC 特点：①该技术属于吸附技术，吸附结合的容量较大，适用于大规模工业生产；②在高浓度盐溶液中疏水性吸附作用较大，是盐析操作后理想的下游工艺步骤；③通过调节疏水性配体键长和密度调节吸附力，可以根据目标产物的性质选择适宜的吸附剂；④疏水性吸附剂的种类很多，选择余地大，价格与离子交换剂相当。

一、疏水层析技术机理

（一）疏水层析机理

蛋白质表面均含有疏水基团，疏水性氨基酸（如苯丙氨酸和酪氨酸等）含量较多的蛋白质疏水性强，反之，则较弱。水中球状蛋白质的折叠总是倾向于把疏水残基埋藏在分子内部，有聚集在一起形成最小疏水面积的趋势即疏水作用。在疏水作用下，水溶液中尽管蛋白质将疏水基团折叠在分子内部而表面显露极性，但是有一些疏水基团或疏水部位暴露在蛋白质表面。这部分疏水基团可与亲水性固定相表面偶联的短链烷基、苯基等弱疏水配基发生作用，被固定相所吸附。

根据蛋白质盐析沉淀原理，在离子强度较高的盐溶液中，蛋白质表面疏水部位的水化层被破坏，露出疏水部位，疏水相互作用增大。因此，蛋白质的吸附需在高浓度盐溶液中进行，洗脱则主要采用逐渐降低流动相离子强度的线性梯度洗脱法或阶段洗脱法。随着缓冲液中离子强度的降低，相互作用逆转，具有最低程度疏水性的蛋白质先被洗脱。具有最强相互作用的蛋白需要盐浓度降得更低来逆转相互作用，最后被洗脱。

（二）影响疏水层析技术的因素

1. 离子强度及种类

蛋白质的疏水性吸附作用随离子强度提高而增大。除离子强度外，离子的种类也影响蛋白质的疏水性吸附。高价阴离子的盐析作用较大，因此 HIC 分离过程中常利用硫酸铁、硫酸钠、硫酸铵和氯化钠等盐溶液为流动相，在略低于盐析点的盐浓度下上样，然后逐渐降低流动相的离子强度进行洗脱分离。

不同的离子，在疏水层析中的作用是不同的。有些离子存在于溶液中时会促进蛋白质沉淀（盐析），能够增加疏水作用；另一些离子的存在却会促进蛋白质的溶解（盐溶），称之为促溶盐类，它们的存在会破坏疏水作用。不同离子对疏水作用的影响如下所述。

阴离子（自右向左，蛋白质的沉淀效应增加）：PO_4^{3-}、SO_4^{2-}、CH_4COO^-、Cl^-、Br^-、NO_3^-、ClO_4^-、I^-、SCN^-。

阳离子（自左向右，蛋白质的促溶效应增加）：NH_4^+、Rb^+、K^+、Na^+、Cs^+、Li^+、Mg^{2+}、Ca^{2+}、Ba^{2+}。

左侧的离子能够促进疏水作用，经常在 HC 中使用；右侧的离子属于促溶盐离子，它们能破坏疏水作用，有时对介质进行清洗时可以用来洗脱一些结合特别牢固的杂质。

2. 破坏水化作用的物质

SCN^-、ClO_4^- 和 I^- 等离子半径较大、电荷密度低的阴离子具有减弱水分子之间相互作用，即破坏水化的作用，称为离液离子。在离液离子存在情况下疏水性吸附减弱，蛋白质易于洗脱。

3. 降低表面张力的化学物质

表面活性剂可以与蛋白质的疏水部位结合，从而减弱蛋白质的疏水性吸附。根据这一原理，难溶于水的膜蛋白可以添加一定量的表面活性剂使其溶解，利用 HIC 进行洗脱分离。但是，选用的表面活性剂种类和浓度应当适宜，过大则抑制蛋白质的吸附。

此外，一些有机溶剂等加入到流动相可以改变体系的表面张力，也可以改变蛋白质的吸附与解吸行为。如添加一些多元醇（常用乙二醇），能降低疏水吸附的强度，有利于层析的展开与洗脱。

4. pH

pH 对疏水相互作用的影响比较复杂，主要是因为 pH 会改变蛋白质的空间结构，可能造成疏水性氨基酸残基在蛋白质表面分布的变化，使蛋白质的疏水性增强或减弱。一般 pH 升高会使疏水作用减弱，而降低 pH 可增加疏水作用。但是，对于一些等电点较高的蛋白质，在高 pH 情况下却能牢固地结合到疏水固定相上，反之则利于洗脱。

5. 温度

一般的吸附现象为放热过程，温度越低吸附结合常数越大。但疏水性吸附与一般吸附相反。蛋白质疏水部位的失水是吸热过程，温度升高会增大保留作用。吸附结合作用随温度升高而增大，升温有利于疏水性吸附；降低洗脱操作温度往往对洗脱有利。

二、疏水层析介质

疏水层析介质与其他吸附层析技术中的介质相似，主要由起支撑骨架作用的亲水性基质和发挥疏水性吸附作用的配基组成。疏水性配基与亲水性基质之间主要利用氨基或醚键结合而偶联。

亲水性介质需为多孔性介质，它们要物理性质稳定，化学上对强力的清洗稳定，并且非特异性结合弱，目前使用最广泛的是琼脂糖、硅胶和有机聚合物（如聚苯乙烯）等。

亲水性介质表面上键合的疏水配基主要为烷基和芳香基，其烷基通常不多于C_8（如丁基、辛基和新戊基等），芳香基多为苯基。蛋白质在羟丙基、丙基、苄基、异丙基、苯基和戊基上的保留值按此次序递增。配基也可选用聚酰胺、长链醚和聚醚（如 PEG1500）等。常见的疏水层析介质见表 3-14。

表 3-14　　　　　　　　　常见的疏水层析介质

名称	功能基团	粒径/μm	制造商
Macro-Prep Methyl HIC Support	甲基	50	Bio Rad
Macro-Prep T-butyl HIC Support	叔丁基	50	Bio Rad
Butyl Sepharose 4 Fast Flow	正丁烷基	45~165	GE Healthcare
Octyl Sepharose 4 Fast Flow	正辛烷基	45~165	GE Healthcare
Phenyl Sepharose 6 Fast Flow	苯基	45~165	GE Healthcare
Ether-650S	醚	20~50	TOSOH
Butyl-650M	正丁烷基	40~90	TOSOH
Phenyl-650C	苯基	50~150	TOSOH

三、 疏水层析操作技术

（一）疏水层析条件的选择

疏水性非常大的蛋白质如膜蛋白质可能会与八碳基团结合得过于牢固而不利于洗脱，这时就须选用苯基介质。相反，疏水性不大的蛋白质无法结合到苯基介质上，则需使用较强的疏水基团。

在 HIC 中，应选机械强度较大的刚性基质；若待分离物质分子质量很大，且样品量较大，则应选大孔基质，如琼脂糖凝胶；若待分离物质较小，或样品量很小，但分辨率的要求高，则可选孔径小的基质甚至非孔型基质。

介质功能基的种类、取代的程度以及流动相中使用的盐的类型和浓度、吸附阶段使用的 pH 等都会对整个层析的效果有很大影响。工业化的大规模制备疏水层析中还要结合产量、效率、原料节省等影响经济效益的因素做综合考虑。

通过改变各种应用参数，如溶液盐的种类和浓度、pH、洗脱梯度形状和坡度等可以调整层析系统对于目的分子的选择性，从而达到最佳的分离效果。为增加分子与介质之间的疏水作用，需加入盐析试剂破坏分子表面的水化膜。

（二）平衡

用 5~10 倍柱体积的起始缓冲液平衡层析柱，使层析柱中环境适于疏水配基与料液中疏水性蛋白质的结合。

（三）上样

调整样品至适宜的盐浓度和 pH 等，上样，使疏水性蛋白质与层析吸附剂发生吸附作用。

（四）洗涤

用 5~10 倍柱体积的起始缓冲液平衡层析柱至基线电导率平稳，使层析柱中未与疏水配基结合的各类组分流出层析柱，与吸附在层析柱上的组分分离。

（五）洗脱

1. 洗脱的方法

洗脱，促使吸附蛋白质发生可逆的解吸的方法有以下几种。①降低盐浓度，从而降低目的分子的疏水性，减弱与介质间的作用力直至解吸；②加入适当比例的有机溶剂，如果目的分子能够耐受而不致发生变性或沉淀等情况，可以加入适当的有机溶剂来降低沉动相的极性或表面张力，从而降低目的分子与介质的结合力；③加入非极性去污剂（如 TritonX-100 等），非极性去污剂可能通过与蛋白质和介质结合而置换下蛋白质分子。但是，使用这类物质时要当心，有的去污剂很难去除。在各种洗脱方法中，以降低盐浓度应用最为广泛，而其他两种则用得很少。

2. 洗脱的方式

进料后的洗脱方式主要有线性梯度洗脱和阶梯洗脱两种。流动相中的盐浓度由高到低，使层析柱中疏水相互作用减弱。梯度的形状、坡度和体积对分离效果的影响都很大。对当初次分离一个未知的复杂原料时，可先用一个大范围的梯度找到目的组分的流出点，随后再根据目的组分的分离情况调节梯度形状而获得最佳分离效果。可在目的组分开始解吸之前提高梯度坡度，而在目的组分解吸后的洗脱过程中降低梯度坡度，最后在洗脱完成之后再提高梯度坡度，形成一个分段的连续梯度洗脱过程。

四、疏水层析与反相层析比较

反相层析的概念最早是在 1950 年前后由 Boscott 等提出的。反相层析和疏水作用层析都是基于物质分子的疏水基团与层析介质上的疏水基团发生吸附作用的，在非极性的固定相和极性的流动相之间不断分配而得以分离的技术。两者的基本差别主要在于疏水侧链的长度及其在介质骨架上的密集程度不同，导致介质功能基疏水性的强弱程度不同。疏水性弱的称为疏水作用层析，较强的则称为反相层析。

疏水层析技术功能基团的疏水性要比反相层析固定相低几十倍到几百倍，以八碳烷烃为主要代表，且密集程度小，使目的物能以较温和条件纯化。反相层析介质的疏水基团密集程度比疏水层析介质要高得多，并且常使用长脂肪链如十八碳烷烃作为功能基，疏水性更强。

疏水作用层一般为常压操作，可放大用于工业生产。反相层析常需要较高的操作压力并需要处理大量危险、有毒的有机溶剂，这些都限制了它的工业化应用。

疏水层析的流动相为高离子强度的盐溶液。反相层析的流动相通常为加入一定比例有机溶剂的水溶液，最常使用含有类似甲醇、乙腈等有机溶剂的水溶液。另外，还可能含有一些离子效应抑制剂和配对离子试剂等添加物。加入有机溶剂是为了降低溶液的极性，以减弱目的分子与介质之间的流水作用，其浓度越高，流动相的极性就越低，洗脱强度也越大。

在生物大分子的工业纯化中，疏水层析拥有较广泛的应用范围。反相层析中需要加入有机溶剂这样强烈的洗脱条件，容易导致蛋白质变性，适用于小分子的高效快速实验室分析或小量纯化。

五、 疏水层析技术的应用

疏水层析法是一种非常有效的分离纯化技术，它和其他分离手段组合在一起已成功地对多种蛋白质进行了分离纯化，部分应用见表3-15。

表 3-15　　　　　　　　疏水层析技术在生物医药制造中的应用

名称	来源	柱形	收率/%
细菌霉素	基因工程	Butyl Sepharose	68
CD4 抗体	鼠	Phenyl Sepharose	57
溶菌酶	牛	Phenyl Sepharose	91
脂肪酶	细菌	PEG Sepharose	50
纤维素酶	细菌	Epxo Sepharose	60
己糖激酶	兔	Phenyl Sepharose	90
乳糖脱氢酶	牛	Phenyl Sepharose	82
变性质粒	大肠杆菌	Butyl Sepharose	—
性纤维化质粒载体	大肠杆菌	Butyl Sepharose	90

- **任务六** 吸附层析技术

吸附层析是利用吸附剂对液体或气体中组分具有选择性吸附能力，从而使物质分离的层析技术。被吸附的物质称为吸附质。

吸附操作简便、安全、设备简单，操作过程中 pH 变化很小，很少用或不用有机溶剂。操作条件温和，适用于热敏性物质分离。但处理能力较低、选择性差、收率低、吸附剂的吸附性能不太稳定等缺点曾导致该技术应用范围减小。随着大孔网状聚合物吸附剂的合成和技术上不断地发展，吸附层析技术又迎来了新的应用机遇。

根据操作方法不同，吸附层析技术可分为吸附柱层析和吸附薄层层析。吸附柱层析常用于规模化生产，吸附薄层层析常用于样品分析与少量样品的制备。

一、 吸附层析原理

（一）原理

吸附是固体表面的一个重要性质。任何两个相都可以形成表面，吸附就是其中一个相的物质或溶解于其中的溶质在此表面上的富集现象。任何一种固体表面都有一定程度的吸引力。这是因为固体表面上的质点（离子或原子）和内部质点受力状态不同，在内部的质点间的相互作用力是对称的，其力场是相互抵消的；处在固体表面的质点，其所受的力是不对称的，其向内的一面受到固体内部质点的作用力大，而表面层所受的作用力小，于是产生固体表面的剩余作用力。这就是固体有吸附作用的实质，见图 3-36。

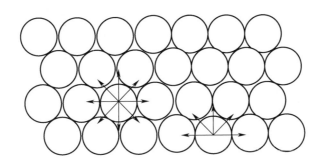

图 3-36 界面上分子和内部分子所受的力

吸附过程是可逆的，被吸附物在一定条件下可以被解吸出来。在单位时间内被吸附于吸附剂的某一表面积上的分子和同一单位时间内离开此表面的分子之间可以建立动态平衡，称为吸附平衡。吸附层析过程就是不断地产生吸附与解吸的动态平衡过程。吸附剂对混合物中组分的吸附力、平衡常数不同，得以使组分间发生分离。

按照吸附剂和吸附质之间作用力的不同，吸附可分为三种类型。

1. 物理吸附

吸附剂和吸附质之间作用力是分子间引力的称为物理吸附，这是最常见的吸附现象。物理吸附力主要包括定向力、色散力、诱导力和氢键。

分子被吸附后，一般动能降低，故吸附是放热过程，物理吸附在低温下也可进行。物理吸附类似于凝聚现象，吸附速度和解吸速度都较快，易达到平衡状态。但是，有时吸附速度很慢，这是由于在吸附剂颗粒的孔隙中的扩散速度限制所致。

物理吸附是可逆的。即在吸附的同时，被吸附的分子由于热运动会离开固体表面，该现象称为解吸。物理吸附可以成单分子层吸附或多分子层吸附。分子间引力的普遍性，导致一种吸附剂可吸附多种物质，故物理吸附选择性较差。但由于吸附质在性质上有差异，吸附能力也会有所差别。

2. 化学吸附

化学吸附在吸附剂和吸附物质间有电子的转移，发生化学反应而产生化学键，属于库仑力范围。这是由于固体表面原子的价未完全被相邻原子所饱和，还有剩余的成键能力，它与通常的化学反应不同，即吸附剂表面的反应原子保留了原来的格子不变。化学吸附放出热量很大，但化学吸附需要的活化能较高，仍需在较高的温度下进行。化学吸附的选择性较强，即一种吸附剂只对某种或特定几种物质有吸附作用。因此化学吸附是单分子层吸附，吸附后较稳定，不易解吸，平衡慢。化学吸附与吸附剂的表面化学性质以及吸附质的化学性质直接有关。

3. 交换吸附

吸附剂表面如为极性分子或离子所组成，它会吸引溶液中带相反电荷的离子而形成双电层，这种吸附也称为极性吸附。离子的电荷是交换吸附的决定因素，离子所带电荷越多，它在吸附剂表面的带相反电荷位点上的吸附力就越强。

吸附剂与吸附质间发生的吸附作用到底是哪种类型有时难以有明确的界线，往往是以上吸附形式共同作用的结果。

（二）影响吸附的因素

固体在溶液中的吸附比较复杂，影响因素也较多。

1. 吸附剂的性质

吸附剂本身的性质将影响吸附量及吸附速度。吸附剂的表面积越大，孔径越大，则吸附容量越大；吸附剂的孔隙度越大、粒度越小，则吸附速度越大。另外，吸附剂的极性也影响物质的吸附。吸附相对分子质量大的物质一般应选择孔径大的吸附剂，反之则需要选择表面积大、孔径较小的吸附剂。极性化合物需选极性吸附剂，非极性化合物应选择非极性吸附剂。

2. 吸附质的性质

一般能使表面张力降低的物质，易为表面所吸附；溶质从较易溶解的溶剂中被吸附时，吸附量较少；极性吸附剂易吸附极性物质，非极性吸附剂易吸附非极性物质，而极性吸附剂适宜从非极性溶剂中吸附极性物质，而非极性吸附剂适宜从极性溶剂中吸附非极性物质；对于同系列物质，吸附量的变化是有规律的，排序越后的物质，极性越差，越易被非极性吸附剂所吸附。

3. 溶液的 pH

溶液的 pH 往往会影响吸附剂或吸附质的解离情况，进而影响吸附量，对蛋白质或酶类等两性物质，一般在等电点附近吸附量最大。各种溶质吸附的最佳 pH 需通过试验确定。如有机酸类溶于碱，胺类物质溶于酸，所以有机酸在酸性条件下，胺类在碱性条件下较易为非极性吸附剂所吸附。

4. 盐的浓度

盐类对吸附作用的影响比较复杂，有些情况下盐能阻止吸附，在低浓度盐溶液中吸附的蛋白质或酶，常用高浓度盐溶液进行洗脱。但在另一些情况下盐能促进吸附，甚至有些情况下吸附剂一定要在盐的作用下才能对某些吸附物质进行吸附。例如硅胶对某种蛋白质吸附时，存在硫酸铁时，吸附量增加很多倍。

5. 温度

吸附一般是放热过程，所以只要达到了吸附平衡，升高温度会使吸附量降低。但是，低温时，有些吸附过程往往在短时间内达不到平衡，而升高温度会使吸附速度增加，吸附量增加。

对蛋白质或酶类的分子进行吸附时，被吸附的高分子是处于伸展状态的，这类吸附是一个吸热过程。温度升高会增加吸附量。

6. 吸附物质的浓度与吸附剂用量

在稀溶液中吸附量和浓度的一次方成正比，而在中等浓度的溶液中吸附量与浓度的 1/n 次方成正比。在吸附达到平衡时，吸附质的浓度称为平衡浓度。普遍规律是吸附质的平衡浓度越大，吸附量也越大。用活性炭脱色和去除热原时，为避免对有效成分发生吸附，往往将料液适当稀释后进行。在用吸附法对蛋白质或酶进行分离时，常要求其浓度在 1% 以下，以增强吸附剂对吸附质的选择性。

从分离提纯的角度考虑，还应考虑吸附剂的用量。若吸附剂用量过少，产品纯度达不到要求，但吸附剂用量过多，又会导致成本增高、吸附选择性差及有效成分损失等。因此，需综合考虑吸附剂的用量。

二、 吸附层析的固定相与流动相

（一） 吸附剂

吸附剂的种类很多，而对吸附剂的选择尚无固定的法则，一般需通过实验来确定。一般来说，所选吸附剂应有大的比表面积和足够的吸附能力；对欲分离的不同物质应该有选择性的吸附能力，即有足够的分辨率；与洗脱剂、溶剂及样品组分不会发生化学反应；颗粒应均匀，在操作过程中不会破裂。极性大的物质应选用极性略小的吸附剂，否则由于作用力大而难于洗脱。极性小的物质，应选用极性强的吸附剂，否则会因作用力小而不能分离。

1. 活性炭

活性炭是使用较多的一种非极性吸附剂，具有吸附力强、分离效果好、价格低、制备容易等优点。但是不同来源、制法、生产批号的产品间吸附能力差异较大，应用不同批次活性炭所得到的生产结果可能不同，导致很难用于标准化的生产。

活性炭有三种基本类型。粉末状活性炭，是活性炭中吸附力最强的一类。但其颗粒太细而影响过滤速度，过滤操作时常要加压或减压。颗粒状活性炭，是由粉末状活性炭制成的颗粒，吸附力仅次于粉末状活性炭。锦纶-活性炭，是以锦纶为黏合剂，将粉末状活性炭制成颗粒，其总比表面积介于以上两种活性炭之间，但吸附力较两者都弱，适于与前两种结合太强而不宜洗脱的物质。

一般先用稀盐酸洗涤活性炭，其次用乙醇洗，再以水洗净，于80℃干燥后即可供层析用。层析用的活性炭，最好选用颗粒活性炭，若为活性炭细粉，则需加入适量硅藻土作为助滤剂一同装柱，以免流速太慢。活性炭主要用于分离水溶性成分，如氨基酸、糖类及某些苷类。活性炭的吸附作用在水溶液中最强，在有机溶剂中则较弱。故水的洗脱能力最弱，而有机溶剂则较强。例如以醇-水进行洗脱时，会随乙醇浓度的递增而洗脱力增加。活性炭对芳香族化合物的吸附力大于脂肪族化合物，对大分子化合物的吸附力大于小分子化合物。利用这些吸附性的差别，可将水溶性芳香族物质与脂肪族物质分开，单糖与多糖分开，氨基酸与多肽分开。

2. 柱层析硅胶

柱层析硅胶是具有固体特性的胶态体系，由形成凝集结构的胶体粒子构成。胶体粒子是水合状态硅胶（多硅酸）的缩聚物，属非晶态物质。胶体粒子的集合体的间隙形成柱层析硅胶颗粒内部的微孔隙结构。因此，它是一种具有丰富微孔结构、高比表面积、高纯度、高活性的优质吸附材料。

3. 活性白土

活性白土是用黏土（主要是膨润土）为原料，经无机酸化或盐或其他方法处理，再经水漂洗、干燥制成的吸附剂，外观为乳白色粉末，无臭，无味，无毒，吸附性能很强。在空气中易吸潮，放置过久会降低吸附性能。使用时宜加热（以80~100℃为宜）复活。不溶于水、有机溶剂和各种油类中，几乎完全溶于热烧碱和盐酸中。

4. 硅藻土

硅藻土是硅藻及其他微生物的硅质遗骸组成的生物硅质岩，是由硅藻生物遗骸堆积形成的天然无定形二氧化硅。因为硅藻土由二氧化硅小球紧密堆积而成，小球间隙可构成纳米级微孔，同时壳体本身具有大孔结构，从而能形成丰富的孔结构。硅藻土可用于制备助滤剂、催化载体、吸附剂、绝热材料等商品。

5. 氧化铝

氧化铝也是一种较常用的吸附剂，根据制备和处理方法不同，分为酸性、中性、碱性三种，适用于不同类型化合物的分离。它们的吸附能力也与含水量有关，无水者吸附力强。

6. 聚酰胺

用作薄层吸附剂的聚酰胺是聚己内酰胺的粉末，其分子中的酰胺基可与酚基、羧基等形成氢键，产生吸附，因此适用于含有这些基团的化合物的分离。

7. 大孔吸附树脂

大孔吸附树脂一般为白色球形颗粒，是一种非离子型有机高聚物，具有与大孔离子交换树脂相同的大网格骨架。不同的是，大孔吸附树脂的骨架上没引入可进行离子交换的酸性或碱性功能基团，它借助范德华力从溶液中吸附各种有机物质。

8. 羟基磷酸钙

羟基磷酸钙又名羟基磷灰石。在无机吸附剂中，羟基磷酸钙是唯一现有适用于分离生物活性高分子物质（如蛋白质、核酸）的吸附剂。虽然羟基磷酸钙制备步骤比较烦琐，但操作方便，原料容易获得，仍然是蛋白质纯化的有效方法之一。

（二）展开剂

组分的展开过程涉及到吸附剂、被分离化合物和溶剂三者之间相互竞争，情况很复杂。到目前为止还只是凭经验来选择操作条件。三角形图解法可作为初步估计的方法，以供参考。如图 3-37 所示，实线三角形是可以旋转的，假设分离烃类物质，需将三角形的一个角旋向"被分离物质"中亲脂性非极性 A′ 位置上，即转成虚线三角形的位置。此时其余两只虚线角便指出所需要的展开剂（非

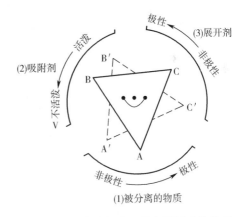

图 3-37　吸附层析中三种主要因素的关系

极性）和吸附剂的活性级。根据吸附剂和展开剂的极性、化合物的吸附性和它在展开剂中的溶解度或分配系数来选择展开剂是一般原则，在实际工作中大都还要经过实验来确定合适的展开剂。

选择展开剂有两个原则。①展开剂对被分离物质应有一定的解吸能力，但又

不能太大。在一般情况下，展开剂的极性应该比被分离物质略小。②展开剂应对被分离物质有一定的溶解度。

在实际工作中常用2种或3种溶剂混合组成展开剂，这样分离效果往往比单纯的溶剂好，有利于更细致调配展开剂的极性。

常用溶剂的极性大小的次序是：石油醚<二硫化碳<四氯化碳<三氯乙烯<苯<二氯甲烷<氯仿<乙醚<乙酸乙酯<乙酸甲酯<丙酮<正丙醇<甲醇<水。

三、 吸附层析操作技术

（一）装柱

装柱分为湿法装柱和干法装柱两种。

1. 干法装柱

在柱下端加少许棉花或玻璃棉，再轻轻地撒上一层干净的沙粒，打开下口，然后将吸附剂经漏斗缓缓加入柱中，同时轻轻敲动层析柱，使吸附剂松紧一致，最后用纯溶剂洗柱，至刚好覆盖吸附剂顶部平面，关紧下口活塞。

2. 湿法装柱

将吸附剂加入适量的纯溶剂调成稀糊状，先把放好棉花、沙子的层析柱下口打开，然后徐徐将制好的糊浆流入柱子。注意整个操作要慢，不要将气泡压入吸附剂中，而且要始终保持吸附剂上有溶剂，切勿流干，最后让吸附剂自然下沉至体积不变，使洗脱剂刚好覆盖吸附剂平面时，关紧下口活塞。

（二）上样

上样分为湿法上样和干法上样两种。

（1）湿法上样　把被分离的物质溶在少量的溶剂中，小心加在吸附剂上层，注意保持吸附剂上表面仍为一水平面，打开下口，待溶液面正好与吸附剂上表面一致时，在上面撒一层细沙，关紧柱活塞。

（2）干法上样　多数情况下，被分离物质难溶于最初使用的洗脱剂，这时可选用一种对其溶解度大而且沸点低的溶剂，取尽可能少的溶剂将其溶解。在溶液中加入少量吸附剂，拌匀，挥发除去溶剂，研磨使之成为松散均匀的粉末，轻轻撒在层析柱吸附剂上面，再撒一层细沙。

（三）洗脱

在装好吸附剂的层析柱中缓缓加入洗脱剂，进行梯度洗脱，各组分先后被洗出。若用100g吸附剂，一般每份洗脱液的收集量常为100mL，但当所用洗脱剂极性较大或各成分的结构很近似时，每份的收集量要小。为了及时了解洗脱液中各洗脱部分的情况，以便调节收集体积的多少或改变洗脱剂的极性，现多采用薄层层析或纸层析定性检查各流分中的化学成分组成，根据层析结果，可将相同成分合并或更换洗脱剂。洗脱液合并后，回收溶剂，得到某一单一组分。含单一色点的部分用适合的溶剂析晶，仍为混合物的部分应进一步寻找分离方法再进行分离。

整个操作过程必须注意勿使吸附剂表面的溶液流干，即吸附柱上端要保持有一层溶剂。一旦柱面溶液流干后，再加溶剂也不能得到好的效果。因为干后再加溶剂，常使柱中产生气泡或裂缝，影响分离。此外，应控制洗脱液的流速，流速不应太快。流速过快，柱中交换来不及达到平衡，会影响分离效果。

因吸附剂的表面活性较大，有时会促使某些样品成分破坏，所以应尽量在短时间内完成柱层析分离，以避免样品在柱上停留时间过长，发生变化。

四、大孔吸附树脂层析技术及其应用

大孔吸附树脂又称为大网格聚合物吸附树脂。大网格吸附树脂具有选择性好、解吸容易、机械强度好、可反复使用和流体阻力较小等优点。特别是其孔隙小、骨架结构和极性可按照需要而选择不同的原料和合成条件，更适用于吸附各种有机化合物。

（一）大孔吸附树脂分离原理

大孔吸附树脂所发挥的分离作用是吸附性与分子筛选性共同的结果。吸附性是由于范德华引力或氢键产生的，分子筛选性由它的多孔性网状结构所决定。

影响大孔吸附树脂吸附与解吸附的影响因素有以下几种。

1. 大孔吸附树脂的性质

（1）大孔吸附树脂孔径的影响　树脂孔径的大小，能够影响不同大小的分子自由出入，因此使树脂具有选择性。

（2）大孔吸附树脂比表面积的影响　比表面积越大，吸附量就越大。

（3）大孔吸附树脂强度的影响　树脂强度与孔隙率有关，孔隙率越高，孔体积越大，则强度越差。

2. 被分离物质的性质

（1）被分离物质极性大小的影响　极性较大的分子一般适于在中极性的树脂上的分离、极性较小的分子适于在非极性树脂上的分离。但对于中极性树脂，待分离化合物分子上能形成氢键的基团越多，吸附越强。

（2）被分离物质分子大小的影响　树脂吸附能力大小与分子体积密切相关。化合物的分子体积越大，疏水性增加，对非极性吸附树脂的吸附力越强。

3. 上样溶剂的性质

（1）溶剂对被分离物质溶解性的影响　通常一种成分在某种溶剂中溶解度大，则在该溶剂中，树脂对该物质的吸附力就小、反之亦然。如果上样溶液中加入适量无机盐（如氯化钠、硫酸钠等）可使树脂的吸附量加大。

（2）溶剂 pH 的影响　酸性化合物适宜在酸性溶液中吸附，碱性化合物适宜在碱性溶液中吸附，中性化合物可在近中性的情况下被吸附。

（3）上样溶液浓度的影响　被吸附物浓度增加吸附量也随之增加，但是，上样溶液浓度不要超过树脂的吸附容量。另外，上样溶液处理是否得当也会影响树脂对被分离物质的吸附，若上样溶液浑浊不清，其中存在的混悬颗粒极易吸附于树脂的表面，会影响吸附。因此，在进行上柱吸附前，必须对上样溶液采取滤过等预处理，以除去杂质。

（4）吸附流速的影响　吸附流速过大，被吸附物质来不及被树脂吸附就提早发生泄漏，使树脂的吸附量下降。应通过试验综合考虑确定最佳吸附流速，既要使树脂的吸附效果好，又要保证较高的工作效率。

（5）解吸剂性质的影响　①解吸剂种类。对非极性树脂而言，洗脱剂极性越小，其解吸能力越强；而中极性和极性树脂，则用极性较大的解吸剂为宜。常见的解吸剂及其解吸能力顺序为丙酮>甲醇>乙醇>水。②解吸剂的 pH。对弱酸性物质，可用碱来解吸；对弱碱性物质，宜在酸性溶剂中解吸。③解吸速度。在解吸过程中，洗脱速度一般都比较慢，因为流速过快，洗脱性能差，洗脱带变宽，且拖尾严重，洗脱不完全；而流速过慢，又会延长生产周期，导致生产成本提高。一般控制在 $0.5 \sim 5 \text{ mL} \cdot \text{min}^{-1}$ 为宜。

（二）大孔吸附树脂的类型

1. 按极性大小和所选用的单体分子结构不同分类

（1）非极性大孔树脂。

（2）中等极性大孔树脂　酯基。

（3）极性吸附树脂　酰胺基、亚砜、氰基。

（4）强极性吸附树脂　吡啶基、氨基、氮氧基团。

2. 按大孔吸附树脂按其骨架类型分类

（1）聚苯乙烯型大孔吸附树脂　目前 80% 大孔吸附树脂品种的骨架为聚苯乙烯型，苯环上可以引入极性基团。

（2）聚丙烯酸型大孔吸附树脂　包括聚丙烯酸甲酯型交联树脂和聚丙烯酸丁酯交联树脂等。

（3）其他类型　聚乙烯醇、聚丙烯腈、聚酰胺、聚丙烯酰胺、聚乙烯亚胺、纤维素等。

（三）大孔吸附树脂层析操作步骤

大孔吸附树脂层析操作主要包括树脂的预处理、树脂装柱、药液上柱吸附、树脂的解吸和树脂的清洗与再生等步骤。

1. 树脂的预处理

通过预处理除去树脂中存在的致孔剂、防腐剂等，并使树脂所处环境适于吸附吸附质。树脂预处理方法是在提取器内加入高于树脂层10cm的乙醇浸渍4h，然后用乙醇淋洗，洗至流出液在试管中用水稀释不浑浊为止。最后用水反复洗涤至乙醇浓度小于1%或无乙醇气味，即可使用。

2. 装柱

装柱是指用蒸馏水湿法装柱，用乙醇在柱上流动清洗，检查流出乙醇与水混合不混浊，用大量蒸馏水洗去乙醇。

3. 上样

上样可采用静态吸附和动态吸附两种吸附方式。

4. 解吸

用无水乙醇和95%乙醇洗至无色，然后用水洗去乙醇，可用于相同料液的分离。

5. 再生与保存

树脂经过多次使用后，如吸附能力有所减弱，需再生处理后继续使用。使用甲醇、丙酮、水的反复再生处理，即可恢复树脂的吸附能力。

树脂经过几次简单再生使用后如果吸附性能下降较多，或者柱子污染严重而吸附能力下降很多，则需强化再生。方法为：先用不同浓度的有机溶剂洗脱后，容器内加入高于树脂层10cm的3%~5%盐酸溶液浸泡2~4h，然后进行淋洗。继而用3~4倍树脂体积的同浓度的盐酸溶液冲洗柱，然后用净水洗至接近中性；再用3%~5%的氢氧化钠溶液浸泡4h。之后用同浓度的3~4倍树脂体积的氢氧化钠溶液冲洗柱，最后用净水清洗至pH为中性，备用。

再生后的大孔树脂可用一定浓度的醇浸泡以备下次使用。

（四）大孔吸附树脂层析的应用

大孔吸附树脂层析技术可用于黄酮类、皂苷类和生物碱等有机生物分子的提取。在抗菌素工业中，适合用于头孢菌素、维生素 B_{12}、林可霉素的提取。

1. 生化制药方面的应用

大孔吸附树脂层析可用于β-内酰胺类、大环内酯类、氨基糖苷类、肽类、博莱霉素类、含氮杂环类及其他新抗生素等抗生素的分离纯化，还可用于维生素 B_{12}，维生素 B_2，维生素 C 等维生素的提取纯化，以及生物碱、黄酮、多糖、苷类、红景天苷等天然产物的分离，及其酶、氨基酸、蛋白质、肽、甾体等生化药物分离。

2. 用于工业废水的处理和利用

大孔吸附树脂对工业废水，废液的处理也有着广泛的应用。对废水中含有的苯、硝基苯、氯苯、氟苯、苯酚、硝基酚、对甲酚、奈酚、苯胺、对苯二胺、水杨酸、2,3酸、萘磺酸等有机物均具有很好的吸附、回收净化作用。

纸层析与薄层层析技术

纸层析是在纸上将混合物进行分离的层析方法，分为分析型纸层析和制备型纸层析。多数情况下，纸层析的原理属于分配层析原理。纸层析适用于极性较大的亲水性化合物或极性差别较小的化合物的分离。纸层析法用于药物分析与少量物质制备。

薄层层析自 1938 年发明以来，理论和技术都得到长足的发展，其应用范围广泛，是不可或缺的一种技术手段。薄层层析有许多优点：操作方便、设备简单、显色容易；展开速率快，一般仅需 15～20min；混合物分离较好，分辨力一般比纸层析高 10～100 倍；既适用于只有 0.01μg 样品的分离，又能分离大于 500mg 的样品作制备用；可以使用如浓硫酸、浓盐酸之类的腐蚀性显色剂。薄层层析的缺点是对生物高分子的分离效果不太理想。

薄层层析法自 1985 年收录于《中国药典》以来，在我国各版药典中的应用增幅明显。薄层层析技术主要用于药用植物活性成分提取分离及含量测定，中药材品种真伪鉴定及其代用品寻找，探索柱层析分离条件，精制和制备纯品的药物等。

一、纸层析法

（一）原理

1. 原理

纸层析法是以纸为载体的一种分配层析法。层析滤纸为支持剂，滤纸纤维可以吸附 25%～30% 的水分，其中 6%～7% 的水分和滤纸结构中的羟基以氢键结合，为固定相。纸也可吸留其他物质作为固定相，如缓冲液，甲酰胺等。流动相为有机溶剂，称为展开剂。展开剂流经支持物时，与固定相之间连续抽提，使物质在两相间不断分配而得到分离。

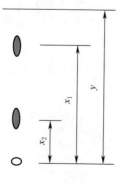

图 3-38　R_f 值示意

将试样点在纸条的一端，然后在密闭的槽中用适宜溶剂进行展开。由于各组分在两相间分配能力不同，当组分移动一定时间后，各组分移动距离不同，最后形成互相分离的斑点。将纸取出，待溶剂挥发后，用显色剂或其他适宜方法确定斑点位置。物质被分离后在纸层析图谱上的位置用比移值（R_f 值）来表示，通过比对组分 R_f 值与已知标样 R_f 值，进行定性，见图 3-38。用斑点扫描仪对斑点进行定量，或者将组分点取下，以溶剂溶出组分，再用适宜方法定量。

2. R_f 值

组分展开后的移动程度常用比移值 R_f 表示，其定义的计算公式：

$$R_f = \frac{x}{y}$$

式中　x——原点至组分斑点中心的距离；

　　　y——原点至溶剂前缘的距离。如图，$R_{f_1} = \dfrac{x_1}{y}$，　$R_{f_2} = \dfrac{x_2}{y}$。

在一定条件下某种物质的 R_f 值是常数，其大小受物质的结构、性质、溶剂系统物质组成及比例、pH、选用滤纸质地和温度等多种因素影响。此外，样品中的盐分、其他杂质以及点样过多均会影响有效分离。但由于影响比移值的因素较多，因而一般采用在相同实验条件下与对照标准物质对比来确定异同。

（二）操作技术

1. 点样

将供试品溶解于适当的溶剂中制成一定浓度的溶液。用微量吸管或微量注射器吸取溶液，点于点样基线上。溶液量较大时宜分次点加，每次点加后，使其自然干燥、低温烘干或经温热气流吹干，样点直径为 2~4mm，点间距离为 1.5~2.0cm，样点通常应为圆形。

2. 展开

展开可以向一个方向进行，即单向展开；也可进行双向展开，即先向一个方向展开，完成后取出，待展开剂完全挥发后，将滤纸转动 90°，再用原展开剂或另一种展开剂进行展开；也可多次展开、连续展开或径向展开等。

根据展开剂移动方向，展开分为上行法和下行法。下行法是展开剂沿滤纸自上向下移动，又称为下行层析；上行法是展开剂沿滤纸自下向上移动，又称为上行层析。上行法较常用，操作如下文所述。

展开室内加入适量展开剂，放置待展开剂的蒸气饱和后，再下降悬钩，使层析滤纸浸入展开剂约 0.5cm，展开剂在毛细管作用下沿层析滤纸上升，除另有规定外，一般展开至约 15cm 后，取出晾干，按规定方法检视。

3. 显色与记录

标明展开剂前沿位置，待展开剂挥散后按规定方法检出层析斑点。无色物质的纸层析图谱可用光谱法（紫外光照射）或显色法鉴定，氨基酸纸层析图谱常用茚三酮显色法鉴定。

测量、计算 R_f 值，根据斑点位置和大小，定性、定量分析样品。用于药品的鉴别时，供试品在层析中所显主斑点的颜色（或荧光）与位置，应与对照品在层析中所显的主斑点相同。作为药品的纯度检查时，可取一定量的供试品，经展开后，按各药品项下的规定，检视其所显杂质斑点的个数或呈色（或荧光）的强度。作为药品的含量测定时，将主层析斑点剪下洗脱后，再用适宜的方法测定。

4. 操作要点

（1）层析滤纸使用前，应在烘箱中干燥，具体方法为 100℃ 的温度下，烘干 1~2h。否则会产生拖尾现象。

（2）画线时只能使用铅笔，不能使用其他笔。其他笔的颜色为有机染料，溶于展开剂会产生干扰。

（3）无论是画线还是点样，不能用手直接接触层析滤纸前沿线以下的任何部位，因为，手指上有相当数量的氨基酸，并足以干扰层析结果。

（4）纸层析须在密闭容器中展开。加入展开剂后，再等 20min 左右，使标本缸内形成此溶液的饱和蒸汽。

（5）喷有显色剂的层析滤纸，在烘干时应注意温度的控制，温度太高，不但氨基酸会产生颜色，茚三酮也会产生颜色干扰实验现象。

（6）R_f 值随分离化合物的结构，固定相与流动相的性质、温度以及纸的质量等因素而变化。当温度、滤纸等实验条件固定时，比移值就是一个特有的常数，因而可作定性分析的依据。

二、 薄层层析法

（一）薄层层析的原理

1. 原理

薄层层析可根据固定相不同，分为薄层吸附层析（以吸附剂为固定相，如硅胶或三氧化二铝）、薄层分配层析（以纤维素为固定相）、薄层离子交换层析（以离子交换剂为固定相）、薄层凝胶层析（以分子筛凝胶为固定相）等。一般薄层吸附层析应用较多，本部分将予以重点介绍。

当溶剂沿着吸附剂移动时，带着样品中的各组分一起移动，同时发生连续吸附与解吸作用以及反复分配作用。由于各组分在溶剂中的溶解度不同，以及吸附剂对它们的吸附能力的差异，最终将混合物分离成一系列斑点。

2. 影响 R_f 的因素

影响 R_f 的因素有吸附剂的活度、酸碱度、粒度、薄层厚度、展开剂的纯度、温度、湿度和展开蒸气对薄层的展开程度等，因此单独使用 R_f 值进行鉴定时，要严格控制操作条件，才能得到较好的效果。

条件固定时，每一组分的 R_f 值应该是恒定的，因此可用它进行定性鉴别，但因影响 R_f 值的因素较多，所以需要同时在板上点上标准品作对照。在进行薄层分离时，还可以使用组成不同、极性差别较大的几种不同展开系统进行分离，如果试样组分与某一对照标准物质的 R_f 值在这些情况下都完全相同时，一般可以认为此两种物质为同一化合物。

一般认为，两种相邻组分 R_f 的差值>0.02 时，可实现分离。

3. 薄层层析分离的关键过程

薄层层析法是在表面平整的玻璃、铝板或者塑料板上，把硅胶、纤维素、氧化铝、聚酰胺或化学键合硅胶等铺成一定厚度的薄层（通常厚度为 0.2～0.3mm）作为固定相，用展开剂（有机溶剂或者有机溶剂与水的混合溶液）作为流动相，用于分离样品的组分。层析时，将样品溶液用毛细管点于薄层板的一端，将该端置于密闭的槽中直立，槽中装有适宜的溶液且经溶液蒸气饱和，由于毛细现象，溶剂被吸上、沿板向上移动，并带动样品中各组分向上移动，这个过程即为展开。各组分的物理化学性质不同，在流动相与固定相间分配能力不同，导致移动速率不同，展开一定时间后，可得到互相分离的组分斑点，实现分离。

用适当方法显示各组分在板上的位置。若组分有颜色，直接观察即可，否则需喷显色试剂或在紫外灯下观察荧光灯方法确定斑点的位置。如将对照标准物质在层析薄板上一起展开，则可以根据这些对照物质的 R_f 值对各斑点的组分进行鉴定，同时也可以进一步采用某些方法加以定量。

（二）薄层层析的固定相

1. 硅胶

硅胶是薄层层析法中最常用的吸附剂。它具有多孔结构，其吸附性是由于表面的硅醇基可以与极性化合物形成氢键而产生的。用硅胶也可以进行分配层析分离，即在硅胶表面涂布一层其他物质作为固定相，分离过程中利用试样组分在流动相与此固定相之间的不同分配而完成，此时硅胶仅作为固定相的载体，对分离不起作用。

硅胶内常含有微量金属盐杂质，如铁会对薄层分离与鉴定定量等产生干扰，可事先将硅胶用盐酸处理洗去，再以水洗净，干燥后使用。硅胶的吸附能力与含水量有关，含水量越少，吸附力越强，因此要有干燥活化步骤。

目前已普遍采用市售高效薄层板，以硅胶 G 型板（含石膏黏合剂）、硅胶 H 型板（不含石膏黏合剂）和含有荧光剂的 GF254 板最为常见，相对于自制薄层板来说分离效果更好。例如，青岛海洋化工厂出售的薄层层析用硅胶的名称的含义是：硅胶 G（G 是 Gypsum 石膏的缩写，表示加了石膏）、硅胶 H（H 表示不加石膏）、硅胶 GF254（F254 表示加有石膏和波长 254 显绿色荧光的硅酸锌锰）、硅胶 GF365（表示加有石膏和波长 365nm 显黄色荧光的硫化锌镉）。

硅胶表面的 pH 约为 5，比较适合于酸性和中性物质的分离，如有机酸、酚类、醛类等。碱性物质能与硅胶作用，展开时易被吸附于原点不动或出现斑点拖尾现象。在制备薄层板时可用稀碱溶液制备薄层使其变为碱性，或用碱性展开剂展开，从而实现理想的分离。

按固定相粒径大小分为普通薄层板（10~40μm）和高效薄层板（5~10μm）。

2. 纤维素

纤维素本身起载体作用，纤维素主要是用于分配层析，其机理与纸层析相同。纤维素上结合的水分作为固定相。固定相水与有机溶剂组成的流动相相对不同化合物有不同的分配而使之分离。

3. 硅藻土

硅藻土本身的吸附能力不强，主要也是作为分配层析中的载体使用。可先用硅藻土制成薄层板，然后用喷雾或者浸渍的办法在此载体表面涂上一层其他物质作为固定相进行分离。硅藻土有时在使用之前也需要精制处理以除去某些干扰杂质。

4. 葡聚糖凝胶

这是由葡聚糖与交联剂聚合后形成的凝胶，要在充分吸水的状态下使用，主要用于大分子物质的分离。凝胶中形成的网状结构有一定的孔径，具有不同尺寸大小的分子渗透入凝胶孔径内的程度有差别，小分子容易进入，大分子则较难，甚至完全不能进入，因此在分离过程中，形成按分子大小顺序排列的分离，大分子移动在前面。

5. 离子交换剂

离子交换剂也常用于制备薄层板，作为薄层层析的固定相。利用离子交换剂与不同离子交换能力的差别，使不同离子受到不同程度的滞留而得分离。这种方式在无机离子和可呈离子状态存在的有机化合物的分离中常有应用。常用的离子交换包括各种离子交换树脂、连接上不同交换基团的各种离子交换纤维素和离子交换葡聚糖凝胶等，如羧甲基、磺丙基为阳离子交换基团，氨乙基、二乙氨基为阴离子交换基团。

（三）薄层层析的展开剂

1. 展开剂的选择

展开所用溶剂可为单一溶剂，也可以为几种溶剂的混合液。展开剂的选择是经验式的，取决于溶剂对于样品中各组分溶解度、各组分的性质（如极性、溶解度）、吸附剂的活性。

选择展开剂的依据是溶剂极性的大小，极性大的化合物需用极性大的展开剂，极性小的化合物需用极性小的展开剂。在实际工作中，常用两种或三种溶剂的混合物作展开剂，这样更有利于调整展开剂的极性，以改善分离的效果。R_f值应在 0.2~0.7 范围内。展开剂根据其极性大小可分为 3 种，弱极性溶剂体系的基本相由正己烷和水组成，再根据需要加入甲醇、乙醇、乙酸乙酯来调节溶剂体系的极性，适用于生物碱、黄酮、萜类成分的分离。中等极性溶剂体系的基本相由氯仿和水组成，以甲醇、乙醇、乙酸乙酯来调节溶剂体系的极性，适用于蒽醌、香豆素以及一些极性较大的木脂素和萜类成分的分离。强极性溶剂体系由正丁醇和水组成，也是以甲醇、乙醇、乙酸乙酯来调节溶剂体系的极性，适用于极性很大的生物碱类成分的分离。

在正相层析法中，吸附剂或亲水性物质（分配层析）为固定相，极性小的有机溶剂为展开剂。极性大的溶剂能使组分移动较大的距离，因此可以用不同极性溶剂（如三氯甲烷、己烷与乙酸乙酯）按不同的比例配制几种展开剂，比较分离效果。也可再加入第三或者第四种溶剂，进而选出比较好的展开系统。

在反相层析法中，固定相为极性小的或者非极性物质，如烃类或烷基键合等，而亲水性的极性大的溶剂为展开剂。此时情况恰与以上相反，极性大的组分移动在前。常用不同比例的水-甲醇或者水-乙腈为展开剂，有时再加入一些其他物质以改进分离。

在离子交换层析法中，流动相多为不同 pH 的各种盐溶液或者缓冲溶液。凝胶层析法也常用盐的水溶液分离大分子水溶性物质，如蛋白质、多糖等。展开剂的选择还可以参考文献中较成熟的用于分离此类物质的一些展开系统，必要时加以改进以适用具体的分离过程。

2. 展开剂的配制

配制展开剂时，应严格控制溶剂的比例，如遇到比例很小的溶剂时，应尽量满足其精确度要求，避免为了方便直接用滴管加入。展开剂配好后如浑浊不清则不能立即使用，应转移入分液漏斗中，待其静置分层澄清后再取其上层（或者下层）液进行展开。展开剂要求新鲜配制，不要多次反复使用，若需分层，则应按照要求放置分层后取所需要的相备用。

3. 溶剂蒸气的作用

溶剂蒸气在薄层层析中起着重要作用，它和流动相（展开剂）、固定相（吸附剂）一起构成了一个作用机制复杂的三维层析过程。实际工作中有时会遇到这两种情况。第一种情况是边缘效用，原因是混合溶剂在薄层板上爬行时，沸点较低和与吸附剂亲和力弱的溶剂，在薄层板两个边缘较易挥发，因此在边缘的浓度比在中部的浓度小。往往产生边缘斑点走得快的现象，形成一个弧。第二种情况是两个溶剂前沿，原因是两种极性相差很大的溶剂组成展开剂时，吸附剂对不同极性溶剂产生吸附作用的不同。这两种情况的克服办法，可将点好样的薄层板在展开剂的蒸气中预饱和 15~30min，再进行展开。

（四）薄层层析操作技术

1. 铺板

羧甲基纤维素钠为常用的黏合剂，在溶解过程中，应将其少量地撒于水的表面，自然沉降、充分浸润，直接浸泡至溶解，若急于使用可在溶胀之后加热溶解。为了使薄层板均匀，黏合剂使用前可过滤。

将黏合剂与吸附剂按一定比例混合，见表 3-16。向一个方向研磨，速度不宜过快，要顺着研钵的边缘研磨并仔细观察，一定要把气泡排除，稠度以用研棒粘取呈连珠状而不呈线状下滴为好。研匀后，手动铺板或者采用铺板器铺制薄层板。对薄层板的质量要求是厚度均匀一致，表面光滑平整、无麻点气泡，无破损污染。要控制好铺板用的匀浆稠度，过稀则薄层板干后表面粗糙，过稠则板面容易出现层纹。使用前一般应于110℃活化30min，活化后置于干燥器中备用。

表 3-16   薄层层析法铺板的加水量及活化条件

薄层板类型	吸附剂:水的量	活化温度/℃	活化时间/h
氧化铝 G	1:2	250	4
氧化铝-淀粉	1:2	150	4
硅胶 G	1:2 或 1:3	105	0.5
硅胶-CMC-Na	1:2（0.7%CMC-Na 液）	110	0.5
硅藻土	1:2	105	0.5

2. 点样

（1）样品的处理　当供试液中杂质成分较多时，常由于相互干扰或背景污染难以得到满意的分离效果，影响对结果的判断。因此样品的预处理是一个非常关键的步骤。可利用待测成分和杂质成分的性质差异，进行液-液萃取、固-液萃取、吸附净化等操作，从而减少杂质干扰，得到更加干净清晰的图谱。

（2）点样操作　进行试样分离时，需将试样配制成一定浓度的溶液，用毛细管点在距薄层一端1~2cm 处。如要进行定量分析，则试样称量与点样量都要精确。一块板上可以点多个试样点，但要在同一起始线上，点间距离以 1~2cm 为宜，原点不宜过大，否则展开后斑点扩散不集中，使检出的灵敏度减低。原点直径不宜超过 0.5cm。如点样量较大，可点样数次，待溶剂挥发后再点下一次试样溶液。进行制备式分离时，也可将试样溶液点成横线形式，这样可以处理较大的试样。待溶剂挥发后，即可进行展开。

①点样量：原点位置对样品容积的负荷量有限，体积不宜太大，一般为 0.5~10μL，样品的量通常为 0.5~2mg，太浓时展开剂从原点外围绕行而不是通过整个原点把它带动向前，使斑点出现拖尾或重叠现象，降低分离效率。点样量太小，不能检出清晰的斑点，影响判断。点样量太多，展开剂不能全部负载，容易产生拖尾现象。

当点样量适合时，可采用点状点样，当点样量过大、原点无法负载时，可采用条带状点样。

②样品的溶剂：样品在溶剂中溶解度很大，原点将变成空心圆，影响随后的

线性展开，所以原则上应选择可以溶解被测成分但溶解度不是很大的溶剂。

供试液的溶剂在原点残留会改变展开剂的选择性，亲水性溶剂残留在原点吸收大气中的水分（特别在高湿度环境）对层析质量也会产生影响，因此有必要除去原点残存溶剂，但对遇热不稳定和易挥发的成分，应自然干燥，避免高温加热被破坏或损失成分。

③点样手法：接触式点样直径通常在3mm以内，采用边点样边用吹风机吹干溶剂的方式。在同一原点进行多次点样时，要尽可能使每次的点样环中心重合，直径大小一致，以免形成多个环状，在原点的不均匀分布将使展开后的层析图带不够清晰和整齐。

3. 展开

展开是分离组分的过程，在密闭的容器内进行。展开剂的用量以薄层板放入的深度为距原点5mm为宜，切勿倒入过多，将原点浸入展开剂，成分将被展开剂溶解而不随展开剂在板上分离。为了得到较好的分离效果，有时可以将点好试样的薄层板与展开剂同时放入展开槽内，但不使薄层板接触展开溶剂，仅使其受溶剂蒸气饱和，然后再进行展开。展开可有以下几种方式，见图3-39。

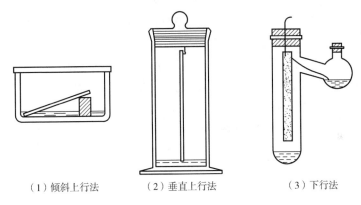

（1）倾斜上行法　　　（2）垂直上行法　　　（3）下行法

图3-39　薄层层析法上样展示方式

（1）上行展开　　上行分倾斜上行与垂直上行二法，溶剂放在槽的底部，薄层板点有试样的一端向下，使溶剂因毛细管作用被动向上移动。倾斜上行法最为常用，薄层板上部垫高，使板与水平面呈20~30度。垂直上行法仅适用于含黏合剂的薄层板，板与槽底成直角或接近直角。当溶剂移动规定的距离或行至板的上端即展开完毕。取出，挥干试剂，进行定位观察。

（2）下行展开　　有倾斜下行与垂直下行两种。点有试样的一端在上，并用滤纸吸引流动相溶剂自板上端向下移动。这种展开方式对移动距离小的组分分离有利。

（3）双向展开　　双向展开又称二维展开，即在两个不同方向展开两次。试样点在方形薄层板的一角，按正常展开一次之后，将试样取出，挥干溶剂，转动90度，再用同一溶剂或者另一溶剂系统沿另一方向展开，如此试样可得较好的分离。但一块板上只能点一个试样点。此法一般仅用于难分离或者组分复杂试样的分离。

4. 定位

如各组分均有颜色，则可以容易看出，对于无颜色的组分，需用一些方法使斑点显现。

（1）显色　用一种能与组分发生显色反应的试剂用显色喷雾瓶均匀喷雾于薄层板上，组分即可显出色点。显色剂有专属性，即只与某一个或者某一类化合物显色，如茚三酮试剂用于氨基酸类化合物等；也有通用性的显色剂，如高锰酸钾溶液、硫酸-醇溶液可与有机化合物反应显出颜色；在密闭的缸内碘蒸气可以使有机化合物呈现棕色斑点等。

喷雾显色操作时要尽可能控制液滴的细微程度，同时使板各部分的喷雾密度尽可能一致。显色剂的量要适当，太多则烘干时间延长，使斑点显色时间延长，多余显色剂流向板下方，容易产生斑点变形，太少则斑点反应不完全。

浸渍显色是将显色剂倒入容器内，将整个板放入其中显色。浸渍显色对于定量分析来说，可以得到更加均匀的背景。浸渍显色要注意动作的细致和快速，防止显色溶液溶解样品所造成的样品损失、层析斑点变形及其面板的破损。

显色后的薄层如需进行扫描，为使其隔绝空气，避免水分或者氧气等进一步参与反应，可在板上覆盖一个大小相等的洁净玻璃板，周围用胶布密封。

（2）荧光显色　有些化合物在紫外光照射下可产生荧光，故可在暗室内紫外灯下观察薄层板，有些化合物可与一些试剂反应后产生荧光物质，这些方法现在都可用。也可以在制作薄层板时吸附剂内加入荧光物质，展开后在紫外灯下薄层板呈现荧光，而组分斑点为暗点，故可认出。常用的荧光物质有荧光黄、桑色素、硅酸锌盐等。

对含有放射性元素或者有生物活性的组分也可分别用放射性测量与生物检验方法进行定位。

5. 检视与记录

（1）复核检验　按照标准操作即可。常有两种方法，日光下直接检视或喷显色剂后日光下检视，如检视含有皂苷、三萜皂苷、生物碱类成分的药材等；紫外光（254nm或365nm）下检视或喷显色剂后在紫外（254nm或365nm）下检视，如检视含有香豆素类、蒽醌类、黄酮类成分的药材。

（2）摸索试验或预实验　检视的一般顺序为先在日光或紫外光（254nm或365nm）下检视；再喷以不破坏化学成分的显色剂（如氨熏、碘熏等），日光下检视后，再于紫外光（254nm或365nm）下检视；最后喷可以破坏化学成分的显色剂（茚三酮试液、香草醛试液等），日光下检视后，再于紫外光（254nm或365nm）下检视。这样，一块薄层板就可以得到9种不同条件下的层析信息。这些大量的薄层斑点，表示了性质不同的化学成分，虽有重叠，但是在各自的检视条件下却互不干扰，呈现出各自的斑点特征。

（3）记录结果　用摄像设备拍摄，以光学照片或电子图像的形式保存。紫外光下拍摄图谱时，应使用滤光片滤除紫外光以免图谱与肉眼观察之间存在色差，确保记录真实、完整。

（五）制备型薄层层析目标物质的收集

如果采用制备型薄层层析制备组分，需回收组分。在展开确定所要的谱带后，用适宜工具如刀片将所需成分的谱带同吸附剂一起刮下，收集，放入烧杯中（或装入柱中）选用适当溶剂将组分洗脱出来，并清洗工具，合并洗脱液。将洗脱液收集，浓缩即可。如必要，可对收集物进行重结晶，以提高提取物的纯度。

与常规薄层相比较，制备型薄层板吸附剂的厚度为 0.5~3mm，比分析型薄层厚度（一般为 0.25mm）更厚，板更大，分离的样品量更大。

（六）薄层层析技术的应用

1. 定性鉴别

化学上的定性鉴别。采用合适的展开剂和显色剂在薄层上作分离和鉴别，根据样品中组分的 R_f 值和显色情况，同时参照标准对照物质，一般即能确证为某一化合物。用薄层层析法定性，样品用量小，分离方便，分离时间短（几分钟或几十分钟），检出灵敏度高。例如，在毒物分析中检验是否有巴比妥安眠药中毒时，取胃内容物或尿样品，先用盐酸酸化后，用乙醚提取，乙醚提取液脱水，过滤蒸干，溶于无水乙醇中，点在硅胶板上用氯仿无水乙醇（36∶1）展开，用硫酸汞二苯偶碳酰肼试剂显色，并用标准品对照，依次可检出巴比妥、苯巴比妥、戊巴比妥和异巴比妥。鉴别速度快（1h），这对于抢救中毒患者和及时为医生提供治疗方案极为重要。

2. 药品的质量控制和杂质检查

薄层检查是药品质量控制和杂质检查的一种有效方法，有时甚至比一般方法更有效。一些国家在药典和药品规范中已经采用。方法是把一定量的样品溶液（例如，相当于样品10%）点在薄层上，用展开剂展开并显色，同时用纯品作对照，如果样品不只显示出纯品位置一致的一个斑点，则表示含有杂质。进一步可用薄层作杂质的限量检查。在上例中，如果已经知道显色剂对杂质的最小检出量为 0.1%，在薄层上点样后不显出杂质斑点，则杂质的量低于 0.1%，或低于限度，也就是样品的纯度不低于 99.9%。例如，在镥体药物的合成和精致工作中，常含结构类似的杂质，即按上述方法控制其质量和杂质的限量。

3. 化学反应进程的控制

反应副产物的检出以及中间体的分析，在化学反应进行到一定时间或反应终了时，把反应液取出作薄层分析，可以知道还剩下多少原料药未起作用。

4. 探索柱层析法的分离条件

柱层析法的实验条件，例如选用什么吸附剂和洗脱剂较好，各个组分按什么顺序从柱中洗脱出来，每一份洗脱液中是含单一组分还是含几种没有分开的组分等，都可以在薄层上进行探索和检验。薄层上所有的展开剂虽不完全照搬柱层析法，但具有参考价值。

【技能实训】

 实训一 离子交换层析法分离氨基酸

一、实训目的

（1）了解离子交换树脂层析的工作原理及操作技术；

（2）掌握用离子交换树脂分离混合氨基酸的层析方法。

二、实训原理

在离子交换层析中，溶质依据其净电荷而实现分离。如果某物质在 pH 8 时带有净负电荷，那么它能与带负电的活性离子发生交换，结合到具有正电荷载体的层析柱上，而不带电荷或带有净正电荷的溶质则不能结合。离子交换树脂是一种合成的高聚物，不溶于水，能吸水膨胀。其分离小分子物质如氨基酸、腺苷、腺苷酸等是比较理想的。对于分离生物大分子物质来说，离子交换树脂是不合适的，因为它们不能扩散到树脂的链状结构中。因此，可选用以多糖聚合物如纤维素、葡聚糖为载体的离子交换剂。例如：带正电荷二乙基氨基乙基（DEAE）（如 DEAE-葡聚糖或 DEAE-纤维素）柱和带负电荷的羧甲基（CM）（如 CM-纤维素或 CM-葡聚糖）柱。

由带正电荷的离子交换剂填装的层析柱，可用于带负电荷物质的分离过程，称为阴离子交换层析。由带负电荷的离子交换剂填装的层析柱，可用于带正电荷溶质的分离过程，称为阳离子交换层析。通常离子交换树脂按所带的基团分为强酸（$—R—SO_3H$）、弱酸（$—COOH$）、强碱（$—N^+\equiv R_3$）和弱碱（$—NH_2$）型。

本实训用磺酸阳离子交换树脂分离酸性氨基酸（天冬氨酸，pI 2.77）、中性氨基酸（组氨酸，pI7.59）和碱性氨基酸（赖氨酸，pI9.74）的混合液。在特定的 pH 条件下，它们解离程度不同，离子交换能力不同，通过改变洗脱液的 pH 或离子强度可将其分别洗脱分离。

三、器具与试剂

1. 器具

20cm×1cm 层析柱、试管、吸管、洗耳球、恒压洗脱瓶、部分收集器、滴管、电炉、分光光度计、水浴锅。

2. 试剂

（1）2mg/mL 标准氨基酸溶液、混合氨基酸溶液。

（2）苯乙烯磺酸钠型树脂、2mol/L 盐酸溶液、2mol/L 氢氧化钠溶液、柠檬酸-氢氧化钠-盐酸缓冲液（pH 5.8，钠离子浓度 0.45mol/L）、显色剂、50% 乙醇溶液。

四、实训步骤

1. 装柱

取直径 1cm、长度为 16~18cm 的层析柱，底部垫玻璃棉或海绵圆垫，自顶部注入经处理的上述树脂悬浮液，关闭层析柱出口，待树脂沉降后，放出过量的溶液，再加入一些树脂，至树脂沉积达 14~16cm 高度即可。于柱子顶部继续加入 pH 5.8 的柠檬酸缓冲液洗涤，使流出液 pH 5.8 为止，关闭柱子出口，保持液面高出树脂表面 1cm 左右。

2. 加样、洗脱及洗脱液收集

打开出口使缓冲液流出，待液面几乎与树脂表面平齐时关闭出口（不可使树脂表面干掉）。在加样前，树脂顶部放一圆形滤纸片，然后直接将 0.5mL 氨基酸混合液仔细加到树脂顶部，打开出口使其缓慢流入柱内，同时开始收集流出液。当样品液面靠近树脂顶端时，即刻加入 0.5mL 柠檬酸缓冲液冲洗加样品处。待缓冲液液面靠近树脂顶端时再加入 0.5mL 缓冲液。如此重复两次，然后用滴管小心注入柠檬酸缓冲液（切勿搅动床面），并将柱与洗脱收集液试管相连。开始用试管收集洗脱液，每管收集 1mL，共收集 60~80 管，按收集顺序标明管号。

3. 氨基酸的鉴定

向各管收集液中加 1mL 水合茚三酮显色剂并混匀，在沸水浴中准确加热 15min 后冷却至室温，再加 1.5mL 的 50% 乙醇溶液。放置 10min。以收集液第二管为空白，测定 570nm 波长的光吸收值。

五、结果处理

（1）以洗脱液各管光吸收值为纵坐标，以洗脱液的管号（即洗脱体积）为横坐标绘制洗脱液曲线。

（2）以已知 3 种氨基酸的标准溶液为样品，分别按上述方法和条件分别操作，便可得到类似的洗脱曲线。

（3）将混合氨基酸的洗脱曲线与各种标准氨基酸的洗脱曲线相对照，确定 3 个峰的位置，及各峰为何种氨基酸。

六、讨论

请描述三种氨基酸的流出顺序，以及顺序为什么是这样的。

实训二 薄层层析法分离菠菜色素

一、实训目的

1. 掌握薄层板的制备及薄层层析的操作方法。

2. 通过菠菜色素的提取和分离，了解天然物质分离提纯方法及原理。

3. 掌握用紫外光谱和荧光光谱鉴别菠菜中色素的原理及方法。

二、实训原理

薄层层析是将吸附剂或者支持剂（有时加入固化剂）均匀地铺在一块玻璃上，形成薄层。把欲分离的样品点在薄层板的一端，然后将点样端浸入适宜的展开剂中，在密闭的层析缸中展开，使混合物得以分离的方法。由于层析在薄层上进行，故而得名。

薄层层析是一种微量、快速的层析方法。它不仅可以用于纯物质的鉴定，也可用于混合物的分离、提纯及含量的测定，还可以通过薄层层析来摸索和确定柱层析时的洗脱条件。

薄层层析根据作为固定相的支持物不同，分为薄层吸附层析（吸附剂）、薄层分配层析（纤维素、硅胶、硅藻土）、薄层离子交换层析（离子交换剂）、薄层凝胶层析（分子筛凝胶）等。吸附薄层主要是利用吸附剂对样品中各成分吸附能力不同，及展开剂对它们的解吸附能力的不同，使各成分达到分离的。分配薄层层析在展开过程中，各成分在固定相和流动相之间作连续不断地分配，由于各成分在两相间的分配系数不同，因而可以达到相互分离的目的。

薄层层析选择展开剂视被分离物的极性及支持剂的性质而定。一般情况下，先选用单一展开剂如苯、氯仿、乙醇等，如发现样品各组分的 R_f 值较大，可改用或加入适量极性小的展开剂如石油醚等。反之，若样品的 R_f 值较小，则可加入适量极性较大的展开剂展开，或在原来的溶剂中加入一定量极性较大的溶剂进行展层。在实际工作中，常用二种或三种溶剂的混合物作展开剂，这样更有利于调配展开剂的极性，改善分离效果。通常希望 R_f 值在 0.2~0.8 范围内，最理想的 R_f 值是 0.4~0.5。

本实训利用有机溶剂将菠菜中的色素浸提出来，利用柱层析和薄层层析法将色素分离开来，根据各色素的颜色、分子极性与 R_f 值的关系、吸收光谱、荧光对分离出的色素进行鉴定归属，讨论结构对 R_f 值、吸收光谱的影响。

三、器具与试剂

1. 器具

紫外分光光度计、荧光仪、载玻片、研钵、层析缸、点样毛细管、层析柱、滴管、分液漏斗、烘箱。

2. 试剂

新鲜菠菜、石油醚、乙醇、丁醇、中性氧化铝（柱层析用）、薄层层析硅胶、丙酮、苯、饱和食盐水、无水硫酸钠、羧甲基纤维素钠（CMC）。

四、实训步骤

1. 薄层板的制备

称取适量硅胶 G，按硅胶和水 1∶3（质量比）的比例加入 0.5% CMC 水溶液，调成糊状，用倾泻法涂在干净薄层板上，轻轻振摇，使硅胶浆料均匀平整铺开，放置 1h，晾干，置于烘箱中，逐渐升温至 110℃活化 0.5h，冷却，置于干燥器中备用。

2. 样品制备

称取 5g 洗净晾干水分的新鲜的菠菜叶，用剪刀剪碎，放在锥形瓶中，加入 30mL 2∶1（体积比）的石油醚和乙醇混合溶剂，浸没菠菜叶片，用玻棒搅动数分钟，以利于菠菜叶的细胞破裂，色素浸出。布氏漏斗抽滤，将菠菜汁转入分液漏斗，分去水层，分别用等体积的饱和食盐水和蒸馏水洗涤两次，以除去萃取液中的乙醇（洗涤时要轻轻旋荡，以防止产生乳化）。弃去水–乙醇层，石油醚层用无水硫酸钠干燥后滤入锥形瓶，置于暗处备用。

3. 薄层层析

用吸管吸取菠菜萃取液，小心慢慢滴在制铺好的薄层板上，滴入在硅胶板上的萃取液要成一条直线，直线离板下沿 1.5~2cm，晾干。放入装有 2∶1.5∶2 的石油醚–丙酮–苯（体积比）混合展开剂的层析缸内，于暗处室温展开，得五条色带。取出，待溶液挥发后，测量各色带及溶剂前沿到原点的距离，计算 R_f 值。

尝试不同展开剂：石油醚–丙酮 = 8∶2（体积比）、石油醚–乙酸乙酯 = 6∶4（体积比）进行薄层层析，比较溶剂对展开效果的影响。

4. 光谱检测

将各条色带用紫外扫描仪在 350~750nm 范围内扫描，记录各条色带紫外–可见光谱、并观测各色带的荧光。

五、结果与处理

填写下表，并根据各色素的颜色、分子极性与 R_f 值的关系、吸收光谱、荧光对分离出的色素进行鉴定归属。

菠菜叶片色素色谱分析数据及归属

编号	颜色	R_f 值	荧光	紫外吸收/nm（丙酮）	文献值	归属
1						
2						
3						
4						
5						

六、思考与讨论

（1）如何避免薄层层析中样品的斑点发生扩散。

（2）为什么可以用 R_f 值来鉴定化合物？

【项目拓展】

超高效液相色谱

超高效液相色谱（Ultra Performance Liquid Chromatography，UPLC）借助于 HPLC 的理论及原理，涵盖了小颗粒填料、非常低系统体积及快速检测手段等全新技术，增加了分析的通量、灵敏度及色谱峰容量。超高效液相色谱是一个新兴的领域，目前，超高效液相色谱仪已经开始逐渐地投入液相实验中用于样品分析，相信在不远的将来能够用于生化物质的制备。

超高效液相色谱法的原理与高效液相色谱法基本相同，所改变的地方有以下几点。

（1）小颗粒、高性能微粒固定相的出现　高效液相色谱的色谱柱，例如常见的十八烷基硅胶键合柱，它的粒径是 5um，而超高效液相色谱的色谱柱，会达到 3.5um，甚至 1.7um。这样的孔径更加利于物质分离。

（2）超高压输液泵的使用　由于使用的色谱柱粒径减小，使用时所产生的压力也自然成倍增大。故液相色谱的输液泵也相应改变成超高压的输液泵。

（3）配有高速采样速度的灵敏检测器。

（4）使用低扩散、低交叉污染自动进样器　配备了针内进样探头和压力辅助进样技术。

（5）仪器整体系统优化设计　色谱工作站配备了多种软件平台，实现超高效液相分析方法与 HPLC 方法的自动转换。

UPLC 的速度、灵敏度及分离度分别是 HPLC 的 9 倍、3 倍及 1.7 倍，它缩短了分析时间，同时减少了溶剂用量，降低了分析成本。

【项目测试】

一、填空题

1. 凝胶过滤层析（Gel Filtration，GF）是利用具有网状结构的凝胶的_____效应，根据被分离物质的_____不同来进行分离。

2. 离子交换层析法分离物质的主要过程包括：平衡、上样、_____、_____再生等步骤。

3. 离子交换树脂由三部分结构组成，分别是_____ 、_____和_____。

二、选择题

1. Sepharose 2B 是哪种层析介质？（　　　）

    A. 亲和层析介质　　　　　　B. 离子交换层析介质

    C. 凝胶过滤层析介质　　　　　D. 吸附层析介质

  2. DEAE 是哪种离子交换剂？（　　　　）

    A. 强碱型阴离子交换剂　　　B. 弱碱型阴离子交换剂

    C. 强酸型阳离子交换剂　　　D. 弱酸型阳离子交换剂

  3. 间隔壁一般出现于哪种层析介质？（　　　　）

    A. 亲和层析介质　　　　　　B. 离子交换层析介质

    C. 凝胶过滤层析介质　　　　　D. 吸附层析介质

三、简答题

  1. 在离子交换层析法中，连续梯度洗脱与阶段洗脱这两种洗脱方法有哪些异同及适用条件？

  2. 试比较疏水层析与反相层析的相同点和不同点。

  3. 简述大孔吸附树脂层析操作的步骤。

项目四

浓缩与干燥技术

项目简介

    浓缩是从溶液中除去部分溶剂的单元操作。浓缩和干燥都是采用一定的生产技术去除料液中溶剂的，但是有所不同。浓缩过程中，水分在物料内部是借对流扩散作用从液相内部达到液相表面而后被除去的，最低水分含量约30%（质量分数），一般为稳定状态的过程。而干燥过程中，水分在物料内部最终必将借分子扩散作用从固相中除去，且一般为不稳定状态的过程。

    生化物质制备中，物质提取后、结晶前和制成高浓度原液时，一般要进行浓缩操作；分离纯化过程中及纯化所得物质溶液制成固态原料或成品时，需要进行干燥操作。浓缩和干燥技术是生化物质分离纯化工艺中不可或缺的技术。

知识要求

  1. 了解浓缩技术和干燥技术的各种方法。

  2. 理解蒸发浓缩和冷冻浓缩的原理。

  3. 理解热干燥和冷冻干燥的原理。

  4. 理解红外干燥和微波干燥的原理。

技术要求

1. 能够根据原料特征选择适宜的浓缩方法。
2. 能够根据原料特征选择适宜的干燥方法。
3. 能够认识和操作浓缩设备。
4. 能够认识和操作干燥设备。

任务一　浓缩技术

　　加热和减压蒸发是最常规的浓缩方法，冷冻浓缩法已较成熟，其他一些分离纯化方法也能起到浓缩作用。例如，膜分离工艺中的浓缩模式使小分子物质和溶剂透过膜，随透过液排出，反复循环直至截留液大分子溶质浓度达到较高浓度。此外，亲和色谱和离子交换色谱等技术也能达到浓缩的目的。

　　一、　浓缩的原理

　　从原理上，浓缩分为平衡浓缩和非平衡浓缩两类。

　　（一）平衡浓缩

　　平衡浓缩是利用两相在分配上的某种差异而获得溶质和溶剂分离的方法，在食品、医药工业得到广泛的应用。蒸发浓缩和冷冻浓缩即属此类方法。

　　蒸发浓缩在实践上是利用加入热能使部分溶剂气化，并将此气化水分从料液中分离出去，使溶剂气化达到使溶质增浓的目的。

　　冷冻浓缩是利用稀溶液与固态冰在凝固点下的平衡关系，即利用有利的液固平衡条件。冷冻浓缩时，部分水分因放热而结冰，而后用机械方法将浓缩液与冰晶分离。蒸发和冷冻浓缩，两相都是直接接触的，故称平衡浓缩。

　　冷冻浓缩操作与结晶操作虽然都是利用固-液平衡条件的操作，但是它们存在操作原理、前提条件及操作目的的不同。在一定的条件下，结晶是溶质从溶液中析出来实现分离的，而冷冻浓缩操作是在另一条件下实现的，即溶剂从溶液中成冰晶状而析出。

　　（二）非平衡浓缩

　　非平衡浓缩是利用半透膜来分离溶质与溶剂的过程，两相用膜隔开，因此分离不是靠两相的直接接触，故称非平衡浓缩。采用膜分离技术浓缩料液即为非平衡浓缩。

　　二、　蒸发浓缩

　　蒸发是溶液表面的水或溶剂分子获得超过溶液内分子间的吸引力的动力后，

脱离液面进入空间的过程。可以借助蒸发从溶液中除去水或溶剂使溶液被浓缩。蒸发所需的时间和设备可由物质性质和所需要的最终浓度决定。传统的蒸发法，只适用于对热稳定的生化物质体系，对于生化物质的蒸发主要应用于自由水蒸发。蒸发的目的通常是将溶液浓缩后，冷却结晶而获得固体产品，获得浓缩的溶液产品或纯净的溶剂产品。

（一）蒸发操作的特点

蒸发是一个热量传递过程，其传热速率是蒸发过程的控制因素。蒸发所用的设备属于热交换设备。但与一般的传热过程比较，蒸发过程又具有其自身的特点，主要表现在以下几方面。

1. 溶液沸点升高

被蒸发的料液是含有非挥发性溶质的溶液，由拉乌尔定律可知，在相同的温度下，溶液的蒸气压低于纯溶剂的蒸气压。换言之，在相同压力下，溶液的沸点高于纯溶剂的沸点。因此，当加热蒸气温度一定，蒸发溶液时的传热温度差要小于蒸发溶剂时的温度差。溶液的浓度越高，这种影响也越显著。在进行蒸发设备的计算时，必须考虑溶液沸点上升的这种影响。

2. 溶液性质可能随浓缩而改变

物料在工艺特性蒸发过程中，溶液的某些性质随着溶液的浓缩而改变。有些物料在浓缩过程中可能结垢、析出结晶或产生泡沫；有些物料是热敏性的，在高温下易变性或分解；有些物料具有较大的腐蚀性或较高的黏度等。因此，在选择蒸发的方法和设备时，必须考虑物料的这些工艺特性。

3. 能量利用与回收

蒸发时需消耗大量的加热蒸气，而溶液气化又产生大量的二次蒸气，如何充分利用二次蒸气的潜热，提高加热蒸气的经济程度，也是蒸发器设计中的重要问题。

4. 溶液特性

有些物料浓缩时易于结晶，结垢；有些热敏性物料由于沸点升高而易于变性；有些则具有较大的黏度或较强的腐蚀性等。

（二）蒸发的分类

蒸发过程按加热方式分为直接加热和间接加热两种；按操作压力分为常压蒸发、减压（真空）蒸发和加压蒸发；按操作方式分为间歇操作和连续操作；按蒸发器的级数分为单效蒸发和多效蒸发。

1. 按操作压力分类

（1）常压蒸发　常压蒸发是在常压下加热使溶剂蒸发而浓缩的过程。这种方法操作简单，但仅适用于浓缩耐热物质及回收溶剂，对于含热敏性物质的溶液则不适用。装液容器与接收器之间要安装冷凝管，使溶剂的蒸气冷凝。

（2）减压蒸发　减压蒸发也称为真空蒸发，是在减压或真空条件下进行的蒸发过程。减压蒸发通常在常温或低温下进行。通过降低浓缩液液面的压力，从而使沸点降低，加快蒸发。此法适于浓缩受热易变性的物质，例如抗生素溶液、果汁等的蒸发。为了保证产品质量，需要在减压的条件下进行，当盛浓缩液的容器与真空泵相连而减压时，溶液表面的蒸发速率将随真空度的增高而增大，从而达到加速液体蒸发的目的。

减压蒸发的优点：①溶液沸点降低，在加热蒸气温度一定的条件下，蒸发器传热的平均温度差增大，于是传热面积减小；②由于溶液沸点降低，可以利用低压蒸气或废热蒸气作为加热蒸气；③溶液沸点低，可防止热敏性物料的变性或分解；④低温运行，系统的热损失小。

减压蒸发的缺点：①蒸发的传热系数减小；②减压蒸发时，造成真空需要额外增加设备和动力。

（3）加压蒸发　加压蒸发是在高于大气压力下进行蒸发操作的蒸发处理方法。当蒸发器内的二次蒸气是用作下一个热处理过程中的加热蒸气时，则必须使二次蒸气的压力高于大气压力。一般为密闭的加热设备，效率高，操作条件好。

2. 按蒸发器的级数分类

根据二次蒸气是否用作另一蒸发器的加热蒸气，可将蒸发过程分为单效蒸发和多效蒸发。若前一效的二次蒸气直接冷凝而不再被利用，称为单效蒸发。若将二次蒸气引至下一蒸发器作为加热蒸气，将多个蒸发器串联，使加热蒸气多次利用的蒸发过程称为多效蒸发。

3. 按操作方式分类

根据蒸发的过程模式，可将其分为间歇蒸发和连续蒸发。间歇蒸发系指分批进料或出料的蒸发操作。间歇操作的特点：在整个过程中，蒸发器内溶液的浓度和沸点随时间改变，故间歇蒸发为非稳态操作。通常间歇蒸发适合于小规模多品种的场合，而连续蒸发适合于大规模的生产过程。

（三）蒸发浓缩设备

1. 旋转蒸发仪

旋转蒸发仪又称旋转蒸发器，是实验室中乃至生产中常用的浓缩设备。工业上所用的设备原理与实训室装置相同，特点为容量大，附属设备多，结构稍复杂。

旋转蒸发仪由马达、蒸馏烧瓶、加热锅、冷凝管等部分组成，见图 3-40 和图 3-41，主要用于减压条件下连续蒸馏易挥发性溶剂。

蒸馏烧瓶是一个带有标准磨口接口的茄形或圆底烧瓶，通过一高度回流蛇形冷凝管与减压泵相连，回流冷凝管另一开口与带有磨口的接收烧瓶相连，用于接收被蒸发的有机溶剂。在冷凝管与减压泵之间有一个三通活塞，当体系与大气相通时，可以将蒸馏烧瓶、接液烧瓶取下，转移溶剂。当体系与减压泵相通时，则体系应处于减压状态，使瓶内溶液在负压下在旋转的蒸馏烧瓶内进行加热扩散蒸发，密封减压可至 400~600mmHg。使用时，应先减压，利用真空泵使蒸发烧瓶处于负压状态；再开动电动机转动蒸馏烧瓶，恒速旋转以增大蒸发面积，旋转速度一般为 50~160r/min；结束时，应先停机，再通大气，以防蒸馏烧瓶在转动中脱落。作为蒸馏的热源，常配有相应的恒温水槽，用于为蒸馏烧瓶恒温加热。

2. 旋转蒸发仪的操作

（1）仪器如为手动升降高低调节，转动机柱上面手轮，顺转为上升，逆转为下降；仪器如为电动升降，手触上升键主机即上升，手触下降键主机即下降。

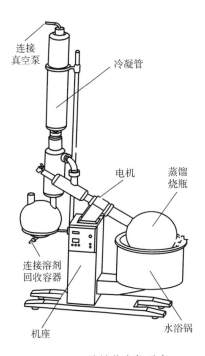

图 3-40　旋转蒸发仪示意

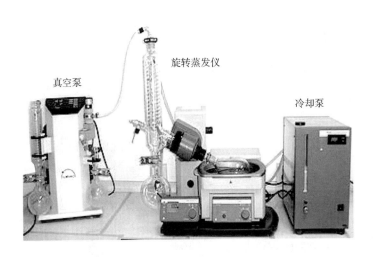

图 3-41　工业生产用旋转蒸发设备系统

（2）冷凝器上有两个外接头是接冷却水用的，一头接进水，另一头接出水，一般接自来水，冷凝水温度越低效果越好。上端口装抽真空接头，接真空泵皮管抽真空用的。

（3）开机前先将调速旋钮左旋到最小，按下电源开关指示灯亮，然后慢慢往右旋至所需要的转速，一般大蒸发瓶用中、低速，黏度大的溶液用较低转速。烧瓶是标准接口24号，随机附500mL，1000mL两种烧瓶，溶液量一般不超过50%为适宜。

（4）使用时，应先减压，再开动电机转动蒸馏烧瓶，结束时，应先停电动机，再通大气，以防蒸馏烧瓶在转动中脱落。

3. 薄膜蒸发器

膜式蒸发器主要有三种类型：升膜式蒸发器、降膜式蒸发器和升降膜式蒸发器。升膜式蒸发器的加热室由许多垂直长管组成，如图3-42（1）所示。料液经预热后由蒸发器底部引入，进到加热管内受热沸腾后迅速气化。生成的蒸气在加热管内高速上升，溶液则被上升的蒸气所带动，沿管壁呈膜状上升，并在此过程中继蒸发，气液混合物在分离器内分离，完成液从分离器底部排出，二次蒸气则从顶部导出。升膜式发器不适用于较浓溶液的蒸发；它对黏度大、易结晶或易结块的物料也不适用。

降膜式蒸发器，如图3-42（2）所示，和升膜式蒸发器的区别在于，料液是从蒸发器的顶部加入的，在重力作用下沿管壁呈膜状下降，并在此过程中不断被蒸发面浓缩，可在蒸发器底部得到完成液。降膜式蒸发器可以蒸发浓度较高的溶液，对于黏度较大的物料也能适用，但由于液膜在管内分布不易均匀，传热系数较升膜式蒸发器小。

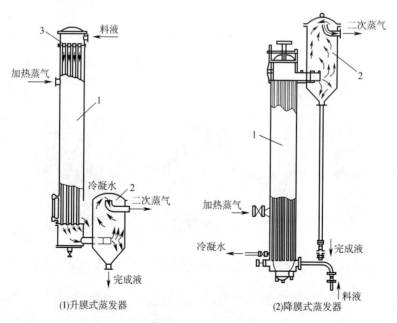

图3-42　薄膜蒸发器

1—蒸发器　2—分离室　3—布膜器

升-降膜式蒸发器是将升膜和降膜式蒸发器装在一个外壳中。预热后的料液先经升膜式蒸发器上升，然后由降膜式蒸发器下降，在分离器中和二次蒸气分离即得完成液。这种蒸发器多用于蒸发过程中溶液黏度变化很大、溶液中水分蒸发量不大和厂房高度有一定限制的场合。

三、 冷冻浓缩

冷冻浓缩是近年来发展迅速的一种浓缩方式。冷冻浓缩是在常压下，利用稀溶液与冰在冰点以下固-液相平衡关系来实现的，就是将溶液中的水分子凝固成冰晶体，用机械手段将冰去除，从而减少了溶液中的溶剂水，提高溶液浓度，使溶液得到浓缩。冷冻浓缩技术特别适用于浓缩热敏性液态食品、生物制药、要求保留天然色香味的高档饮品及中药汤剂等，这种低能耗、可生产高品质产品的加工技术具有巨大的发展潜力。

冷冻浓缩是利用冰与水溶液之间的固液相平衡原理，将水以固态方式从溶液中去除的一种浓缩方法。图 3-43 为水溶液与冰之间的固液平衡关系的示意图，图中物系组成为质量分数。与冷冻浓缩有关的是共晶点 E（溶液组成 ω_E）以左的部分。DE 为溶液组成和冰点关系的冻结曲线，冻结曲线上侧是溶液状态，下侧是冰和溶液的共存状态。

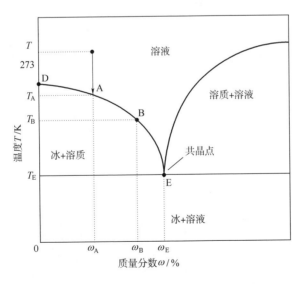

图 3-43　水的固液平衡关系示意图

在温度 T 的状态下，冷却组成为 ω_A 的溶液到 T_A 时，开始有冰晶析出，T_A 是溶液的冰点，继续冷却至 B 点，残留溶液的组成增加为 ω_B，凝固温度降为 T_B，理论上讲最终可浓缩至 ω_E，这就是冷冻浓缩的原理。

冷冻浓缩流程可分冷却过程、冰结晶生成与长大的结晶过程及冰和浓缩液的分离过程。根据冷冻浓缩依结晶方式的不同可分为悬浮结晶冷冻浓缩法和渐进冷冻浓缩法。

（一）悬浮结晶冷冻浓缩法

悬浮结晶冷冻浓缩法是一种不断排除在母液中悬浮的自由小冰晶，使母液浓度增加而实现浓缩的方法。现已在生产中运用，其优点是能够迅速形成结晶的冰晶且浓缩终点比较大。

悬浮结晶冷冻浓缩的装置系统大致可分为两类，单级冷冻浓缩和多级冷冻浓缩。

1. 单级冷冻浓缩装置系统

如图 3-44，采用洗涤塔分离的单级冷冻浓缩装置系统。它主要由刮板式结晶器、混合罐、洗涤塔、融冰装置、储罐、泵等组成。

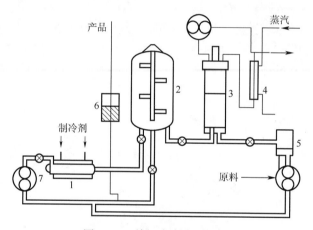

图 3-44　单级冷冻浓缩装置

1—结晶器　2 混合罐　3—提供和回收洗涤用溶剂的蒸馏塔　4—洗涤塔　5—储罐　6—成品罐　7—泵

操作时，料液由泵 7 进入旋转刮板式结晶器 1，冷却至冰晶出现并达到要求后进入带搅拌器的混合罐 2，在混合罐中，冰晶可继续成长。然后大部分浓缩液作为成品从成品罐 6 中排出，部分与来自储罐 5 的料液混合后再进入旋转刮板式结晶器 1 进行再循环，混合的目的是使进入结晶器的料液浓度均匀一致。从混合罐 2 中出来的冰晶夹带部分浓缩液，经洗涤塔 3 洗涤，洗后的具有一定浓度的洗液进入储罐 5，与原料液混合后再进入结晶器。如此循环，洗涤塔的洗涤水是利用融冰装置（通常在洗涤塔顶部）将冰晶融化后再使用的，多余的水被排走。

2. 多级冷冻浓缩装置系统

多级 LGJ 冷冻干燥机浓缩是指将上一级浓缩得到的浓缩液作为下一级的原料进行再次浓缩的一种冷冻浓缩操作。

悬浮结晶冷冻浓缩法的种晶生成、结晶成长、固液分离三个过程要在不同装置中完成，系统复杂、设备投资大、操作成本高。且迄今为止的报道显示，悬浮结晶法所能形成的最大冰晶直径仅为毫米级，小冰晶给分离造成的困难未能从根本上得到解决。因此，固液界面小的渐进冷冻浓缩法引起了众多研究者的关注。

（二）渐进冷冻浓缩法

渐进冷冻浓缩法是一种随着冰层在冷却面的生成和成长，固液界面附近的溶质被排除到液相侧，导致液相中溶质质量浓度逐渐升高的浓缩方法。最大的特点就是形成一个整体的冰结晶，固液界面小，使母液与冰晶的分离非常容易。

同时由于冰结晶的生成、成长，与母液的分离及脱冰操作均在同一个装置中完成，具有良好的浓缩效果且装置简单，可以大幅度降低操作成本与初期投资。此法目前在很多行业中的应用都是研究热点，有广阔的发展前景。

◁ 任务二　热干燥技术

一、概述

热干燥技术是用加热的方法使水分或其他溶剂气化，并将产生的蒸气排除，借此来除去固体物料中湿分的操作技术。

干燥技术按照干燥过程中的操作压力，分为常压干燥、加压干燥、真空干燥（减压干燥）。按照操作方式，分为连续式干燥和间歇式干燥。

二、热干燥基本知识

（一）湿物料中的含水量

1. 湿度（m）

湿度 m 是指湿物料中水分的质量 W 占湿物料总量 G 的百分数，又称水分百分含量。其定义式为：

$$m = \frac{W}{G} \times 100\% = \frac{W}{G_0 + W}$$

式中　G_0——绝干物料的质量。

2. 湿含量（M）

湿含量是指水分的质量 W（kg）与绝干物料的质量 G_0（kg）之比。

$$M = \frac{W}{G_0} = \frac{W}{G - W}$$

由湿度与湿含量的定义式可知，两者的关系为：

$$m = \frac{M}{1 + M} \times 100\%$$

（二）物料中水分的类型

物料与所含湿分的结合方式是多样的，湿分可以滞留在多孔性物料的空隙中，附着在物料表面，还有的以结晶水的方式存在，有的则投入到细胞内。物料与湿分结合的性质不同，除去湿分的难易程度也不同。干燥过程中，一般以湿分能否用干燥方法除去或除去的难易程度来划分。生化产品生产中，湿分一般为水分，以下以水分为例予以介绍。

1. 结合水与非结合水

结合水是存在于湿物料的细胞壁内和毛细管中的水分，与物料结合力较强，干燥过程中较难被除去。物料中结合水主要有以下三种结合方式：①化学结合水水分与物料的离子型结合和结晶型分子结合（结晶水），结晶水的脱除必将引起晶体的崩溃；②物化结合水包括吸附、渗透和结构水分，其中吸附水分结合力最强；③机械结合水分为毛细管水、湿润水分、孔隙水分。

非结合水是指物料表面的湿润水分和孔隙水分。结合水（包括细胞含水、纤维束含水以及毛细管水）较难被除去，非结合水较容易被除去。

2. 平衡水分和自由水分

当一种物料与一定温度及湿度的空气接触时，物料势必会放出或吸收一定量的水分，物料的含水量会趋于一定的值，此时，物料的含水量称为该干燥介质条件下物料的平衡水分 M^*。平衡水分代表物料在一定空气状态下的干燥极限，即用热空气干燥法，平衡水分是不能被去除的。

平衡水分 M^* 的数值与物料的性质、干燥介质状态及操作条件等因素有关。当条件改变时，平衡水分 M^* 的数值也会发生变化。当物料中湿含量 M 大于平衡水分 M^* 时，两者之差（$M-M^*$）的湿分称为自由水分，即自由水分是在干燥过程中能够除去的水分。改变影响平衡水分 M^* 数值的因素，即可改变平衡水与自由水的量，从而影响物料中水分能被去除的极限值。

由上可知，结合水分与非结合水分由物料本身性质所决定，而平衡水分与自由水分由干燥条件所决定。

三、 热干燥工艺过程

（一）热干燥过程

热干燥过程如图 3-45，主要有传质推动力和传热推动力两种干燥推动力。当物料表面水分压大于热空气中的水分压时，干燥即具备了传质推动力；当热空气的温度大于物料表面的温度时，干燥即具备了传热推动力。

（二）热干燥速率曲线

热干燥速率 v 是衡量干燥操作的一个重要指标。热干燥速率曲线是单位时间

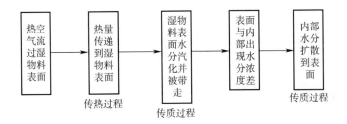

图 3-45　热干燥过程

内，单位干燥面积所气化的湿分量。

$$v = -\frac{G d_x}{A d_\tau}$$

式中　v——干燥速率，kg/h·m²；

　　　G——绝干物料量，kg；

　　　A——干燥面积，m²；

　　　d_x/d_τ——干燥曲线斜率。

在干燥过程中，内部扩散与表面气化同时进行，但是在干燥的不同阶段，两者速率并不相同。根据归纳实验数据，可得出一定干燥条件下典型的热干燥速率曲线，见图3-46。

由干燥曲线可知，从热干燥开始，在经历短暂的预热阶段（AB 段）后，干燥过程可明显地分为恒速干燥阶段（BC 段）和降速干燥阶段（CD 段）。

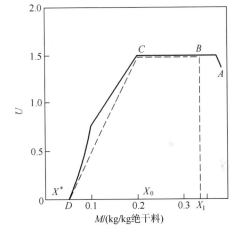

图 3-46　热干燥速率曲线

1. 预热阶段

当湿物料与干燥介质接触时，干燥介质首先将热量传递给湿物料，使湿物料及其所带水的温度升高。水分由于受热开始气化，干燥速率由 0 增加到最大值，湿物料中水分则随之减少。此阶段仅占全程5%左右，特点是干燥速率由 0 升至最大值，热量主要消耗在湿物料的加温和少量水分气化上，因此水分减少量不大。

2. 恒速干燥阶段

湿物料表面被非结合水所湿润，物料表面温度是该空气状态下的湿球温度；此时，传热推动力（温度差）以及传质推动力（饱和蒸气压差）是一个定值；因此，干燥速率也是一个定值。

实际上，该阶段的干燥速率决定于物料表面水分气化的速率、决定于水蒸气通过干燥表面扩散到气相主体中的速率。因此，此阶段又称为表面气化控制阶段。此时的干燥速率几乎等于纯水的气化速度，和物料湿含量、物料类别无关。影响因子主要有空气流速、空气湿度、空气温度等。

3. 降速干燥阶段

物料湿含量降至临界点以后，便进入降速干燥阶段。在降速干燥阶段，非结合水已经被蒸发，继续进行干燥，只能蒸发结合水。

结合水的蒸气压恒低于同温下纯水的饱和蒸气压，传质、传热推动力逐渐减小，干燥速率随之降低。

干燥空气的剩余能量被用于加热物料表面，物料表面温度被逐渐升高，导致物料局部干燥。在这一阶段中，干燥速率取决于水分和蒸气在物料内部的扩散速度。因此，此阶段亦称为内部扩散控制阶段，与外部条件关系不大。此阶段的主要影响因素为物料结构、形状和大小。

（三）影响热干燥速率的因素

影响热干燥速率的因素较多，主要有以下几个方面。

1. 湿物料的特性

湿物料的物理结构、化学组成、形状和大小、湿分与物料的结合方式等都直接影响干燥速率。最初湿物料的湿度、最终产品的湿分含量要求决定着干燥时间的长短。

2. 干燥介质的状态

干燥介质一般选用湿空气。由湿空气的性质可知，温度升高、相对湿度降低、传质推动力增大、干燥能力增强；并且温度升高，传热推动力增大，提供的热能增多，均可使湿分气化速率增大。总之，提高干燥介质的温度，可提高传热、传质的推动力，有利于干燥过程的进行。另外，干燥介质的温度升高，吸收水气的能力增大，可以带出较多的湿气，但应以不损害被干燥物料的品质为原则。对于热敏性物料和生物制品，更应选择适合的干燥温度和操作方式。质的流动速率，也可增大干燥速率。

3. 湿物料与干燥介质的接触情况

湿物料的厚度越薄，接触面积越大，则干燥速率越快；干燥介质的流动方向若与湿物料的气化表面垂直，则干燥速率较大。

4. 干燥设备的结构形式

在工业生产中，干燥操作都是在干燥设备内完成的。许多干燥设备都是综合考虑上述各项影响因素后，针对生产对干燥设备的要求进行设计制造的。

四、热干燥设备

（一）热干燥类型

按照功能特征及供热的方式，干燥可分为接触式（传导式）、对流式、辐射式

（红外辐射）与介电加热式（包括高频干燥和微波干燥等）干燥。

常见的接触干燥器为厢式干燥器，对流干燥器有气流干燥器、沸腾干燥器、喷雾干燥器，传导干燥器有转筒干燥器、真空盘架式干燥器，辐射干燥器有红外干燥器，介电加热干燥器有微波干燥器。

工业生产中，根据被干燥物料的性质（湿物料的物理特性、干物料的物理特性、腐蚀性、毒性、可燃性、粒子大小及磨损性），物料的干燥特性（湿分的类型、初始和最终湿含量、允许的最高干燥温度、产品的色泽、光泽等）等选择适宜的干燥设备，另外，还需考虑粉尘及溶剂回收问题和安装的可行性。

（二）典型的热干燥设备

1. 厢式干燥器

厢式干燥设备是最古老的干燥器。其外壁为绝热层，物料装在浅盘里，置于箱内的支架上，层叠放置，见图3-47。空气由风机送入，经加热至所需温度，吹过处于静止状态的物料，使物料干燥。热风与物料的相对速度，一般以物料不致被气流带走为限。

厢式干燥是常压间歇干燥操作经常使用的方法，小型的称为烘厢，大型的称为烘房。

厢式干燥的优点是结构简单，制造容易，操作方便，适用范围广。由于物料在干燥过程中处于静止状态，特别适用于不允许破碎的脆性物料。缺点是间歇操作，干燥时间长，能耗高，热效低，干燥不均匀，入工装卸料，劳动强度大。

图3-47　厢式干燥器

2. 喷雾干燥器

喷雾干燥器是主要用于干燥产品并分离回收，适用于连续大规模生产，干燥速度快，主要适用于热敏性物料、生物制品和药物制品，见图3-48。

（1）工作原理　在干燥塔顶部导入热风，同时将料液送至塔顶部，通过雾化器喷成雾状液滴，这些液滴群的表面积很大，与高温热风接触后水分迅速蒸发，在极短的时间内便成为干燥产品，并采用旋风分离器对干燥后的物料进行回收。从干燥塔底排出的热风与液滴接触后温度显著降低，湿度增大，它作为废气由排风机抽出，废气中夹带的微粒用分离装置回收。

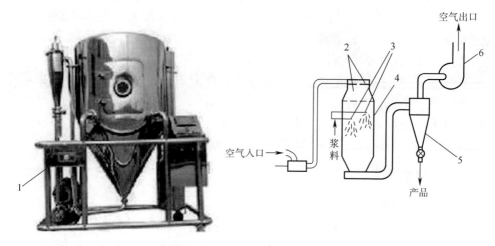

图 3-48　喷雾干燥器及示意图
1—燃烧炉　2—空气分布器　3—压力式喷嘴　4—干燥塔　5—旋风分离器　6—风机

（2）喷雾干燥器具有的优点　传热表面积大，干燥时间短，适用于热敏性物质的干燥；生产过程简单，操作控制方便，可将蒸发、结晶、过滤、粉碎等过程集成于一次完成，容易实现自动化；产品具有良好的分散性、流动性和溶解性等。但存在热效低、能耗大、设备体积过大等缺点。该设备适用于干燥抗生素、酵母粉、酶制剂等热敏性物料、生物制品和药物制品，基本上接近真空下干燥的标准。

3. 流化床干燥器

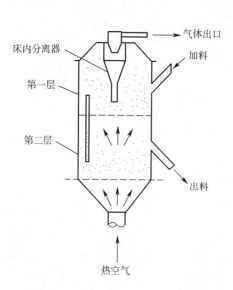

图 3-49　多层圆筒沸腾床干燥器

流化床干燥技术是近年来发展起来的一种新型干燥技术，其过程是散状物料被置于孔板上，并由其下部输送气体，引起物料颗粒在气体分布板上运动，在气流中呈悬浮状态，产生物料颗粒与气体的混合底层，犹如液体沸腾一样，又称沸腾床，见图 3-49。在流化床干燥器中物料颗粒在此混合底层中与气体充分接触，进行物料与气体之间的热传递与水分传递。

流化床干燥具有较高的传热和传质速率、干燥速率高、热效率高、结构紧凑、基本投资和维修费用低、便于操作等优点。因此流化床干燥器被广泛用于化工、食品、陶瓷、药物、聚合物等行业。

由于物料在干燥器中停留时间过长，不适宜干燥一些热敏性物质，用于干燥葡萄糖、味精、柠檬酸等稳定物料的干燥。

任务三 冷冻干燥技术

冷冻干燥又称升华干燥，是将含水物料冷冻到冰点以下，使水转变为冰，然后在较高真空下将冰转变为蒸气而除去的干燥方法。物料可先在冷冻装置内冷冻，使被干燥的液体在极低的温度下，冷冻成固体，但也可直接在干燥室内经迅速抽成真空而冷冻。然后，在低温、低压下利用水的升华性能，使冰升华气化。升华生成的水蒸气借冷凝器被除去。冷冻干燥法适用于绝大多数生物产品的干燥和浓缩，可以最大限度地保证生物产品的活性。

一、 真空冷冻干燥的特点

通常的晾晒、烘干、喷雾干燥等方法相比较，真空冷冻干燥有其许多突出的特点。

物料的干燥是在真空、冷冻条件下进行的，系统中高度缺氧，能较好地抑制微生物的生长，能保护易氧化的物料。

干燥是在冷冻条件下进行操作的，物料中的水分由冰直接升华为水蒸气被移出，使得物料中的一些挥发性成分或营养成分损失很小，比较适合一些生化制品或食品的干燥。

真空冷冻干燥是在较低温度（低于水的冰点）下进行操作，对于许多热敏性物质的干燥特别适用。例如，对蛋白质、微生物等物质，采用真空冷冻干燥不会发生变性或失去生物活性。

可排出物料中99%左右的水分。

冷冻状态下干燥，使得干燥后体积、形状基本不变，不易变质，能较好地保留物料的构造（营养纤维和固状物），使其加水后能迅速水化，恢复原来的性状。因此，采用真空冷冻干燥方法生产的食品更接近新鲜食品的风味。

二、 冷冻干燥技术原理

物质有固、液、气三态。物质的状态与其温度和压力有关。图3-50示出水的状态平衡图。图中OA、OB、OC、三条曲线分别表示冰和水、水和水蒸气、冰和水蒸气两相共存时其压力和温度之间的关系。分别称为溶化线、沸腾线和升华线。此三条线将图面分成Ⅰ、Ⅱ、Ⅲ三个区域，分别表示冰溶化成水，水气化成水蒸气和冰升华成水蒸气的过程。曲线OB的顶端有一点K，其温度为374℃，称为临界点。若水蒸气的温度高于其临界点温度374℃时，无论怎样加大压力，水蒸气也

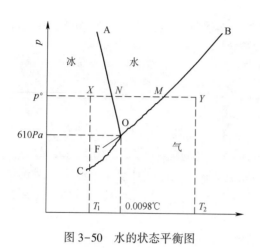

图 3-50　水的状态平衡图

不能变成水。三曲线的交点 O，为固、液、气三相共存的状态，称为三相点，其温度为 0.01℃，压力为 610Pa。在三相点以下，不存在液相。若将冰面的压力保持低于610Pa，且给冰加热，冰就会不经液相直接变成气相，这一过程称为升华。见图 3-50。

冷冻干燥操作时，首先让物料温度降至共熔点以下使物料全部冻结，然后在较高的真空度下，使冰直接升华为水蒸气，从而获得干燥制品。升华操作时，物料温度不能高于共熔点温度，否则物料会发生熔化。

三、冷冻干燥的基本工艺过程

真空冷冻干燥流程见图 3-51 可知，该过程主要分为预冻结、升华干燥、解析干燥三个主要步骤，其中升华和解析是在真空条件下进行的。

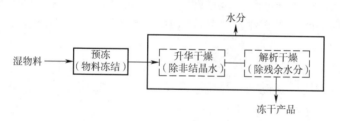

图 3-51　真空冷冻干燥流程框图

（一）预冻结（预冻）

预冻是指干燥前须将物料进行在低温下冻结，使物料固定，为升华干燥做准备。或者说，预冻是真空冷冻干燥操作的准备阶段。预冻就将溶液中的自由水固化，赋予干后产品与干燥前有相同的形态，防止抽空干燥时起泡、浓缩、收缩和溶质移动等不可逆变化的产生，减少因温度下降引起的物质可溶性降低和生命特性的变化。

在实际操作中，预冻阶段的温度、预冻速率和预冻时间是重要的工艺条件。共熔点又称共晶点，物料真正全部冻结的温度。预冻时，物料温度必须降低到共熔点以下，以保证完全冻结。一般预冻温度设定为共熔点以下 10~15℃。

预冻速率的快慢往往会影响着生物活性以及形成晶体的大小，进而影响后续升华干燥速率及干燥产品的性状。因此，进行真空冷冻干燥操作前，须根据具体的干燥产品测定出预冻的最优速率，控制预冻操作。

预冻需能克服物料的过冷现象，保证使物料全部冻结，因此，预冻时间不宜过短，一般为1~2h。

（二）升华干燥

升华干燥也称第一阶段干燥。将冻结后的产品置于密闭的真空容器中加热，其冰晶就会升华成水蒸气逸出而使产品脱水干燥，干燥是从外表面开始逐步向内推移的，冰晶升华后残留下的空隙变成之后升华水蒸气的逸出通道。已干燥层和冻结部分的分界面称为升华界面。在生物制品干燥中，升华界面约以每1mm/h的速度向下推进。当全部冰晶除去时，第一阶段干燥就完成了，此时约除去全部水分的90%左右。

升华过程是一个吸热过程，升华时提供的热量直接影响着升华干燥速率。在升华干燥过程中，若提供的热量不足，必然会减慢升华速率，延长升华干燥时间；反之，会加快升华速率，缩短升华干燥时间。但是需注意：若升华时提供的热量如果过多，会导致冰局部熔化，改变相变化路线，使干燥产品性状受到严重影响。

（三）解析干燥

解析干燥也称第二阶段干燥。在第一阶段干燥结束后，在干燥物质的毛细血管壁和极性基团上还吸附有一部分水分，这些水分是未被冻结的，当他们达到一定含量，就为微生物的生长繁殖和某些化学反应提供了条件。实验证明：即使是单分子层吸附以下的低含水量，也可以成为某些化合物的溶液，产生与水溶液相同的移动性和反应性。为了使干燥产品的含水量达到标准，还需对物料进一步干燥（降至0.5%~3%以下），除去此部分水，这就是解析干燥的目的。

解析干燥阶段一般是通过升高干燥操作温度、提高真空度来实现。此处应注意，解析干燥的温度不能超过物料的最高允许温度。为了确保干燥产品的安全，可通过实验来确定解析温度。例如，细菌产品的最高干燥温度一般为30℃，血清、抗生素等产品的最高干燥温度一般为40℃。

四、真空冷冻设备

真空冷冻干燥器常称为冻干机，其种类繁多。由系统功能来看，冻干机主要由制冷系统、真空系统、加热系统和控制系统等四个部分组成，见图3-52和图3-53。

从设备结构来看，冻干机主要由干燥室、冷凝器（冷阱）、真空泵、阀门、电

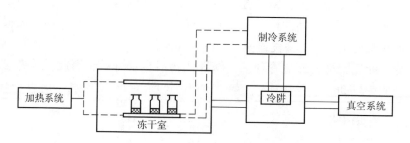

图 3-52　真空冷冻干燥器示意图

气控制元件等部件组成。

（1）小型冷冻干燥器

（2）大型冷冻干燥器

图 3-53　真空冷冻干燥器

◆ 任务四　其他干燥技术

　　传统干燥方法，如火焰、热风、蒸气、电加热等，均为外部加热干燥，物料表面吸收热量后，经热传导，热量渗透至物料内部，随即升温干燥。以电磁波进行传递能量的方式称为辐射。波长为 0.1～100μm 的电磁波谱，其中包括一部分紫外线、全部可见光与红外线，这些射线称为热射线，是内部加热的方法。

　　一、红外干燥法

　　红外线即是指波长在 0.7～1000μm 之间的电磁波。0.72～3μm 为近红外线，3～5.6μm 为中红外线，5.6～1000μm 为远红外线。

（一）红外干燥法的原理

红外干燥法是由固体中的分子振动或晶格振动或固体中束缚电子的迁移而产生的，它们的传播过程称为热辐射。远红外线的发射频率和被干燥物料中分子运动的固有频率（也即红外线或远红外线的发射波长和被干燥物料的吸收波长）相匹配时，引起物料中的分子强烈振动，在物料的内部发生激烈摩擦产生热而达到干燥的目的。

在红外线或远红外线干燥中，由于被干燥的物料中表面水分不断蒸发吸热，使物料表面温度降低，造成物料内部温度比表面温度高，这样使物料的热扩散方向是由内往外的。同时，由于物料内存在水分梯度而引起水分移动，总是由水分较多的内部向水分含量较小的外部进行湿扩散。所以，物料内部水分的湿扩散与热扩散方向是一致的，从而也就加速了水分内扩散的过程，也即加速了干燥的进程。

由于辐射线穿透物体的深度（透热深度）约等于波长，而远红外线比近红外线波长，也就是说用远红外线干燥比近红外线干燥好。特别是由于远红外线的发射频率与塑料、高分子、水等物质的分子固有频率相匹配，引起这些物质的分子激烈共振。这样，远红外线即能穿透到这些被加热干燥的物体内部，并且容易被这些物质所吸收，所以两者相比，远红外线干燥更好些。

（二）红外线和远红外线干燥特点

①干燥速度快、生产效率高、特别适用于大面积表层的加热干燥。

②设备小，建设费用低。特别是远红外线，烘道可缩短为原来的一半以上，因而建设费用低。若与微波干燥、高频干燥等相比，远红外加热干燥装置更简单、便宜。

③干燥质量好。由于涂层表面和内部的物质分子同时吸收远红外辐射，因此加热均匀，产品外观、机械性能等均有提高。

④建造简便，易于推广。远红外线或红外线辐射元件结构简单，烘道设计方便、便于施工安装。

（三）远红外干燥设备

远红外干燥设备即是指以远红外线为主导媒介，将电能转变为热能，使物体内部分子在经过远红外线的辐射作用后，吸收远红外线辐射能量并将其直接转变为热量的干燥设备，见图3-54。

二、微波干燥法

微波是一种高频电磁波，频率为 $300 \sim 30 \times 10^4 MHz$，其波长为 $1mm \sim 1m$。微波

图 3-54　红外线干燥机

具备电场所特有的振荡周期短、穿透能力强、与物质相互作用可产生特定效应等特点。

（一）微波干燥原理

微波干燥是一种内部加热的方法。湿物料处于振荡周期极短的微波高频电场内，其内部的水分子会发生极化并沿着微波电场的方向整齐排列，而后迅速随高频交变电场方向的交互变化而转动，并产生剧烈的碰撞和摩擦（每秒钟可达上亿次），结果一部分微波能转化为分子运动能，并以热量的形式表现出来，使水的温度升高而离开物料，从而使物料得到干燥。也就是说，微波进入物料并被吸收后，其能量在物料电介质内部转换成热能。因此，微波干燥是利用电磁波作为加热源、被干燥物料本身为发热体的一种干燥方式。

微波干燥设备的核心是微波发生器，目前微波干燥的频率主要为 2450MHz。

（二）微波干燥的特点

传统的干燥工艺中，为提高干燥速度，需升高外部温度，加大温差梯度，然而随之容易产生物料外焦内生的现象。但采用微波加热时，不论物料形状如何，热量都能均匀渗透，并可产生膨化效果，利于粉碎。

在微波作用下，物料的干燥速率趋于一致，加热均匀，同时可大幅降低干燥温度；微波干燥技术中，有效成分不易被分解、破坏。微波干燥工艺的能源利用率较高，与传统加热干燥相比较能耗通常降低 50% 以上，这是因为微波的热量直接产生于湿物料内部，热损失少，热效率高；无环境和噪声污染，安全洁净状态下的生产使工作环境大大改善。

（三）微波干燥设备

微波干燥机是一种利用微波进行干燥的新型设备，见图3-55。干燥时，微波能直接作用于介质分子转换成热能，由于微波具有穿透性能使介质内外同时加热，不需要热传导，所以加热速度非常快，对含水量在30%以下的食品，干燥速度可缩短数百倍。

图 3-55　微波干燥设备

【技能实训】

　实训　真空冷冻干燥法制备酸乳

一、实训目的

（1）掌握真空冷冻干燥技术。

（2）能熟练操作真空冷冻干燥器完成干燥任务。

二、实训原理

利用冷冻干燥机，在高度真空状态下低温、脱水后制成。干燥后的产品必须在较低湿度下，保持真空状态充填到适当容器中加以包装。酸乳在冷冻干燥条件下由于工艺处理中需要速冻及预冻，因此对乳酸菌容易引起伤害。预防冻伤的最佳方法除选择对数期生长的菌体外，加入保护剂及合理安排冻干工艺也很重要。与喷雾干燥相比，冷冻干燥法制作的酸乳粉具有营养物质不受破坏、含有大量的活性乳酸菌的特点，冻干后的结构形式像海绵一样疏松，加水后极易溶解，能够很快恢复原来的性质。

配方：全脂鲜乳90.5%、葡萄糖2.5%、发酵剂4%、糊精1.5%、淀粉1.3%、酵母粉0.2%。

工艺流程：牛乳→配料→预热→均质→杀菌→冷却→添加发酵剂→发酵→冷藏→分装→预冻→抽真空→升华供热→出箱→包装→检验→成品。

三、器具与试剂

（1）器具　恒温培养箱，冷藏柜，冷冻干燥机，过滤装置，显微镜，血球计数板，加热装置，高压均质机，真空包装机及相应器具。

（2）试剂　全脂鲜乳、全脂淡乳粉、蔗糖、发酵剂等。

四、操作步骤

（1）原料乳净化　取新鲜牛乳，检验，需满足：乳脂肪含量≥3.4%，相对密度≥1.030，70%乙醇试验阴性，TTC（2，3，5-氯化三苯基四氮唑）检验阴性。以八层纱布过滤，除去鲜乳中杂质。

（2）配料　牛乳中添加全脂淡乳粉和蔗糖，使牛乳固形物含量≥12%。

（3）预热与均质　预热到60～70℃，在15.7 MPa的压力下均质。

（4）杀菌与冷却　牛乳杀菌前加入7%的蔗糖，杀菌条件为85℃、10min。

（5）接种　冷却到45℃时，加入市售酸乳发酵剂，酸乳发酵剂的添加量参照说明书中用量即可。

（6）发酵　接种后，进行发酵，发酵条件参照酸乳发酵剂的说明书即可。一般可于43℃温度下发酵，发酵至pH为4.6。

（7）冷藏　发酵后，立即冷却到10℃，保存12～36h。

（8）装盘预冻　将酸乳装入不锈钢盘中，厚度为1cm，将盘放入冻干机搁板上，关闭机门后启动冷凝器至-40℃进行预冻，降温时间130min，此为自由水固化阶段。

（9）开真空泵抽真空，真空度100Pa，保持2.5h。

（10）升华供热　真空度100～250Pa，升华时间为17h，升华温度为-20～15℃，产品品温为50～60℃，供热达到的温度一般为30～60℃。

（11）包装、检验　打开除湿机使室内相对湿度下降到60%以下。关闭冻干机，检视干粉应呈疏松多孔状，用真空包装机将干粉定量装入铝箔袋中，同时取样测定活菌及残余含水量等。

[注意事项]

酸乳发酵与菌龄控制。细菌对冻干的抵抗力各有差异，实践证明以保加利亚乳杆菌与嗜热链球菌的添加量比例为1：1共生组合的发酵剂，比用单菌种发酵具有优势。

由于牛乳具有培养基与保护剂双重作用，因而保证总乳固体含量为12%，也是比较重要的。

牛乳凝固从pH为5.2～5.3开始，于pH4.6～4.7结束，此时乳酸菌达到最高峰。当pH为4.6时，应立即冷却并终止发酵才能避免更多的幼龄及老龄菌，保证一定的存活率。

预冻控制。必须将制品预冻到 - 40℃（共熔点）以下，否则直接抽真空时会出现沸腾现象而影响冻干效果。

五、结果与处理

描述干粉的性状，记录测定活菌及残余含水量的结果。

六、思考与讨论

挥发性原料，能否用真空冷冻干燥法进行干燥？

【项目拓展】

药用沸腾干燥器要求及试验方法（节选）

4　要求

4.1　工作条件（略）

4.2　材质要求

4.2.1　干燥器中凡与物料直接接触的零部件应采用无毒、耐腐蚀、不与物料发生化学反应或吸附的材质。

4.2.2　干燥器中所选用的密封垫圈、管道应采用无毒、无味、无颗粒脱落、耐腐蚀的材质。

4.2.3　干燥器中所使用的捕集袋应采用能防静电的材质。

4.3　结构要求

4.3.1　设备中与物料接触的所有转角应圆弧过渡。

4.3.2　干燥器筒体应清洗方便，无死角、积垢等现象。

4.3.3　干燥器应设有不小于50%筒体截面积的安全泄放口。

4.4　性能要求

4.4.1　干燥器的物料收得率应不小于98%。

4.4.2　干燥器应具有可靠的密封性能，其 $P_2 \geqslant 0.9P_1$。

注：P_2 是关闭真空蝶阀后的真空表读数；P_1 是打开真空蝶阀后的真空表读数。

4.4.3　按工艺要求设定干燥器的进风温度，在设定温度的±10%范围内应能自动控制。

4.4.4　干燥器防静电的接地电阻值应不大于100Ω。

4.4.5　防爆型干燥器应有安全互锁功能。

4.5　噪声要求

干燥器的负载噪声声压级应不大于80dB（A）。

4.6　电气系统安全要求（略）

4.7　外观

4.7.1　干燥器外表面平整、光洁，无明显划痕和凹凸现象。

4.7.2　干燥器与物料接触的内表面，其表面粗糙度 Ra 值应不大于 0.8μm。

5　试验方法

5.1 工作条件（略）

5.2 材质

查验与物料直接接触零部件的原材料材质证明或化学分析报告。

5.3 目测干燥器内壁的转角应圆弧过渡。

5.4 在干燥器筒体内注入清水，开启排污水口，目测检查筒体内应无积水现象。

5.5 用直尺测量并计算干燥器安全泄放口的截面积。

5.6 物料收得率试验：

5.6.1 按额定生产能力50%的药用淀粉和辅料，制备0.4~1.25mm（16目~40目）的湿颗粒进行称重，按《中华人民共和国药典》中的附录规定测定含水量。

5.6.2 在干燥器中干燥两批物料，第二批干燥后，用称重法秤出收料重量，并测定含水量。按下式计算物料收得率。

$$物料收得率(\%) = \frac{D(1 - C\%)}{A(1 - B\%)} \times 100\%$$

式中　A——投料量，kg；

D——干燥后的收料量，kg；

B——湿颗粒的含水量，%；

C——干燥后的含水量，%。

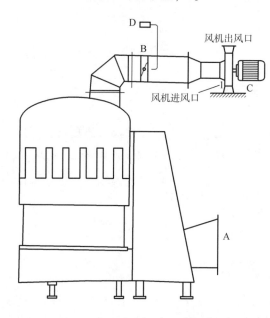

图1 整套设备

5.7 设备密封性能试验：

1）整套系统（见图1）应处于密闭状态下，封闭进风口A。

2）关闭真空蝶阀B，启动风机C。待真空表D读数稳定后记录读数为P_1。

3）打开真空蝶阀B，待真空表读数稳定后记录读数为P_2。

4）P_2值应不低于$0.9P_1$。

5.8 用电阻测量仪器测定干燥器各部件与接地间的静电电阻值。

5.9 目视检查进风温度应能自动控制在设定温度的±10%。

5.10 人为发送防爆传感信号，目视进、出风快速截止阀可即时关闭风机自动停机，容器应处于密闭状态。

5.11 用声级计按 GB/T 16769—2008 的有关规定测试干燥器的负载噪声。

5.12 电气系统安全检验（略）

5.13 外观质量检验：

5.13.1 以目视法检验干燥器的外观质量。

5.13.2 用粗糙度比较样块对干燥器内壁的表面粗糙度进行对比检测。

5.14 空载试验

干燥器的空载试验时间不少于 1h，以确认干燥器的密封性能、电气安全性能应达到的要求。

5.15 负载试验

干燥器在空载试验合格后再进行负载试验，以确认物料收得率、静电接地电阻、噪声应达到的要求。

（摘自：中华人民共和国制药机械行业标准 JB/T 20045—2015）

【项目测试】

一、填空题

1. 按操作压力分类，蒸发分为 ＿＿＿＿＿＿＿ 、 ＿＿＿＿＿＿＿ 、 ＿＿＿＿＿＿＿ 。

2. 真空冷冻干燥流程主要分为三个主要步骤 ＿＿＿＿＿＿ 、 ＿＿＿＿＿＿ 、 ＿＿＿＿＿＿ ，其中 ＿＿＿＿＿ 和 ＿＿＿＿＿ 是在真空条件下进行的。

3. 常见的干燥技术有加热干燥、真空冷冻干燥，以及 ＿＿＿＿＿＿ 和 ＿＿＿＿＿＿ 等射线干燥技术。

二、简答题

1. 浓缩和干燥都是生化物质分离纯化过程中常用的技术，请比较两类技术的共同点和不同之处。

2. 请简述物料中水分的类型，并分析哪些类型水分易于除去，而经干燥后，哪些水分会被去除，哪些水分仍会存在于物料中。

3. 参照热干燥速率曲线，描述一下物料加热干燥的过程。

项目五

电泳及其他生化分离技术

项目简介

电泳是指带电颗粒在电场的作用下发生迁移的过程。许多重要的生物分子，如氨基酸、多肽、蛋白质、核苷酸、核酸等都具有可电离基团，它们在某个特定的 pH 下可以带正电或负电，在电场的作用下，这些带电微粒会向着与其所带电荷极性相反的电极方向移动。电泳技术就是利用在电场的作用下，由于待分离样品中各种分子带电性质以及分子本身大小、形状等性质的差异，使带电分子产生不同的迁移速度，从而对样品进行分离、鉴定或提纯的技术。电泳技术是蛋白质和核酸分离纯化工艺中必备的检测技术，相关从业人员需要掌握该技术。

超声技术、微波技术和酶技术已用于生产和研发之中，辅助提取生化物质；高速逆流色谱技术（HSCCC）的已有一定的应用，尤其在天然产物分离纯化领域应用得较多。掌握相关知识和技能，利于从业人员在相应岗位更好地工作。

知识要求

1. 掌握电泳的原理和影响电泳的主要因素。
2. 掌握超声辅助的提取原理和影响提取的因素。
3. 掌握微波辅助提取的原理和影响提取的因素。
4. 掌握酶辅助提取的原理和影响提取的因素。
5. 掌握 HSCCC 的原理和影响分离的因素。

技术要求

1. 能熟悉和熟练操作电泳设备。
2. 能采用 PAGE 电泳和 SDS-PAGE 电泳分离蛋白质。
3. 能采用琼脂糖凝胶电泳分离核酸。
4. 能采用超声技术辅助提取生化物质。
5. 能采用微波技术辅助提取生化物质。
6. 能采用酶技术辅助提取生化物质。
7. 能使用高速逆流色谱设备分离纯化生化物质。

任务一　电泳技术

一、电泳技术发展史

1809 年，俄国物理学家 Reuss 进行了世界上第一次电泳实验，这个早期实验为电泳的发展及应用奠定了基础。1937 年，瑞典的 Tiselius 建立了"移界电泳法"，用于研究蛋白质的分离，成功地将血清蛋白分成白蛋白和四种球蛋白，开创了电泳技术的新纪元。

移界电泳没有固定支持介质，所以扩散和对流都比较强，影响分离效果。随后，采用支持介质的区带电泳出现，样品在固定的介质中进行电泳，减少了扩散和对流等的干扰作用，逐渐取代了在自由溶液中进行的移界电泳。最初的支持介质采用滤纸、醋酸纤维素膜和硅胶薄层平板等，适用于小分子物质如氨基酸、多肽、糖等的电泳分离、分析，但对于复杂的生物大分子则分离效果较差，现在这些介质已经很少使用。引入凝胶作为支持介质，大大促进了电泳技术的发展，使电泳技术成为分析蛋白质、核酸等生物大分子的重要手段之一，最初使用的凝胶是淀粉凝胶。1959 年，Raymond 和 Weintraub 利用人工合成的凝胶作为支持介质，创建了聚丙烯酰胺凝胶电泳，极大地提高了电泳技术的分辨率，开创了近代电泳的新时代。目前使用得最多的是琼脂糖凝胶和聚丙烯酰胺凝胶。

1981 年，Jorgenson 和 Lukacs 首先提出在 $75\mu m$ 内径的熔融石英毛细管柱内用高电压进行分离，创立了现代毛细管电泳。1988—1989 年出现了第一批毛细管电泳商品仪器。

二、 电泳的基本原理

电泳技术是使用电泳仪，利用带电微粒在电场中向与其自身所带电荷相反的电极方向移动的现象将物质分离的技术。

两个平行电极上加一定的电压（V），就会在电极中间产生电场强度（E），如下式：

$$E = V/L$$

式中　L——电极间距离。

在稀溶液中，电场对带电微粒的作用力（F），等于所带净电荷与电场强度的乘积：

$$F = qE$$

式中　q——带电微粒的净电荷；

　　　E——电场强度。

这个作用力使得带电微粒向其电荷相反的电极方向移动。在移动过程中，微粒会受到介质黏滞力的阻碍。黏滞力（F'）的大小与微粒大小、形状、电泳介质孔径大小以及缓冲液黏度等有关，并与带电微粒的移动速度成正比，对于球状微粒，F' 的大小服从 Stokes 定律，即：

$$F' = 6\pi r\eta v$$

式中　r——球状微粒的半径；

　　　η——缓冲液黏度；

　　　v——电泳迁移速度（$v=d/t$，单位时间粒子运动的距离，cm／s）。

当带电微粒匀速移动时，$F = F'$，因此：

$$q \cdot E = 6\pi r\eta v$$

电泳迁移率（U）是指在单位电场强度（1V/cm）时带电微粒的迁移速度：

$$U = v/E = Q/6\pi r\eta$$

由上式可知，电泳迁移率与带电微粒所带净电荷成正比，与微粒的大小和缓冲液的黏度成反比。

带电分子由于各自的电荷和形状大小不同，所以在电泳过程中具有不同的迁移速度，形成了依次排列的不同区带而被分开。即使两个分子具有相似的电荷，如果它们的分子大小不同，它们所受的阻力就不同，因此迁移速度也不同，在电泳过程中就可以被分离。有些类型的电泳几乎完全依赖于分子所带电荷的不同进行分离，如等电聚焦电泳；而有些类型的电泳则主要依靠分子大小的不同，即电泳过程中产生的阻力不同而得到分离，如 SDS-聚丙烯酰胺凝胶电泳。分离后的样品通过各种方法的染色，或者如果样品有放射性标记，则可以通过放射性自显影等方法进行检测。

三、 影响电泳的主要因素

（一）样品本身的性质

被分离颗粒物质带电荷的多少、分子的大小、形状都影响电泳的速度。电泳速度与颗粒所带电荷的多少成正比，与分子质量大小成反比，球形分子电泳速度比纤维状的分子泳动速度快。

（二）缓冲溶液

1. 缓冲溶液的 pH

因 pH 的改变会引起带电分子电荷的改变，见图 3-56，进而影响其电泳迁移的速度，所以电泳过程应在适当的缓冲液中进行，缓冲液可以保持待分离物的带电性质的稳定。

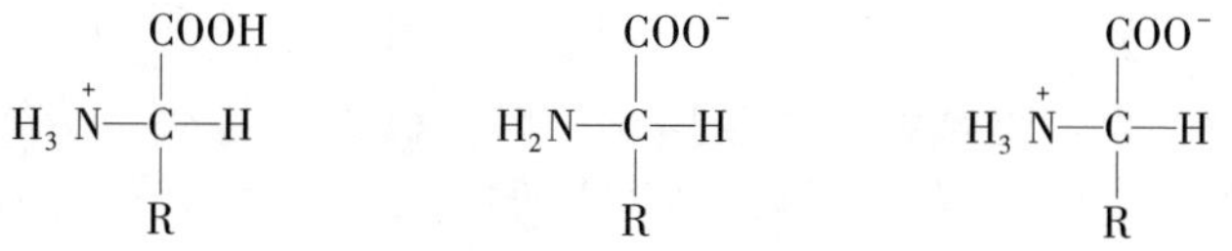

（1）pH<pI，带净正电荷　　（2）pH=pI，净电荷为零　　（3）pH>pI，带净负电荷

图 3-56　缓冲溶液的 pH 对带电微粒的影响（以氨基酸为例）

溶液的 pH 决定带电物质的解离程度，也决定物质所带净电荷的多少。对蛋白质、氨基酸等两性电解质，pH 离等电点越远，粒子所带电荷越多，泳动速度越快，反之越慢。因此，当分离某一种混合物时，应选择一种能扩大各种蛋白质所带电荷量差别的 pH，以利于各种蛋白质的有效分离。为了保证电泳过程中溶液的 pH 恒定，必须采用缓冲溶液。

2. 缓冲液的离子强度

溶液的离子强度是指溶液中各离子的摩尔浓度与离子价数平方的积的总和的 1/2。带电颗粒的迁移率与离子强度的平方根成反比。低离子强度时，迁移率快，但离子强度过低，缓冲液的缓冲容量小，不易维持 pH 恒定。高离子强度时，迁移率慢，但电泳谱带要比低离子强度时细窄。通常溶液的离子强度在 0.02~0.2。

（三）电场强度

电场强度是指每厘米的电位降（电位差或电位梯度）。电场强度对电泳速度起着正比作用，电场强度越高，带电颗粒移动速度越快。根据实验的需要，电泳可分为两种：一种是高压电泳，所用电压在 500~1000V 或更高。由于电压高，电泳时间短（有的样品需数分钟），这种方法适用于低分子化合物的分离，如氨基酸、无机离子，包括部分聚焦电泳分离及序列电泳的分离等。高压电泳产热量大，必须装有冷却装置，否则热量可引起蛋白质等物质的变性而不能分离，还因发热引起缓冲液中水分蒸发过多，使支持物（滤纸、薄膜或凝胶等）上离子强度增加，以及引起虹吸现象（电泳槽内液被吸到支持物上）等，都会影响物质的分离。另一种为常压电泳，产热量小，室温在 10~25℃环境下分离蛋白质标本是不被破坏的，无需冷却装置，一般分离耗时较长。

（四）支持介质

1. 电渗现象

在电场中液体对于一个固体的固定相相对移动称为电渗。在有载体的电泳中，影响电泳移动的一个重要因素是电渗。产生电渗现象的原因是载体中常含有可电离的基团，如滤纸中含有羟基而带负电荷，与滤纸相接触的水溶液带正电荷，液体便向负极移动。因电渗现象往往与电泳同时存在，所以带电粒子的移动距离也受电渗影响；如电泳方向与电渗相反，则实际电泳的距离等于电泳距离加上电渗的距离。琼脂中含有琼脂果胶，其中含有较多的硫酸根，所以在琼脂电泳时电渗现象很明显，许多球蛋白均向负极移动。除去了琼脂果胶后的琼脂糖作凝胶电泳时，电渗大为减弱。电渗所造成的移动距离可用不带电的有色染料或有色葡聚糖点在支持物的中心，以观察电渗的方向和距离。

2. 吸附现象

如果支持介质对被分离物质具有吸附作用，使分离物质滞留而降低电泳速度，会出现样品的拖尾。由于介质对各种物质吸附力不同，降低了分离的分辨率。电泳技术产生初期使用的滤纸的吸附性较大，现在已被吸附作用更小的醋酸纤维素薄膜等替代。

3. 分子筛效应

支持介质的筛孔大小对分离生物大分子的电泳迁移速度有明显的影响。在筛孔大的介质中泳动得速度快，反之，在孔小的介质中泳动得慢。在相同孔径的凝胶中，大分子泳动的速度慢，小分子泳动的速度慢。

四、电泳设备

（一）电泳仪

电泳仪主要包括两个部分：电源和电泳槽。电源提供直流电，在电泳槽中产生电场，驱动带电分子的迁移。电泳仪电源如图3-57所示。

图3-57 电泳仪电源

电泳槽主要有水平式和垂直式两类，见图3-58。

垂直板式电泳是较为常见的一种，常用于聚丙烯酰胺凝胶电泳中蛋白质的分离。电泳槽中间是夹在一起的两块玻璃板，玻璃板两边由塑料条隔开，在玻璃平板中间制备电泳凝胶，凝胶的大小通常是12~14cm，厚度为1~2mm，近年来新研制的电泳槽，胶面更小、更薄，以节省试剂和缩短电泳时间。制胶时，在凝胶溶液中放一个塑料梳子，在胶聚合后移去，形成上样品的凹槽。

水平式电泳，凝胶铺在水平放置的玻璃或塑料板上，用一薄层湿滤纸连接凝胶和电泳缓冲液，或将凝胶直接浸入缓冲液中。铺胶时，放一个塑料梳子，在胶聚合后移去，形成上样品的凹槽。

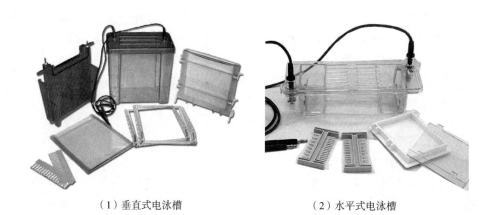

（1）垂直式电泳槽　　　　　　　（2）水平式电泳槽

图3-58 电泳槽

（二）电泳仪的使用方法

（1）首先用导线将电泳槽的两个电极与电泳仪的直流输出端联接，注意极性不要接反。

（2）电泳仪电源开关调至关的位置，电压旋钮转到最小，根据工作需要选择稳压稳流方式及电压电流范围。

（3）接通电源，缓缓旋转电压调节钮直到达到的所需电压为止，设定电泳终止时间，此时电泳即开始进行。

（4）工作完毕后，应将各旋钮、开关旋至零位或关闭状态，并拨出电泳插头。

（三）电泳仪使用注意事项

（1）电泳仪通电进入工作状态后，禁止人体接触电极、电泳物及其他可能带电部分，也不能到电泳槽内取放东西，如有需要时，应先断电，以免触电。同时，要求仪器必须有良好接地端，以防漏电。

（2）仪器通电后，不要临时增加或拔除输出导线插头，以防短路现象发生，虽然仪器内部附设有保险丝，但短路现象仍有可能导致仪器损坏。

（3）由于不同介质支持物的电阻值不同，电泳时所通过的电流量也不同，其泳动的速度及泳动至终点所需时间也不同，故不同介质支持物的电泳不要同时在同一电泳仪上进行。

（4）在总电流不超过仪器额定电流时（最大电流范围），可以多槽关联使用，但要注意不能超载，否则容易影响仪器寿命。

（5）某些特殊情况下需检查仪器电泳输入情况，允许在稳压状态下空载开机，但在稳流状态下必须先接好负载再开机，否则电压表指针将大幅度跳动，容易造成不必要的人为机器损坏。

（6）使用过程中发现异常现象，如较大噪音、放电或异常气味，须立即切断电源，进行检修，以免发生意外事故。

五、常用的电泳技术及其应用

（一）聚丙烯酰胺凝胶电泳

聚丙烯酰胺凝胶是由单体丙烯酰胺（简称：Acr）和交联剂 N,N-甲叉双丙烯酰胺（简称：Bis）在加速剂和催化剂的作用下聚合交联成三维网状结构的凝胶，以此凝胶为支持物的电泳称为聚丙烯酰胺凝胶电泳（polyacrylamide gel electrophoresis，PAGE）。

1. 聚丙烯酰胺凝胶

（1）聚合反应　聚丙烯酰胺凝胶（polyacrylamide gel，PAG）是由单体丙烯酰胺（Acr）和交联剂 N,N-甲叉双丙烯酰胺（Bis）在催化剂过硫酸铵或核黄素作用下聚合交联而成的三维网状结构凝胶。

聚丙烯酰胺凝胶因富含酰胺基，使凝胶具有稳定的亲水性。它在水中无电离基团，不带电荷，几乎没有吸附及电渗作用，是一种比较理想的电泳支持物。

（2）凝胶孔径的可调性及其有关性质

①凝胶性能与总浓度及交联度的关系。凝胶的孔径、机械性能、弹性、透明度、黏度和聚合程度取决于凝胶总浓度和 Acr 与 Bis 之比。通常用 T（%）表示总

浓度，即 100mL 凝胶溶液中含有 Acr 及 Bis 的总质量（g）；Acr 和 Bis 的比例常用交联度 C（%）表示，即交联剂 Bis 占 Acr 与 Bis 总量的比例，想要将蛋白质或核酸之类的大分子混合物很好地分离，并在凝胶上形成明显的区带，选择适宜孔径的凝胶是关键。

②凝胶浓度与被分离物相对分子质量的关系。凝胶浓度不同则平均孔径不同，能通过的可移动颗粒的相对分子质量也不同。在操作时，可根据被分离物质的相对分子质量大小选择所需凝胶的浓度范围，也可先尝试用 5% 凝胶（标准胶），生物体内大多数蛋白质在此范围内电泳均可获得较满意的结果。凝胶浓度与分子质量测定的关系见表 3-17。

表 3-17　　　　　　　　　　　　凝胶浓度与分子质量测定的关系

浓度/T ($C=2.6\%$)	分子质量范围 /ku	浓度/T ($C=5\%$)	分子质量范围 /ku
5	30~200	5	60~700
10	15~100	10	22~200
15	10~50	15	10~200
20	2~15	20	5~150

2. 聚丙烯酰胺凝胶电泳原理

聚丙烯酰胺凝胶电泳根据其有无浓缩效应，分为连续系统与不连续系统两大类，前者体系中缓冲液的 pH 及凝胶浓度相同，带电颗粒在电场作用下，主要靠电荷及分子筛效应分离；后者体系中由于缓冲液离子成分、pH、胶浓度及电位梯度的不连续性，带电颗粒在电场中的泳动不仅有电荷效应、分子筛效应，还具有浓缩效应，因而其分离条带清晰度及分辨率均较前者好。目前，常用的电泳方式多为垂直的圆盘及板状两种，前者的凝胶是在玻璃管中聚合的，样品分离区带染色后呈圆盘状，因而称为圆盘电泳，后者的凝胶是在两块间隔几毫米的平行玻璃板中聚合的，故称为板状电泳。

不连续体系由电泳缓冲液、样品胶、浓缩胶及分离胶所组成，由上至下依次排列为上层样品胶、中间浓缩胶、下层分离胶。

样品胶是聚合成的大孔胶，$T=3\%$，$C=2\%$，其中含有一定量的样品及 pH 6.7 的 Tris-HCl 凝胶缓冲液，其作用是防止对流，促使样品浓缩，以免被电泳缓冲液稀释。目前，一般不用样品胶，而是直接在样品液中加入等体积的 40% 蔗糖，同样具有防止对流及防止样品被稀释的作用。实际上，浓缩胶是样品胶的延续，凝胶浓度及 pH 与样品胶完全相同，其作用是使样品进入分离胶前，被浓缩在窄的区域，从而提高分离效果。

分离胶是聚合成的小孔胶，$T=7.0\%~7.5\%$，$C=2.5\%$，凝胶缓冲液为 pH 8.9

的 Tris-HCl，大部分血清蛋白质在此 pH 条件下，按各自负电荷量及相对分子质量泳动，此胶主要起分子筛作用。

制胶使用的缓冲液是 Tris-HCl 缓冲系统，浓缩胶是 pH 6.7，分离胶 pH 8.9；而电泳缓冲液使用的是 Tris-甘氨酸缓冲系统。在浓缩胶中，其 pH 环境呈弱酸性，因此甘氨酸解离很少，其在电场的作用下，泳动效率低；而 Cl^- 浓度却很高，两者之间形成导电性较低的区带，蛋白分子就介于二者之间泳动。由于导电性与电场强度成反比，这一区带便形成了较高的电压梯度，压着蛋白质分子聚集到一起，浓缩为一个狭窄的区带。

将制得的带有三层或两层凝胶的玻璃板垂直放在电泳槽中，在两个电极槽中倒入足量 pH 8.3 的 Tis-甘氨酸电泳缓冲液，接通电源即可进行电泳。在此电泳体系中，有 2 种孔径的凝胶、2 种缓冲体系、3 种 pH，所以形成了凝胶孔径、pH、缓冲液离子成分的不连续性。

PAGE 具有较高的分辨率，主要是因为在电泳体系中集样品浓缩效应、分子筛效应及电荷效应为一体。

目前，PAGE 连续体系应用也很广泛，虽然电泳过程中无浓缩效应，但利用分子筛及电荷效应也可使样品得到较好的分离，在温和的 pH 条件下进行，不致使蛋白质、酶、核酸等活性物质变性失活，故也常在试验中采用。

聚丙烯酰胺凝胶垂直板电泳与聚丙烯酰氨凝胶圆盘电泳原理完全相同，只是圆盘电泳的凝胶是灌在玻璃管中的，垂直板电泳的凝胶是灌进玻璃板中的。

3. 聚丙烯酰氨凝胶电泳操作方法（以垂直板不连续电泳为例）

（1）制胶　不连续电泳是将浓缩胶加在分离胶上的，并且使用不同的缓冲系统。所以需要分别灌注浓缩胶和分离胶。按一定配方在模具中灌入分离胶后，小心地在分离胶的表面加一层水，封住胶面，以促使其聚合并使凝胶表面平直。凝胶放置约 30min，这时可以重新看到一个界面，表示凝胶已经聚合。凝胶充分聚合后再吸掉上层水分，用浓缩胶缓冲液（储存液）淋洗凝胶，然后灌注浓缩胶，并插入与模具大小相同、与凝胶厚度相当的梳子。为防止气泡陷入，梳子应倾斜插入。然后让模具在 30~40℃ 静置，浓缩胶会在 30min 左右完成聚合。

（2）样品的准备及加样　常规 PAGE 的样品一般不需做特殊处理，如果样品溶液带有较高浓度的盐，则应先用透析或凝胶过滤柱脱盐。

加样前轻轻地拔出梳子，用电泳缓冲液淋洗加样孔，吸出，再加适量的电泳缓冲液，然后用微量移液器小心加入样品，不要带入气泡。

（3）电泳　小心地在上槽中加入电泳缓冲液，避免冲散加样孔中的样品。连接电源，常采用较低的起始电压开始电泳，利于样品进入凝胶，待样品全部进入凝胶后再升至正常值。待指示物质溴酚蓝前沿到达凝胶板底部时，关闭电源，取出凝胶。

（4）染色与检测　电泳后的各种生物分子需用染色法使其在支持物相应位置上显示条带，从而分析实验结果、检测其纯度、含量及生物活性。目前，最常以考马斯亮蓝对蛋白质染色。

①染色液染色：蛋白质染色液种类繁多，染色原理不同，灵敏度各异，使用时可根据需要加以选择。常用的染色液有以下几种。

考马斯亮蓝 R-250（CBB R250）：考马斯亮蓝 R-250 的最大吸收波长为 560~590 nm，染色灵敏度比氨基黑高 5 倍。该染料通过范德华力与蛋白质结合，尤其适用于 SDS 电泳微量蛋白质染色，但蛋白质浓度超过一定范围时不宜使用该染料，高浓度蛋白质染色不符合比尔定律。

氨基黑 10B（Amino black 10B）：氨基黑最大吸收波长为 620~630nm，是酸性染料，其磺酸基与蛋白质反应形成复合盐。氨基黑 10B 是最常用的蛋白质染料之一，但对 SDS-蛋白质染色效果不好。

考马斯亮蓝 G-250（CBB G250）：考马斯亮蓝 G-250 的最大吸收波长 590~610nm，染色灵敏度不如 R-250，但比氨基黑高 3 倍。其优点是在三氯乙酸中不溶而成胶体，能选择性地使蛋白质染色而几乎无本底色，所以常用于重复性好而稳定的染色，适于做定量分析。

②荧光染色：丹磺酰氯（DNS-C1）染色：丹磺酰氯在碱性条件下与氨基酸、肽、蛋白质的氨基末端发生反应，使它们获得荧光性质，可在波长 320nm 或 280nm 的紫外灯下观察染色后的各区带或斑点。蛋白质与丹磺酰氯结合，不会引起迁移率改变。

荧光肽（Fluram）染色：和磺酰氯相似，荧光肽与目标物质结合后显示荧光，而自身及分解产物均不显示荧光，因此染色后也没有荧光背景。因引进了负电荷，所以会引起了电泳迁移率的改变，但在 SDS 存在下这种电荷效应可忽略。

4. 聚丙烯酰胺凝胶电泳常见问题及解决对策

（1）"微笑"（两边翘起中间凹下）形条带现象

①原因：主要是由于凝胶的中间部分凝固不均匀所致，多出现于较厚的凝胶中。

②处理办法：待其充分凝固再作后续实验。

（2）"皱眉"（两边向下中间鼓起）形条带现象

①原因：主要出现在蛋白质垂直电泳槽中，一般是两板之间的底部间隙气泡未排除干净。

②处理办法：可在两板间加入适量缓冲液，以排除气泡。

（3）条带出现拖尾现象

①原因：主要是样品融解效果不佳或分离胶浓度过大引起的。

②处理办法：加样前离心；选择适当的样品缓冲液，加适量样品促溶剂；电泳缓冲液时间过长，重新配制；降低凝胶浓度。

（4）条带出现纹理现象

①原因：主要是样品不溶性颗粒引起的。

②处理办法：加样前离心；加适量样品促溶剂。

（5）出现"鬼带"现象

①原因："鬼带"就是在跑大分子构象复杂的蛋白质分子时，常会出现在泳道顶端（有时在浓缩胶中）的一些大分子未知条带或加样孔底部有沉淀，主要是因为还原剂在加热的过程中被氧化而失去了活性，致使原来被解离的蛋白质分子重新折叠结合和亚基重新缔合，聚合成大分子，其分子质量要比目标条带大，有时不能进入分离胶。但它却与目标条带有相同的免疫学活性，在 WB 反应中可见其能与目标条带对应的抗体作用。

②处理办法：在加热煮沸后，再添加适量的 DTT 或 β-巯基乙醇，以补充不足的还原剂；或可加适量 EDTA 来阻止还原剂的氧化。

（6）溴酚蓝未起到指示作用

①原因：如遇到溴酚蓝已跑出板底，但蛋白质却还未跑下来的现象。主要与缓冲液和分离胶的浓度有关。

②处理办法：更换正确 pH 的 Buffer；降低分离胶的浓度。

（7）电泳的条带很粗

①原因：电泳中条带很粗是常见的事，主要是未浓缩好的原因。

②处理办法：适当增加浓缩胶的长度；保证浓缩胶储液的 pH 正确（6、7）；适当降低电压。

（8）电泳的电压很高而电流却很低

①原因：例如电压 50V 以上，可电流却在 5mA 以下。主要是由于电泳槽没有正确装配，电流未形成通路。包括：内外槽装反；外槽液过少；电泳槽底部的绝缘体未去掉（比如倒胶用的橡胶皮）等原因。

②处理办法：电泳槽正确装配即可。

（9）浓缩胶与分离胶断裂、板间有气泡对电泳有影响吗？

该现象可能对电泳有影响，需尽量避免。前者主要原因是拔梳子用力不均匀或过猛所致；后者是由于在解除制胶的夹子后，板未压紧而致空气进入引起的。

5. SDS-PAGE 电泳

SDS-聚丙烯酰胺凝胶电泳，是在聚丙烯酰胺凝胶系统中引进十二烷基硫酸钠（SDS 的电泳方法）。SDS 与变性的多肽结合，并使其带负电荷。由于多肽结合 SDS 的量几乎总是与多肽的分子质量成正比而与其序列无关，因此 SDS 多肽复合物在丙烯酰胺凝胶电泳中的迁移率只与多肽的大小有关。在达到饱和的状态下，每克多肽可与 1.4g 去污剂结合。SDS-PAGE 电泳图见图 3-59。

当分子质量在 15ku 到 200ku 之间时，蛋白质的迁移率和分子质量的对数呈线性关系，符合下式：

$$\lg M_{\mathrm{W}} = K - bX$$

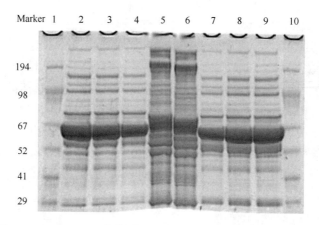

图 3-59　SDS-PAGE 电泳图（蛋白质经考马斯亮蓝 R-250 染色）

式中　M_W——分子质量；

　　　X——迁移率；

　K、b——常数。

若将已知分子质量的标准蛋白质（Marker）的迁移率对分子质量的对数作图，可获得一条标准曲线，未知蛋白质在相同条件下进行电泳，根据它的电泳迁移率即可在标准曲线上求得分子质量。

SDS-PAGE 电泳的操作与常规 PAGE 的区别主要在于需对样品进行加 SDS 处理。根据样品分离目的不同，主要有三种处理方法：还原 SDS 处理、带有烷基化作用的还原 SDS 处理、非还原 SDS 处理。

（1）还原 SDS 处理　在上样缓冲液中加入 SDS 和 DTT（或 β-巯基乙醇）后，蛋白质构象被解离，电荷被中和，形成 SDS 与蛋白相结合的分子，在电泳中，只根据分子质量来分离。一般电泳均按这种方式处理，样品稀释适当的浓度，加入上样缓冲液，离心，沸水煮 5min，再离心加样。

（2）带有烷基化作用的还原 SDS 处理　碘乙酸胺的烷基化作用可以很好地并经久牢固地保护 SH 基团，得到较窄的谱带；另外，碘乙酸胺可捕集过量的 DTT，而防止银染时的纹理现象。100μL 样品缓冲液中加 10μL 20% 的碘乙酸胺，并在室温保温 30min。

（3）非还原 SDS 处理　生理体液、血清、尿素等样品，一般只用 1%SDS 沸水中煮 3min，未加还原剂，因而蛋白折叠未被破坏，不可作为测定分子质量来使用。

（二）琼脂糖凝胶电泳

琼脂糖凝胶电泳是用琼脂糖作支持介质的一种电泳方法，兼有分子筛效应和电荷效应的双重作用。琼脂糖凝胶电泳常用于分离、分析核酸，也可用于分离、分析蛋白质。

琼脂糖凝胶具有网络结构，物质分子通过时会受到阻力，大分子物质在泳动时受到的阻力大，因此在凝胶电泳中，带电颗粒的分离不仅取决于净电荷的性质和数量，还取决于分子大小，这就大大提高了分辨能力。但由于其孔径比较大，对大多数蛋白质来说，其分子筛效应微不足道，因此主要用于研究核酸。

琼脂糖凝胶电泳缓冲液的最适 pH 在 6~9，离子强度为 0.02~0.05。DNA 分子在高于等电点的 pH 溶液中带负电荷，在电场中向正极移动。常用 1% 的琼脂糖作为电泳支持物。琼脂糖凝胶约可区分相差 100bp 的 DNA 片段，其分辨率虽比聚丙烯酰胺凝胶低，但它制备容易，分离范围广。普通琼脂糖凝胶分离 DNA 的范围为 0.2~20kb。

1. 琼脂糖凝胶电泳操作流程

（1）器具清洗　首先将配胶、电泳、染胶所需要的器具清洗干净，包括托盘、胶托、梳子、电泳槽、染胶盘（有 EB 污染，需独立清洗）。清洗流程为：先用自来水冲洗三次，然后用纯水冲洗三次，最后用纸巾或医用纱布擦干。若需对电泳产物进行胶回收，则还需用 75% 酒精对器具进行消毒。

（2）将制胶模具和梳子放在制胶平板上，封闭模具边缘，架好梳子。根据欲分离 DNA 片段大小，用凝胶缓冲液配制适宜浓度的琼脂糖凝胶：准确称量琼脂糖干粉，加入到用于配胶的三角烧瓶内，定量加入电泳缓冲液（一般 20~30mL）。

（3）放入微波炉内加热熔化。冷却片刻，加入一滴荧光染料（如为 EB，也可不加，电泳后再用 EB 染色，效果更佳），轻轻旋转以充分混匀凝胶溶液，倒入电泳槽中，待其凝固。

（4）室温下 30~45min 后凝胶完全凝结，小心拔出梳子，将凝胶安放在电泳槽内。

（5）向电泳槽中倒入电泳缓冲液，用量以没过胶面 1mm 为宜，如样品孔内有气泡，应设法除去。

（6）在 DNA 样品中加入 10× 体积的载样缓冲液（loading buffer），混匀后，用微量移液枪将样品混合液缓慢加入被浸没的凝胶加样孔内。

（7）接通电源，红色为正极，黑色为负极，切记 DNA 样品由负极往正极泳动（靠近加样孔的一端为负）。一般 60~100V 电压，电泳 20~40min 即可。

（8）根据指示剂的位置，判断终止电泳的时间。

（9）电泳完毕，关上电源，取下凝胶，进行固定、染色。核酸染色法一般可将凝胶先用三氯乙酸、甲酸-乙酸混合液、氯化高汞、乙酸、乙酸镧等固定，或者将有关染料与上述溶液配在一起，同时固定与染色。

（10）在凝胶成像仪上观察电泳带及其位置，并与核酸分子质量标准 Marker 比较被扩增产物的大小。琼脂糖凝胶电泳成像图谱见图 3-60。

2. 琼脂糖凝胶电泳操作要点

（1）保持配胶板和电泳槽干净　DNA 酶污染的仪器可能会降解 DNA，造成条

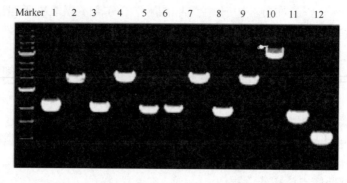

图 3-60　琼脂糖凝胶电泳图谱（DNA 经 EB 染色）

带信号弱、模糊甚至缺失的现象。

（2）电泳方法　一般的核酸检测只需要琼脂糖凝胶电泳就可以；如果需要分辨率高的电泳，特别是只有几个 bp 的差别，应该选择聚丙烯酰胺凝胶电泳；用普通电泳不合适的巨大 DNA 链，应该使用脉冲凝胶电泳。注意：巨大的 DNA 链在普通电泳中可能跑不出胶孔，导致缺带。

（3）凝胶浓度　对于琼脂糖凝胶电泳，浓度通常在 0.5% ~ 2% 之间，低浓度的琼脂糖凝胶用来进行大片段核酸的电泳，高浓度琼脂糖胶用来进行小片段分析，琼脂糖凝胶浓度与线形 DNA 的最佳分辨范围见表 3-18。低浓度胶易碎，小心操作和使用质量好的琼脂糖是解决办法。注意：高浓度的胶可能使分子大小相近的 DNA 条带不易分辨，造成条带缺失现象。

表 3-18　　　　　　琼脂糖凝胶浓度与线形 DNA 的最佳分辨范围

琼脂糖凝胶 浓度/%	线形 DNA 的最佳 分辨范围/bp	琼脂糖凝胶 浓度/%	线形 DNA 的最佳 分辨范围/bp
0.5	1000 ~ 30000	1.2	400 ~ 7000
0.7	800 ~ 12000	1.5	200 ~ 3000
1.0	500 ~ 10000	2.0	50 ~ 2000

（4）缓冲液　常用的缓冲液有 Tris-乙酸缓冲液（TAE）和 Tris-硼酸缓冲液（TBE），而 TBE 比 TAE 有着更好的缓冲能力。电泳时使用新制的缓冲液可以明显提高电泳效果。注意：电泳缓冲液多次使用后，离子强度降低，pH 上升，缓冲性能下降，可能出现条带模糊和不规则的 DNA 带迁移的现象。

（5）电压和温度　电泳时电场强度不应该超过 20V/cm，电泳温度应该低于 30℃，对于巨大的 DNA 电泳，温度应该低于 15℃。注意：如果电泳时电压和温度过高，可能导致出现条带模糊和不规则的 DNA 带迁移的现象。另外，电压太大可能会导致小片段跑出胶而出现缺带现象。

（6）DNA样品的纯度和状态　样品中含盐量太高和含杂质蛋白均可以产生条带模糊和条带缺失的现象。乙醇沉淀可以去除多余的盐，用酚可以去除蛋白。注意：变性的DNA样品可能导致条带模糊和缺失，也可能出现不规则的DNA条带迁移。在上样前不要对DNA样品加热，用20mmol/L NaCl缓冲液稀释可以防止DNA变性。

（7）DNA的上样　正确的DNA上样量是条带清晰的保证。注意：太多的DNA上样量可能导致DNA带形模糊，而太小的DNA上样量则导致带信号弱甚至缺失。

（8）Marker的选择　DNA电泳一定要使用DNA Marker或已知大小的正对照DNA来估计DNA片段大小。应该选择在目标片段大小附近Ladder较密的Marker，这样对目标片段大小的估计才比较准确。

（9）染色的方法

①荧光染料溴化乙锭（EB）染色

溴化乙锭能与核酸分子中的碱基结合而使核酸在253nm紫外线照射下显示荧光，因此，可用于观察琼脂糖电泳中的RNA、DNA带。EB与超螺旋DNA结合能力小于双链开环DNA，而双链开环DNA与EB结合能力又小于线形DNA。EB染色的方法具有操作简单、灵敏度高的优点，对RNA、DNA均可显色。实验室常用的核酸染色剂是EB，但EB是一种强烈的诱变剂，操作时应注意防护，戴上聚乙烯手套。

EB可添加于凝胶之中，电泳后不需再对核酸染色。但是，预先加入EB时可能使DNA的运动速度下降15%左右，且对不同构型的DNA的影响程度不同。所以为取得较真实的电泳结果，可以在电泳结束后再用0.5μg/mL的EB溶液浸泡染色。EB在光照下易降解，若凝胶放置一段时间后才观察，即使原来胶内或样品已加EB，建议再次用EB溶液浸泡染色。

②焦宁Y染色。焦宁Y对RNA染色效果好，灵敏度高，脱色后凝胶本底颜色浅而RNA色带稳定，抗光且不易退色。焦宁G也可用于RNA染色。

③银染色法。原理是将核酸上的硝酸银还原成金属银，以使银颗粒沉淀在核酸带上。其灵敏度很高。银染对水和试剂的要求较高，必须使用无离子双蒸水，甲醛和戊二醛必须是新鲜试剂，无聚合，其余试剂也应该是分析纯，染色在日光下进行，并需不断振摇。银染色的第一步是固定，将核酸固定在凝胶中或至少是防止核酸在凝胶中扩散，并且去除干扰染色的物质，如去污剂、还原试剂和缓冲液的一些组分（如甘氨酸）。固定液可以是甲醛、乙醇（甲醇）、乙酸或三氯乙酸。固定后的凝胶才能由银颗粒显色。

3. 琼脂糖凝胶电泳常见问题及解决对策

琼脂糖凝胶电泳常见问题及解决对策如表3-19所示。

表 3-19   琼脂糖凝胶电泳常见问题及解决对策

常见问题	原因	对策
DNA 条带模糊	DNA 降解	生产过程避免污染核酸酶
	电泳缓冲液陈旧	电泳缓冲液多次使用后，离子强度降低，pH 上升，缓冲能力减弱，从而影响电泳效果。TBE 建议使用 10 次就更换缓冲液
	所用电泳条件不合适	电泳时电压不应超过 6V/cm，温度<30℃，巨大 DNA 链电泳，温度应<15℃，核查所用电泳缓冲液的缓冲能力，注意经常更换
	DNA 上样量过多	减少凝胶中 DNA 上样量
	DNA 含盐过高	电泳前通过乙醇沉淀去除多余盐分
	有蛋白污染	电泳前酚抽提去除蛋白
	DNA 变性	电泳前勿加热，用 TE 缓冲液稀释 DNA
出现片状拖带或涂抹带	PCR 扩增有时出现涂抹带或片状带或地毯样带。其原因往往 PCR 体系需要优化，PCR 程序需要摸索	其对策有：调整 PCR 体系和 PCR 程序，摸索出合适的条件
不规则 DNA 带迁移	电泳条件不合适	电泳时电压不应超过 6V/cm，温度<30℃，巨大 DNA 链电泳，温度应<15℃，核查所用电泳缓冲液的缓冲能力，注意经常更换
	DNA 变性	电泳前勿加热，用 TE 缓冲液稀释 DNA
带弱或无 DNA 带	DNA 上样量不够	增加 DNA 上样量，聚丙烯酰胺凝胶电泳比琼脂糖电泳灵敏度高，上样量可适当降低
	DNA 降解	实验过程避免核酸酶污染
	DNA 跑出凝胶	缩短电泳时间，降低电压，增强凝胶浓度
	EB 染色的 DNA，所用光源不合适	应用短波长（254nm）的紫外光源
DNA 带缺失	DNA 跑出凝胶	缩短电泳时间，降低电压，增强凝胶浓度
	分子大小相近的 DNA 带不易分辨	增加电泳时间，核准正确凝胶浓度
	DNA 变性	电泳前勿加热，用 20mmol/L Nacl 缓冲液稀释 DNA
	DNA 链巨大，常规凝胶电泳不合适	在脉冲凝胶电泳上分析
电泳时 Ladder 扭曲	配胶的缓冲液和电泳缓冲液不是同时配制	同时配制，电泳缓冲液高出液面

任务二 新型辅助提取技术

一、 超声辅助提取技术

超声提取分离主要是依据物质中有效成分和有效成分群体的存在状态、极性、溶解性等设计的一项科学、合理利用超声振动的方法进行提取的新工艺。这种方法使溶剂快速地进入固体物质中，将其物质中所含有机成分尽可能完全地溶于溶剂之中，得到多成分混合提取液，为后续用适当的分离方法将提取液中的化学成分分开打下基础。

（一）超声提取分离技术的特点

超声提取分离技术在进入 21 世纪后，在医药、食品、油脂、化工等各个领域的应用均有广泛的发展，该技术具有以下特点。

（1）超声提取分离技术能增加所提取成分的产率，缩短提取时间。超声提取能够在很短的时间内将原料中所需提取的成分几乎完全地提取出来，与传统提取法相比，可大大提高产品收率及资源利用率、缩短生产周期、节省原料、提高经济效益。提取物中的有效成分含量高，有利于进一步精制和分离。

（2）超声提取分离技术在提取过程中无需加热，适于低温成分的提取。超声提取在有限的提取时间内所产生的热效应，使溶剂升温不高，避免了即往使用煎煮、回流、索氏等提取法中因为加热时间过长，破坏热敏感性强成分的情况，不影响所提取成分的质量。

（3）超声提取分离技术不改变所提取成分的化学结构。对超声提取的化学成分采用红外、紫外分光光度计和核磁共振波谱仪等现代检测设备测试其成分的图谱，通过与标准成分样品、传统提取法所得成分的图谱进行对比，证实了用超声提取所得的化学成分及结构未受到破坏，能保证有效成分及产品质量的稳定性，能提高产品品质。

（4）超声提取分离技术操作方便、提取完全，能充分利用原料，能够节约能源，减少提取溶剂的使用量，从而减少溶剂对环境的污染。

（5）超声提取分离技术工艺流程简单，可加速药品的生产速度、降低企业生产成本、提高企业的经济效益。

（6）超声提取分离技术在提取分离后，在某种超声作用下还可能出现新的成分，为研究新的化学成分创造了条件。

（二）超声提取分离技术的原理

1. 超声波

超声波是一种频率高于 20000Hz 的声波，它的方向性好，穿透能力强，易于获得较集中的声能，在水中传播距离远，见图3-61。在振幅相同的条件下，一个物体振动的能量与振动频率成正比，超声波在介质中传播时，介质质点振动的频率很高，因此能量很大。

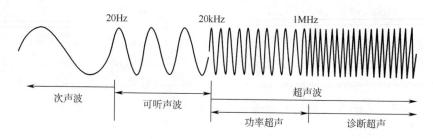

图3-61 超声波频率范围

2. 超声与物质的相互作用

在超声技术中，超声与物质具有相互作用。首先，物质对超声的作用，几乎所有的物质均可以作为超声的媒质。而媒质的性质、结构和状况会影响超声在其中的传播行为，或改变其传播状态。因此，媒质的状态便构成了超声所载的信息。另一方面就是超声对物质的作用。主要是因为超声在传播过程中所产生的高频率、大功率、高强度，可以改变媒质的物理性质。超声能够对细胞结构造成影响而达到提高活性物质提取率的目的。超声对细胞的影响见图3-62。

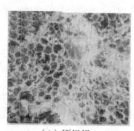 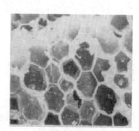 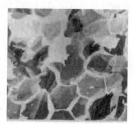

（1）原组织　　　　　　　（2）浸泡提取　　　　　　　（3）超声提取

图3-62 经不同提取法提取后益母草茎的扫描电镜图（放大倍数为×10^4）

超声与物质两者相互作用所产生的效应有以下几个。

（1）热效应　超声波在媒质中传播时，由于传播介质存在着内摩擦，部分的声波能量会被介质吸收转变为热能从而使媒质温度升高。

（2）机械效应　超声波作用于介质，会引起质点高速细微的振动，产生速度、加速度、声压、声强等力学量的变化，从而引起机械效应。

（3）化学效应　超声波的作用可促使发生或加速某些化学反应。各种氨基酸和其他有机物质的水溶液经超声处理后，特征吸收光谱带消失而呈均匀的一般吸收，这表明空化作用使分子结构发生了改变。

（4）空化效应　超声空化就是指液体中的微小气泡核在超声波作用下产生振动，当声压达到一定值时，气泡将迅速膨胀，然后突然闭合，在气泡闭合时产生冲击波，这种膨胀、闭合、振荡等一系列动力学过程称超声空化。超声波的空化作用会导致气泡周围的液体中产生强烈的激波，形成局部点的高温高压，空化泡崩溃时，在空化泡周围极小空间内可产生 5000K 的瞬态高温和约 50MPa 的高压，且温度冷却率可达 10^9K/s，并伴有强烈冲击波和时速达 400km 的射流。这种巨大的瞬时压力，可以使悬浮在液体中的固体表面受到急剧的破坏。超声空化过程见图3-63。

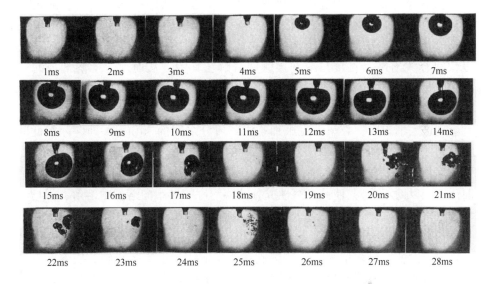

1ms	2ms	3ms	4ms	5ms	6ms	7ms
8ms	9ms	10ms	11ms	12ms	13ms	14ms
15ms	16ms	17ms	18ms	19ms	20ms	21ms
22ms	23ms	24ms	25ms	26ms	27ms	28ms

图 3-63　水中单个气泡空化过程的延时采样照片

超声的空化作用还产生高温效应、发光效应、压力效应和放电效应等相应的效应。

（三）超声提取的过程

植物细胞和一些微生物是由比较坚韧的细胞壁和内部的原生质体（包括细胞质、细胞核、质体等）、后含物（原生质体的产物）组成的。活性成分大部分存在于细胞内，少量存在于细胞间隙中。由细胞结构可知，破碎细胞是为了释放出细胞中的内含物，以便其快速地提取出来。现对细胞破碎的浸提过程中的质量传递过程进行分析，同时便于理解超声提取、分离有效成分整个过程中的传质机理。

细胞壁是影响提取速度的壁垒之一。必须通过溶剂和原料密切接触，将溶剂送入细胞壁内，促使原生质中的各种化学成分溶解到溶剂之中，再扩散出细胞外，这是一个细胞被破碎成分溶解的复杂过程。

以超声辅助溶剂提取对植物细胞侵袭的破碎过程为例。

1. 加速浸润、渗透阶段

当细胞与溶剂接触时，先湿润药粉颗粒表面，这种浸润作用将决定提取发生的位置和强度，浸润不充分会导致药材利用率低、提取时间长等一系列问题。因此可以将药材粉碎或预浸，通过外力挤压、密封容器内减压等工艺充分浸润；也可在溶剂中加入适量表面活性剂，使溶剂向药材细胞组织内渗透。

当在浸润、渗透这个阶段加入超声作用后，会加速溶剂浸润干瘪萎缩的药材，增强浸润效果，促使溶剂很快地渗透到物质内部细胞之中。提取溶剂内含有气体及微小的杂质，为超声空化作用提供了必要条件，其崩塌产生的极大压力和局部高温可以使细胞壁的通透性提高，以增加溶剂渗透量，甚至造成细胞壁及整个生物体的破裂，让溶剂直接进入细胞之中，从而使细胞中的有效成分得以快速释放出来，直接与溶剂接触并溶解在其中，从而加速了溶剂浸润、渗透的速度。

2. 促使解吸、溶解阶段

溶剂进入细胞后，必须先克服细胞中各成分之间的亲和力，即解除彼此间的吸附作用，以使各种成分离开固体向溶剂中溶解转移，这种作用为解吸作用。所以要选用具有解吸作用的溶剂（如乙醇，或在溶剂中加入适量的酸、碱、甘油或表面活性剂以助解吸），使其可溶性成分按溶解度的大小向溶剂中溶解，以增加化学成分的溶解作用。

当加入超声后，超声空化使空化点附近的溶剂形成超临界状态，这样使得溶质在其中的溶解度显著增大，导致溶质在常态下变为过饱和状态，使溶剂直接在细胞内克服各成分间的亲和力，促使植物细胞中的后含物（所含成分）快速地转入到溶剂之中。根据 Gibbs-Thompson 效应，非常小的溶质（小于 $1.0\mu m$）将继续溶解，即使溶剂达到平衡饱和状态，由于大体积溶剂和小粒径溶质界面之间的压力差，也增加了溶质在溶剂中的溶解度，以加速细胞中所含成分的解吸和向溶剂之中溶解的过程，促进浸出液中所含成分浓度的逐渐提高，从而达到溶解平衡，创造了向外扩散的条件，强化传质速率，使其快速完成。

3. 增进扩散、置换阶段

当溶剂在细胞中溶解了大量的可溶性物质后，细胞内溶液浓度显著增高，使细胞内外出现一定的浓度差和渗透压差，由于浓度差的关系，细胞内高浓度的溶液不断地向低浓度方向扩散；又由于渗透压的作用，溶剂又不断进入细胞内高浓度的溶液中，又引起被浸出物向外部扩散，以平衡其渗透压，这就是扩散阶段。

加入超声作用后，会增进细胞内浓度差间的扩散与溶剂流动，提供传质的推动力，因细胞破裂，加速了溶剂流动，促使药材细胞内外差能快速地达到平衡，直接越过了药材组织障碍，使溶剂在药材内部完全地将细胞中物质置换出来，以提高化学成分的提取率。

（四）影响超声提取的因素

1. 超声波强度

超声波强度指单位面积上的超声功率，空化作用的产生与超声波强度有关。对于一般液体超声波强度增加时，空化强度增大，但达到一定值后，空化趋于饱和，此时再增加超声波强度则会产生大量无用气泡，从而增加了散射衰减，降低了空化强度。

2. 超声波频率

超声波频率越低，在液体中产生空化越容易。也就是说要引起空化，频率越高，所需要的声强越大。例如，要在水中产生空化，超声波频率在 400kHz 时所需要的功率要比在 10kHz 时大 10 倍，即空化是随着频率的升高而降低的。一般采用的频率范围是 20~40kHz。

3. 超声波时间的影响

超声提取时间不是随提取时间的无限延长而继续增加的，是依据原料的不同、粉碎度等具体条件而定的。超声提取的时间对提取成分产率的影响有三种情况：产率随超声处理时间的增加而增大；产率随超声处理时间的延长而增大，到某一时间值时，开始随超声处理时间的增加而产率减小；产率随超声处理时间的延长而逐渐增大，当达到一定时间时，随超声处理时间的增加其增量很小，将趋于饱和。

超声提取过程中，提取时间的多少和次数是提取主要因素之一，应以将原料中所需成分提取程度为标准，且以其含量的多少为条件，达到提取的最佳时间为宜。

4. 超声波温度的影响

溶剂温度越高，对空化的产生越有利，但是温度过高时，气泡中蒸气压增大，因此气泡闭合时增强了缓冲作用而使空化减弱。

5. 溶剂的选择和浓度、用量的影响

选择适宜的溶剂、浓度和用量对提取效果、浸提物的质量和收率、能耗都有很大的影响，必须根据欲提取成分的性质来选择。其原则是不造成浪费，降低成本，保证所含成分能充分提取出来，增加化学成分产率，所以选择溶剂浓度、用量是提高所提成分得率的一个重要条件。因此，选择溶剂要注意所提取成分的性质、溶剂的浓度、用量、毒性大小、价格等因素。

6. 溶剂的表面张力与黏滞系数

溶剂的表面张力越大，空化强度越高，越不易于产生空化。黏滞系数大的溶剂难以产生空化泡，而且传播过程中损失也大，因此不易产生空化。

7. 酶的影响

酶是由生物体的活细胞产生的，有些活性物质与能够水解它的酶共存于生物体中，提取时活性物质可能被酶分解，例如超声法从黄芩中提取黄芩苷时，以水为溶剂，黄芩苷容易被酶解成葡萄糖醛酸和黄芩素，影响黄芩苷提取率。超声提取前，应设法先使酶失活。如以甲醇、乙醇为溶剂或沸水烫，再进行超声提取。

（五）超声波与其他技术联用

超声波-微波提取的联用：超声波-微波协同提取新技术将超声与微波两种作用方式相结合，充分利用超声波振动的空化作用以及微波的高能作用，克服了常规超声波和微波提取的不足，实现了低温常压条件环境下，对固体样品进行快速、高效、可靠的预处理。

超声波-复合酶提取的联用：超声波提取和生物酶提取工艺结合可以明显降低提取温度，缩短提取时间，节约溶剂使用量，提高提取产量，并且对提取物的结构和理化性质无影响。

超声波-表面活性剂提取联用：表面活性剂具有亲水亲脂结构，能降低表面张力，且对天然产物的有效成分具有增溶作用。表面活性剂与超声波联合使用，可在溶剂中形成分子液膜，增加液固接触面积，协同超声技术可提高提取率。

超声波-CO_2超临界萃取联用：超声强化超临界 CO_2 萃取技术是在超临界 CO_2 萃取的同时附加超声场，从而降低萃取压力和温度，缩短萃取时间，最终提高萃取率的一项新技术。该方法综合了超声波提取高效、快速以及 CO_2 超临界萃取的低能耗、环保的优点，广泛应用于各有效成分的提取。

二、 微波辅助提取技术

微波是一种波长在 $0.001\sim1m$，频率在 $0.3\sim300GHz$ 的电磁波，具有很强的穿透性和很高的加热效率。微波提取技术是指在有效成分提取过程中（或提取的前处理）引入微波场，利用微波场的特性和特点来强化有效成分浸出的新型提取技术。

（一）微波提取技术的特点

①快速高效。样品及溶剂中的偶极分子在高频微波能的作用下，产生偶极涡流、离子传导和高频率摩擦，从而在短时间内产生大量的热量。偶极分子旋转导致的弱氢键破裂、离子迁移等加速了溶剂分子对样品基体的渗透，待萃取成分很快溶剂化，使微波萃取时间显著缩短。

②加热均匀。微波加热是物料的极性物质分子在快速振动的微波电磁场中吸收电磁能，使物料快速升温，使整个样品被加热的过程。无温度梯度，具有加热均匀的优点。由于消除了物料内的热梯度，所以使提取质量大大提高，有效地保护活性成分。

③选择性。由不同化合物具有不同的介电常数，所以微波萃取具有选择性加

热的特点。溶质和溶剂的极性越大，对微波能的吸收越大，升温越快，萃取速度越大；而对于非极性溶剂，微波几乎不起加热作用。所以，在选择萃取剂时一定要考虑到溶剂的极性，以达到最佳效果。

④生物效应（非热特性）。因大多数生物体含有极性水分子，所以在微波场的作用下可引起强烈的极性振荡，容易导致细胞分子间氢键断裂，细胞膜结构被电击穿、破裂，进而促进基体的渗透和待提取成分的溶剂化。此外，微波萃取还可实现时间、温度、压力控制，保证在萃取过程中有机物不发生分解。因此，利用微波辅助提取从生物基体萃取待萃取的成分时，在热与非热效应的协同作用下，能提高萃取效率。

⑤节省溶剂。与其他萃取方法相比，微波萃取能减少萃取试剂的消耗，微波萃取可以将多种样品在相同条件下同时萃取。用于生产过程时，溶剂用量较常规方法可减少 50%~90%。

⑥工艺简单、节省投资。由于微波设备是用电的设备，不需配备锅炉；提取时，在同样的原料、同样的效率下，用常规方法需两三次提取的，采用微波技术一次提取即可。提取的时间大大节省、工艺流程大大简化。微波提取没有热惯性，易控制，所有参数均可数据化，易于和制药现代化接轨。

（二）微波提取的原理

微波是频率介于 300MHz~300GHz 的电磁波，具有穿透力强、选择性高、加热效率高等特点。微波的穿透深度与微波波长处于同一数量级，频率为 300MHz 与 300GHz 的微波波长分别是 1m 和 0.1cm，利用微波加热时，微波可以穿透物质直接使外部与内部同时加热，微波萃取设备见图 3-64。

微波提取主要是利用微波具有的热特性，微波加热是利用微波场中介质的偶极子转向极化与界面极化的时间与微波频率吻合的特点，促使介质转动能级的跃迁，加剧热运动，将电能转化为热能。微波的热效应能使细胞壁破裂，使细胞膜中的酶失去活性，细胞中有效成分容易突破细胞壁和细胞膜障碍而被提取。

在微波 2.45×10^3 MHz 变频电场作用下，极性分子取向随电场方向改变而变化，导致分子旋转、振动或摆动，加剧物料分子的运动及相互间的碰撞率，使分子在极短时间内达到活化状态，从而加速被提取成分向提取溶剂

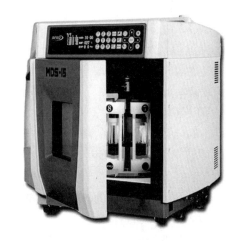

图 3-64　高通量微波萃取工作站

界面的扩散，比传统加热方式均匀、高效。

从细胞破碎的微观角度看，微波辐射导致细胞内的极性物质，尤其是水分子吸收电磁能，产生大量的热量，使胞内温度迅速上升，液态水汽化产生的压力将细胞膜和细胞壁冲破，形成微小的孔洞；进一步加热，导致细胞内部和细胞壁水分减少，细胞收缩，表面出现裂纹。孔洞或裂纹的存在使胞外溶剂容易进入细胞内，溶解并释放细胞内产物。

在微波场中，由于各种物料吸收微波能力的差异使得基体物质的某些区域或萃取体系中的某些组分被选择性加热，从而使得物质内部产生能量差或势能差，被萃取物质可得到足够的动力，即从基体或体系中分离出来。

(三) 影响微波提取的因素

1. 溶剂的选择

不同物质具有不同的介电常数。所以萃取溶剂的选择非常重要。必须考虑以下几个方面：①溶剂必须对微波透明或半透明，而且具有一定的极性；②溶剂对待分离成分有较强的溶解能力，而对萃取成分的后续工艺干扰较少；③萃取溶剂的沸点应高一些。一般常用的萃取溶剂有正己烷、二氯甲烷、甲醇、乙醇等。

萃取溶剂具有一定的极性，这是微波萃取必需的条件。但是如果萃取溶剂为甲苯、正己烷等非极性溶剂时，必须加入一种极性溶剂，以增加萃取溶剂体系的介电常数。目前已报道的溶剂有丙酮、水。因此，萃取溶剂可以为一元体系、二元体系，也可以是多元体系，对于某一具体样品的萃取体系而言，要根据样品的性质、萃取目标物的性质和预实验决定。

2. 液固比

液固比是提取过程中的一个重要因素，主要表现在影响固相和液相间的浓度差，即传质推动力上。液固比的提高必然会在较大程度上提高传质推动力，但萃取液体积过大时，会增加后续处理的负担。

3. 微波辐射时间

微波萃取时间与被萃取样品量、溶剂体积和加热功率有关。与传统萃取方法相比，微波萃取的时间较短，一般情况 10~15min 已经足够，有时甚至更短，如从食品中萃取氨基酸成分时，萃取效率并没有随萃取时间的延长而提高，尽管连续的辐照并不会引起氨基酸的降解或成分的破坏。

4. 微波辐射功率与频率

微波辐射条件包括微波辐射频率、功率和辐射时间。它们对萃取效率具有一定的影响。不同的萃取目的应采用不同微波辐射条件。

5. 破碎度

和传统提取一样，被提取物经过适当破碎后可以增大接触面积，有利于提取的进行。但通常情况下如物料破碎得太小，一方面会使杂质增加溶出，另一方面会给后续过滤带来困难。同时，将近 100℃ 的提取温度会使物料中的淀粉成分糊化，提取液变得黏稠，增加了后续分离的难度和溶剂的黏附耗损。

6. 物料中的水分或湿度的影响

水分能有效吸收微波能而产生的温度差，所以待处理物料中含水量的高低对萃取收率的影响很大。对于不含水分的物料，可采取增湿的方法，使其具有适当的水分，以吸收微波能。

7. 影响微波提取的其他因素

从固体或半固体样品中进行萃取是一个复杂的过程，该过程可简化为五步：①目标物从物料基体的活性点解吸；②目标物扩散到整个物料基体；③目标物在萃取溶剂中的溶解；④目标物在溶剂中扩散；⑤目标物的收集。因此，对目标物有效的萃取不仅与溶剂有关，而且与物料基体的性质有关。

三、 酶辅助提取技术

酶是由生物体活细胞产生的，绝大多数情况下是以蛋白质形式存在的一类特殊的生物催化剂。酶辅助提取技术利用酶活性高及专一性高等特点，可以提高原料中有效成分的提取和分离效率，有较好的应用前景。

（一）酶辅助提取的特点

酶辅助提取具有其他提取分离方法所不及的独特的优越性。

（1）酶反应可在较温和的条件下将组织和细胞壁分解，能较大幅度提高药物有效成分的提取率，改善生产过程中的滤过速度和纯化效果。

（2）酶处理技术是在传统的提取基础上进行的，对设备无特殊要求，应用常规提取设备即可完成。

（3）酶属于生物催化剂，少量的酶就可以极大地加速所催化的反应。因此，酶法用于提取和提取液的分离纯化，操作简便，成本低廉，并具备大生产的可行性。

（二）酶辅助提取的原理

酶反应具有活性高、高度专一性、反应条件温和的特点。酶作为一种蛋白质，活性受多种因素的影响，同时又与自身稳定性相关。通常情况下，最稳定的酶的活性最小，而活性最大时最不稳定。

细胞壁是提取有效成分的主要屏障。传统的方法有煎煮法、浸渍法、加热回流法，其提取效果受到多种因素的影响。当料液中含有黏液质、果胶、树脂等成分时，提取液的黏稠性增大，提取效率就更低，同时给药液的滤过带来困难。酶法提取是在传统溶剂提取方法的基础上，根据细胞壁的构成，选择相对应的酶，将细胞壁的组成成分水解或降解，破坏细胞壁结构，使有效成分充分暴露出来，溶解、混悬或胶溶于溶剂中，从而达到提取细胞内有效成分的目的，是一种新型提取方法。由于酶提取过程破坏了细胞壁，所以酶法提取有利于提高有效成分的提取效率。

常用于破坏细胞破壁的酶有纤维素酶、半纤维素酶、果胶酶以及多酶复合物、果胶酶复合物、各类半纤维素酶、葡聚糖内切酶等。此外，许多原料中含有蛋白质。若采用常规提取法，在煎煮过程中，蛋白质遇热凝固，将会影响有效成分的溶出，而应用酶将原料中的蛋白质分解，可提高有效物质的提取率。

（三）影响酶活性的因素

1. 温度

温度对酶活性的影响是对酶蛋白结构的稳定性和反应速率综合作用的结果。在一定的范围内，温度升高，反应速度加快；但温度超过一定程度时，又促进了酶蛋白的变性反应。因此，所有的酶反应都有一个最适温度或最适温度范围。由动物组织中提取的酶通常在40℃左右时活性最大，由植物组织提取的酶通常在50℃左右时活性最大。当温度上升至80℃以上时，大多数酶都因蛋白质结构变性而失活。一般温度越低，酶越稳定，但活性也越小。

2. 酸碱度

酶是两性化合物，分子中含有羧基、氨基等，溶液的pH过低或过高可以使酶、底物或酶-底物复合物发生解离，引起pH变化，从而造成酶的活性及稳定性发生变化，甚至破坏酶的活性。因此，多数酶制品都加于特定的缓冲液中，使用时以获得最适宜的pH，使酶发挥最大活力。一般由动物组织提取的酶的最适pH为6.5~8.0，由植物组织中提取酶的最适pH为4.0~6.5。

3. 水分

由于水分能增强温度对酶的影响，因此，大多数酶在水溶液中都不稳定，活力下降很快。而在干燥状态下，酶的稳定性显著增加。为了保证酶的有效活力，酶通常以干燥状态保存。

4. 光线

大多数酶在紫外线和X射线照射下会逐渐失去活性。因此，酶应储藏于阴凉干燥处，避免日光照射。

5. 金属离子

金属离子对酶活性的影响是多方面的。若金属离子是酶分子中的一部分，金属离子不仅会影响酶的活性，而且会影响酶的专一性。对于本身不含金属离子的酶，金属离子既可能对酶起促进作用，又可能起抑制作用。

6. 微生物

许多微生物能产生蛋白水解酶，而蛋白水解酶可以裂解酶蛋白上的肽键，使酶蛋白解体，造成严重的失活。因此，酶制剂在制备、储藏和使用过程中要尽量避免污染微生物。

四、 高速逆流色谱技术

高速逆流色谱（high speed countercurrentchromatography，简称 HSCCC）是一种液-液色谱分离技术，它的固定相和流动相都是液体，没有不可逆吸附，具有样品无损失、无污染、高效、快速和大制备量分离等优点。由于 HSCCC 与传统的分离纯化方法相比具有明显的优点，因此正在发展成为一种备受关注的新型分离纯化技术，已经广泛应用于生物医药、天然产物、食品和化妆品等领域，特别在天然产物行业中已被认为是一种有效的新型分离技术，适合于中小分子类物质的分离纯化。

高速逆流色谱是 20 世纪 80 年代发展起来的一种连续高效的液-液分配色谱分离技术，它不用任何固态的支撑物或载体。它利用两相溶剂体系在高速旋转的螺旋管内建立起一种特殊的单向性流体动力学平衡，其中一相作为固定相，另一相作为流动相，在连续洗脱的过程中能保留大量固定相。

由于不需要固体支撑体，物质依据其在两相中分配系数的不同而实现分离，因而避免了因不可逆吸附而引起的样品损失、失活、变性等，不仅使样品能够全部回收，回收的样品也更能反映其本来的特性，特别适合于天然生物活性成分的分离。而且由于被分离物质与液态固定相之间能够充分接触，使得样品的制备量大大提高，是一种理想的制备分离手段。

我国是继美国、日本之后最早开展逆流色谱应用的国家，俄罗斯、法国、英国、瑞士等国也都开展了此项研究。高速逆流色谱被广泛地应用于天然药物成分的分离制备和分析检定中。

（一）高速逆流色谱原理

逆流色谱源于非连续性多极萃取技术。多极萃取设备（见图 3-65）庞大复杂、易碎、溶剂体系容易乳化，溶剂耗量大，分离时间长，HSCCC 技术较好地克服了以上一些缺点。

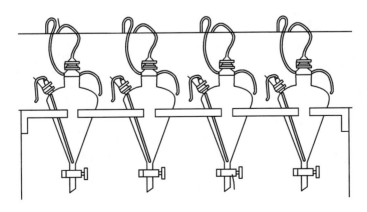

图 3-65　多极萃取技术

HSCCC 通过公转、自转（同步行星式运动）产生的二维力场，保留两相中的其中一相作为固定相。

HSCCC 是利用螺旋柱在类行星运动时产生的离心力，使互不相溶的两相不断混合，同时保留其中的一相（固定相），利用恒流泵连续输入另一相（流动相），随流动相进入螺旋柱的溶质在两相之间反复分配，按分配系数的大小次序被依次洗脱。

在流动相中分配比例大的先被洗脱，在固定相中分配比例大的后被洗脱。HSCCC 仪器的装置示意图如图 3-66，它的公转轴为水平设置，螺旋管柱在距公转轴 R 处安装，二轴线平行。通过齿轮传动，使螺旋管柱实现了在绕仪器中心轴线公转的同时，绕自转轴作相同方向相同角速度的自转。

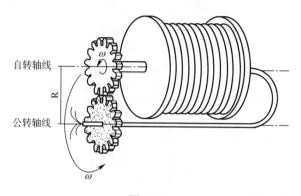

图 3-66

对螺旋管柱里两相溶剂状态进行频闪观察时发现，在达到稳定的流体动力学平衡态后，柱中呈现两个截然不同的区域：在靠近离心轴大约四分之一的区域，呈现两相的激烈混合（混合区），其余区域两溶剂相分成两层（静置区），较重的溶剂相在外部，较轻的溶剂相在内部，两相形成一个线状分界面。

图 3-67 为旋转一周混合区域的变化示意图，每一混合区域以与柱旋转速度相同的速度向柱端移动。螺旋管在连续转动的不同位置（Ⅰ、Ⅱ、Ⅲ、Ⅳ）时，观察到的其中两相分布情况。如箭头所示，螺旋管柱在以角速度 ω 公转的同时，以 2ω

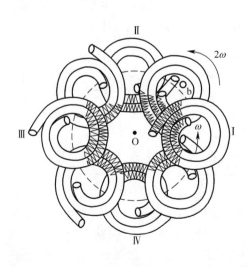

图 3-67　HSCC 示意图 1

角速度和相同方向自转。

图 3-68 则表示将对应于不同位置（Ⅰ、Ⅱ、Ⅲ、Ⅳ）的螺旋管拉直，以更明显地表示混合区域在螺旋管内的移动，即每个混合区带都向螺旋管的首端行进，其行进速率和管柱的公转速率相同。这表明，当流动相恒速通过固定相时，在管柱内部的两溶剂相都以极高的频率经历着混合和沉积分配过程。

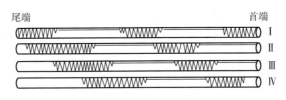

图 3-68　HSCC 示意图 2

在螺旋柱中任何一部分，两相溶剂都在反复经历混合和静置的分配过程，这一过程频率极高。通过高速旋转提高两相溶剂的萃取频率，1000r/min 旋转时可达到 17 次/s 频率的萃取；当柱以 800r/min 旋转时，频率超过 13 次/s，流动相不断地穿过固定相，所以高速逆流色谱有相当高的分配效率。

（二）高速逆流色谱分配系数

溶剂系统的选择是同时选择色谱分离过程的两相，是对样品成功分离的关键所在，而样品中各组分的分配系数决定着这种溶剂系统是否合适，因此分配系数的测定是选择溶剂系统的重要环节。分配系数的测定多采用薄层色谱法、毛细管电泳法、HPLC 法、生物活性分配比率法及分析型 HSCCC 法。

（三）高速逆流色谱溶剂体系

溶剂系统的选择对于 HSCCC 分离十分关键。目前为止溶剂系统的选择还没有充分的理论依据，而是根据实际积累的丰富经验来选择的。通常来说，溶剂系统应该满足以下要求：溶剂系统不会造成样品的分解或变性。样品中各组分在溶剂系统中有合适的分配系数，一般认为分配系数在 0.2 ~ 5 的范围内是较为合适的，并且各组分的分配系数值要有足够的差异，分离因子最好大于或等于 1.5；溶剂系统不会干扰样品的检测；为了保证固定相的保留率不低于 50%，溶剂系统的分层时间不超过 30s；上下两相的体积比合适，以免浪费溶剂；尽量采用挥发性溶剂，以方便后续处理，尽量避免使用毒性大的溶剂。根据溶剂系统的极性，可以分为弱极性、中等极性和强极性三类。经典的溶剂系统有正己烷-甲醇-水、正己烷-乙酸乙酯-甲醇-水、氯仿-甲醇-水和正丁醇-甲醇-水等。在实验中，应根据实际情况，总结分析并参照相关的专著及文献，从所需分离的物质类别出发去寻找相似的分离实例，选择极性适合的溶剂系统，调节各种溶剂的相对比例，测定目标组分的分配系数，最终选择合适的溶剂系统。高速逆流色谱常用基本溶剂体系见表 3-20。

表 3-20   **高速逆流色谱常用基本溶剂体系表**

被分离物质种类	基本两相溶剂体系	辅助溶剂
非极性或弱极性物质	正庚（己）烷-甲醇	氯烷烃
	正庚（己）烷-乙腈	氯烷烃
	正庚己烷-甲醇（或乙腈）-水	氯烷烃
中等极性物质	氯仿-水	甲醇、正丙醇、异丙醇
	乙酸乙酯-水	正己烷、甲醇、正丁醇
极性物质	正丁醇-水	甲醇、乙酸

上表中是根据被分离物质的极性列出的一些基本可供参考的溶剂体系，它包括非水体系和含水体系。

（四）高速逆流色谱影响因素

1. 固定相的保留值

在逆流色谱中，留在管中固定相的量是影响溶质峰分离度的一个重要因素，高保留量将会大大改进峰分离度。

仪器对保留值的影响（外因）研究表明：螺旋管支持件的自转半径 r 与公转半径 R 之比 B 值是一个影响两相互不混溶溶剂在旋转螺旋管内保留的关键因素。用大直径的支持件使 B 值进一步提高，能导致亲水性溶剂体系的单向性流体动力学分布反向；反之，用小直径的支持件使值减小，能使疏水性溶剂体系的单向性流体运动方向反向，而介于疏水性和亲水性溶剂之间的中间极性溶剂，其两相分布状况则会受到离心力条件的影响。

溶剂体系物理因素对保留值的影响（内因）。

溶剂体系的物理因素如溶剂的黏度对固定相的保留影响很大，低黏度的溶剂体系可望得到高的固定相保留，界面张力和两相间的密度差会对溶剂在临界点附近的分层时间产生较大的影响，一般为保证固定相保留值合适，溶剂体系的分层时间小于 30s。

2. 转速的影响

螺旋管的旋转速度对两相溶剂在流体动力学平衡时的体积比，也就是对固定相的保留值的影响很大，从而影响了分离效果。当然，并不是转速越快越好，一般对于分配得不是太好的溶剂体系，如两相体系带有氯仿的，还要固定相分层比较慢的两相体系，通常情况下转速越高，越易产生乳化现象。

3. 流速的影响

流动相流速也会影响两相的分布，一般情况下，流动相流速越大，固定相流失加重，但流速过慢会导致分离时间过长，从而造成对溶剂的浪费。

4. 温度的影响

温度的提高对溶剂的黏度有很大的影响，一般提高温度会获得高的保留值，而相反降低温度则得到低的保留值，但一般温度不可能提高太多，因为所用的都是有机溶剂，沸点很低。

5. 相联检测技术

可见光检测、紫外光检测技术在 HSCCC 中应用较多。但有时由于组分对可见光或紫外光无吸收，或是固定相的流失导致流出液乳化，故无法用常用光学检测器检测。现已出现了 HSCCC 与质谱（MS）、电子电离质谱（EI-MS）、化学电离质谱（CI-MS）快速原子轰击质谱（FAB-MS）、热喷雾质谱（TSP-MS）和电喷雾质谱（ESI-MS）的联用。

【技能实训】

◦ 实训　乙酸纤维素薄膜电泳法分离血清蛋白质

一、实验目的

（1）理解乙酸纤维素薄膜电泳法分离血清蛋白的原理。

（2）熟练掌握乙酸纤维素薄膜分离血清蛋白质的操作方法。

二、实验原理

本实验是以乙酸纤维素薄膜作为支持体的区带电泳。动物血清中蛋白质组分的等电点如下：清蛋白 4.64，α_1-球蛋白 4.9，α_2-球蛋白 5.06，β-球蛋白 5.12，γ-球蛋白 6.85~7.3。

电泳缓冲液 pH 为 8.6，血清蛋白质在此缓冲液中均带负电荷，在电场中向正极移动。由于血清中不同蛋白质带有不同的电荷数量及相对分子质量不同而泳动速度不同。带电荷多及相对分子质量小的泳动速度快，反之泳动速度慢，从而彼此分离。

电泳后将薄膜取出，经染色和漂洗，薄膜上显示出 5 条蓝色区带，每条带代表一种蛋白质，从点样端起依次为清蛋白、α_1-球蛋白，α_2-球蛋白，β-球蛋白和 γ-球蛋白。

乙酸纤维素薄膜由于具备对样品没有吸附现象、电泳时各区带分界清楚、拖尾现象不明显、样品用量少以及电泳时间短等特点，已被广泛应用。

三、器具与试剂

1. 器具

电泳仪、水平电泳槽、乙酸纤维素薄膜。

2. 试剂

（1）新鲜血清（无溶血）

（2）巴比妥-巴比妥钠缓冲液（pH 8.6）　巴比妥钠 12.76g、巴比妥 1.66g，置于盛有 200mL 蒸馏水的烧杯中稍加热溶解后，移至 1000mL 容量瓶中，加蒸馏水定容至刻度。

（3）染色液　称取氨基黑 10B 0.5g，加入蒸馏水 40mL、甲醇 50mL、冰醋酸 10mL，混匀，贮存于试剂瓶中。

（4）漂洗液　取 95%乙醇 45mL、冰醋酸 5mL 和蒸馏水 50mL，混匀。

（5）透明液　冰醋酸 25mL、95%乙醇 75mL 混匀。

（6）洗脱液　0.4mol/L NaOH 溶液。

四、实验操作

1. 乙酸纤维素薄膜的润湿与选择

将 2.0cm×8cm 薄膜光泽面向下漂于缓冲液上浸泡 5~10min，完全浸透后，整条薄膜颜色一致而无白色斑点，表明薄膜质地均匀（实验中应选取质地均匀的膜）。

2. 制作电桥

将巴比妥缓冲液（pH 8.6）倒入电泳槽中，并使各槽缓冲液液面在同一水平面后，于两极槽中各放入四层滤纸或纱布，滤纸或纱布的一端浸入缓冲液中，另一端附在电泳槽支架上，在薄膜与两极缓冲液之间起"桥梁"作用。

3. 点样与电泳

取出浸透的薄膜轻轻夹于滤纸中，吸去多余的液体。用较细而顶端光滑的微量吸管或载玻片蘸取血清，"印"在薄膜无光泽面上距一端 1.5~2cm 处，点样区要呈粗细均匀一直线。待血清吸入膜后，将薄膜两端紧贴在电泳槽支架的滤纸桥上，无光泽面向下，点样端在电泳槽阴极。加盖，平衡 10min，接通电源，电压 100~120V，电泳 45~60min。

4. 染色与浸洗

电泳结束后，关闭电源。将薄膜从电泳槽中取出，直接浸入到氨基黑 10B 染色液中，染色 5~10min。从染色液中取出薄膜，浸入漂洗液中反复漂洗，直至背景无色，薄膜上区带清晰可见为止。

5. 结果判断

一般经漂洗后，薄膜上可呈现 5 条区带。

五、结果处理

将薄膜用滤纸吸干或用吹风机吹干，浸入透明液中，2min 后立即取出，紧贴在载玻片上，赶走气泡。完全干燥后，薄膜透明，可作扫描或照相用；将该玻璃板浸入水中，则透明的薄膜可脱下，吸干水分，可长期保存。

[注意事项]

（1）乙酸纤维家薄膜一定要充分浸透后才能点样。点样后电泳槽要密闭；电流不易过大，防止薄膜干燥，电泳图谱出现条痕。

（2）缓冲液的离子强度一般不应小于0.05，或大于0.075，因为过小可使区带拖尾，而过大则使区带过于紧密。

（3）切勿用手接触薄膜表面，以免油腻或污物沾上，影响电泳结果。

（4）电泳槽内的缓冲液要保持清洁（数天要过滤一次），两极溶液要交替使用。以便连接正极、负极的电流调换使用。

六、思考与讨论

在电泳中影响蛋白质泳动的因素有哪些？哪种因素起决定性作用？

【项目拓展】

蒂塞利乌斯

阿尔内·威廉·考林·蒂塞利乌斯（瑞典语：Arne Wilhelm Kaurin Tiselius），瑞典化学家，4岁时随家移居哥德堡。1921年，他进入乌普萨拉大学，跟随物理化学家T.斯韦德贝里。1924年获化学、物理和数学三个硕士学位，1930年获博士学位。后任乌普萨拉大学化学讲师、副教授。在此期间曾先后两次赴美国威斯康星大学和普林斯顿大学从事研究工作和进修，1938年任教授。同年任新建的生物化学研究所所长。1946年任瑞典全国自然科学研究会主席。1946年当选为美国科学院外籍院士。

1925年，蒂塞利乌斯进行胶体溶液中悬浮蛋白质的电泳分离研究。曾自制超速离心机测定蛋白质分子的大小和形状，并与斯韦德贝里合作发表了第一篇论文，报道了测定蛋白质淌度的新方法。1930年，他进一步改进实验手段和装置，发表了关于色谱法和吸附的论文。1935年，从美国回国后，重新改建原有电泳装置，发展了区带电泳法，大大提高了效率和分辨率。1940年，他用自己设计的新电泳装置成功地分离了血清中蛋白质的4个组分，分别命名为：白蛋白、α、β和γ球蛋白。该法迅速应用于分离和鉴定各种复杂蛋白质及其他天然物质的混合物。

他因对电泳分析和吸附方法有研究，发现了血清蛋白的组分，而获得1948年诺贝尔化学奖。

【项目测试】

一、填空题

1. 电泳技术就是利用在电场的作用下，由于待分离样品中各种分子_____以及_____、_____等性质的差异，使带电分子产生不同的

_____，从而对样品进行分离、鉴定或提纯的技术。

2. 电泳仪主要包括两个部分：_____ 和 _____。电源提供 _____，在电泳槽中产生 _____，驱动带电分子的迁移。

3. 聚丙烯酰氨凝胶电泳的操作步骤主要有 _____、_____、_____、_____。

4. 超声波是一种频率高于 _____ 赫兹的声波，超声与物质两者相互作用所产生的效应有 _____、_____、_____、_____。

5. 微波是一种波长在 0.001~1m，频率在 _____ GHz 的电磁波，微波辐射导致细胞内 _____ 吸收电磁能，产生大量的热量，使胞内温度迅速上升，液态水汽化产生的压力将 _____ 和 _____ 冲破，形成微小的孔洞。

6. 酶辅助提取技术中，影响酶活性的主要因素有：_____、_____、_____、_____、_____。

二、简答题

1. 请问 SDS-PAGE 电泳与普通 PAGE 电泳有什么区别？

2. 请问在聚丙烯酰氨凝胶电泳操作实践中可能出现哪些问题，如何解决？

3. 请问在琼脂糖凝胶电泳操作实践中可能出现哪些问题，如何解决？

模块四

生化分离技术
综合实训

安全事故应急处理实训

一、 火灾的应急处理

生化物质生产企业要把握火灾发生的规律，尽可能地避免火灾发生及其对人类造成的危害。为了能正确处置火灾，减轻火灾的损失，企业必须制定消防安全预案。

火灾发生时应做两件事：一面扑救、一面报警。火灾初起时，一般燃烧范围比较小，火势比较弱。如能使用消防器材，采取正确的灭火方法，就能很快将火扑灭。在组织灭火的同时，应迅速向公安消防部门报警。每个职工都应做到"三懂""三会"，三懂：懂本岗位火灾的危害性，懂得预防措施，懂得灭火方法；三会：会报警，会使用消防器材，会扑救初起之火。消防安全预案如下所述。

1. 应急措施

（1）车间任何区域一旦着火，发现火情的员工应保持镇静，切勿惊慌。

（2）如火势初起较小，目击者应相互配合，立即就近用灭火毯和灭火器进行灭火，并报警。

（3）如火势较大，自己难以扑灭，应报警（电话：119）并及时疏散人员。

（4）关闭火情现场附近门窗、防火门以阻止火势蔓延，并立即关闭附近电闸。

（5）引导火情现场附近的人员用湿毛巾捂住口鼻，迅速从安全通道撤离。

（6）在扑救人员未到达火情现场前，报警者应采取相应措施，使用火情现场附近的消防设施进行扑救。

（7）带电物品着火时，应立即设法切断电源，电源切断前严禁用水扑救，以免引发触电事故。

2. 报警要求

员工一旦发现火灾，要向部门主管领导、公司安计部及消防部门（119）报警。

（1）内部报警要讲清起火地点、起火部位、燃烧物品、燃烧范围、报警人姓名及报警电话。

（2）向119报警应讲清单位名称、火场地点（包括路名、附近标志物等）、火场发生部位、燃烧物品（如为危险化学品需重点说明）、火势状况、接应人等候地点及接应人、报警人姓名及报警人电话。

3. 疏散要求

（1）洁净区外部发生火情时，发现火情的员工应及时通知洁净区内的员工及一般生产区的员工撤离建筑物。

洁净区内和一般生产区的员工在接到通知后依次从疏散通道撤离。①如果外部火情属初起阶段，员工可从正常通道依次撤离工作区，再依次撤离建筑物。②如果外部火情较大，员工可先用安全锤敲碎安全门玻璃，从安全门撤离，再依次撤离至建筑物外。③如果外部火情是在人流门口附近，员工应从物流门（或物流楼梯）依次撤离。如果外部火情是在物流门口附近，员工应从人流门（或人流楼梯）依次撤离。

（2）洁净区内部发生火情时，发现火情的员工及时通知本区域的其他员工撤离本区域，并通知其他洁净区域及一般生产区的员工撤离建筑物。①洁净区域发生火情时，员工撤离时要从离火情较远的安全门依次撤离，再依次（从楼梯）撤离至建筑物外。②洁净区外的员工在洁净区内发生火情时，不要慌张，要起到引导疏散的作用。③洁净区域发生火情时，切记不要走正常通道，一定要尽快从安全门依次撤离。

（3）在火情较大时，楼上员工无法从楼梯撤离时，可采用其他方式撤离。①从空压间依次撤离。②借助火灾应急自救逃生绳撤离。③在外界情况允许的情况下，从窗口逃生。

（4）员工在遇到火情时，不要喊叫、不要慌张，不要拥挤，以免造成次级伤害，如：摔伤、挤伤、磕伤、互相踩踏等伤害。

二、 危险化学品泄漏事故的应急处理

1. 事故报警

当现场操作人员发现装置、设备泄漏的事故现象时，采取应急措施的同时应及时向调度和有关领导汇报。由调度长、事故主管领导根据事故地点、危险化学品类型和事态的发展决定应急救援形式：单位自救还是采取社会救援。若是公司

的力量不能控制或不能及时消除事故后果，应根据情况拨打110、119、120等报警电话尽早争取社会支援，或直接借助政府的力量来获取支援，以便控制事故的发展。

2. 出动应急救援队伍

各主管单位在接到报警后，应迅速组织应急救援队伍（即由抢险抢修人员、消防人员、安全警戒人员、抢救疏散人员、医疗救护人员、物资供应人员等组成），赶赴现场，在做好自身防护的基础上，按各自分工快速实施救援，控制事故发展。注意：现场救援人员必须佩戴防毒面具和劳保用品。

（1）抢险抢修作业　①泄漏控制：工作现场的操作工人应及时查明泄漏的原因，泄漏点确切的部位，泄漏的程度，及泄漏点的实际压力，及时采取措施修补或堵塞漏点，制止进一步泄漏，必要时紧急停车。若是大面积的泄漏或是产品槽泄漏时，应及时将剩余的危险化学品倒到备用的储槽中。②泄漏物处理：如为液体，泄漏到地面上时会四处蔓延扩散，难以收集。应及时用沙土筑堤堵截吸收，或是引流到安全地点，严防液体流入下水道。

设备抢修作业：事故现场严禁任何火种，严禁用铁器敲击管道。各种管道、设备修复需要动火时，必须先用蒸汽吹扫，用气体测爆仪进行检测可燃气体的含量，在确定合格后方可动火。动火时要有指定的监火人，事先将消防器材准备好。

恢复生产检修作业：在恢复生产前，应先对系统进行气密试验，确保漏点已完全消除。

（2）消防作业　由调度组织的人员和消防队员负责抢救在抢险抢修过程中受伤、中毒的人员并负责扑救火灾。注意：起火时必须根据危险化学品类型选择适宜的方式灭火，否则可能会引起严重后果。

（3）建立安全警戒区　泄漏事故发生后，应根据泄漏的扩散情况，建立警戒区：一般情况下，公司依靠自己的力量能够控制事故的发展时，警戒区应定为厂区；若是以公司的力量难以控制事故的发展并征求社会救援时，警戒区应定为厂区及周边的村庄。并在通往事故现场的主要干路上实行交通管制，保证现场及厂区道路畅通。①在警戒区的边界设立警示标志，并由专人警戒。②除消防、应急处理人员及必须坚守岗位人员外，其他人员禁止进入警戒区。③区域内严禁任何火种。

（4）抢救疏散　如果大量的泄漏且无法挽救时，迅速将警戒区及污染区内与事故无关的人员撤离。疏散时：①需要佩戴防毒面具、劳保用品或采取简易有效的防护措施，并有相应的监护措施；②应向上风方向转移，有明确专人引导和护送疏散人员到安全区，并在疏散或撤离的路线上设立哨位，指明方向；③不要在低洼处滞留；④查明是否有人留在污染区。

（5）医疗救护　在事故现场，如果有人中毒、窒息、烧伤、灼伤时，应及时进行现场急救。现场急救应注意：①选择有利的地形设置急救点；②做好自身及伤、病员的个体防护；③应至少2~3人为一组集体行动，以便相互照应。

（6）当现场有人受到化学品伤害时，应立即进行以下处理：①迅速将患者撤离现场至空气新鲜处。②呼吸困难、窒息时应立即给氧，呼吸停止时立即进行心肺复苏。③皮肤污染时，脱去污染的衣服，用流动清水冲洗，冲洗要及时、彻底、反复多次；头面部灼伤时，要注意眼、耳、鼻、口腔的清洗。④当人员发生烧伤时，应迅速将患者的衣服脱去，用流动的清水冲洗烧伤部位以降温，用清洁布覆盖伤面，不要任意将水疱弄破，避免伤口感染。经现场处理后应立即送往医院进一步治疗。

（7）物资供应 由调度通知库房准备好沙袋、锹镐、水泥等消防物资及劳动保护用品、医疗用品、急救车辆，将所需物资及时供应现场。

三、 急性化学品中毒事件的应急处理

1. 可能引起急性化学中毒事故的原因

引起急性化学中毒事故的原因很多，主要有：危险化学品储藏中发生渗漏、标识模糊不清、设备故障、违反操作规程等。

2. 预防措施

（1）加强对危险化学品的管理，制定管理和使用的操作规程，对危险化学品依据"五双"制度管理。

（2）加强对操作人员的规范教育。

（3）加强日常对化学用品、设备设施的检查与维护，发现问题及时整改。

3. 处置程序

一旦发生事故，立即汇报，主管领导应立即赶到现场指挥，同时在第一时间向政府有关部门报告。

（1）做好现场紧急抢救，减轻中毒程度，防止并发症，争取时间，为进一步治疗创造条件。

（2）做好现场疏散工作，控制势态的扩大。

（3）查明事故原因，及时处置，消除安全隐患。

（4）做好员工安抚工作，控制事态，在消除隐患后方可恢复生产，并做好事故善后工作。

4. 现场抢救

（1）气体或蒸气中毒，应立即将中毒者移到新鲜空气处，松解中毒者颈、胸纽扣和裤带，以保持呼吸道的畅通，并要注意保暖。毒物污染皮肤时应迅速脱去污染的衣服、鞋袜等物，用大量清水冲洗，冲洗时间15~30min。

（2）经口中毒者，毒物为非腐蚀性时应立即用催吐的办法，使毒物吐出，现场可采取压迫舌根催吐的方法。

（3）对于中毒引起呼吸、心跳停止者，应立即进行人工呼吸和心肺复苏。人

工呼吸法（口对口呼吸）：患者仰卧，术者一手托起患者下腭并尽量使其头部后仰，另一手捏紧患者鼻孔，术者深吸气后，紧对患者的口吹气，然后松开捏鼻的手，如此有节律地、均匀地反复进行，每分钟吹 14~16 次。吹气压力视患者具体情况而定。一般刚开始吹气时，吹气压力可略大些，频率稍快些，10~20 次后逐步将压力减少，维持胸部升起即可。心跳停止者立即做心肺复苏。具体方法是患者平仰卧在硬地板或木板床上，抢救者在患者一侧或骑跨在患者身上，面向头部，用双手的掌根冲击式按压患者胸骨下端略靠左方，每分钟 60~70 次。按压时应注意不要用力过猛，以免发生肋骨骨折、血气胸等。

（4）及时送医院急救，向医务人员提供中毒原因、毒物名称等信息，送医途中人工呼吸不能中断。黄磷灼伤者转运时创面应湿包。

四、生物安全事故的应急措施

生化物质生产企业应设立突发生物安全事故应急小组，制定生物安全事故应急处置预案。

1. 应急处置

生物安全事故发生后，现场的工作人员应立即将有关情况通知应急小组组长，应急小组组长接到报告后启动应急预案，并向上级报告。

应急小组成员对现场进行事故的调查和评估，按实际情况及自己工作职责进行应急处置。现场人员要对污染空间进行消毒。在消毒后，所有现场人员立即有序撤离相关污染区域；进行体表消毒和淋浴，封闭事故区域。至少 1h 内不能有人再进入事故区域。如果该区域没有中央空调排风系统，需要推迟至 24h 后进入。同时，应当张贴"禁止进入"的标志。封闭 24h 后，按规定进行善后处理。

在事故发生后 24h 内，事件当事人和检验科写出事故经过和危险评价报告呈组长，并记录归档；任何现场暴露人员都应接受医学咨询和隔离观察，并采取适当的预防治疗措施。

小组组长在此过程中对主管部门做进程报告，包括事件的发展与变化，处置进程、事件原因或可能因素，已经或准备采取的整改措施，同时对首次报告的情况进行补充和修正。

2. 后期处置

（1）善后处置　对事故点的场所、废弃物、设施进行彻底消毒，对生物样品迅速销毁；组织专家查清原由，待泄漏区域经评估不再存在生物安全隐患，并且采取有效措施防止类似事件发生后，再重启生产活动；对周围一定距离范围内的植物、动物、土壤和水环境进行监控，直至解除封锁。对于人畜共患的生物样品，应对事故涉及的当事人群进行强制隔离观察。对于实验作类似处理。

（2）调查总结　事故发生后要对事故原因进行详细调查，做出书面总结，认真吸取教训，做好防范工作。

事件处理结束后 10 个工作日内，应急小组组长向主管部门做结案报告，包括事件的基本情况、事件产生的原因、应急处置过程中各阶段采取的主要措施及其功效、处置过程中存在的问题及整改情况，并提出今后对类似事件的防范和处置建议。

综合实训二

青霉素的制备及测定

【实训目的】

（1）熟练掌握絮凝技术、固液分离技术、萃取技术、吸附技术、结晶技术和干燥技术等生化分离技术的操作方法。

（2）掌握以发酵液为原料，生产生物产品的一般工艺流程。

（3）具备参考《中国药典》中检验方法，HPLC 法测定样品含量的能力。

【实训原理】

青霉素又称盐酸巴氨西林。其化学名为 1-乙氧甲酰乙氧 6-〔D（-）-2-氨基-2-乙酰氨基〕青霉烷酸盐。青霉素是一种有机酸，性质稳定，难溶于水，可与金属离子或有机碱结合成盐，临床常用的有钠盐、钾盐。

青霉素盐如青霉素钾或钠盐为白色结晶性粉末，无臭或微有特异性臭，有引湿性。干燥品性质稳定，可在室温保存数年而不失效，且耐热。遇酸、碱、重金属离子及氧化剂等即迅速失效。极易溶于水，微溶于乙醇，不溶于脂肪油或液状石蜡。其水溶液极不稳定，在室温中效价很快降低 10%，水溶液 pH 为 5.5~7.5。

青霉素价格较为便宜，生产青霉素有着较为成熟的工业方法。青霉素是利用特定的丝状或球状菌种，经培养发酵生成。发酵单位可达到 60000~85000U/mL，但发酵液中青霉素的含量只有 4% 左右；而在发酵完成后，发酵液中除了含有很低浓度的青霉素外，还含有大量包括菌种本身、未用完的培养基（蛋白质类、糖类、无机盐类、难溶物质等）、微生物的代谢产物及其他物质等杂质。青霉素在水溶液中也不稳定，故必须及时将青霉素从发酵液中提取出来，并通过逐步的纯化，得到较纯的晶体或粉末，以便于临床应用。

青霉素属于热敏性物质，因此整个提炼过程应在低温下快速进行，并严格控制 pH，以减少提炼过程中青霉素的损失。由于青霉素盐在水中的溶解度很大，而青霉素酸在某些有机溶剂中的溶解度较大，依据这一特性，可选用溶剂萃取法提取、浓缩青霉素。

青霉素的提取采用溶媒萃取法。这是利用抗生素在不同的 pH 条件下以不同的化学状态（游离态酸或盐）存在时，在水及水互不相溶的溶媒中溶解度不同的特性，使抗生素从一种液相（如发酵滤液）转移到另一种液相（如有机溶媒）中去，以达到浓缩和提纯的目的。青霉素分子结构中有一个酸性基团（羧基），青霉素的 pKa = 2.75，所以将青霉素 G 的水溶液酸化至 pH 2.0 左右，青霉素即成游离酸。这种青霉素酸在水中溶解度很小，但易溶于醇类、酮类、醚类和酯类，可用溶媒萃取法从发酵液中分离并提纯青霉素。在酸性条件下青霉素转入有机溶媒中，当 pH 在 2.0 左右时，青霉素酸在乙酸丁相中的溶解度比在水中的溶解度大 40 倍以上，利于萃取过程的进行。因此，从发酵液中萃取到乙酸丁酯中时，pH 选择 1.8 ~ 2.0，从乙酸丁酯反萃到水相时，pH 选择 6.8 ~ 7.4。

青霉素与金属成盐后，在有机相中溶解度会大幅度降低。

【实训器具与试剂】

1. 器具

主要器具有萃取装置或分液漏斗、板框过滤器或真空转鼓过滤器、活性炭、硅藻土。

2. 试剂

主要试剂有青霉素发酵液（或者市售注射用青霉素钾）、醋酸丁酯、溴代十五烷吡咯（PPB）、乙酸钾、丁醇或乙醇、硫酸、碳酸氢钠。

【实训操作步骤】

1. 发酵液的预处理和过滤

（1）冷却发酵液　当发酵完成后，应及时将发酵液冷却至 10℃ 以下。生产中通常采用板式换热器进行冷却。

（2）等电点除杂与凝絮　用 10% 硫酸调 pH 至 4.5 ~ 5.0，使 pH 在杂蛋白的等电点附近。加 0.07% 的溴代十五烷吡咯（PPB）进行预处理。

（3）固液分离　发酵液中加入 0.7% 硅藻土作助滤剂，用板框过滤或转鼓真空过滤，也可采用超滤分离技术来分离青霉素发酵液，除去菌丝。

2. 溶剂萃取

一次有机相提取。用 10% 硫酸将滤液的 pH 调低至 1.8 ~ 2.2，用滤液 1/3 体积的乙酸丁酯萃取，5℃，进行一次醋酸丁酯萃取分离。

一次水相提取。萃取相（醋酸丁酯相）经水洗（洗去相中的水溶性杂质）后，按照 1 : 5（体积比）用 1.5% 碳酸氢钠溶液（pH 6.8 ~ 7.4），5℃ 萃取。

二次有机相萃取。用 10% 硫酸将的碳酸氢钠溶液萃取相的 pH 再调低至 1.8 ~ 2.2，加入醋酸丁酯及适量破乳剂，5℃ 萃取。

3. 脱色

每升萃取液中添加 150 ~ 250g 活性炭，搅拌 15 ~ 20min，除去色素、热源，过滤，除去活性炭。

4. 结晶

在脱色后萃取相中加入 25% 乙酸钾丁醇溶液（也可是乙酸钾乙醇溶液），真空度大于 0.095MPa，温度 45~48℃ 共沸蒸馏结晶，水和丁醇形成共沸物蒸出，青霉素钾盐结晶析出。为进一步提高青霉素的纯度，可对晶体进行重结晶。晶体经过洗涤，干燥后，得到精制青霉素产品。

5. 青霉素钾含量测定

《中国药典》收载的青霉素钾含量测定方法为 HPLC 法，试验条件同青霉素钠项下：色谱条件与系统适用性试验：用十八烷基硅烷键合硅胶为填充剂；以 0.1mol/L 磷酸二氢钾溶液（用磷酸调节 pH 为 2.5）–乙腈（70：30）为流动相；检测波长为 225nm；流速为 1mL/min。

[注意事项]

（1）醋酸丁酯易燃。急性毒性较小，但对眼鼻有较强的刺激性，而且在高浓度下会引起麻醉，请在通风状态良好的实训室完成实训。

（2）为保证实训效果和降低前期准备实训所需工作量，可购置市售青霉素钾粉针，溶于水后用于模拟青霉素发酵液。

【实训结果与处理】

（1）如原料为发酵液，用 HPLC 法测定发酵液中青霉素含量。实训完成后测定精制青霉素晶体的纯度和量。

（2）如原料为注射用青霉素钾，称重法测定和计算青霉素含量。实训完成后测定精制青霉素晶体的纯度和量。计算回收率。

【思考与讨论】

青霉素不稳定，请结合实训过程，简述进行分离纯化青霉素的单元操作时，分别都采取了哪些措施，以保证青霉素免于破坏。

综合实训三

甘露醇的制备及测定

【实训目的】

（1）熟练掌握浸取法、等电点沉淀法、加热浓缩法、有机溶剂沉淀法，加热回流法，结晶法和干燥法等生化分离技术的操作方法。

（2）参照《中国药典》中检验方法，具备滴定法测定样品含量的能力。

（3）掌握初步鉴定甘露醇的方法。

【实训原理】

甘露醇为白色针状结晶，分子式：$C_6H_{14}O_6$，分子质量：182.17，熔点166℃，相对密度1.52，1.489（20℃），沸点290~295℃（467kPa）。无臭略有甜味，不潮解。易溶于水（15.6g 18℃），溶于热乙醇，微溶于低级醇类和低级胺类，微溶于吡啶，不溶于有机溶剂。在无菌溶液中较稳定，不易为空气所氧化。甘露醇水溶液呈碱性。甘露醇甜度相当于额蔗糖的70%。

复方甘露醇注射液是高渗制剂，通过高渗性脱水产生直接的药理作用，消除脑水肿，能使脑水分含量减少，降低颅内压。主要成分甘露醇为单糖，在体内不被代谢，经肾小球滤过后在肾小管内极少被重吸收，起到渗透利尿作用，另外还具有组织脱水作用。

甘露醇制备方法。目前，世界上工业生产甘露醇主要有两种工艺，一种是以海带为原料，在生产海藻酸盐的同时，将提碘后的海带浸泡液，经多次提取、除杂、蒸发浓缩、冷却结晶等加工制得；另一种是以蔗糖和葡萄糖为原料，通过水解、差向异构与酶异构，然后加氢而合成制得。我国利用海带提取甘露醇已有几十年历史，这种工艺简单易行，工艺流程如下：

$$\text{海藻或海带} \xrightarrow[\text{自来水}]{[\text{浸泡提取}]} \text{浸泡液} \xrightarrow[\text{pH}=10\sim11.8]{[\text{凝集黏性物}]} \text{上清液} \xrightarrow[\text{pH}=6\sim7]{[\text{中和}]}$$

$$\text{中性提取液} \xrightarrow[110\sim115℃\text{沸腾}]{[\text{浓缩}]} \text{浓缩液} \xrightarrow[2\text{倍体积}95\%\text{乙醇}]{[\text{沉淀}]} \text{沉淀物} \xrightarrow[\text{乙醇回流，30min}]{[\text{除杂质}]}$$

$$\text{粗品甘露醇} \xrightarrow[H_2O,\text{活性炭}]{[\text{精制}]} \text{结晶甘露醇} \xrightarrow{[\text{干燥}]} \text{药用甘露醇}$$

【实训器具与试剂】

1. 器具

主要器具有加热回流装置、离心机、电炉、布氏漏斗、真空泵、滴定管和碘瓶等。

2. 试剂

主要试剂有海藻或海带、H_2SO_4、NaOH、95%乙醇、活性炭、三氯化铁、高碘酸钠、碘化钾、硫代硫酸钠。

【实训操作步骤】

1. 浸泡、提取

加20倍量自来水，室温浸泡2~3h，浸泡液套用作第二批原料的提取溶剂，一般套用 4 批，浸泡液中的甘露醇含量已较大。

2. 碱化、中和

取浸泡液用 30%NaOH，调 pH 为 10~11，静置 8 h，凝集沉淀多糖类黏性物。虹吸取上清液，用 50%H_2SO_4中和至 pH 6~7，进一步除去胶状物，得中性提取液。

3. 浓缩

沸腾浓缩中性提取液，除去胶状物，直到浓缩液含甘露醇 30% 以上（取样倒于玻璃板上，稍冷却即凝固）。

4. 沉淀

将浓缩液冷却至 60~70℃，趁热加入 2 倍量 95% 乙醇，搅拌均匀，冷至室温。离心，甩干除胶质，收集灰白色松散沉淀物。

5. 加热回流

取松散物，加入 8 倍量的 95% 乙醇，加热回流 30min。

6. 制得粗品

倒出热乙醇，静置 24h，2500r/min 离心甩干，得白色松散的甘露醇粗品。

7. 结晶

粗品重溶于适量蒸馏水中，加入 1/8~1/10 活性炭，80℃ 保温 3.5h（或沸腾即可），趁热过滤。取纯水冲洗活性炭两次，合并滤液。高温浓缩至浓缩液相对密度为 1.2 左右，在搅拌下将清液冷却至室温，低温甘露醇结晶。

8. 干燥

抽滤（洗涤），105~110℃ 烘干，得到精品甘露醇。

9. 初步鉴定

取制得的甘露醇成品饱和溶液 1mL，加 1mol/L 三氯化铁溶液与 1mol/L NaOH 溶液各 0.5mL，即生成棕黄色沉淀，振摇不消失，滴加过量的 1mol/L NaOH 溶液，即溶解成棕色溶液。符合以上现象，初步可判断为甘露醇。

10. 含量测定（参照《中国药典》）

取本品约 0.2g，精密称定，置 250mL 量瓶中，加水使溶解并稀释至刻度，摇匀；精密量取 10mL，置碘瓶中，精密加入高碘酸钠溶液［取硫酸溶液（1→20）90mL 与高碘酸钠溶液（2.3→1000）110mL 混合制成］50mL，置水浴上加热 15min，放冷，加碘化钾试液 10mL，密塞，放置 5min，用硫代硫酸钠滴定液（0.05mol/L）滴定，至近终点时，加淀粉指示液 1mL，继续滴定至蓝色消失，并将滴定的结果用空白试验校正。每 1mL 硫代硫酸钠滴定液（0.05mol/L）相当于 0.9109mg 的 $C_6H_{14}O_6$。

【实训结果与处理】

（1）记录各个阶段完成后的现象。

（2）测定并记录精品甘露醇的产量。

【思考与讨论】

（1）浸泡提取操作过程中需要注意哪些因素？

（2）提取法中，结晶是通过什么方式实现的？

综合实训四

细胞色素 C 的制备及测定

【实训目的】

（1）了解常见生化分离单元操作在生化物质生产中的流程关系。

（2）能对动物性原材料进行预处理操作。

（3）能熟练运用过滤、离心和沉降等固液分离技术。

（4）能熟练运用吸附层析技术分离纯化生化物质。

（5）能熟练运用盐析技术分离纯化生化物质。

（6）能熟练运用沉淀技术分离纯化生化物质。

（7）能熟练运用透析技术脱盐或除去小分子物质。

（8）能熟练运用紫外-可见分光光度法测定物质含量。

【实训原理】

细胞色素 C 是包括多种能够传递电子的含铁蛋白质的总称。细胞色素广泛存在于各种动植物组织和微生物中，它是呼吸链中极重要的电子传递体，细胞色素 C 只是细胞色素的一种。它在呼吸链上位于细胞色素还原酶和细胞色素氧化酶之间。线粒体中的细胞色素绝大部分与内膜紧密结合，仅有细胞色素 C 结合轻松，较易被分离纯化。

细胞色素 C 为含铁卟啉的结合蛋白质，每个细胞色素 C 分子含有一个血红素和一条多肽链。分子质量约为 13000，蛋白质部分由 104 个左右的氨基酸残基组成，其中赖氨酸含量较高，等电点 10.2~10.8，含铁量 0.37%~0.43%。它易溶于水，在酸性溶液中溶解度更大，故可用酸性水溶液提取。

细胞色素 C 的传递电子作用是由于细胞色素 C 中的铁原子可以进行可逆的氧化和还原反应，故可分为氧化性和还原性，前者水溶液呈深红色，后者水溶液呈桃红色。细胞色素 C 对热、酸和碱都比较稳定，但三氯乙酸和乙酸可使之变性，引起某些失活。

细胞色素 C 是一种细胞呼吸激活剂。在临床上可以纠正由于细胞呼吸障碍引起的一系列缺氧症状，使其物质代谢、细胞呼吸恢复正常，病情得到缓解或痊愈。

在自然界中，细胞色素 C 存在于一切生物细胞里，其含量与组织的活动强度成正比。本实验以新鲜动物心脏为材料提取、纯化细胞色素 C，制备其粗品溶液，方法简单易操作。

【实训器具与试剂】

1. 器具

主要器具有绞肉机，电磁搅拌机，电动搅拌机，离心机，722 型分光光度计，玻璃柱（2.5×30cm），500mL 下口瓶，烧杯（2000mL、1000mL、500mL、400mL、200mL 各一个），量筒，移液管，玻璃漏斗，玻璃搅棒，透析袋，纱布。

2. 试剂

（1）市售新鲜猪心。

（2）2mol/L H_2SO_4 溶液，1mol/L NH_4OH（氨水）溶液，0.2% NaCl 溶液，25%（NH_4）$_2SO_4$溶液，$BaCl_2$试剂，20%三氯乙酸（TCA）溶液，60~80 目人造沸石白色颗粒（不溶于水，溶于酸），连二亚硫酸钠（dithionite，$Na_2S_2O_4 \cdot 2H_2O$）。

【实训操作步骤】

1. 材料处理

取新鲜猪心，除尽脂肪、血管和韧带，洗尽积血，切成小块，放入绞肉机中绞碎。

2. 提取

称取心肌碎肉 150g，放入 1000mL 烧杯中，加蒸馏水 300mL。用电动搅拌器搅拌，加入 2mol/L H_2SO_4，调 pH 至 4.0（此时溶液呈暗紫色），在室温下搅拌提取 2h。用 1mol/L NH_4OH 调 pH 至 6.0，停止搅拌。用数层纱布挤压过滤，收集滤液，滤渣加入 750mL 蒸馏水，按上述条件重复提取 1h，两次提取液合并（根据学时，酌情增减提取次数）。

3. 中和

用 1mol/L NH_4OH 将上述提取液调 pH 至 7.2，静置适当时间后过滤，所得红色滤液通过人造沸石柱吸附。

4. 吸附

人造沸石容易吸附细胞色素 C，吸附后能被 25%硫酸铵溶液洗脱下来，利用此特性细胞色素 C 与其他杂蛋白分开。具体操作如下所述。

称取人造沸石 11g，放入烧杯中，加水后搅动，用倾泻法除去 12s 内不下沉的细颗粒。

剪裁大小合适的一块滤膜，安装入干净的玻璃柱底部，将柱架至垂直，往下端连接乳胶管，用夹子夹住，向柱内加蒸馏水至 2/3 体积，然后将预处理好的人造沸石装填入柱，避免柱内出现气泡。装柱完毕，打开柱下端夹子，使柱内沸石面上剩下一薄层水。将中和好的澄清滤液装入下口瓶，使之沿柱壁缓缓流入柱内，进行吸附，流出液的速度约为 10mL/min。随着细胞色素 C 的被吸附，人造沸石逐渐由白色变为红色，流出液应为淡黄色或微红色。

5. 洗脱

吸附完毕，将红色人造沸石自柱内取出，放入烧杯中，先用自来水，后用蒸馏水洗涤至水清，再用 100mL 0.2%NaCl 溶液分 3 次洗涤沸石，再用蒸馏水洗至水清，重新装柱，也可在柱内，用同样的方法洗涤沸石，然后用 2.5% 硫酸铵溶液洗脱，流速控制在 2mL/min 以下，收集红色洗脱液（洗脱液一旦变白，立即停止收集），洗脱完毕，人造沸石可再生利用。

6. 盐析

为了进一步提纯细胞色素 C，在洗脱液中，继续慢慢加入固体硫酸铵，边加边搅拌，使硫酸铵溶液浓度为 45%（约相当于 67% 的饱和度），放置 30min 以上（最好过夜），杂质蛋白沉淀析出，过滤，收集红色透亮的细胞色素 C 滤液。

7. 三氯乙酸沉淀

在搅拌下，每 100mL 细胞色素 C 溶液加入 2.5~5.0mL 20% 三氯乙酸，细胞色素 C 沉淀析出，立即以 3000r/min 的转速离心 15min，倾去上清液（如上清液带红色，应在加入适量三氯乙酸，重复离心），收集沉淀的细胞色素 C，尽快加入少许蒸馏水，用玻璃棒搅动，使沉淀溶解。

8. 透析

将沉淀的细胞色素 C 溶解于少量蒸馏水后，装入透析袋，放进 500mL 烧杯中（用电磁搅拌器搅拌），对蒸馏水透析，15min 换水一次，换水 3~4 次，检查是否已被除净。检查的方法是，取 2mL $BaCl_2$ 溶液放入一支普通试管，滴加 2~3 滴透析外液至试管中，若出现白色沉淀，表示未除净，如果无沉淀出现，表示透析完全。将透析滤过液，即得清亮的细胞色素 C 粗品溶液。

9. 含量测定

取 1mL 标准品（81mg/mL），用水稀释至 25mL，从中分别取 0.2mL，0.4mL，0.6mL，0.8mL 和 1.0mL，分别放入 5 支试管中，每管补加蒸馏水至 4mL，并加少许联二亚硫酸钠作还原剂，然后在 520nm 波长处测得各管的光吸收值，以上述经稀释 25 倍标准样品的毫升数或计算得到的浓度值（mg/mL）为横坐标，A 值为纵坐标，作出标准曲线图，从而求得斜率。

取样品 1mL，稀释适当倍数（建议稀释 25 倍），再取此稀释液 1mL 加水 3mL，再加少许连二亚硫酸钠，然后在波长 520nm 处测得 A 值，重复一次，取平均值。根据此 A 值查标准曲线，得细胞色素 C 浓度，再计算细胞色素 C 原液浓度、细胞色素 C 总含量和每克原料组织所制得细胞色素 C 的量。

【实训结果与处理】

（1）细胞色素 C 原液浓度＝细胞色素 C 浓度×稀释倍数

（2）细胞色素 C 总含量＝细胞色素 C 原液浓度×原液体积

（3）每克组织制得细胞色素 C 的量＝细胞色素 C 总量÷原料组织的质量

【思考与讨论】

（1）制备细胞色素 C 通常选取什么动物组织？为什么？

（2）本实验采用的酸溶液提取，人造沸石吸附，硫酸铵溶液洗脱，三氯醋酸沉淀等步骤制备细胞色素及含量测定，各是根据什么原理？

综合实训五

聚丙烯凝胶电泳法分离蛋白质和同工酶

【实训目的】

（1）掌握电泳法的原理和用途。

（2）熟练操作电泳设备完成蛋白质和同工酶的分离和鉴定。

【实训原理】

同工酶是具有同一催化作用，但组成、结构及理化性质不同的一组酶，绝大多数为蛋白质。同工酶是基因编码的产物，能较好地反映物种间的遗传差异，常被用于物种的分类、鉴定和亲缘关系研究。电泳法是同工酶标记研究中应用最广泛的方法。同工酶 PAGE 法先采用聚丙烯酰胺凝胶电泳法分离样品中同工酶，再用适宜的底物对同工酶染色，形成同工酶电泳指纹图谱。

过氧化物酶染色：过氧化物酶使过氧化氢分解成水和新生态氧，后者将无色联苯胺氧化成蓝色的或棕褐色联苯胺蓝。联苯胺能被氧化剂直接氧化成联苯胺蓝，故必须按冰醋酸→联苯胺→过氧化氢的顺序滴加试剂，不能颠倒。如在加入过氧化氢前出现蓝色，说明检材含有氧化物质。

酯酶染色：乙酸-α 萘酯是非特异性酯酶最常用的人工底物，乙酸-β 萘酯是某些酯酶的特异性底物。酯酶可催化乙酸-α 萘酯和乙酸-β 萘酯发生水解反应生成萘酚，萘酚与坚牢蓝 RR 盐会进一步发生反应生成紫黑色偶氮染料。

超氧化物歧化酶染色：在有氧化物质存在下，核黄素可被光还原，并进一步生成超氧化物阴离子自由基，超氧化物阴离子自由基能对氯化硝基四氮唑蓝（NBT）进行光化还原，生成蓝紫色的甲䐶。过氧化物歧化酶可清除超氧化物阴离子自由基，从而抑制 NBT 的光化还原，抑制甲䐶形成。电泳后，经染色的凝胶板背景将呈蓝紫色，而 SOD 条带则呈缺色的明亮区带。

过氧化氢酶属于血红蛋白酶，含有铁，它能催化过氧化氢分解为水和分子氧，在此过程中起传递电子的作用，过氧化氢则既是氧化剂又是还原剂。

【实训器具与试剂】

1. 器具

主要器具有电泳仪一套（电泳仪电源，垂直电泳槽和相配套的制胶器和凹槽玻璃等），凝胶成像系统，真空泵及真空干燥器，台式高速离心机（≥10000r/min），脱色摇床。

50mL 烧杯 1 个、25mL 烧杯 1 个；100mL 三角瓶 1 个；25μL 微量进样器 1 个；5mL 注射器 1 个；10mL 刻度吸管 3 个、5mL 刻度吸管 2 个、0.1mL 刻度吸管 1 个；20mL 培养皿 2 个（或用白瓷盘代替，染色用）。

2. 试剂

（1）主要试剂

三羟基氨基甲烷（Tris）、甘氨酸、溴酚蓝、过硫酸胺（AP）、核黄素、丙烯酰胺（Acr）、N，N—甲叉双丙烯聚酰胺（Bis）、N，N—N′N′四甲基乙二氨（TEMED）、HCl、乙酸、α-醋酸萘酯、β-醋酸萘酯、坚牢蓝 RR、丙酮、联苯胺（Benzidine，4,4′-二氨基联苯，对二氨基联苯）、H_2O_2、维生素 C、愈创木酚、氮蓝四唑、核黄素、考马斯亮蓝 R250、磺基水杨酸、$Na_2S_2O_3$、KI。

（2）试剂溶液

①分离胶缓冲液：取 1mol/L HCl 22mL，Tris 18.3g，TEMED 0.115mL，补 15mL 重蒸水，调 pH 至 8.9，定容至 50mL。棕色瓶，4℃储存。

②分离胶储液（28%Acr-0.735%Bis）：Acr 28.0g，Bis 0.735g，加重蒸水 60mL 溶解（如果难溶，可加热溶解）后定容至 100mL。过滤，4℃棕色瓶中可保存 1 个月。

③分析纯过硫酸铵（10%）：称取 0.2g 过硫酸铵，加重蒸水使其溶解后定容至 2mL。棕色瓶，4℃仅能保存 1 周，最好当天配；

④浓缩胶缓冲液：取 1mol/L HCl 22mL，Tris 2.99g，补 15mL 蒸馏水，调 pH 至 6.7，定容至 50mL。（取出 10mL 用于样品缓冲液）加 TEMED 0.23mL 0.19mL，棕色瓶，4℃储存。

⑤浓缩胶储液：称 Acr 5g，Bis 1.25g，加水溶解（如果难溶，可加热溶解）后定容至 50mL。过滤后置棕色瓶，4℃储存。

⑥核黄素：核黄素 2.0mg，加重蒸水溶解后定容至 50mL。棕色瓶，4℃储存。

⑦40%蔗糖溶液（kg/L）：20g 蔗糖定容至 50mL。

⑧Tris-甘氨酸电极缓冲液（pH8.3）：称 Tris 3.0g，甘氨酸 14.4g，加蒸馏水至 900mL（甘氨酸难溶，可加温溶解），调 pH 至 8.3 后，用重蒸水定容至 1000mL，置试剂瓶中，4℃储存。

⑨0.1%溴酚蓝溶液：称溴酚蓝 0.025g，加重蒸水溶解后定容至 25mL，4℃

储存。

⑩0.05%考马斯亮蓝 R250 的 20%磺基水杨酸染色液：考马斯亮蓝 0.05g，磺基水杨酸20g，加蒸馏水至100mL，过滤后置试剂瓶。染色、固定可同时进行。

⑪样品缓冲液（10%蔗糖）：10mL 浓缩胶缓冲液+10mL 水+8g 蔗糖+ 0.1%溴酚蓝。

【实训操作步骤】

1. 样品制备

切碎植物叶片或果实，必要时置于研钵中，加入液氮后研磨破碎细胞。然后用 PBS 磷酸缓冲液或其他适宜缓冲液提取蛋白质和酶。

2. 电泳操作步骤

（1）制胶　各种同工酶的分析均采用不连续凝胶系统聚丙烯酰胺凝胶（PAGE）垂直板电泳法。将各种储液按照表1配制成分离胶和浓缩胶。在分析未知样品时．常先用 7.5%的标准凝胶或用 4%~10%的凝胶作预试实验，以决定适用的凝胶浓度。

配制分离胶，然后将凝胶液放入真空干燥器中，抽气 10min 后沿无凹槽的玻璃板缓缓加入胶室中，注胶过程防止气泡产生。胶液加到离凹槽 1.5cm 处为止，立即用注射器轻轻在胶溶液上面铺 0.5cm 高的水层，但不要扰乱丙烯酰胺胶面。待分离胶和水层之间出现清晰的界面时（30min），表示分离胶已制成。用注射器小心吸出上层覆盖水（或用滤纸吸），配制浓缩胶，抽气后灌在分离胶的上面，然后将样品梳插入浓缩胶，注意不要带入气泡。在 40W 日光灯下聚合 30~90min。当浓缩胶由透明浅黄色变为不透明乳白色时，聚合完成，小心取出梳子，用滤纸吸取样品凹槽中多余的液体，加入电极缓冲液，使液面没过短玻璃板约 0.5cm。

（2）加样　样品缓冲液 20mL 与 60mL 样品溶液（内含少许溴酚蓝），混匀后用微量进样器注入加样孔。每孔点样 10~50μL。

（3）电泳　上槽接负极，下槽接正极，接通电源，电流调至 25mA，电压为150V，进入分离胶后，增大电流为 50 mA 电泳至溴酚蓝标志距凝胶板下端 1cm 左右时，将电流、电压调至零后断电。分别收集上下储槽电极缓冲液置试剂瓶，还可用 1~3 次。配制 PAGE 凝胶系统如表 3-21 所示。

（4）固定（有时可忽略）　标准配方为甲醇∶蒸馏水∶冰醋酸=4∶5∶1

这种固定液比较通用。常用的出固定液还有 7%冰醋酸（用于保存 EST，MDH等）；20%甘油（用于保存 LDH 等），乙醇∶乙酸∶甘油∶水=5∶2∶1∶8（用于保存 ADH 等）；冰醋酸∶甲醇∶水=2∶5∶16（用于保存 AMY 等）等，在实践中我们可以调整甲醇、冰醋酸、乙醇、甘油和水的含量，摸索适合于自己材料的最佳固定液，确保酶谱在长期保存中不褪色。

表 3-21 配制 PAGE 凝胶系统简表

	浓度及用量	7.0%		10%		16%		20%	
	试剂名称	15mL	8mL	15mL	8mL	15mL	8mL	15mL	8mL
分离胶	分离胶缓冲液	1.88	1.00	1.87	1.00	1.87	1.00	1.87	1.00
	分离胶储液	3.75	2.00	5.36	2.86	8.63	4.60	10.73	5.72
	去离子水	9.22	4.95	7.62	4.06	4.35	2.32	2.25	1.20
	10%AP	0.15	0.08	0.15	0.08	0.15	0.08	0.15	0.08

	浓度及用量	2.5%		3.75%	
	试剂名称	6 mL	3 mL	6 mL	3 mL
浓缩胶	浓缩胶缓冲液	0.75	0.37	0.75	0.37
	浓缩胶储液	1.5	0.75	2.25	1.13
	40%蔗糖	3	1.5	2.25	1.13
	0.004%核黄素	0.75	0.38	0.75	0.37

（5）染色 取下玻板，将两块玻璃板置自来水龙头下，借助水流，用解剖刀柄轻轻从板侧缝间撬开玻板（注意切忌从凹槽处撬），把剥下的胶片在蒸馏水中漂洗一下，将胶放入特定的染色液中进行染色。

（6）脱色 7%乙酸水溶液中脱色 48h。

（7）结果分析 用凝胶成像系统拍照，测算电泳迁移率 Rf 值，理想值范围：0.25~0.85。

（8）干胶制备 裁下 2 张比胶片四边长 3cm 左右的玻璃纸在水中浸湿后（或在含15%甘油的冰醋酸-乙醇固定液中浸泡），先将一张平铺在玻璃板上，放上凝胶片再盖上另一张，用玻棒赶走气泡，将玻璃纸边缘折向玻板底部，用另一块同样大小的玻璃板压住，再用夹子夹住两端固定，30℃烘干或室温下避光放置一天左右即可，然后取下干胶，修剪整齐保存。

3. 蛋白质及同工酶染色和脱色步骤

（1）可溶性蛋白电泳 以 0.05%考马斯亮蓝 R250 的 20%磺基水杨酸染色液染色 1h。

脱色（考马斯亮蓝时）：用 7%乙酸浸泡漂洗数次，直至背景颜色褪去。可于其中保存48h，过长则蛋白条带也会褪色。如用 50℃水浴或脱色摇床，则可缩短脱色时间。

（2）酯酶（EST）同工酶电泳 电泳完毕，漂洗（将凝胶浸在 pH 6.0 的磷酸缓冲液中，放在 37℃下保温 30~60min，倾出缓冲液），换上染色液，在 37℃下保温 30~60min，直到出现清晰的酶带，倾出染色液，用自来水冲洗后，换上 7%的乙酸或照像、制成干板保存。

染色液：a. 坚牢蓝 RR 盐 100mg + 5mL 丙酮 + 1.5mL 1%乙酸-α 萘酯的 70% 丙酮溶液+1.5mL 2%乙酸-β 萘酯的 100%丙酮溶液；b. 5mL 0.2mol/L Na$_2$HPO$_4$+25mL 0.2mol/L NaH$_2$PO$_4$+15mL H$_2$O；c. 0.5mL 40%甲醛。

溶液配制：a. 0.2mol/L Na$_2$HPO$_4$：1.136g Na$_2$HPO$_4$加水 40mL；b. 0.2mol/L NaH$_2$PO$_4$：6.24g NaH$_2$PO$_4$加水 200mL；c. 1%乙酸-α 萘酯的 70%丙酮溶液：100mg 乙酸-α 萘酯+7mL 丙酮+3mL 水；d. 2%乙酸-β 萘酯的 100%丙酮溶液：200mg 乙酸-β 萘酯+10mL 丙酮；

（3）过氧化物酶（POD）同工酶电泳

①联苯胺-愈创木酚法：用水漂洗过的凝胶，放入 20mL 0.2mol/L 醋酸钠、2mL 5mmol/L 硫酸锰，5mL 0.12%过氧化氢和 5mL 联苯胺-愈创木酚溶液（50mg 联苯胺加上 135mg 愈创木酚溶于 25mL 10%醋酸中，可加热至溶解）混合液中，在 37℃保温 30min，取出漂洗后，同工酶区带呈紫红色。在 2%醋酸中，于暗处保存。

②改良联苯胺法

a. 染色储液配制

联苯胺溶液：称取 0.8g 联苯胺，加 6mL 冰醋酸，然后加热到 60℃溶解，待溶后加 34mL 蒸馏水（随用随配）。

4%氯化铵溶液：称 4gNH$_4$Cl，加蒸馏水 96mL 溶解后备用，配制 500mL，0~4℃冰箱内长期备用。

5%EDTA-Na 溶液：称 5g EDTA-Na 溶于蒸馏水中，搅拌时加 NaOH 溶液，调至 pH 6.0 左右全溶，加蒸馏水共 95mL 即可。配制 500mL。

0.3%H$_2$O$_2$溶液：吸取 29%H$_2$O$_2$ 5.2mL 溶于 494.8mL 蒸馏水中，配成 500mL。以上后 3 种溶液放 0~4℃冰箱内长期备用。

b. 染色配方：联苯胺溶液（40mL）：4%氯化铵溶液：5%EDTA-Na 溶液：0.3% H$_2$O$_2$溶液：蒸馏水=1:1:1:1:8~9，可染 4~6 块胶板。

c. 染色：将配好的染色液倒入白瓷盘内凝胶板上，震荡 5~10min，酶带显出，立即倒去染色液后加自来水，冲洗，每天换水 3~4 次。在水中 2~3 天，酶带由蓝色全部变呈棕色。

③抗坏血酸-联苯胺染色法：其组成是抗坏血酸 70.4mg，联苯胺储存液 20mL（2g 联苯胺溶于 18mL 文火加热的冰醋酸中再加水 72mL），0.6% H$_2$O$_2$20mL，水 60mL。取出凝胶，用蒸馏水漂洗 20min 后，放入染色液中，1~5min 内（待到出现蓝色？）过氧化物酶同工酶区带出现蓝色，然后用蒸馏水洗涤后脱色，储存于 3% 醋酸液中固定，最后酶带呈褐色。

将剥离的凝胶放入 0.05mol/L pH 5.0 的乙酸缓冲液中（或 pH 4.7 的乙酸液中），20min 后去掉乙酸液，用蒸馏水将凝胶冲净，放入混合好的染色液中，暗处，37℃条件下染色 20min。酶带清晰后去掉染色液，用水冲洗干净，然后用 7%的乙酸固定，绘图。

④联苯胺染色法：称取 0.1g 联苯胺加 5mL 无水乙醇，再加 10mL 1.5mol/L 乙酸钠及 10mL 1.5mol/L 乙酸，加蒸馏水 75mL。染色前加数滴 H_2O_2（5~6 滴原液）。取出凝胶漂洗后，放入染色液中，稍加振动，片刻即显示出蓝色酶带，待酶带完全出现后，随即用水冲洗。酶带逐渐呈现棕色。储存于 7%乙酸中或照像制干板保存。

⑤愈创木酚法：取出凝胶，经双蒸水冲洗，将其浸入适量 20mmol/L 愈创木酚溶液（0.22mL 愈创木酚加蒸馏水至 100mL 中），并滴入 40mmol/L H_2O_2（1.8mL 30%加到 100mL 水中）溶液若干滴（或 30% H_2O_2 100μL），摇匀，片刻即有棕红色条带出现。

反应混合液：取 100mmol/L pH 6.0 磷酸缓冲液 50mL 于烧杯中，加愈创木酚 28μL，于磁力搅拌器上加热搅拌至完全溶解，冷却后，加 30% H_2O_2 19μL，混匀，冰箱冷藏。

⑥醋酸联苯胺染色法：1g 醋酸联苯胺加 9mL 冰醋酸，然后加热到 60℃溶解。待溶解后加 40mL 蒸馏水与 55mL 0.3%H_2O_2，混匀后慢慢地均匀地倒在胶板面上，一边倒一边用毛笔涂刷。倒完染色液后．收集残液再染。一般 50mL 染色液将一块胶板染 2~3 次即可结束染色。染色毕置自来水中漂洗 2~3d，酶带由蓝逐渐变棕，清晰可见。

（4）超氧化物歧化酶（SOD）同工酶电泳

微生物类群 SOD 含量的基本规律：真核微生物的 SOD 含量一般高于原核生物，好氧微生物显著高于厌氧微生物。严格的厌氧细菌，如泥生绿细菌（一种光合细菌）、甲烷杆菌中 SOD 含量几乎为 0。

染色液：A 液为氮蓝四唑（NBT）2mg/mL；B 液为核黄素 0.01%（0.132mg/mL，加 0.42%TEMED）；染色时，将准备好的电泳胶板放入 A 液的培养皿中，避光浸泡 20min 后，回收染色液；换 B 溶液浸泡，自然曝光（在距胶板 10cm 高度用 40W 日光灯直射胶面），直至在蓝色背景上出现透明条带为止（20~30min）。用蒸馏水漂洗几次，再用 95%乙醇浸泡几分钟，制成干胶。

（5）过氧化氢酶同工酶

①先将准备好的电泳胶板浸泡在 A 液中，室温下放置 15min，倒出 A 液，用蒸馏水彻底冲洗干净，加入 B 液，酶活性表现在蓝色背景上的白色区带。蒸馏水漂洗后 10%甘油固定。

染色液：A 液为 3% H_2O_2 25mL，0.1mol/L pH 7.0 磷酸缓冲液 5mL，0.1mol/L $Na_2S_2O_3$ 3.5mL；B 液为 0.09mol/L KI 25mL 加蒸馏水 25mL。

②过氧化氢酶（CAT）同工酶电泳染色：将电泳后的凝胶用预冷的蒸馏水稍加冲洗，然后用 0.3% H_2O_2 浸泡 20min，倾去该浸泡液，用预冷的蒸馏水稍加冲洗后，将凝胶置于 0.2%高锰酸钾液中浸泡，直至在凝胶上的棕色背景下出现透明条带。

【实训结果与处理】

用凝胶成像系统拍照，测算电泳迁移率 R_f 值，并制备干胶。

电泳迁移率（R_f）：酶带泳动距离/溴酚蓝指示剂泳动距离。

【思考与讨论】

（1）同一条件下，用同一种缓冲溶液提取样品中的蛋白质和酶，是否都可以得出较好的蛋白质电泳图和各种酶的电泳图？

（2）同工酶 PAGE 电泳过程中，相对于一般蛋白质的 PAGE 电泳，需要特别注意哪些可能影响电泳效果的因素？

参 考 文 献

［1］陶杰．化学制药技术(第二版)［M］．北京:化学工业出版社,2013.

［2］陈梁军．生物制药工艺技术［M］．北京:中国医药工业出版社,2017.

［3］汪承灏,张德俊．单一空化气泡的电磁辐射和光辐射．声学学报。1964,1
(2):59-68.

［4］《中华人民共和国职业病防治法》(中华人民共和国主席令第六十号).

［5］陈利群．制药生产中有机溶剂的使用与职业危害因素分析［J］．医药工程设
计,2008(1): 22-26.

［6］杜茜．微生物气溶胶污染监测检测技术研究进展［J］．解放军预防医学杂
志,2011 29(6):455-458.

［7］国家药典委员会．中华人民共和国药典［M］．北京:中国医药科技出版
社,2015.

［8］孙玉叶．化工安全技术与职业健康［M］．北京:化学工业出版社,2009.

［9］邱玉华．生物分离与纯化技术［M］．北京:化学工业出版社,2012.

［10］田亚平．生化分离技术［M］．北京:化学工业出版社,2006.

［11］陈欢林．新型分离技术［M］．北京:化学工业出版社,2013.

［12］严希康．生物物质分离工程［M］．北京:化学工业出版社,2010.

［13］于文国．生化分离技术．第3版［M］．北京:化学工业出版社,2015.

［14］黄钰清,鲍宗必,邢华斌,等．手性萃取剂与液-液萃取拆分对映体技术研
究进展［J］．化工进展,2015,34(12):4324-4332.

［15］李颖,朱瑞芬,胡敏杰．杨梅色素提取工艺的研究［J］．食品工业科技,2005
(10):154-156.

［16］程伟,曹雁平,张慧,等．植物有效成分的连续逆流浸取技术研究现状［J］.
食品科学,2007,28(10):616-620.

［17］吴国勇,李利军,吴承武．连续逆流微分萃取方法及设备:CN104645664A
［P］.2015.

［18］刘磊磊,李秀娜,赵帅,等．双水相萃取在中药活性成分提取分离中的应用
进展［J］．中草药,2015,46(5):766-773.

［19］田明玉．双水相萃取白蛋白和酶的初步研究［D］．大连:大连理工大
学,2009.

［20］李娜．新型低共熔溶剂双水相体系用于生物大分子的分离分析方法研究
与应用［D］．长沙:湖南大学,2017.

[21]李祥村．反胶团萃取牛血清白蛋白的研究[D]．大连：大连理工大学，2004．

[22]尹芳华，钟璟．现代分离技术[M]．北京：化学工业出版社，2009．

[23]曹明霞，徐溢，赵天明，等．超临界萃取在天然植物成分提取中的应用进展[J]．广州化工，2010，38(8)：23-25．

[24]戴建昌，张兴，段苓．超临界萃取技术在农药残留分析中的应用研究进展[J]．农药学学报，2002，4(3)：6-13．

[25]李学洋，李淑芬，全灿，等．超临界萃取脱除人参中的有机氯农药[J]．化学工业与工程，2006，23(2)：155-158．

[26]冯作山，陈计峦，孙高峰，等．枸杞色素的提取及纯化技术[J]．食品与发酵工业，2004，30(12)：141-144．

[27]李谦，高向涛，任玉珍，等．表面活性剂强化提取黄姜中薯蓣皂苷的研究[J]．精细化工，2009(2)：122-125．

[28]任其龙，苏宝根，邢华斌，等．一种分离24-去氢胆固醇和胆固醇的方法：CN101270141[P]．2008．

[29]李兵．利用双水相萃取技术分离纯化尿激酶[J]．生物学通报，2013，48(3)：29-33．

[30]杨洋，严东，赵芬芬，等．一种快速提取分离植物叶多酚氧化酶的方法：CN103614356 A[P]．2014．

[31]汪爱国，杨海燕，廖晓艳，等．逆流萃取法从金银花粗粉中提取绿原酸的研究[J]．时珍国医国药，2007，18(3)：546-548．

[32]辛秀兰．生物分离与纯化技术[M]．北京：科学出版社，2008．

[33]陈芬，胡莉娟．生物分离与纯化技术[M]．武汉：华中科技大学出版社，2012．

[34]张爱华、王云庆．生化分离技术[M]．北京：化学工业出版社，2012．

[35]刘冬．生物分离技术[M]．北京：高等教育出版社，2011．

[36]冯淑华．药物分离纯化技术[M]．北京：化学工业出版社，2011．

[37]张雪荣．药物分离与纯化技术[M]．北京：化学工业出版社，2011．

[38]王云，常玲，吴金男．疏水色谱法及其在生物大分子分离纯化中的应用[J]．烟台师范学院学报(自然科学版)，2002(2)：135-140．

[39]张建社．蛋白质分离与纯化技术[M]．北京：军事医学科学出版社，2009．

[40]王志岚，李书魁，许勇泉，等．国内外冷冻浓缩的应用及研究进展[J]．饮料工业，2009(5)：9-12．

[41]罗献梅，甘玲．动物生物化学实验[M]．重庆：西南师范大学出版社，2013．

[42]郭孝武．超声提取分离[M]．北京：化学工业出版社，2008．

[43]胡爱军，郑捷．食品超声技术[M]．化学工业出版社，2013．

[44]胡能书,万贤国.同工酶技术及其应用[M].长沙:湖南科学出版社,1985.

[45]赵余庆.中药天然产物提取制备关键技术[M].北京:中国医药科技出版社,2012.

[46]齐元英,孟兆玲,柳仁民.高速逆流色谱技术及其在天然产物研究中的应用进展[J].化学分析计量,2006,15(6):95-98.

[47]贺荣平.酸奶粉的制作方法[J].农产品加工,2006(11):32-34.

[48]何金环.生物化学实验技术(第2版).北京:中国轻工业出版社,2014.

后 记

　　为了提升教学效果,为学生理解专业知识和认识生化分离设备提供便利,本书收录有大量图片,其中部分图片非作者原创,由于时间仓促和地域限制等原因,无法与这些图片的著作权人取得联系。为了保证本书顺利出版,也为了尊重著作权人的劳动和保护其权益,本人愿向相关权利人支付适当稿酬。希望获得理解并与我联系,在此向为图片绘制付出辛勤劳动的创作者表示衷心感谢。

牛红军